未確認動物UMAを科学する

モンスターはなぜ目撃され続けるのか

著　ダニエル・ロクストン
Daniel Loxton
ドナルド・R・プロセロ
Donald R. Prothero
訳　松浦俊輔

化学同人

ABOMINABLE SCIENCE!

Origins of the Yeti, Nessie, and Other Famous Cryptids

by Daniel Loxton and Donald Prothero

This Japanese edition is a complete translation of the U.S. editon,
specially authorized by the original publisher,
Columbia University Press, New York
through Tuttle-Mori Agency, Inc., Tokyo

本書は以下の人々に捧げる。

ロナルド・ビンズ、デーヴィッド・デーグリング、ベンジャミン・ラドフォード、ジョー・ニッケル、ブレイク・スミス、カレン・ストルスノウ、ダレン・ネイシュ、シャロン・ヒル、マット・クラウリーなど、大衆に従って安易な答えに流されるとてつもない文化的圧力に負けず、未確認動物学の科学的研究の道を切り開いてきた、すべての勇敢な懐疑論者《スケプティックス》に。

未確認動物UMAを科学する

目次

目 次

目次

序文――現物を見せてくれ

マイケル・シャーマー

二〇〇二年と二〇〇三年、現代でも有数のでっち上げ生物のクリエーター二人がこの世から失われた。笑えるほどばかばかしいジャッカロープ〔半分はジャックラビット〔耳と後ろ足の長い兎〕、半分はアンテロープ〔レイヨウ〕〕の父、ダグラス・ヘリックと、それほどばかばかしくはないが広く信じられているビッグフットの創始者、レイモンド・L・ウォレスである。ジャッカロープは、たとえばこの手の話をすぐに信じてしまう人々にしか売られない狩猟免許、めったにないが濃厚なジャッカロープ乳、ジャッカパンダのような新たに進化した雑種など、付随するばか話も含めて笑うしかない。しかしビッグフットは、辛辣な忍び笑いを誘うこともあるが、信じられてもいる。これはアフリカの森林を今も彷徨している大型の、毛むくじゃらの類人猿であり、しかも巨大類人猿は数十万年前、少なくともその一種であるギガントピテクスが人類の早い時期の祖先とともに栄えていたという、単純な進化論的な理由があることにより信憑性が増す。泥地に残された足跡は、実際に、人類以外の二足歩行の霊長類が歩き回っていたことを意味したのだ。

本物のビッグフットが生きていたりするのだろうか。ウォレスが亡くなった後、その家族が、ウォレスの雇い人の一人が見つけた足跡は、冗談が大好きないたずら者による類人猿の着ぐるみだったと告白しているのに。もちろんそういうことはありうる。何と言ってもビッグフット支持派は、ウォレスが着ぐるみと木製の巨大足で騙したという証言に異論はさまないものの、ヒマラヤで生きている巨大なイエティの話や太平洋岸北西部を歩き回るサスクワッチについての先住民の伝承が、一九五八年にウォレスがいたずらを仕掛けるよりずっと前からあると言っている点では正しいのだ。

二〇世紀の大半にわたる間、ビッグフットについて推測し、それを探すのは、ネス湖などの湖に怪獣《モンスター》を探し、地球外生命体が地球に来ているかどうかを調べることと同じく、文句なく妥当なことだった。科学は真偽いずれでも答えが出せるものを扱うのであって、限られた調査資源の範囲では、ジャッカロープは探すほどのものではなかったが、ビッグフットなどの生物は、しばらくの間、探すに値していた。

存在が証明されていない動物についての研究は、「未確認動物学《クリプトゾーオロジー》」と呼ばれる。この名称は、一九五〇年代の末、ベルギーの動物学者ベルナール・ユーヴェルマンスによって造語された。未確認類《クリプティド》、つまり隠れている動物は、土の上の足跡、ピンぼけの写真、粒子の粗い動画、夜中に遭遇した奇妙なものについての断片的な話《アネクドート》から生まれる。未確認動物は、先に触れたような巨大な類人猿、湖の怪獣、巨大な海蛇《シーサーペント》、大ダコ、蛇、鳥、さらには生きた恐竜（最も有名なものは、中央/西アフリカのコンゴ盆地の川や湖を歩き回っていると言われるモケーレ・ムベンベだろう）など、いろいろな形をとる。

未確認動物が関心を向けるに値する理由は、それまで科学者が知らなかった動物が発見される例は十分にあるということだ。それが地元の断片的な話や伝承であっても、頭から否定することはできない。有名な例には、一八四七年のゴリラ（一九〇二年のマウンテンゴリラも）、一八六九年のジャイアントパンダ、一九〇一年のオカピ（キリンの近縁だが首が短い）、一九一二年のコモドオオトカゲ、一九二九年のボノボ（ピグミーチンパンジーとも呼ばれた）、一九七六年のメガマウス（巨大なサメ）、一九八四年のカウェカウェアウ（巨大ヤモリ）、一九九一年のアカボウクジラ類の一種、一九九二年にベトナムで見つかったサオラ（レイヨウの類）などがある。未確認動物学者がとくに自慢するのは、一九三八年のシーラカンスの捕獲だ。いかにも古代魚の風貌をした、動物学者は白亜紀に絶滅したと信じていた魚で、まるで「ほら、ビッグフットも本当はその辺にいて見つかるのを待っているんだ」と言っているかのようだった。

　昆虫や細菌の新種が発見されてもあたりまえのように生物学の学術誌で発表されているのに、ゴリラ、アカボウクジラ類などの例が驚きなのは、それが新しく、大きく、有名なビッグフット、ネッシー、モケーレ・ムベンベなどの未確認動物と共通点があることによる。しかしゴリラなどの側に共通することが一つある。それは現物だ。新種を命名するには、それをもとにして分類学者が詳細な記載をおこなったり、写真を撮ったり、模型を作ったり、専門家による学術的分析を発表したりできる、標準となる標本、つまり基準標本を得ていなければならない。

　断片的な話は調査を始めるきっかけにはなるが、それだけでは新種を立てることはできない。実際、社会学者のフランク・J・サロウェイの言葉——格言にしてもいい——で言えば、「断片的な話は科学にはならない。それが十あっても、一つより良いことにはならないし、百あっても十より良いというわけではない」。

　私はこのサロウェイの格言を、ビッグフットを追い求める人々、ネッシーを探している人々、エイリアンに誘拐された人々に出会うたびに使っている。その断片的な話は人の心をつかむ話にはなるが、まっとうな科学にはならない。こうしたキメラのような生物を探して一世紀、現物が偽造されるまでになると、懐疑的姿勢《スケプティズム》は適切な反応となる。そこで、誰かがそのような話で楽しませてくれるときは、必ず次のように答えることをお勧めする。「それはすごい、現物を見せてくれ」。

本書では、今日の懐疑論的に考える点では先頭に立つ二人が手を組んで、未確認動物学のあらゆることについての驚くべき歴史と科学を見せてくれる。ダニエル・ロクストンは、『ジュニア・スケプティック』誌の編集者、記者、イラストレーターであり、『スケプティック』誌などの懐疑派刊行物に定期的に調査記事を寄稿し、先人を魅了して否応なしに関心を引く正体不明の生物の多くについて本や記事を書いていて、私がこの世界の文献ではお目にかかったことがないような、新しい洞察を示してくれている。ドナルド・プロセロは古生物学、生物学、地質学の教育を受け、少しの好奇心さえあれば誰でも読める明瞭な科学の文章を書いており、この分野に、こうした物語上の、いるかもしれないしいないかもしれない生物についてどう考えればよいかという面で、新鮮な考え方を提供し、科学者がそのようなことについてどう考えるかを解説している。

ロクストンとプロセロの二人で、未確認動物学について、狭くは懐疑論の文献、広くは科学の文献の歴史にしかるべき位置を占めるような、これまでで最も重要な成果と言ってもいいものを書いている。本書は現代の未確認動物学に関する決定版となる本である。

まえがき

この本は、著者二人の、未確認動物学でのまったく違ってはいても相補う経験と経歴からできている。そのため、私たちは各章を別個に書き、それぞれの色を残し、各章で独自の経験を述べることにした。

ダニエル・ロクストン（第2章、第4章、第5章、第7章）には、謎のモンスターに対する生涯の愛情と、謎を解決しようとする人々との仲間意識が伴う。子どもの頃は未確認動物に取り憑かれていて、学校の図書館にこもったり、将来のモンスター捜しの探検を計画したり、運動場でサスクワッチやネス湖の怪獣について他の子たちと言い争っていた。高校生や大学生の頃、懐疑的な文献と出会うと、未確認動物学の、もう一つのあまり知られていない側について知ったが、そもそもこの分野に自分を導いた好奇心や冒険心を失うことはなかった。今では未確認動物に特別の関心を抱く「プロの懐疑派《スケプティック》」として文章を書いている。その役割を演じつつ、自分が批判しているものの中に、やっぱりいたということになるものがあるのを密かに期待している（少なくとも願望を抱いている）。

ドナルド・プロセロ（第1章、第3章、第6章、第7章［いずれもロクストンの貢献がある］）によるこの主題の取り扱い方はまったく異なる。こちらは四歳のときに恐竜にはまった口だが、古生物学者になるという決意は長じても衰えなかった。プロセロは、本職の古生物学者、地質学者としての三〇年間、いかなる発言も科学的精査の厳格な基準を満たすべしという、科学の世界の厳しい要求を満たさなければならなかった。とくに、創造主義とその科学や教育への影響にかかわる問題は、その職にある間ずっと、大きな懸念だった。学部の学生だった頃には、生物学や生態学の野外調査の方法を学んだので、環境にある動物を理解するための厳格な方法や、現代の野外調査をする動物学者が用いる技法や前提はよく知っている。プロセロはとくに地質学者と古生物学者としての経歴によって、化石記録が言っていること、言っていないことについて広く理解しており、またそれが未確認動物学の論旨にどう反論するかも知っている。

二人はこの本を、知られている未確認動物すべてについての百科事典的な本にしようとはしていない。それは分量の点で無理だからだ。その歴史を理解し、神話を解体するためには、とことん詳しい扱いが必要になるので、中でも有名でおなじみのいくつかの例だけに注目する。こうした生物にあてはまる注意事項や争点は、あらゆる未確認動物にもあてはまるので、すべてについて論じると、ほとんどは冗長になってしまうだろう。

つまりこの主題に対する二人の取り組み方はそれぞれ異なっているが、どちらも自然誌的科学研究と、批判的思考、懐疑的姿勢というルールに導かれている。これから何度も指摘するように、そのような取り組み方こそが未確認動物学研究の大半に大きく欠けているところだが、未確認動物学者がまともに科学者として認めてもらいたいのであれば、この取り組み方は、他の科学に対するのと同様に、未確認動物学にも適用しなければならない。

謝辞

本書について著者二人と組んでくれたコロンビア大学出版のチーム全員にお礼を申し上げたい。科学出版部のパトリック・フィッツジェラルド、原稿を整理してくれたアイリーン・パヴィット、編集部のブリジェット・フラナリー＝マッコイ、製作デザイン担当のジェニファー・ジェローム、広告担当のデレク・ウォーカー、営業部長のブラッド・ヒーベル。このプロの集団が本書という夢を実現するのを助けてくれたことに深く感謝する。

ベンジャミン・ラドフォード、ブレイク・スミス、エイドリアン・メイヤー、ダレン・ネイシュ、カレン・ストルツナウ、シャロン・ヒルには、原稿を読んでもらい、多くの有益な修正や提案をいただいた。画像のいくつかを確保するのを手伝ってくれたベンジャミン・ラドフォードには重ねて感謝する。

それぞれの妻、シェリル・ハーバートとテレサ・ルヴェル・プロセロには、長い執筆期間に愛情とゆるぎない支援をもらったことに感謝する。また子どもたち（エリク、ザカリー、ガブリエル・プロセロ）にも感謝する。子どもたちが、私たちが育った世界よりは無知でも反科学的ではない世界を受け継いでくれることを願う。

とくに名を挙げたいのは、非営利教育団体スケプティカル・ソサエティのマイケル・シャーマーとパット・リンスだ。二人には、科学的探求の精神に向かって導き、励まし、偏見なく面倒を見てくれたことに対してお礼申し上げる。『スケプティック』誌のウェブマスター、ウィリアム・ブルや同誌イラストレーターのジム・W・W・スミスなど、創造的なチームにも敬意を表したい（ありがたいことに、ジムの作品のいくつかが本書にも登場する）。

著者はリチャード・ホワイトがリチャード・グリーンウェルについて教えてくれたこと、また『国際未確認動物学ジャーナル』全巻を私たちの資料として提供してくれたことに感謝する。ダニエル・ロクストンは、未確認動物学者のジョン・カーク、ローレン・コールマン、ポール・ルブロン、エド・バウスフィールドに、同僚としての交友と、資料や情報を惜しみなく教えてくれたことに感謝する。

多くの人が目を皿のようにして辛抱強く本書の調査にとって鍵になる資料をつきとめてくれた。ジェームズ・ロクストンは何日もマイクロフィルムを探し、ジェーソン・ロクストン、パトリック・フィッシャー、ステファン・ブーリエ、ジェニファー・グリフィス、グレッグ・カー、コリン・ウォルシュは私たちの調査を手伝ってくれた。ハンス＝ディーター・ジュス、ダグ・ヘニング、クリスチャン・ウェージャー、マシュー・コワリクには、重要な翻訳についてお礼申し上げる。バーバラ・ドレッシャーには、超常的なものを信じる心理という方面で、専門家として支援をしてもらったことに感謝する。トニー・ハームズワース、チャールズ・パクストン、ピーター・ギルマン、マイケル・フレデリクス、ドナルド・グラット、デーヴィッド・ゴールドマン、ジャネット・ボード、マックス・クラウザー、スティーヴン・コスグローヴ、他にも多くの方々に、本書の調査や複製のために重要な画像や資料提供したり、確保を手伝ってもらったりした。

ブリティッシュコロンビア博物館のレスリー・ケニスとギャヴィン・ハンク（および既に退職されたジム・コスグローヴ）には、問い合わせを整理して貴重な資料のありかを教えてくれたことにも感謝しなければならない。同博物館は何十年も前から未確認動物の本拠地の中心にあり、優れたユーモアと、使いやすさ、至れり尽くせりの支援、公的サービスとしての適切な姿勢で処理してくれた。同様に、インバネス参考資料館のエドウィナ・バリッジ、ノーマン・ニュートン、スーザン・スケルトンや、カロリン・カメロン、カトリナ・パーソンズ、ノバスコシア・ゲール人評議会、さらにスミソニアン研究所図書館のレスリー・K・オーヴァーストリートとクリステン・ファン・デア・フェーンにも感謝する。

みんなありがとう。

1 未確認動物学

本物の科学か疑似科学か

サスクワッチ（ダニエル・ロクストン画）

著者二人は子どもの頃から、怪獣の話や神話に登場したり古くから伝わっていたりする巨大動物の話に魅了されてきた。もちろん今になっても、謎の動物に魅了される気持ちを本当には克服できていない。そのため著者の一人は、大小さまざまの生物について若い人向けの本を書いたり、イラストを描いたりするようになり、もう一人は古生物学者となって、化石を通じて明らかになる地球上の生命の歴史を調べている。

未確認動物学という分野を理解するには、科学の核となる概念や手順をよく知っておく必要がある。そこで本書を、有名な未確認動物の一つ、ビッグフットの目撃についての話から始める。

ジョージア州の「ビッグフット」

二〇〇八年七月九日、インターネットやテレビのメディアは、政治のニュースや有名人のスキャンダルといったいつもの記事と並んで、ジョージア州北部の森でビッグフットの死体を見つけたという二人の人物の記事で大騒ぎになっていた。この電子メディアの時代、発見した二人の話は YouTube に投稿され、在来のテレビや新聞が取り上げたのはその後からだった。画像はぼけていて読み取りにくかったが、ニュースやインターネットの飽くなき二四時間のサイクルは、何らかのコンテンツで埋めなければならない。それがどんなに疑わしい話であっても。大手主要メディア――BBC、CNN、ABCニュース、フォックスニュースなど――がこの話を相当に取り上げた[1]。アナウンサーが他のビッグフットの記事と同じく、本当かなあという調子や、馬鹿にしてからかうような調子でこのニュースを読むところがあったとはいえ、ともかくメディアはこのジョージア州のビッグフットという記事を伝えた。そうして多くのビッグフット「専門家」に、この生物の実在を証言することで、ウォーホルの言う「十五分間の名声」をもたらした。

ジョージア州のビッグフットを発見した二人、リック・ダイアーとマシュー・ホイットンは、あっというまに有名人なり、テレビやインターネットに投稿されたニュースで何度もインタビューを受けた。[2]ビッグフット探索社（Searching for Bigfoot, Inc.）という、ビッグフットが実在することを証明するのを業とする団体は、二人の示した証拠に五万ドルを出した。この団体の長で、長年論議の的だったビッグフット「ハンター」[3]、トム・ビスカーディは、二人の発見内容を調べ、それを支持した。[4]ビスカーディは超常現象を宣伝するラジオ番組を持っていて、その番組でダイアーとホイットンにインタビューした。結局、八月十五日、ビスカーディ、ダイアー、ホイットンは、記者会見を開き、[5]氷漬けされたビッグフットの死体を検証用に展示した。[6]標本が解凍されてみると、死体は本物ではなく、ハローウィン用のゴム製サスカッチのコスチュームに偽物の毛をつけたものに詰め物をして、ビッグフットに見えるようにしたものだった。ダイアーとホイットンはすぐにその発見がまったくのいんちきであることを認め、アトランタのＷＳＢテレビに対して、コスチュームはインターネットで買い、それに道路で轢かれた動物の死体と食肉処理場の廃棄物を詰めた」と話した。[7]

嘘が明らかになると、主要メディアでは話は立ち消えになったが、ビッグフット「研究家」世界の人々は、この大失敗をめぐっていがみあっていた。大物未確認動物学者のローレン・コールマンは、ビスカーディは自身が捏造に関与したか、自分が信じていることの証拠を見つけたいあまり、明白な事実を眼前にしてさえそれを無視したか、いずれかだだと論じた。「ビスカーディは金目当てに話を仕切った。すべては金で、それが本当かどうかはおそらくどうでもよかったのだろう」と、コールマンは言っている。〔8〕元警備員のダイアーと、クレイトン郡警察官のホイットンは、そもそもなぜこんなばかな計略を図ったのだろう。「おそらくビッグフット探しの商売を宣伝する手段として、軽い気持ちで始めたことだろうが、話が大きくなってしまったのだろう」とコールマンは言う。「二人ともあまり頭のいい人物ではない」。ビスカーディと「二人の発見者」について、コールマンは、「ある意味で、両方が相手を騙そうとしあっていたのかもしれない」と述べた。「ビッグフット野生調査組織」(Bigfoot Field Research Organization)という団体は、この捏造事件の三人の主要人物を逮捕するよう求めた。ホイットンは、騒ぎに荷担したことで、警察を解雇された〔9〕。

ビッグフットを信じている人々の大半は、自分たちの成果がばかげた捏造で汚されたことに怒っていたが、主張されることと言えば、いつも変わらぬ、同じくらいありそうにない説だった。そうした人々の信じやすさは意外なことではない。未確認動物学は、一人称の証言をうのみにすることに基づいているのだ。もっと困るのは大手メディアの姿勢で、前々から、「ネタ切れ」の時期に、他のニュースに適用されるよりも緩い基準で超常現象ものやモンスター話を取り上げる傾向があった。その不幸な二重基準は、良くなるどころか悪化しているように思われる。ジョージア州のビッグフット――出どころも疑問で、それを裏付ける独自の情報源もない――は、三大ネットワークしかなく、テレビ番組が限られていた一世代前だったら、夜のニュース番組で取り上げられることはなかっただろう。ウォーターゲート・スキャンダルや『大統領の陰謀』をおぼえている人々は、ボブ・ウッドワードとカール・バーンスタインが、ホワイトハウスの悪事についての自説を発表する前に信頼できる情報源を複数確かめていたことを思い出すだろう。今日では状況が変わってしまった。現代のテレビやインターネットのニュースは、放送時間やウェブの隙間を埋めたがるあまり、情報源があるとしても怪しい、疑わしい話も、ジャーナリズムとして当然のしかるべき勤勉さをはしょって（場合によってはいっさいなしに）受け入れ、報道する傾向が高まっている。二四時間のケーブルテレビが登場してからは、その種のニュースは誰かが調べて確かめる前に、もう何回も報じられていることもある。さらに責められるべきは、ケーブルテレビでの厖大な数の「ドキュメンタリー」疑似科学番組だ。かつては本当の科学番組を放送していた局でも放送しているところがある。そうした局も、視聴者を引き寄せて視聴率を稼ぎ、自らの存在理由にするためだけに、疑似科学の話を売り出すようになった。

科学とは何か——何ではないか

ジョージア州のビッグフット騒ぎが生んだメディアによる非難の嵐と、ビッグフット支持団体による喧々囂々《けんけんごうごう》の中で失われていたのが、一連の過程全体に対する科学的で批判的な視点だった。捏造についてインタビューされた「専門家」のほとんどは、ビッグフットの実在を信じるほうに肩入れしていた。その人々が「専門家」と称する根拠はウェブサイトを持っていることだったり、本を書いていたり、ビッグフット探し専門の団体を主宰したりしていることだった。しかるべき教育を受けた実際の生物学者など本当の科学者はほとんどまったくインタビューされず、話があっというまに消えたので、科学者の間では、ブログ界でさえ、この話についての論評はほとんどなかった。ほぼ唯一の例外がトマス・ネルソンという、ノースジョージアカレッジ・州立大学の野生生物学者にして生態学者だった。ネルソンは、専門分野での二〇年の経験によって、「ビッグフット棲息地」の野生生物のことを、たいていの人々よりもよく知っていた。地元の記者に語ったところでは、「科学はつねに新しい発見に対して開かれていますが、ビッグフットという生物種がこの世のどこかに生きている可能性はきわめて低い。ビッグフットがジョージア州北部に棲息していたなら、みんながそれについてとっくに知っていたでしょう。アパラチア山脈南部が僻地に見える人もいるかもしれませんが、何千というハンター、ハイカー、キノコ狩りの人々、キャンパーが年中、この一帯の森を利用していますから[10]」。ネルソンは、巨人や怪獣の伝説は世界中にあるが、その話が本当だった例はまずないことを指摘した。とくに、ビッグフット神話には、熊や鮮明な想像力など、考えられる出どころがたくさんあるという。「あるいはひょっとすると、この世には自分よりも大きくてもっと野性的なものがあると信じたいだけかもしれません。メディアが取り上げることには、それが捏造だということになったとしても、良い面はあります。記事に取り上げられることで、人々に科学がどういうものかを明らかにする『教えるきっかけ』が得られるからです。私たちは新しい考え方を止めはしませんが、十分に支持する証拠が出るまでは懐疑的になります。もちろんビッグフットについても」と、ネルソンは言った。

ネルソンは「教えるきっかけ」という重要な論点を立てている。メディアや人々が騙されやすくても、ジョージア州のビッグフット捏造事件は、私たちが科学的な方法について明瞭に考えるための助けになる。科学は「仮説の検証」をこととする。自然のある面を説明するかもしれない考え方を提示して、その考え方が批判的精査に耐えるかどうかを調べる。哲学者のカール・ポパーの指摘によれば、科学とは、何かが正しいことを証明するのではなく、それが間違いであることを証明することだ。「すべてのスワンは白い」という一般的な推論を立てることはできるが、世界中のすべての白いスワンは、この命題が正しいことの証明にはならない。黒いスワンが一羽でもいれば、この説は簡単に崩される（図1・1）。科学者は、どんなにばかげているように見えても、立てられるどんな考え方でもすべて聞く耳を持っている。が、結局その考え方が科学者の世界に受け入れられるには、それを否定することに熱心な科学者軍団による批判的評価と、同業者による審査《ピアレビュー》の過程に耐えなければならない。科学的仮説はいつも暫定的なもので、検証と修正にかけられ、「最終的な真理」という地位に達することはない[11]。

　科学者がもともと、他人の楽しみに水を差す否定的なひねくれ者というわけではない。どんな考えでも、何度も検証して、ありうる論駁をくぐり抜けて、確立する、あるいは受け入れられるようになるまでは、警戒して懐疑的になるということにすぎない。懐疑的になるのも無理はない。人間はあらゆる間違いを犯すこともできれば、間違った考え方を喜んだり、自己欺瞞を実践したりすることもできる。科学者には、誰か、あるいは何らかの集団による実質の伴わない説を、盲目的に受け入れることがで

図 1.1　オーストラリア，パースに棲息するブラックスワン（写真は Kylie Sturgess 提供）

きない。科学者として、科学的な考え方として受け入れる前に、その説を批判し、注意深く評価し、検証するよう義務づけられている。

この慎重な姿勢が必要なのは、一面では、科学者も人間であり、したがって他の人々と同じ弱点があるからでもある。科学者だって自分の考えを認めてもらいたいし、それが正しいと思いたい。しかも、科学者が自分の先入観に合うよう、データを誤解したり過剰に読み込んだりすることはいくらでもありうる。ノーベル賞を受賞した物理学者のリチャード・ファインマンの言い方では、「第一の原則、自分を騙してはいけない。それに自分がいちばん騙されやすい」。そのために、多くの科学実験が、二重盲検《ダブルブラインド》法と呼ばれる方法でおこなわれる。実験の被験者がAかBかを知らないだけでなく、実験する本人も知らないという仕組みだ。サンプルは符号で表され、実験が終わった後にならないと、その符号を解除して結果が予想と合っていたかどうかを知ることはない。

科学者が人間で、間違いやすいものなら、なぜ科学はこれほど機能するのだろう。答えは検証可能性とピアレビューにある。個人個人はそれぞれの偏見に目をくらまされるかもしれないが、学会発表でも印刷物でも自分の考えを公表すれば、その成果は科学者社会の徹底した審査にかけられる。結果が他の科学者集団によって再現できなければ、試験には不合格ということになる。ファインマンの言い方では、「自分の理論がいかに美しいかはどうでもいい。自分がどれほど頭がいいかはどうでもいい。実験と合わなければ間違い」。

それは科学研究ではあたりまえのことだ。ただ、あたりまえすぎてメディアの関心を惹かないので、たいていの人の耳にはそういう話が入ってこない。メディアは、隕石の衝突が特定の大量絶滅をもたらしたというような華やかな説を、それがまだ唱えられたばかりのときに報じたがるが、すぐに次の派手な話題に移っていって、一年か二年か後に先の説が否定されてもそのことを報道することはない。スタンリー・ポンズとマーティン・フライシュマンが一九八九年に唱えた悪名高い「常温核融合」の例は、まれな例外だった。あまりに驚くべきことだったので、世界中の研究室がすべてを放り出して、その結果の再現にかかったのだ。報道メディアは、この説がほんの何週間かで輝かしい新説から信用できない仮説へと移り変わるのを見た。しかし何週間だろうと何年だろうと、科学者はいずれ重要なアイデアを検証する。十分に時間があれば、優れた科学のアイデアは、この過程によって徹底的に検査され、仮説あるいは推測から、確立した現実へと移ってきた。天文学者の故カール・セーガンは、有名なテレビ番組『コスモス』でこう言っていた。「科学にはたくさんの間違った仮説があります。それは文句なく適切なことです。そうした仮説は正しいことの発見に開かれた窓です。科学は自己訂正の過程です。新説が認められるためには、証拠と精査という最も厳格な基準に耐えて生き残らなければなりません」。

科学、信念体系、疑似科学

科学的な方法は、往々にして、人間が意思決定を行なったり生活を送ったりするときに用いる概念や信条の多くと真正面から衝突する。場合によっては、科学の発見やさらには常識に反するだけでなく、信じている当人にとって害になる信条もある。たとえば蛇を操る宗派の信徒が、神が守って下さるからと信じて、ガラガラヘビやマムシを儀式に取り入れたりする場合がそうだ。信徒はいずれそうした蛇に噛まれる。過去八〇年の間に、そのために亡くなった人が七〇人以上いる。何かの宗教の信者や、最近急増しているワクチンを拒否する人々は、ワクチンが本人や子どもを重大な病気にかかる（さらには死亡する）リスクから保護するための安全で有効な手段であることを示す証拠は圧倒的だというのに、現代医学の恩恵を受け入れようとしない。セーガンの言い方では、「我が子をポリオから守りたい場合、お祈りすることもできるが予防接種させることもできる」[12]。

非科学的な信念体系の多くは、その考え方や方法が科学のものとは合致しなくても、それが「科学的」だと思わせようとする。科学の立派なところ、つまり科学は私たち文明に対して多くのことをなしてきたし、多くの人々から高く評価されているところを、実際に科学をおこなうことなく利用しようとする。たとえばクリスチャン・サイエンス（実際に現代医学を拒否する）や、サイエントロジー、さらにはキリスト教根本主義者による聖書の教えを科学的創造主義あるいは創造科学として立てようとする試みなどの、断固として非科学的な信念体系も含まれる。しかしそうした考えは、厳格な科学の方法で検証されれば、試験に合格することはないだろう。信徒が反駁できないと考えるそうした信条は、本物の科学とは何の関係もない。

とくに創造主義者は、飽くことなく、ごまかしを試みようとしている。この宗派の人々は、最初、「聖書創造主義」という比較的正直な呼称で通っていた。その後、公教育の理科《サイエンス》の教育課程に創造主義を入れようとする試みが、教会と州の分離という連邦憲法修正第一条に違反するからということで、連邦裁判所によって棄却された。そこで一九六〇年代の終わりから、科学的創造主義者と名乗るようになり、教科書からあからさまな神への依拠は削除した。しかしこの宗派の文書を見ると、科学的創造主義とは、あからさまな宗教用語がないだけで、昔ながらの聖書に基づく創造主義に他ならないことは明らかだ。正体がさらによくわかることに、多くの団体の創造主義者は、聖書を字義通りに受け入れるという誓いを立てなければならず、どんな科学的な説を唱えようと、それは創世記に合わせなければならない。これは科学者のすることではない。科学者の結論は暫定的なもので、いつも否定と反証にかけられなければならない。一連の連邦裁判所の裁定は、この創造主義のごまかしを見抜いており、一九八〇年代以後、創造主義者は自分たちの宗教的な教えをますますわかりにくくして公立学校に忍び込ませようとしている。およそ一〇年の間はインテリジェントデザインの計略を用いていたが、二〇〇五年十二月には、ペンシルヴェニア州ドーヴァーの法廷の判決で論破される。今はインテリジェントデザインも衰えつつあり、学校に押し込まれることもない。今のところ、創造主義者はもっとずるい戦術を使っている。「異論を教える」、「進化の長所と弱点を教える」といったことだ。しかし創造主義者はいつも文書で足跡を残している。その思想の後ろ盾は誰か、その宗教的動機について何を明らかにしたかを突き止めれば、それもまた必ず、宗教的な動機を隠そうとする試みに行き着く。裁判にかけられれば、反進化論の方向性を公立学校に忍び込ませようとするこの最新の試みは退けられるだろう。

「トンデモ話検出装置」と疑似科学

科学的に見えても、実際には、仮説が検証可能で反証にかけられるという科学的方法には従っていない説を立てるというやり方は、疑似科学と呼ばれる。疑似科学にもいろいろあり、人が答えを求めている疑問への答えを出そう（あるいは売ろう）としたり、人々の驚きや不思議の感覚に訴えようとしたりするが、いずれも、検証可能、反証可能、ピアレビュー、結果が出ないときは説が否定されるという科学の基準を満たしていない。それなりの知的経験を積んだ人なら、セールストークで言われたり、コマーシャルで見かけたり、広告で読んだりする嘘やあやふやな話や誇張のような、日常的に言われることに対しては、懐疑の感覚を育てている。人が持つ「トンデモ話検出装置《バローニー・デテクション・キット》」（カール・セーガンの命名）は、そうした説を排除するのがうまく、日常生活のたいていの面では、「うまい話には裏がある」といった格言が守られている。ところが、不確実なことで安心や手助けを約束するものについては、こうしたフィルターを忘れてしまう。超能力者から、あなたの亡くなった肉親と話ができますよと言われるとか、何にでも効く薬やおまじないで病気が治りますよとか、よく当たる占い師ですよとか、そういう話はこちらの騙されやすさにつけこもうとしている。

世界でも最高水準の生活をし、優れた教育も受けているアメリカ人でも、相変わらずすぐに騙される。世論調査のたびに、アメリカ人が高い割合で、明らかに間違っていたり疑似科学的だったりする、UFO、超能力、星占い、タロットカード、手相等々の説を信じていることが明らかになる。そうしたことがこれまでに繰り返しからくりを見破られていても、関係ないらしい。『スケプティック』誌を発行するマイケル・シャーマーの指摘では、人にはそういうことを信じる必要があるという。そうした話が慰めをくれたり、確実でない未来に対処する助けになったりするのだ。[13] 誰しも、占い師が語る未来予測に安心したり、超能力者が伝えるあの世からの通信に慰めを見いだしたりすることに、ある程度の共感は抱くことができる。しかしこれほど多くの人々がUFOを信じたり、ホロコーストはなかったという下劣で恐ろしい反ユダヤ思想をいくらかでも信用したりするのは不可解だ。

「トンデモ」説を検出するのに使えるふつうの道具はいくつかある。その大半はシャーマーとセーガンが提供したものだが[14]、ここでは本書の主題に直接の関連があるものだけを取り上げる。

・並外れた説には並々ならぬ証拠が要る　カール・セーガンによるこの有名な命題（社会学者マルセ

ロ・トゥルッツィによる「並外れた主張には並々ならぬ証明が要る」という格言に基づく）は、未確認動物学の分野では最も重要だ。[15] セーガンが言ったところでは、科学者はほとんど毎日、あたりまえのように何百という発見や説を得ているが、たいていはすでに知られていることをほんの少し広げるだけのことなので、科学者社会の徹底した検証を必要とすることはない。しかしトンデモ学者や境界科学者や疑似科学者は、世界について革命的なことを言い、自分が正しいことを熱心に主張する。そのようなことを唱えるには、大半の証拠がその説に不利な中に、もしかしたらそうかもという程度の、ぼやけた写真、目撃証言、たとえばビッグフットの曖昧な足跡などといった証拠が一つや二つあるというのでは十分ではない。そんな動物は存在しない可能性が高いという現実を乗り越えるには、その生物の骨の実物、あるいは死骸といった並々ならぬ証拠が求められる。

・**挙証責任**　刑事裁判では、合理的な疑いを超える立証をしなければならないのは検察側で、検察にそれができないからといって、被告人側は何もする必要はない〔無実を立証する必要はない〕。民事裁判では、原告が「証拠の優越」に基づいて主張を証明しなければならず、被告は何もする必要はない。科学では、並外れた説は、広い範囲の知識をひっくり返すのだから、定型的な科学の歩みよりも重い挙証責任が課せられる。自然淘汰による進化が一五〇年前に初めて唱えられたとき、それは既成の創造主義思想を覆そうとしていたので、挙証責任は進化論のほうにあった。その後、多くの証拠が積み重ねられて進化があったことは示され、その結果、挙証責任は、進化論を覆そうとする創造主義の側に返された。本書で取り上げられる未確認動物のほとんどについては、その存在を信じる人々に挙証責任がある。そうした生物について言われていることの大半は、生物学、地質学などの科学からわかっていることと反している〔つまりそれを覆そうとしている〕からだ。

●権限、資格、専門的知識　疑似科学者は、主な方針の一つとして、その説の先頭に立つ支持者が持つ資格を、説が信じられることの証拠として挙げる。しかし博士号や高度な経験なら何でもいいわけではない。「権限」は関係する分野での高度な訓練を積んだことによらなければならない。何かの高い学位を挙げるのは、語る相手に対して、学位を持っているくらいだから自分より賢くて、どんなことにも専門的な知識があるのだと思わせるための目くらましの戦法である。しかし博士号を取った人々は、それが訓練を受けた分野について語れる資格を与えているだけだということを知っているし、博士課程の学生は、長くつらい博士論文の研究を終えて論文を書き上げる間に、実は他のテーマに関する訓練の幅をいくらか失う傾向がある。たいていの科学者は、自説を主張するときに博士号をひけらかす人は「資格印象操作《クレデンシャル・モンガリング》」だということに賛成する。おおまかに言って、本の表紙に「博士」を謳っているときは、その本の論旨はおそらくその学位にふさわしいものではない。

　創造主義者はこれを、「進化論を認めていない科学者」の名を並べることによっておこなう。しかしそこに挙げられた人々が持っているのは、批判の対象となっている分野とは無関係なものだ。工学だったり、流体力学だったり、物理学だったり、化学だったり、数学だったり、獣医学だったり、歯科学だったりで、場合によっては生化学だったりするかもしれない。しかし古生物学者や地質学者はまずいないし、主要な研究機関で訓練を受けた生物学者もほとんどいない。地球温暖化が現実であることを否定する人々にも用いられているこの戦法のばかばかしさは、公立学校の理科教育に対する創造主義者の攻撃と戦う米国立科学教育センター（ＮＣＳＥ）によって明らかにされた。ＮＣＳＥは、進化が実際にあったことを認めている資格のある科学者のうち九九・九九パーセント（創造主義者の挙げる数十人に対して）の名を挙げるのではなく、プロジェクト・スティーヴというものを実施した。[16] この名簿はスティーヴ系の名（スティーヴン、ステファン、ステファニーも入る）の、進化論を認めている科学者で構成される。これは進化論を認める科学者のうち一パーセントにもならないが、これまでに一二〇〇人ほど集まり、それだけで創造主義者が挙げる人の総数をはるかに上回る。

同じことは、未確認動物学を唱える人々についても言える。未確認動物学を唱えたり、未確認動物学研究に従事している、有名な未確認動物学者の「殿堂」[17] 入りをする人々を含めた面々のうち、謎の生物を見つけたり資料をそろえたりする点で権限が与えられるほど高い学位を持っていたり、関連分野での訓練を受けている人々はほんのわずかしかいない。関連分野には、野生生物学、生態学、系統分類学、古生物学、自然人類学などが含まれる。たいていのモンスターハンターは、科学の現場にはなじみのないアマチュアのファンであり、生態学、古生物学、野生生物生態学の基礎についての訓練は受けていない。「動物学者」や「博士」のような立派そうな称号を標榜する人もいるが、肝心の内容にかかわる情報は省略されている。たとえば、今はない国際未確認動物学会（ＩＳＣ）の創立メンバーで、長い間幹事も務め、ロイ・マッカルの未確認動物学的調査にも協力した、故リチャード・グリーンウェルは、ビッグフット支持者のジョン・ビンダーナーゲルなどからは「ドクター」と呼ばれている。[18] しかしグリーンウェルは関連する分野で公式の教育は受けていない。その「博士号」は、メキシコのグアダラハラ大学から得た名誉学位だった。[19] 同様に、モケーレ・ムベンベの第一人者、ウィリアム・ギボンズは、未確認動物学の文献では、「ビル・ギボンズ博士」と名指されることがあり、いくつかの学位があることを謳っている。[20] しかしギボンズの学士号と修士号は、宗教団体によって与えられた宗教教育学のもので、学会での地位はないし[21]、文化人類学での博士号は、オックスフォードにあるウォーンバラカレッジから与えられたものだった——オックスフォード大学とは何の関係もない機関で、イギリスでは教育省によって学位授与の権限がないとされている（そのため罰金も科せられた）。したがって、アメリカでも連邦奨学金の支援は受けられない[22]（オックスフォードにあることでウォーンバラが実際より立派に見えるとすれば、それはたまたまその地にできたということではなさそうだ。『ニューヨーク・タイムズ』紙が解説するところでは、「オックスフォード大学当局は、ウォーンバラは、不当にオックスフォードの名と海外での評判で商売をする一連の機関の中でも最新で最も恥ずべきものというにすぎないと言っている」。学生は、ウォーンバラはオックスフォード大学と正規の関係があると間違って信じ込まされているのだという[23]）。

未確認動物学者には関連する分野での高い学位がないという一般論には例外もある（一部については第7章で取り上げる）が、その例外でも、見かけよりは複雑な場合がある。十代の頃に未確認動物学にはまったが、科学者としての訓練を積むうちに（そして未確認動物の欠陥についてよく知るようになるにつれて）、未確認動物学研究には批判的になった、ベン・スピアーズ＝ローシュのような人もいる[24]。古生物学者のダレン・ネイシュのような、原則的には未確認動物学に友好的だが、実際の説についてはきわめて批判的という人もいる[25]。もっと本気で未確認動物学を支持している人々の間では、ロイ・マッカル（やはりＩＳＣの創立に加わった一人）は、生物学で博士号をとった正統派の科学者に挙げられることが多い。確かにそのとおりで、マッカルは元シカゴ大学で、在職中の一九五〇年代から六〇年代の末にかけては分子生物学と微生物学で高く評価される研究をおこなった。ところがマッカルはその後、主流の科学研究よりも、ネス湖の怪獣や、いわゆるコンゴの恐竜モケーレ・ムベンベについて研究したり、その研究について書いたりするようになった――こちらは自身が経験を積んだ科学の分野に近いとは言えない。はっきり言えば、マッカルには野生生物学や古生物学や生態学での信頼できる資格証明はない。もっと強力な例外として、野生生物学者のジョン・ビンダーナーゲルや解剖学者のジェフリー・メルドラムがいる。どちらもビッグフットを唱える先頭にいて、しかも公式の学歴が未確認動物学の中心領域に関連している。しかし、ひとにぎりの公式の学歴がある権威が関心を向けているからといって、ビッグフット（あるいは未確認動物）がいるとする証拠の堅実さについて何かわかるわけではない。ビッグフットの証拠を調べ、批判する資格のある、同様の学歴の人類学者が何千といて、そうした人々はほとんど満場一致で、ビッグフットの証拠は採用できない、あるいはせいぜい掠《かす》る程度と考えている[26]。これがピアレビューの実際だ。しかるべき学歴があったとしても、当人が考えていることが必ず正しいとか権威があるといったことになるわけではない。主張はピアレビューにかけられてその審査に合格しなければならないし、唱える本人は、その説を他の科学者がまともに取り上げるよう証拠を固めなければならない。

・個別応答とアドホックな仮説　疑似科学者の特徴の一つは、証拠が著しく不利な場合には科学的方法に沿って仮説を捨てるということをしない点だ。逆に、自説を救うために、個別応答〔法律用語で、対立する説を否定できる部分、自説に有利な部分だけを取り上げて自説を維持しようとすること。「我田引水」〕に訴える。その試みは、アドホックな（この目的のためだけの）仮説と呼ばれ、一般に不合格の印と見なされる。霊能力者は、実演をおこなって、死者と連絡できないと、懐疑的な人は「しっかり信じていないからだ」とか、「部屋が暗くなりきっていないからだ」とか、「今回は霊が出たいと思わなかったからだ」とか何とか言う。創造主義者は、ノアの方舟は何千万種もの動物を収容することはできないと言われると、「創造された種だけが乗った」とか「魚や昆虫は数えない」とか、「奇跡なんだから」とかの言い逃れを用いることがある。しかし科学はそのような、創造性のある、都合のよい臨機応変を認めない。科学の学説は証拠によって成立したり崩れたりしなければならない。これは、ヴィクトリア時代の大博物学者、トマス・ヘンリー・ハクスリーの言い方をすれば、「科学の大きな悲劇である――美しい仮説が醜い事実によって殺されるのだ[27]」。

目撃証言――不十分な立証

人間は何かを語る動物であり、他の人々の証言をすぐに受け入れてしまう。テレビショッピング業者や広告業者は、人気の有名人に製品を勧めてもらえば、ちゃんとした科学的研究や、FDA（食品医薬品局）の承認による支持がなくても、その品が売れることを知っている。単純な判断の場合には、身近な人の推薦でも十分な場合もあるが、断片的な話《アネクドート》は、科学ではほとんど証拠の数には入らない。科学史家のフランク・サロウェイの言い方では、「断片的な話だけでは科学にはならない。断片的な話が十あっても一つより良いということはないし、百あっても十より良いということにはならない[28]」。

たいていの科学研究には、何十、何百という実験あるいは事例と、詳細な統計学的分析が必要で、その分析をふまえて科学者は、おそらくAという事象がBという事象を引き起こしたのだろうという結論を暫定的に受け入れる。たとえば医学の治験では、対照群という、調べている処置を受けるグループとは別に、偽薬を与えられるグループがなければならない。偶然による作用や暗示の影響がありうるので、その影響を相殺して残る作用があるかどうかを見るためだ。そういう厳密な、被験者や観察する側の偏りや、ランダムなノイズなど、どうしてもついてまわる変動を相殺することができる検証をおこなったうえで初めて、科学者はAという事象がBという事象の原因である可能性が高いと発言できるようになる。そうであっても、科学者は「因果関係」のような決定的な言い方はせず、「事象Aが事象Bの原因となった確率は九五パーセント」のような、確率論的な言い方しかしない。他の科学者が別個に再現すれば、知見の確度は上がるが、どんなに堅固に何度も確認されようと、結論から不確実な部分がなくなることは決してない。

　科学者が、どんなにきちんと制御された実験の結果でも暫定的なものと考えなければならないのなら、当然、目撃証言についてはいっそうの注意を払わなければならない。目撃者は、法廷では一定の価値が認められるかもしれないが、断片的な話は、たいていの科学研究では、必ず証拠として非常に疑わしいものと見られる。目撃者は、武器などの気を取られることに目をくらまされ、緊張で混乱し、起きなかった出来事を自信満々で「おぼえています」と思い込むことになりがちであることは、何千、何万という実験で明らかになっている[29]。目撃者の証言は極度にあてにならないことが、一九九九年におこなわれた有名な心理学の実験で鮮やかに浮かび上がった。このとき被験者は、白いユニフォームを着た若い男女がバスケットボールをパスしているビデオを見て、何回パスしたかを数えるよう指示される[30]。ビデオの途中で、ゴリラの着ぐるみを着た人物が場面の中央に躍り出て、カメラを見つめ、胸をどんどんと叩き、それから場面の外へ出て行く。ところが、初めてこのビデオを見た人のうち、およそ半分は、自分がゴリラにまったく気づかなかったことを知って衝撃を受けることになる。パスの回数を数えることに集中していると、大半の人々は、目の前で実際に起きていることを正しく認識することができないのだ。

ゴリラが目に入らなくなるこの「非注意による見落とし」作用は、目撃者の知覚が肝心なところで成り立っていないことを示す多くの場合の一つにすぎない。A・レオ・レヴィンとハロルド・クレーマーの言うところでは、「目撃者の証言は、せいぜい、そういうことがあったと本人が信じていることの証言でしかない。実際にあったことである場合もあれば、そうでないこともある。知覚、時間の長さ、速さ、高さ、重さの計量、犯人が誰かの正確な特定といったことについてまわるすべての問題点のせいで、正直な証言であってもまったく信用できなくなる」[31]。その結果、DNA検査をしてみると、目撃者の証言で間違って有罪になっている例が次々と明らかになって、世界中の裁判制度が改革を受けなければならなくなっている。心理学者のエリザベス・ロフタスが明らかにしたように、目撃者による事件の話や、その記憶は、あきれるほど信用できない。

記憶は完全ではない。それはそもそも私たちがものごとを正確に見ていない場合が多いからだ。しかし何らかの経験について、そこそこ正確な像を得ているとしても、それが記憶の中で完全にそのまま残るとはかぎらない。そこにはまた別の力が作用している。記憶の痕跡は実際に歪曲を受けていることがある。時間の経過とともに、個々に固有の動機により、事実に対して特有の干渉が加わることにより、記憶は変化したり変容したりすることがあるらしい。この歪曲は恐ろしいことにもなりうる。実際には起きなかったことの記憶ができることもあるからだ。どんなに頭の良い人でも、記憶はそれほど影響されやすい[32]。

懐疑派の研究者ベンジャミン・ラドフォードとジョー・ニッケルは、この点を鮮やかに説くいくつかの例を挙げている。[33] 二〇〇四年、デニス・プラクネットと一四歳の息子アレックスは、フロリダ州の北部でハンティングをしていた。アレックスは父親から二〇〇メートルほど離れた溝にいた。誰かが「イノシシだ」と叫んだ。父デニスは銃を構えると、遠くで動く、自分ではイノシシに見えた目標を狙い、発砲した。ところがデニスが頭を一発で撃ち抜いて殺したのは自分の息子だった。アレックスは黒のニット帽をかぶっていて、イノシシの着ぐるみとか、ちょっとでもイノシシに見えそうな格好をしていたわけではない。ところが遠目で、しかもイノシシが近くにいると言われたために、デニスはそのニット帽をイノシシと見誤り、悲惨な結果になった。この種の狩猟での事故は往々にして起きる。多くのハンターはまず撃ってから考えるからだ。遠くの動く目標を、想像力に喚起されて、自分の探しているもの――実際にそこにあるものではなく――を「見ている」のだと誤認する場合が多い。

あるいは二〇〇二年の、ワシントンDCでのスナイパー騒ぎという例もある。当初の目撃者は警察に、白か薄い色のボックスカーあるいはバンで屋根にラックがついた車を探すよう言っていた。警察官は空しく何週間もかけてひどい渋滞を起こしながら、手配の様子に少しでも合うような車を止めていた。ようやく、容疑者のジョン・リー・マルヴォとジョン・アレン・ムハンマドが捕らえられたが、白いバンだったはずが、結局濃い青のセダンだった。警察署長のチャールズ・H・ラムゼーは、「白人が乗った白いバンを探していたら、結局黒人が乗った青い車だった」と語った。[34] 新聞は、騒ぎのときに容疑者が実は犯行現場近くにいたため、何度か検問で止められたが、そのたびに、車が手配のものと合致していなかったために通されたと報じた。[35]

変わった経験の「記憶」あるいは奇怪な動物の目撃報告は、睡眠不足、夢、幻覚のせいとされることもある。たとえば、マイケル・シャーマーは、一九九三年にエイリアンに誘拐されたときの様子を述べている。[36] そのときシャーマーには、長距離クロスカントリー自転車レースで競走しているというストレスがかかっていた。頭がひどく疲れて、自分のサポート要員は宇宙からのインベーダーで、チームのキャンピングカーをエイリアンの宇宙船だと誤認したという。この話が示すように、有名なエイリアンによる誘拐や身体離脱体験の中には、夢やストレスによる幻覚によるものもあるだろう。[37] ハーヴァード大学の心理学者、スーザン・クランシーのエイリアンによる誘拐事件についての研究は、この点をもっと詳しく調べ、誘拐されたと信じるもとになるには、シャーマーの幻覚ほどありありとしている必要はないことを明らかにした。クランシーの説明によれば、「自分がエイリアンに誘拐されたと信じるようになるのは、『帰属過程』のひとつと言える。エイリアンによる誘拐は、奇妙で異常な、困惑する経験を説明しようとする試みの表れである」。[38] こうした異常な経験には、共通して、金縛り（覚醒から睡眠へ移行するときに生じる感覚的にはありありとした経験で、幻覚と身体が動かなくなることが一体になる場合が多い）のような睡眠の中断が含まれる。人はそのことに説明を求めて、この不可解な出来事にありうる筋書きとして、世間にはエイリアンによる誘拐があることを知る。そしていったん種子が植えられれば、しかるべく成長する。「本人が誘拐説を受け入れてしまえば、他のこともすべてぴたりと収まる」とクランシーは警告した。「エイリアンによる誘拐は、実に様々な不快な症状や体験に合いやすい」。記憶は変わりやすく、時間がたつと、誘拐物語にさらによく合うように変化することがある。同様の過程が未確認動物文献を歪めている。実を言えば、証言が含まれるすべての文献を歪めている。対象が未確認動物だろうと、幽霊だろうと、エイリアンだろうと、強盗だろうと、「目撃者」談は、人間の不都合な真実を見せる。人は実際に存在しないものを想像し、すでにわかっている現象（金縛り、熊、金星）を誤解する。その経験を自分で理解するために、細部が実際と異なる記憶に頼ってしまうのだ。

未開の土着の社会を調べるときも、科学的調査は慎重に進めなければならない。高度に工業化された文化には、何が現実で何が神話かということについて特定の考え方があるが、土着の文化ではそれほど厳密ではなく、文字どおりに考えられる場合がある。そこで、研究者が奥地へ出かけてイエティのような伝説の動物について尋ねても、先方は文字どおりの現実か神話的な現実かをはっきりさせられないことがある。探している動物の写真や絵を見せて答えを引きだそうとするのはもっと悪い。とくにひどいのは、最初に話をしておいて、それから地元の人に本当かと問うことだ。[39] 法廷であれば、それは目撃者に対する誘導と見なされ、認められない。そうすると証言が偏ったり、目撃者の頭に方向性が植え付けられたりするからだ。「目撃者」は、どんな動物でも見たことがあると言うが、それは求められているものとほとんど似ていないこともある。

どうすれば目撃証言の適切な科学的な取り扱いと言えるだろう。すでに見たように、たいていの科学者は、目撃証言を支持する強い物的証拠がないかぎり、証言には重きを置かない。どんなに信用できる目撃者の話でも、「並外れた説」を裏付けるのに必要な「並々ならぬ証拠」という基準は満たさない。

未確認動物とは何か――本物の科学から見ると

「未確認動物学《クリプトゾーオロジー》」という言葉はギリシア語の「クリプトス」（隠れた）とゾーオス（生物）という単語に由来し、字義通りには「隠れた動物の研究」という意味になる。この言葉や関連語（未確認動物類《クリプティド》や、「未確認動物学的《クリプトゾーオロジカル》」）の発祥は少々判然とせず、多大な議論の的にもなっている。[40]「クリプトゾーオロジー」という言葉はルシアン・ブランコによるとされることが多い。ブランコは一九五九年、著書にベルギーの動物学者ベルナール・ユーヴェルマンスへの献辞を書き、四年前にフランス語で出版された『未知の動物を求めて』をたたえて、「クリプトゾーオロジーの達人」と呼んだ[41]。この分野の初期の大物という評判のせいで、ユーヴェルマンスが自分でこの「クリプトゾーオロジー」という言葉を作ったと考えられることもある。しかしユーヴェルマンス本人はスコットランドの探検家、アイヴァン・T・サンダーソンによるとした。「サンダーソンがまだ学生のとき、『クリプトゾーオロジー』、つまり隠れた動物の学という言葉を考えた。私はずっと後になってその言葉を作ることになるが、すでにそれがあることはまったく知らなかった」[42]。一九四一年の段階で、ウィリー・レイの『肺魚と一角獣』という本についてのある書評によれば、この本は「肺魚と一角獣だけではなく、イシュタル門に描かれた聖獣ムシュフシユや、バシリスク、タッツェルヴルム、シーサーペント、ドードー鳥など、広く他の動物学や未確認動物学《クリプトゾーオロジー》の驚異を」[43]取り上げている。とはいえ、私たちが今、未確認動物学と呼んでいるものは、さらに前までさかのぼる――アントニ・コルネリス・アウデマンスとその著書『大海蛇』までは確実にたどれる（第5章でも見るように、大プリニウスなど、古典時代の自然誌家にまでとも言える[44]）。

たいていの定義によれば、未確認の動物（あるいは未確認の動物集団）を意図して探そうとすることは未確認動物学と分類できるが、慣習的には、ビッグフット、ネッシー、イエティのような相当の大きさの存在が仮想されている動物に関心が向けられている。「未確認動物類《クリプティド》」は、未確認動物学者が探し求める動物を指すために、ジョン・ウォールによって造語された[45]。ダレン・ネイシュが指摘しているように[46]、クリプティドの定義はきわめて流動的だ。ユーヴェルマンスは、クリプティドと考えられるためには、「真に特異的、予想外、奇異、目を引く、あるいは気持ちがざわつくようなもの」でなければならないと書いた。そうした特徴によって、この種の動物は神話の対象になれるのだし、それゆえにクリプティドとなるという論旨だった。[47] それでもユーヴェルマンスがすぐに見つかるのではないかと思っていた動物のリストには、エチオピア産のマーモットほどの大きさの哺乳類、地中海産の小型のヤマネコ、南太平洋産の飛ばない鳥などのクリプティドも入っていた。こうした動物は実際に見つかっても、動物学者を驚かせるようなものではない[48]。ネイシュは「未確認動物学」を定義し直して、目撃談、写真、物語、型を取った足跡、疑問の余地のある毛や組織の標本など、目撃者の話や断片的な話による手がかりといった、間接証拠のみで知られている動物の研究を指すとした。この定義はクリプティドを、その存在が捕獲された実物や採集された骨といった直接証拠に基づいているものと区別する。

　未確認動物学と従来からある生物学との違いは、必ずしも大きくはない。ネイシュが指摘するように、毎年何百という、以前は未知だった生物種が発見され、記載〔新発見の生物を形式や基本データを整えて公式に確認すること〕されるが[49]、そのほとんどは昆虫などの無脊椎動物で、科学者でない人々の想像力を捉えることはない。また、科学者が公式に「発見」する前から、民間の伝説で知られている生物も珍しくはない。そうしたいくつもの「元未確認動物」は、未確認動物学支持者から、まだ見つかっていない動物がたくさんいることの証拠として持ち出される。「元未確認動物」には、一七

図 1.2　マウンテンゴリラ．ウガンダのブウィンディ原生林にて．（ジュリー・ロバーツ撮影）

世紀から伝説で知られていたものの、一八四〇年になってやっと記載されたローランドゴリラや、記載は一九〇一年というマウンテンゴリラ（図1・2）などがある。キリンの近縁種として唯一現存しているオカピは、中央アフリカの濃密なジャングルの奥に隠れていて、地元の人々には知られていたが、公式に「発見された」のは一九〇一年だった（図1・3）。コモドオオトカゲは、インドネシアの人々には「陸のワニ」と呼ばれ、一八四〇年以後、頻繁に報告されていたが、公式に命名されて記載されたのは一九一二年になってからのことだった。カンボジアのジャングルにいる大型の野生の牛であるコープレイは、初めて言及されたのは一八六〇年のことだったが、公式に命名されたのは一九三七年のことだった。

大型動物が発見される頻度は、この一世紀で相当に下がったものの、それほど派手ではない新種は毎年見つかっている。ネイシュはかなりの規模の目録をまとめている[50]。そこにはこの十年で記載された中米や南米産の小型のアカシカや、東南アジア産のホエジカが何

図 1.3 オカピ．コンゴ民主共和国産の動物で，1901 年に科学の世界で正式に確認される前は，地元の情報源の証言という根拠で長い間噂されていた．（ダニエル・ロクストン画）

種かと、キノボリカンガルーや、いくつかの霊長類、齧歯類、コウモリ類が含まれている。地元に伝わる説話から知られていた動物としては、二〇〇五年に記載されたタンザニアのキプンジという猿がいる。南太平洋のブーゲンヴィル島産の鳴鳥類オデディは、二〇〇六年に正式に記載された。二〇〇八年、動物学者のマルク・ファン・ロースマーレンは、アマゾン川でマナティの小型種を発見したと説いたが、DNAの資料は今のところ、本当にアマゾンの大型マナティと別種をなすことは示せていない。つまりこの「種」は子どもの標本に基づいているかもしれない。

「新」種の中にはまず化石で存在を知られ、その後、生きたものが発見された場合もある。典型的な例がチャコペッカリーという、イノシシに似た、合衆国南西部や中南米に分布するペッカリーあるいはハベリーナの類縁種だ。アルゼンチンの有名な古生物学者フロレンティーノ・アメギノが一九〇四年に歯の化石を記載したのが最初で、科学者が「発見」して名づけるよりずっと前からパラグアイのグランチャコの先住民には知られていた[51]。ファン・ロースマーレンは最近、第四の種、ブラジルのアマゾン川流域で「ジャイアント・ペッカリー」を発見したと主張したことがあるが、他の動物学者には、まだ別種とは認められていない。

最初は化石として知られた生物でいちばん有名な例は、肺魚や両生類に近い総鰭類の魚、シーラカンスだ（図1・4）。一九三八年以前は、六五〇〇万年以上前の化石標本がまれに見つかるだけで、絶滅していると思われていた（今では一五〇〇万年前の化石もあるので、隔たりは以前ほど大きくなくなっている[52]）。一九三八年、南アフリカ沖の深海トロール漁船によって生きたシーラカンスが発見され、ただちに魚類の初期の進化のなごりと認められた。これには重要な意義があったので、もっといないかと探したり、相当の賞金がかけられたりして、結局、マダガスカルの北にあるコモロ諸島でさらにシーラカンスが発見された。もっと新しいところでは、インドネシアの沖や、またあらためて南アフリカの沖でも見つかっている。海では、一九七六年に発見されたメガマウスなど、多くの目を引く魚類やイカなどの生物の存在が明らかになり続けているので、発見のペースは陸上の動物と比べて劣ることはない。遠洋の深海では、思いも寄らない秘密がまだ守られているかもしれない。

現実との照合

生物学と生態学

今なお毎年それほどの動物が発見されているのなら、なぜビッグフットやネッシーの研究が「境界科学《フリンジ》」扱いされるのだろう。科学に新しく知られた動物と未確認動物との間には、伝承的な要素を措いても、重要な違いがある。今挙げたような「新」種はほとんどすべて、比較的体が小さく、他の現存する動物と近い関係にある。そのため、詳細な調査が行なえるようになるまでは、あっさり在来種と間違われていた――動物学の通常の範囲外

図 1.4　西インド洋の「生きた化石」シーラカンス（*Latimeria chalumnae*）は，最初は6500 万年以上前の化石の形で知られていたが，1938 年，南アフリカ沖で生きたものが捕獲された．今では，インドネシア沖やコモロ諸島沖など，インド洋の数か所で見つかっている．（ウェールズのリシンにある Fortean Picture Library の許可を得て転載）

にあるものはまったくない。生物学者が見つけて命名した最後の大型陸上動物は、チャコペッカリー、ローランドゴリラとマウンテンゴリラ、オカピ、コモドオオトカゲ、コープレイで、すべて五〇年から一五〇年ほど前に記載がおこなわれた。加えてこうした動物が見つかったのはたいてい、アフリカ、インドネシア、東南アジアの僻地で、(ネッシーやビッグフットがいると言われている)スコットランドや太平洋岸北西部のような人口が集中しているところではない。

生物学者は、見つかっていない種がいくつあるかという問題を厳密に取り上げていて、精巧な方法をいくつか使い、「発見曲線」(図1・5)というモデルを立てている。マイケル・ウッドリー、ダレン・ネイシュ、ヒュー・シャナハンは、二〇〇八年、こうした手法を未確認動物

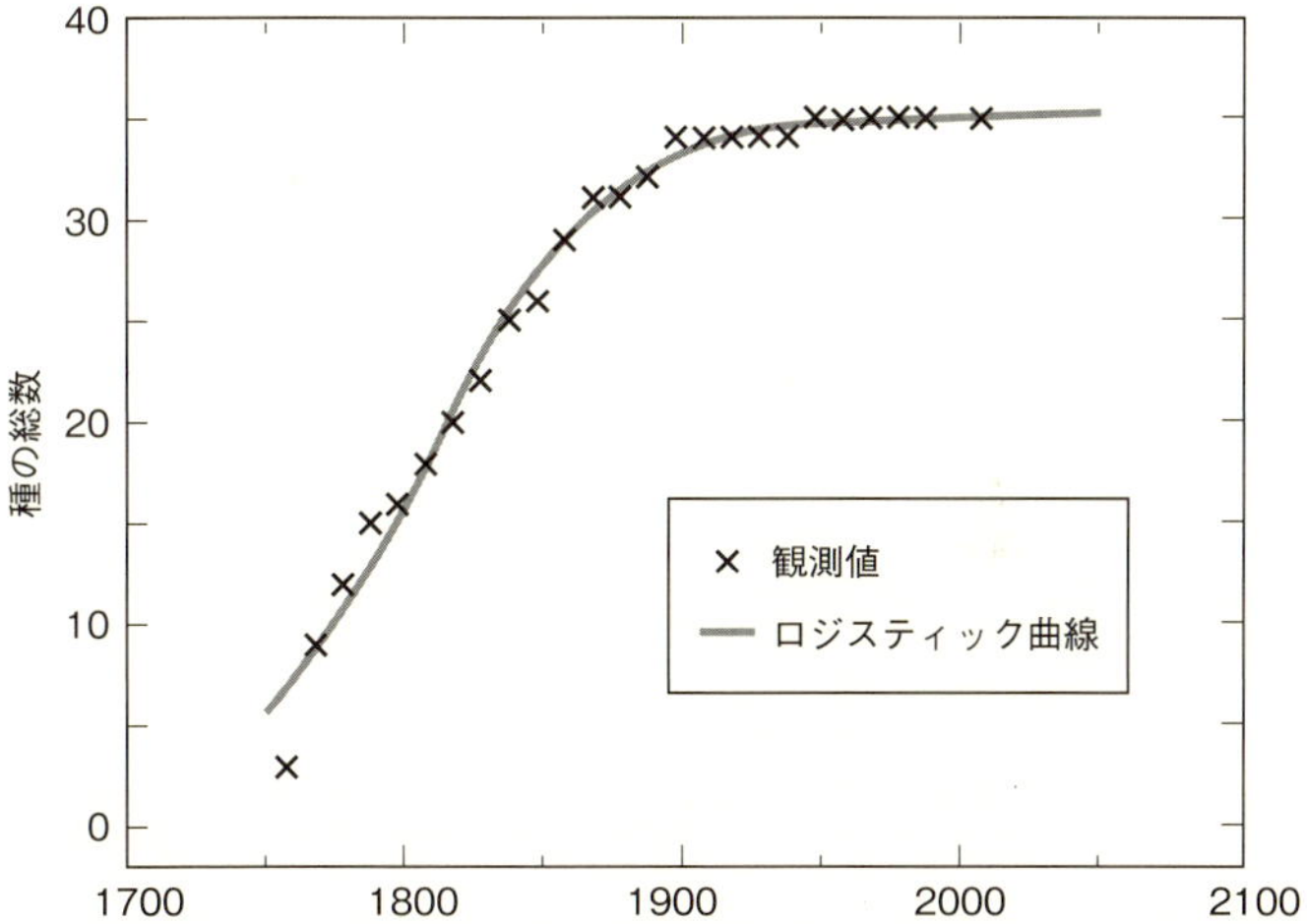

図 1.5 過去 300 年の間に発見された鰭脚類の新種数を示すグラフ．×で示された実際の観測値は，実践のロジスティック曲線と合致する．この曲線は，鰭脚類のような海洋動物の未知の種の発見は得るものが小さくなるところにさしかかっていて，見つかっていないで残っている種はほとんど，あるいはまったくないことを示している．(Michael A. Woodley, Darren Naish, and Hugh P. Shanahan, "How Many Extant Pinniped Species Remain to Be Described?" *Historical Biology* 20 [2008]: 225-235 をもとに手を加えた)

学者に対するある興味深い疑問に適用して、アザラシやアシカの類（鰭脚類）の一五種が未発見と考えられるという推定を出した。ただし、この数字は「実際に存在している数を相当に過大に見積もっている可能性が高い」と警告もしている。三人は、少し異なる評価手法に転じて、鰭脚類に見つかっていない種はわずかかまったくないのではないかと言っている。[53] ネイシュは、「われわれは断然、新しい鰭脚類はまずいないと考えるほうに軍配を上げる。つまりデータに基づけば新種はほぼゼロで、一つか二つくらいなら考えられなくもない。これは新しい鰭脚類という未確認動物学的な説は成り立ちそうにないという意味だと取っていただいてよい。見つかりそうな新しい鰭脚類はおそらく多くない（あるいはまったくない）のだから。もっとも、未確認鰭脚類という未確認動物学の説と矛盾しないと解することもできるだろう」――未確認動物学で唱えられている鰭脚類の数はごく少数だけということを考えれば。[54] この現実との照合結果に、アシカの類は大声を出し、換毛や繁殖のためにしばしば陸に戻って来る（そのときに姿を見られ、存在を確認されることになる）という制約があることも考えると、「海の怪獣」未確認動物の報告は、本当に未発見のアシカの類を目撃した可能性はきわめて低く（未確認動物学の文献では「鰭脚類説」は人気があるが）、正体を見誤った例である可能性のほうが高いと判断してよい。アンドリュー・ソローとウルコット・スミスはさらに広い手法を使って、大型海洋動物の発見率は、過去二、三十年でがくんと下がっていることを示した。この方法で二人が推定したところでは、まだ見つかっていない大型海洋動物は多くても十種には届かないという。[55]

たとえばオカピやコープレイの発見は、従来の動物学の領域内にある動物なので、実は未確認動物学の立場の助けにはならない。これは、資格のある野生動物学者が、熱帯のアフリカや東南アジアの僻地で人があまりいない地域を調べ始めれば得られると予想される類の動物学的な発見だった。同じように、シーラカンスやメガマウスの発見は、特筆すべきことかもしれないが、こうした魚は、深海の、めったに漁がおこなわれない、地球に何か所しかないところに住んでいる。なかなか行けないところにいれば、動物は長い間見つからないでいるのが容易になる――それでも大したもので、オカピやシーラカンスのような動物はそのうち所在をつきとめられて、記載される。

これとは対照的に、何百という動物学者、何万というハイカーやキャンパー、林業者が太平洋岸北西部の森を歩き回っているのに、ビッグフットの存在を支持する堅実な証拠を見つけることができた人はいない。ほとんどすべての「証拠」は断片的な話であり、目撃談であり、疑わしいフィルム映像であり、あやしい足跡の型であり、出どころのはっきりしない毛髪だったりである。太平洋岸北西部の森林は、辺鄙でも未踏の地でもなく、実際には、伐採搬出で（あるいは近年では松喰い虫の大発生によって）破壊されている。[56] こうした森林に住む動物はすべて、それが存在するまぎれもない証拠を残す。巣、排泄物、死骸、骨格やその一部、歯、ばらばらの骨などだ。ところがなかなか見つからないビッグフットは、足の指の骨一つ残していないし、ビッグフットはどういうわけか他の動物より腐敗が速いとか、近親者によって埋葬されるとかの支持者の説明は、場当たり的で、要するに成り立たない。

このことからさらに重大な問題が生じる。ビッグフットやネッシーやイエティほどの大きさの動物が、単独個体だとか、その種の最後に残ったわずかな生き残り集団だといったことはありえない。何万年も残ってきて、支持者が説くように何百回も目撃されたなら、相当の集団でなければならない。長続きするほどの集団で暮らしているなら、何百という信頼できる目撃例、よく撮れたフィルム映像、たくさんの死骸や骨の形など、紛れもない証拠があるはずだ。それも孤立した個体ではなく、雌や子どもも含む集団の証拠だ。皮肉なことに、こうした未確認動物が存在しない最善の証拠は、未確認動物学者が押し出そうとする疑問の多い証拠の多さではなく、もっと質の良い証拠、とくに死骸や骨のような、決定的で具体的な証拠がないことによる。

さらに興味深いことに、太平洋岸北西部の森や、ヒマラヤの雪渓や、コンゴの密林や、ネス湖の水中を探す人が多くなるにつれて、ビッグフット、イエティ、モケーレ・ムベンベ、ネッシーの証拠は増えるどころか減っている。携帯電話のカメラがどこにでもあり、地表の新聞が読める衛星がいつも地上を見つめている現代世界では、信頼できる画像がないのは、未確認動物の存在にとってはあまり良い兆しではない。

次に重要な検討項目として、ビッグフットやイエティやネッシーほどの大きさの未確認動物の集団は比較的広い面積を占めていないと、餌など、生活を維持するための資源を十分に得られないということがある。体の大きさと棲息地の範囲の関係は複雑だが、一般に体が大きいほど棲息地の範囲は広がるし、棲息地と体の大きさとの関係については幅広い複合的な資料によって確認されている[57]（図1・6）。ヨハン・デュトワが明らかにしたように[58]、アフリカの大型哺乳類については、棲息地の範囲（A_{hr}）は体重（M）によって、次のような式で表される。

$$A_{hr} = 0.024\,M^{1.38}$$

ローランドゴリラは約一〇〇平方キロの棲息域があり、たとえばキリンと比べるとはるかに活動的でも移動性でもない（キリンは個体が約二八〇平方キロの領域を必要とする）。広い範囲に住んでいると思われる二足歩行のビッグフットやイエティほどの大きさの動物なら、少なくとも二五〇平方キロほどの棲息地域を占めていなければならないだろう。ところが、このような棲息地の多くは人間の居住地となって劣化したり分裂したりしているので、残された斑状の区画にならざるをえず、発見の可能性が高まる。あるいは逆に言えば、存在する可能性が下がる。

　これは大型動物が熱帯雨林のようなところで直面している問題だ。生態学者のロバート・マッカーサーとエドワード・O・ウィルソンは、有名な専門書で、しかじかの領域にいる生物種の数は、それが占める総面積によってかなりの程度予測できることを示した[59]。雨林の生態学者は、この有名な関係を使って、森林を伐採や農地化によっていくつもの小さな区画に分割すると、大型動物がいなくなることを見ている。ジャガー、バク、サイ、トラは、生き残るために広大な棲息地を必要とするのだ。この問題は、棲息地が温帯林にあり、道路や町や農地で隔てられた何百もの小さな保護地や公園に分割されたビッグフットの場合には、さらに増幅されるだろう。もっと広い国有林の中でさえ、あちこ

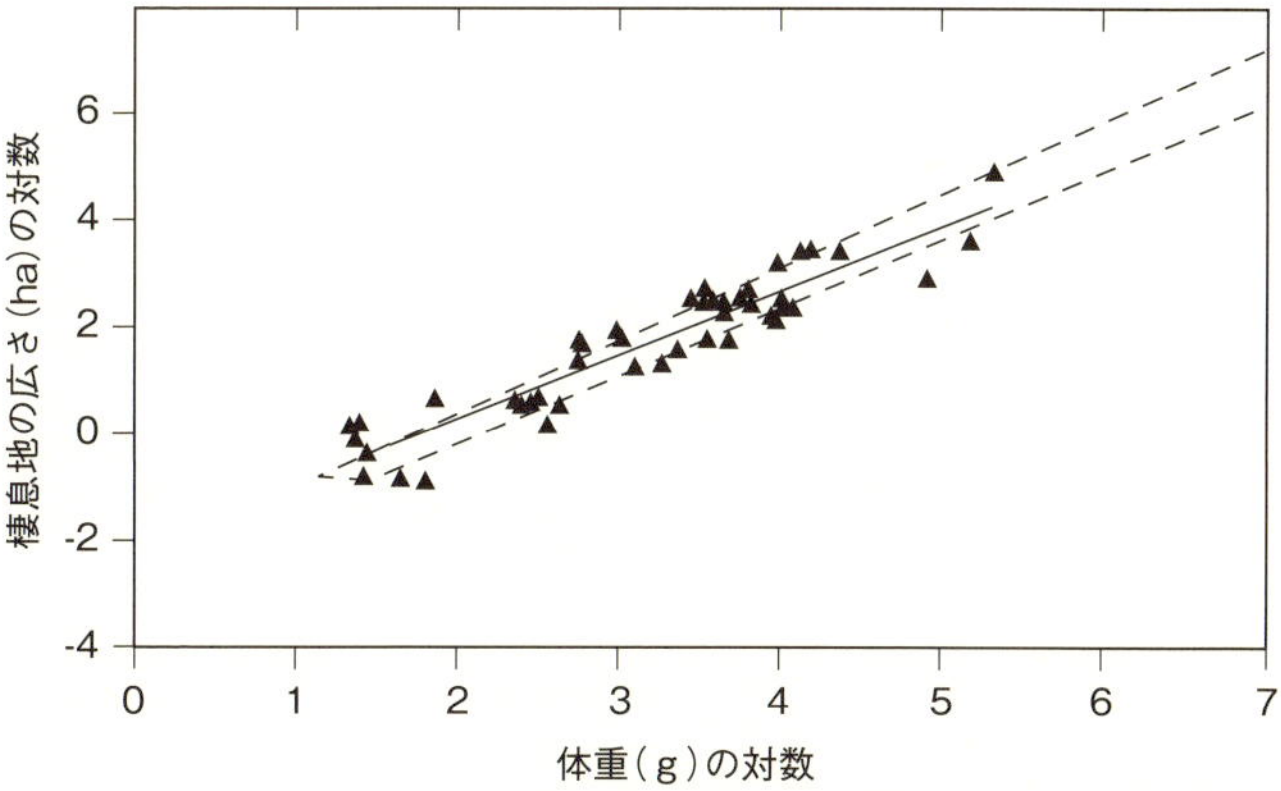

図 1.6　雑食性の陸上動物についての体重と棲息地面積の関係を表すグラフ．体が非常に大きい動物（ビッグフット，イエティ，モケーレ・ムベンベのような）は，存立可能な集団を維持するために，広大な棲息地を必要とする．草食動物，肉食動物についても，似たようなグラフができる．（Douglas A. Kelt and Dirk H. Van Vuren, “The Ecology and Macroecology of Mammalian Home Range Area,” *American Naturalist* 157 [2001]: 637-645 のデータをもとにあらためてグラフにした）

ちの原生林の領域のほとんどが極度に小さくなったり、ある区画がすべて伐採搬出されてしまうせいで破壊されてしまったりしている。

棲息地が限られるというのは、未確認動物として喧伝されているネッシーなどのような、空気呼吸をするいろいろな「湖の怪獣」の場合には、さらに問題になる。怪獣の棲息地と言われるネス湖などの湖は、比較的水量が少なく、一般に餌となる魚などの資源に乏しく、そこにいると言われるような巨大生物の集団を養うことができない。

地質学

生態学によって数え上げられる問題では、大型未確認動物が存在することの妥当性を下げるのに十分ではなかったとしても、地質学者から見ると、さらに大きな障害がある。非常に単純な制約から始めよう。更新世（二五〇万年前〜一万一七〇〇年前）の氷河期だ。二万年前というごく最近のこと、北半球の北部は厚さ一キロ半以上もある、今グリーンランドや南極を覆っている氷床と同じような氷床で覆われていた（図1・7）。つまり、ネス湖（どころか間氷期の温暖な時期のイギリス諸島の南のはずれ以外の大部分）は、この三〇〇万年のほとんどが氷河の下だったことになる。ネッシーの集団は氷の中で冷凍されていて、後で解凍されて奇跡のように復活したか（生物学的には不可能）、他で生きていた生物がネス湖に泳いで移ってきたかのいずれかだった。ところが、ネス湖は海抜一六メートルほどの淡水湖だ。ネッシーが本当に海を渡るプレシオサウルスだったら、プレシオサウルスはなぜ他の淡水の川や湖に定住しなかったのか。他の塩水で暮らすプレシオサウルスは今どこにいるのか。氷結は、海から遠く離れた湖で暮らすとされるチャンプのような内陸の未確認動物にとってはさらに重大な問題だ。大西洋への出口

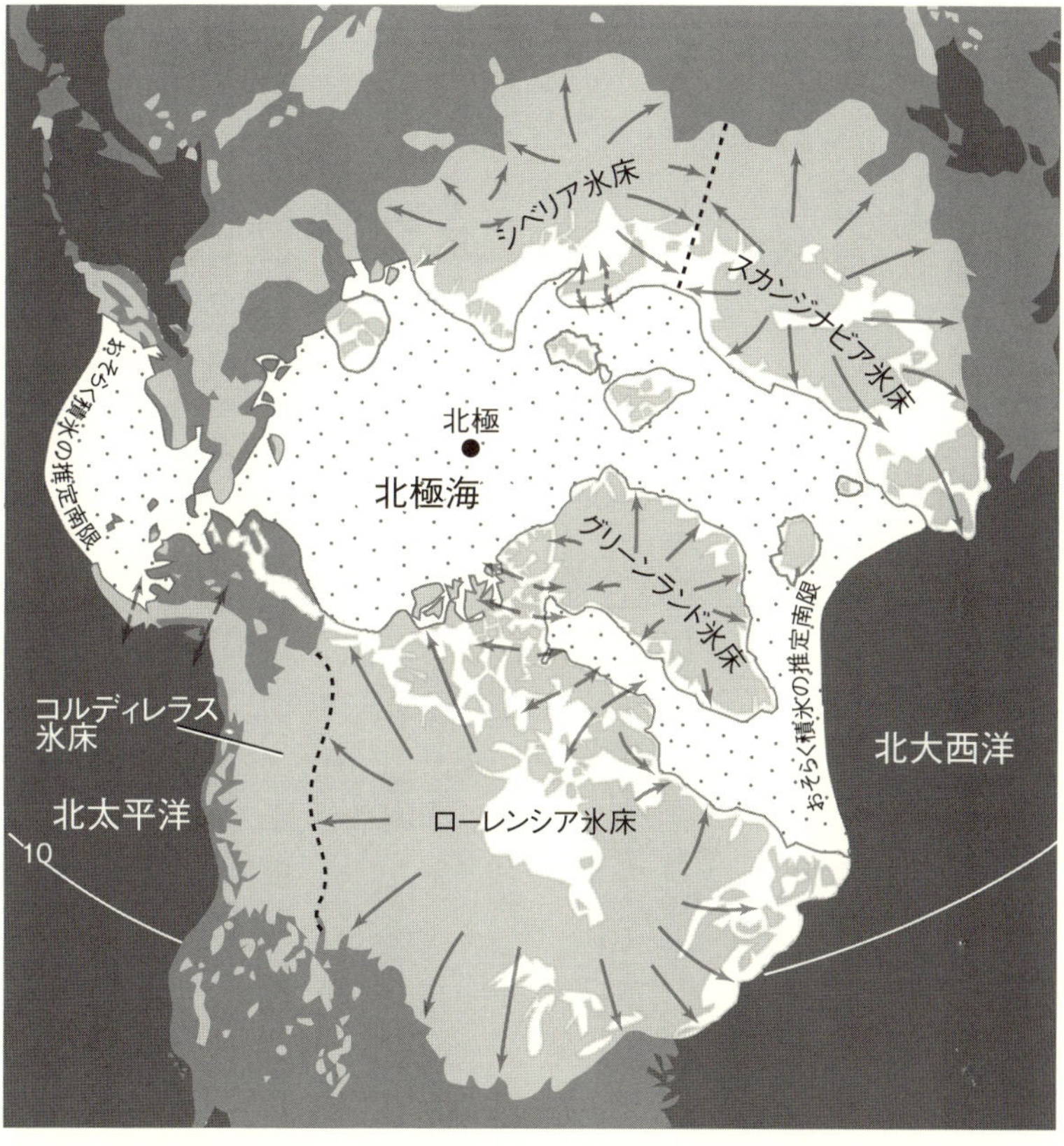

図 1.7　更新世の氷河期には，氷床が南北極地方だけでなく，怪獣が住むと言われる湖（ネス湖やシャンプレーン湖のような）すべてを含む，北部ユーラシアと北アメリカの大半を覆っていた．つまり，そのような生物がその当時に生きていたとしても，厚さ 1.5 km 以上の氷の下で凍結されていたか，遠くの北海や大西洋から陸に囲まれた湖まで何とかして泳いで移ってきたか，いずれかだった．（Donald R. Prothero and Robert H. Dott Jr., *Evolution of the Earth*, 8th ed.［Dubuque, Iowa: McGraw-Hill, 2010］による）

から遠く離れている、チャンプの根拠地であるシャンプレーン湖は、ほんの二万年前には、ネス湖よりもさらに厚い氷の下だった。実際、未確認動物を養うとされる湖のほとんどが北の方にあり、最後の氷河期の間、氷に下に埋もれていたのだ。

古生物学

さらに問題になるのが、化石記録からの証拠——あるいは証拠がないこと——だ。化石記録が完全だと言う人はいないが、古生物学者はどの器官が化石になりやすく、どの器官がなりにくいかを見事に理解している〔60〕。細かい骨の小型動物（鳥など）は化石記録には現れにくいが、丈夫な骨の大型動物（大型の飛ばない恐竜など）は、保存される可能性が高くなる。マンモス、マストドン、サイ、恐竜のような大型動物については立派な化石記録が存在する。そういうわけで、古生物学者は、同じ大きさの多くの動物の豊富な骨があるのに、しかじかの動物の化石が同じ年代の地層に見つからない場合には、その地域にはほぼ確実にその動物はいなかったことに相当の自信を持てる。大きな骨のある動物の小さな骨の断片でもきわめて長持ちするので、古生物学者は、化石になった断片がどんなに小さくても、その動物がいたことを判定できる。

こうした考察には、ビッグフット、ネッシー、モケーレ・ムベンベのような大型未確認動物ほとんどすべてにとって重大な意味がある。こうした動物がそれぞれの棲息地に未確認動物学者が唱えるほど長い間暮らしてきたのなら、化石記録が残っているはずだ。ビッグフットやネッシーの骨格は太平洋岸北西部やスコットランドの氷河期の堆積物から露出するだろう。マンモスやマストドンのような、かつて北米やイギリスに棲息していた他の大型動物はそうなっているのだ。ところが、ビッグフッドやネッシーは化石記録のどこにも存在した証拠はない。

保存状態の良い、世界中の化石記録から、古生物学者は、恐竜の時代である中生代（二億五〇〇〇万年前～六五〇〇万年前）のどの地域にどの恐竜や海洋爬虫類がいたかを正確に特定できる。さらに重要なことに、六五〇〇万年前より新しい地層の中に恐竜の化石がまったくないことは（恐竜の生き残りである鳥類は除く）、非鳥類恐竜あるいは巨大海洋爬虫類が、白亜紀（一億四四〇〇万年前～六五〇〇万年前）の終わりにあった大量絶滅を生き延びていないことの強力な証拠となる。この論証は、プレシオサウルスに似たネッシーや、竜脚類のようなモケーレ・ムベンベにもあてはまる。

プレシオサウルスの化石は、中生代後半（ジュラ紀［二億六〇〇〇万年前～一億四四〇〇万年前］、白亜紀）に堆積した海底地層にはありふれたもので、プレシオサウルスの背骨や歯は特徴が明瞭で特定しやすい。六五〇〇万年前以後に堆積した広い範囲の海の堆積物には、世界中で、サメなどの魚類、クジラ、アザラシ、アシカなどの海洋性の哺乳類の化石が豊富に残っている。とくにメリーランド州カルヴァートクリフや、カリフォルニア州シャークトゥースヒルのボーンベッドのような豊富な地層など、こうした化石が集まったところは数々ある。実際、チェサピーク湾やテンブラー海（今のサンウォーキン峡谷）やネス湖には、いろいろな海洋性の動物の数多くの化石があるので、化石が見当たらないプレシオサウルスのような大型の生物がチェサピーク湾やテンブラー海（今のサンウォーキン峡谷）やネス湖を泳いでいた可能性はきわめて低い。新生代（六五〇〇万年前～現在）のものとされる化石の地層では、世界中のどこにも姿を見せていないのだ。この事実は、「証拠がないのはいないことの証拠」とするのに十分と言える。

マンモスや、この六五〇〇万年の間にアフリカに住んでいた他の動物については立派な化石記録があって、恐竜――モケーレ・ムベンベなど――がアフリカに生き残っていないことの証拠となるだけでなく、新生代が始まって以後、アフリカで生きたことがある動物（初期のマストドンや角のあるサイのようなアルシノイテリウムなど）がどんなものかも示している。[61] あらためて言うと、化石記録は、アフリカに恐竜がいる証拠がないから恐竜はいない、と言える十分な証拠となっている。

＊＊＊

これで科学者の仕事のしかた、とくに主要な未確認動物が実在するという説の検討のしかたがわかったので、こうした驚異の生物の探求を始めることができる。

2 ビッグフット

あるいは伝説のサスクワッチ

ダニエル・ロクストン画
協力ジム・W・W・スミス

未確認動物学の謎を調べる懐疑派である私はときどき、「なぜわざわざそんなことを。未確認動物がいると思わないのなら、なぜ未確認動物学にいちゃもんをつけて時間を無駄にするのか」と怒った支持者から言われることがある。

私は未確認動物学が大好きだからと答える。子どもの頃は怪獣の謎に取り憑かれ、そもそものために懐疑派の文献に触れることになったし、このテーマが好きであることに変わりはない。自分では、未確認動物にいちゃもんをつけているのではなく、未確認動物学の謎を解決するための、ちょっと変わった努力をしているのだと思っている。

私がこのような謎に引き寄せられる理由の一つを挙げれば驚かれるかもしれない。私は自分でビッグフットの跡を見つけたことがあるのだ。私の両親は、カナダのブリティッシュコロンビア州で森林の管理工事をしていた。そのため私は子どもの頃、夏はたいてい、人里離れた原野にあった、植林のためのキャンプで過ごした（後に十年間、本物の羊飼いとして過ごしたとき、また戻った原野だった）。当時は植林キャンプと言えば、ティピ〔先住民のテント〕のようなテントがいっぱいの、最後の第一世代ヒッピーのたまり場だった。日中は、作業員が送り出されて斜面に木を植え、その間、料理番が調理場となるトレーラーで食事を作る。私たちのような自然回帰のヒッピーの子らは、キャンプで養われていた（友だちにはレイヴン〔オオガラス〕とかブルースカイ〔青空〕といった名の子がいたのをおぼえている〔いずれも先住民によくある呼び名を英語化している〕）。蛙を捕まえたり釣りをしたり泥まみれで遊ぶ、素敵な育ち方だった。

ある日、キャンプからそう遠くないところで、兄と私は大きな足跡に遭遇した。舗装していない道路端の泥地に深々と残っていた。私たちは、他の痕跡も森の地面の落ち葉などにまぎれていると推理した。まさしくサスクワッチが大股で歩いた証拠だ。

それは本当にビッグフットの足跡だったのか。私は疑っている――今は。植林労働者はいたずらが好きで、兄は後で、これはいたずらだと教えてもらったんじゃないかと信じている。しかしそれはどうでもよい。肝心なのは、ビッグフットの謎がどれだけ想像力に根を張れるかを私は骨の髄まで知っていることだ。私はずっと、「サスクワッチは本当に存在するのか」と思い続けてきた。その問いに答えることが、私が懐疑的に調べるようになった理由の一つだ。私が学んだことには次のようなことがある。

歴史的な見方

サスクワッチが存在する可能性を取り上げるとき、たいていの本や記事や報道が、同じところから始まる。まず、ビッグフットの大衆文化でのイメージを記し、この動物が本当にいるのかと問う。そうして、ビッグフットがいるとする「証拠の山」が積み上げられていると指摘し、現代のサスクワッチ伝承と似ているように見える歴史上の話を振り返る。

この手法（未確認動物学の主張すべての取り上げ方に共通する部分）は、歴史の扱い方が逆だ。神話について現に流通している形で云々するのは的が外れている。伝説が今存在することはわかっているし、人類学者ジョン・ネイピアはこう警告した。「今日サスクワッチの物語が文化の影響を強く受けていることを否定する人はほとんどいないだろう」(1)。

明らかにしたいのは次のようなことだ。そもそもビッグフットという概念は、いったいどこから生まれたのか。伝説は時間とともに変化したか。この話に説得力があると思うのは、ただ、何十年かにわたるビッグフット伝承と大衆文化にどっぷり浸かっているからにすぎないのか。歴史家の見方をすれば、サスクワッチの科学的妥当性を考えるまでもなく、「証拠の山」なるものが砂上楼閣だということが明らかになるかもしれない。ビッグフットはどこに由来するのか。その答えは、何かを語るという行為そのものの起源にまでさかのぼるかもしれない。

人食い鬼

『ビッグフット、その他謎の霊長類の野外観察案内』という本は、サスクワッチ支持の、変わっているが興味深い本で、世界中の目撃証言に伝えられる、人間に似た様々な生物を数多く記述しようとしている。現代の目撃者はきまってビッグフット的な生物を、身長が三・六メートルか四・五メートルか六メートルと伝えていることを知ればきっと驚かれるだろうが[2]、多くの読者は、この案内の著者が、怪物グレンデル（アングロサクソンの叙事詩『ベオウルフ』に登場する）を、「謎の霊長類」として載せていることを知れば、のけぞるかもしれない。これはとんでもないこじつけに見えるが、重要な真実をつきとめる助けにはなる。つまり、人類型モンスター、人食い鬼《オーグル》、野人の空想物語は、「ビッグフット」の標準的な姿が登場するより何千年も前から、ほとんどすべての文化に共通だったということだ。巨人伝承が人間の物語に普遍的な特色であるというのは自然なことで、要するに、巨人はいちばん簡単に想像できるモンスターなのだ。つまり、人間自身を大きく、強く、野生化すればよい。

アメリカ先住民は、世界中の他の民族と同様、人食い鬼や野人の物語を語る。今日、多くのビッグフット・ファン（ビッグフッター）は、こうした古くからの物語を、逆に現代のビッグフットの概念に結びつける。「最初のアメリカ人はこうした毛むくじゃらの種族を知っていて、その物語は、民族学者、民俗学者、人類学者による、毛むくじゃらの巨人伝説・神話についての見過ごされた論文に記録として保存され、今の私たちに伝わる。こうしたものを子細に調べれば、ビッグフットについてパターンが明らかになって浮かび上がり始める」[3]。つながりをつけることには、豊富で多様な文化的伝統を融合して、一個の現代的な合成物にする効果がある。うまくすると、現代のモンスターを先住民の物語に投影して、文脈や細かな違いを均してしまう。悪くすると、白人が先住民に、その物語の「本当の」意味を教えるというような、素朴で醜悪でさえあるおせっかいになることもある。実際問題としては、このようなこじつけられた物語の多くは非常に収まりが悪い。たとえば、ビッグフッターは決まって、人食い「巨人」が登場する北米東部の物語を引き合いに出す。その体は文字どおりの石で覆われているという[4]。こうした物語の細部には、巨人は餌となる人間の居場所をつきとめるために呪物を使うとか、戦士が脱出できるようにする弱点がある（泳げない、上が見えない、月経中の女性に目を向けられないなど）とかの話がある[5]。この、石で覆われた人食い魔法使いは、ひげもじゃでおとなしい、おおむね草食のビッグフットとは明らかに全然似ていない。

名誉のために言えば、モンスター支持者の中にも、この先住民の言い伝えを何から何まで取り込むのを不安に思う人々もいる。サスクワッチ支持の人類学者、グローヴァー・クランツは、「サスクワッチに関係すると自信をもって言える先住民の物語は太平洋岸北西部全体に現れる」が、大陸の他のところにある物語に「サスクワッチのイメージをあまりに難なく読み込める」ことに不満を示した[6]（とくに、クランツは「指から稲妻を発射する」石の巨人が「物理的な存在を指している」ことは疑っている）。それにしても、太平洋岸北西部でさえ、先住民の物語に出てくる人間に似た形のモンスターはあまりに多様だ。スココミシュ川流域のトワナ族が描く地下のこびとあるいは水中人は「本当に」サスクワッチか。魂を抜き取る「湿った杉の木オーグル」[7]はどうか。私たちはビッグフットの期待を、オリンピック半島のキノールト族が描く、ほとんど人間と同じに見える――右足の親指から二メートル近くもある水晶の爪が伸びること以外は（この話を一九二〇年代に記録した人類学者のロナルド・オルソンは、何食わぬ顔で、「人間がこれで蹴られたらおそらく死ぬだろう」と述べている）[8]――巨人に投影すべきだろうか。この地域一帯に広く分布する人食い鬼はどう理解すればいいだろう。クワクワキワク族が描くところでは、ズヌキワと呼ばれる女オーグル[9]（図2・1）は、ビッグフット支持者に歪曲され神話化されて、現代モンスターとして示されることが多い[10]。しかし、こうした文化的盗用を正当化できる根拠はほとんどない。太平洋岸北西部の先住民は、ふつう、一方のオーグルと、もう一方のもっとサスクワッチに似た巨人種族あるいは野人とを区別している[11]。人食い鬼はたいてい、人の種族ではなく、ヘンゼルとグレーテルの話に登場する魔法使い、あるいは東欧のバーバ・ヤーガに似た、恐ろしい特

図2.1　クワクワキワク族の紋章のポールにズヌキワとして描かれたオーグル（人食い鬼）．1953年，ムンゴ・マーティン，デーヴィッド・マーティン，ミルドレッド・ハントによって彫られ，ビクトリア市の王立ブリティッシュコロンビア博物館サンダーバードパークにある．（ダニエル・ロクストン撮影）

異なキャラクターと見られている。人食い鬼は、不用心な子どもを誘うかさらうかして、背中の袋に放り込むと、火にかけて焼いて食べる。これはビッグフットではない。

ビッグフッターは、人食い巨人の話とおとなしいビッグフットの話とのずれを、必要に合わせて別の隠れた霊長類の種を考案するだけで解決することがある。ローレン・コールマンは、「北米東部では、人間に似た毛むくじゃらのヒト科の特定の変種が存在すると言われている。これは攻撃的な行動を見せる……少数の人間様動物研究者が、この未知の霊長類を『のっぽ《トーラー》』あるいは『顕著人類《マークト・ホミニド》』と名づけているし、『東部ビッグフット』と書いた人もいる。はっきりしていそうなものは、実際には典型的なビッグフットの東部の地理的品種で、もしかすると亜種である[12]」と書いている。

この遡及的なあてはめが、先住民の伝承をいくつかのビッグフット型の箱に押し込めるかどうかはともかく、これは確証バイアスの例だ。ビッグフットファンは、ビッグフットを見つけるという期待をこめて先住民の伝承を振り返る。自分が見つけることを期待しているビッグフットに似ているものすごい生物についての話があれば、それにとびつき、そうではない話は無視するか、合うように解釈しなおすかする。そうして現代のビッグフットをばらばらの先住民の伝説に投映して、先住民の伝承はビッグフットの存在を確認しているという循環論法を立てるのだ。

サスクワッチの起源

先住民の言う人食い鬼や野人の話をすべてビッグフットに結びつけるのは適切でないが、ビッグフット神話群は先住民のいくつかの物語に根があることは本当だ。

ビッグフットの震源地、つまりこの伝説が発生したと言える時と場所がある。一九二〇年代、ブリテイッシュコロンビア州の青々としたフレーザー峡谷で、ジョン・W・バーンズという人物が、「サスクワッチ」と遭遇したという直接の目撃報告を採集した（「サスクワッチ」というのは、海岸サリシ族の人々のハルコメレム語の本土方言にある言葉を英語化してバーンズが作った言葉らしい[13]）。現代のビッグフット神話群はすべて、この地域の種子から育った。北米大陸全体からそれを超えて広がり、変異し、後の報告、捏造、大衆的虚構と合体した。

最古の最も純粋な話はビッグフット伝承を調べる歴史家にとっては重要だが、謎の霊長類が現存することを唱える人々にとっては問題がある。残念なことに、元のフレーザー峡谷のサスクワッチの記述は、現代の「ビッグフット」の話とはほとんどまったく異なっているのだ。

バーンズは教師であり、また役人（「インディアン担当」）で、ハリソン・ホットスプリングの町の近く、チヘーリス族特別保留地に勤めていた。友人から、山間部に暮らす巨大な野人の種族についての地元の伝説を聞かされた。「執拗な噂から、筆者は年配の先住民に尋ねて真剣に調べるようになった」と、バーンズは雑誌の記事で回想している。バーンズの疑問は、目撃者を「こつこつと三年間尋ねて」まわった後、実際にこうした毛むくじゃらの巨人と接触したという人々のところへ導いた[14]。

バーンズはこの遭遇談を長々と引用した。現代のビッグフットになじんでいる人々からすると、当初のサスクワッチの話は非常に奇妙に思われる。目撃者は繰り返し、サスクワッチを「人」としていて、立派な理由もある。ビッグフッターの先駆者ジョン・グリーンは次のように説明した。「バーンズ氏の読者がなじんだサスクワッチは基本的に長身の先住民だった。文明化を避けているとはいえ、衣服、火、武器などを使用し、村落で暮らしていた。確かに毛むくじゃらの巨人と呼ばれたが、これは髪の毛が長いということで、大筋、今日のヒッピーのようなものである[15]」。たとえば、チャーリー・ヴィクターという名の人物は、偶発的にサスクワッチの子どもを撃ったと言う。怪我をした子どもを調べていると、年上の野人の女が森から出て来た。「髪が長く腰まで伸びていた」女はヴィクターと話をして、子どもを助けるための呪術の儀式をおこなった。ヴィクターは、「私の考えでは……あれはダグラス方言で話していたので、インディアンの仲間に違いない[16]」と述べた。当初の目撃者は、あたりまえのように、山中の巨人とその類の会話を交わしたことを述べている。バーンズは、二〇〇〇人の喝采するチヘーリス族に向かっておこなわれたある演説を引用した。「今聞いている方々に、私、族長フライング・イーグルは言います。サスクワッチを見た白人がいます。サスクワッチと会って話したインディアンは多勢います。サスクワッチはこの辺にまだ住んでいます[17]」。実際、チヘーリス族の女性がバーンズに、自分はサスクワッチと話したことがあるだけでなく、その中で暮らしたことがあるし、さらにその野人の一人を父親とする子どもを産んだと語った[18]。

こうした話をバーンズにした人々は、サスクワッチとじかにやりとりがあったことを語ってバーンズをからかっていたのだろうか。こうした話は確かにほら話に聞こえる（ヴィクターは余談で「緊急事態で何度か熊を手で絞め殺したことがある」と言っている）。地元の人々が白人の教師にいたずらをしていたということはありうるだろう。あるいはバーンズもその冗談の片棒をかついでいた可能性もあった（次のような見解を、粗雑な人種差別ととるか、先住民の友人に対する仲間内のウィンクととるかは、にわかに断じがたい。「チヘーリス族のインディアンは頭がいいが、想像力はない奴らだ。巨人の間での冒険について事実のように詳しい話をたくさん考えるのは、この連中の力をはるかに超えているだろう[19]」）。いずれにせよ、本来のサスクワッチ伝承は現代のビッグフットのことは言っていなかった。一方の伝説がもう一方の伝説をどう生んだのだろう。すべては宣伝の妙技とともに始まった……

ブリティッシュコロンビア州ハリソン

一九五七年、ブリティッシュコロンビア州政府は、州創立一〇〇周年記念事業に使えるように、基金を設けた。ハリソン・ホットスプリングの町は、しかるべき事業を提案できたら、その資金から六〇〇ドルを得られることになった。町議会はブレーンストーミングをして、土地のほとんど忘れられた伝説の埃を払って利用することに話が決まった。サスクワッチ狩りの資金にすればいいではないか。町議会はこの案をブリティッシュコロンビア州一〇〇周年委員会に持ち込んだ。

ビッグフット研究家のジョン・グリーン（当時は近くのアガシという小さな町の新聞社のオーナーだった）が、このことを振り返る。その回想によれば、「もちろんこれは宣伝のための試みで、見事に成功しました。カナダ中の新聞が第一面で大きくその記事を取り上げました」[20]。サスクワッチ狩りの案は棄却されたが（「恒久的な事業」ではないという理由で）、それはほとんど問題ではなかった。サスクワッチは売り出し用のおとりとして大当たりだった。グリーンの説明では、「たぶんそれまで、観光地が現実にはほとんど何もしないでそれほどの宣伝効果を得たことはなかった……新聞、ラジオの記者が群がり、大喜びの記事が、スウェーデン、インド、ニューランドに至るまで現れるほどだった」[21]。そうした記事の一つが、サスクワッチ伝説の復活にかけられた奨励金の程を強調している。『ヴァンクーヴァー・サン』紙は、「政府は毎年高額の予算を観光業の宣伝広告に使うが、ハリソンが一セントも使わないうちに得たような宣伝効果はあげていない」とはやしたてた。同紙はこの宣伝が直接にレストランやリゾートの業界を刺激したことを伝え、地元の人々に、訪れた人々にサスクワッチについての懐疑的考えを表明しないよう求めた[22]。

その間にサスクワッチ案は堂々たる復活を果たした。ブリティッシュコロンビア州一〇〇周年委員会は、正面からの予算要求は退けたものの、「生きた毛むくじゃら人間を連れて来る」ことができれば、誰でも五〇〇〇ドルの賞金を出すことにしたのだ[23]（賢明にも、式典にビッグフットを連れて来ても誘拐には当たらないと明文化されていた）。小規模の調査隊が発足した。率いたのはルネ・ダーヒンデンという、（グリーンと同様）その後の生涯にわたりビッグフット探しの先頭に立つ人物となる、非常に入れ込んだスイス人だった（元のサスクワッチ伝承では、現代のビッグフットとは違い、野人は岩の隠れ処を築くとか、洞穴に住むとされていたので、ダーヒンデン隊はこの地域の洞穴を調べた）。

捏造がつけ入る余地はすでにあった。ビッグフット史全体でしばしば繰り返されるパターンどおりに、調査隊員の一部が捏造をしていた。別の調査隊がリルーエットから出発したとき、ある新聞がうれしそうに報じたところでは、一行は「サスクワッチがこの地域に住んでいる『明白な証拠』を手にして五月二〇日に帰って来られると思う[24]」と言っていた。最終的には岩崩れや筏の事故に妨げられたが、この隊の自信は当然のことだった。一行が失敗した原野探検から戻って来たとき、合板製の足を使ってサスクワッチの足跡を作るつもりだったことを認めた[25]。

報道の取り上げ方の大半はばかげていたが、これはサスクワッチにとっては重大な転機だった。ダーヒンデンが言うように、「広い範囲への宣伝によって、サスクワッチが本当に、神話ではなく実在の生物と考えられるかが真剣に検討されるようになったらしい[26]」。騒ぎのさなか、サスクワッチ伝承を最初に記録したジョン・バーンズが復帰して、サスクワッチは大柄の人間だとした。『ヴァンクーヴァー・サン』紙の報道では、「バーンズはサスクワッチがブリティッシュコロンビア州で生まれ、サリシ族の末裔であると思っている。バーンズが話をしたいろいろなインディアンが、自分が遭遇したサスクワッチは同じ言語を話していたと言っている」[27]。
しかしすべては変わろうとしていた。

目撃事例集

ウィリアム・ロー——史上最も重要なサスクワッチ事例か

ハリソン・ホットスプリングでのメディアの過熱が収まる頃、ウィリアム・ローという新たな目撃者が、今では最初の現代的サスクワッチ目撃例と認識されている劇的な話を携えて報道機関へ向かった。事実上、ローの接近遭遇談が現代的なサスクワッチを生み出し、この未確認動物に、現在の標準的な外見と行動を与えた[28]。ビッグフット支持の研究者の草分け、ジョン・グリーンの解説では、ローは「サスクワッチをインディアンの巨人ではなく、類人猿のような生物として記述したまさしく第一号だった」[29]という。ローの目撃以前は、フレーザー峡谷での目撃者はサスクワッチを外見や行動の点で基本的に人間としていた。火を使い、流暢に言葉を話し、村落に住んでいるなどのことだ[30]。ローの話によって、サスクワッチは謎の霊長類——白人が見ることのできた霊長類——となった（図2・2）。

ローは宣誓陳述をして、一九五五年のある日の午後、ハイキングの途中で、伐採地のはずれで大きな動物に出くわしたと主張した。腰を下ろして見ていると、「私が隠れていた茂みのはずれの、私から六メートルも離れていないところまで来た……歯が白くて歯並びも良いことがわかるほど近かった」。その生物は開けたところにしゃがんで木の葉を食べた。ローの記述は精密で、影響力もあるので、長くなるが、ここに引用しておく価値がある。

第一印象は巨大な男で、身長一八〇センチほど、肩幅は九〇センチほどもあって、体重はおそらく一三〇キロはあるだろう。頭からつま先まで焦げ茶色の、先端が灰色の毛で覆われていた。しかし近づいてくると、乳房があったので、雌だということがわかった。腕は人間の男の腕よりも太くて長く、膝のあたりまで届いていた。足は人間の男よりも横幅があって、爪先で幅が一三センチほどあり、かかとに向かってぐっと細くなっていた。歩くときはかかとから下ろしていて、足の裏の灰褐色の皮膚あるいは獣皮が見えた。……頭は前頭部より後頭部のほうが高くなっていた。鼻は横に広く低かった。唇と顎は鼻よりも前に出ていた。しかし、顔の中の口、鼻、耳のまわりの部分だけを残して覆う毛のせいで、人間というより動物の方に似ていた。その毛は、後頭部のものでさえ、二、三センチ以上の長さのものはなかった。首も人間のようではなかった。私が見たことがあるどんな人間よりも太くて短かった。[31]

この話には、その後のサスクワッチ物語のすべての種子、とりわけある有名なフィルム映像の着想の源

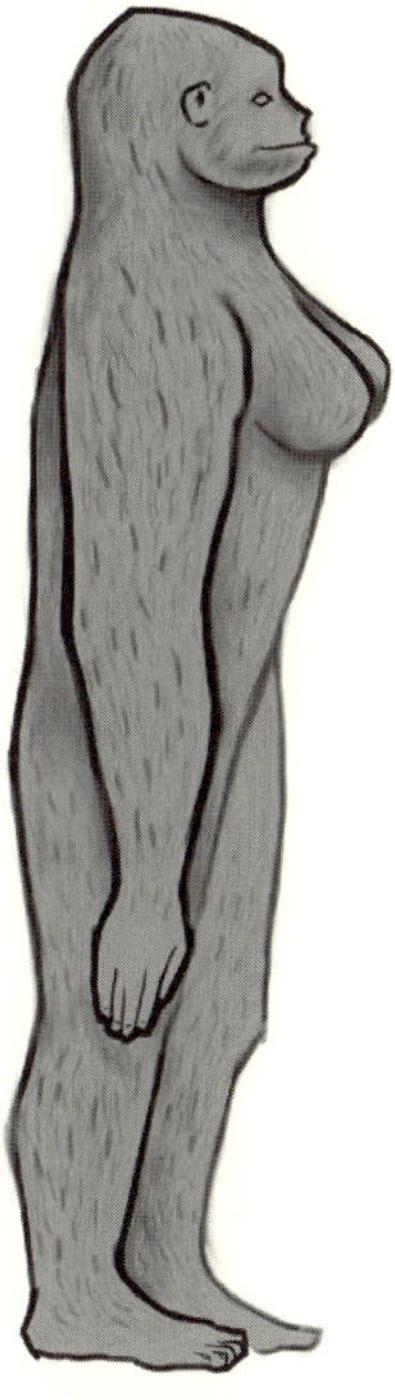

図 2.2 ウィリアム・ローが伝えたサスクワッチ.（ローの娘がジョン・グリーンに対して描いたものを, John Green, *On the Track of the Sasquatch* [Agassiz, B. C.: Cheam, 1968] にある絵に基づいて，ダニエル・ロクストンが再画）

があると見ることができる。ローはこう書いている。「とうとう、その野生動物は私の臭いを感じたにちがいない。立ち上がって直立し、急いで来た道を戻り始めたからだ。立ち去りながら一瞬、振り返って私を見つめたが、怖がっているというよりは、妙なものとはかかわりたくないという感じだった」[32]。ビッグフット伝承は、深いところでローに成否がかかっている。もし本当なら、ローの話は今なお、この未発見霊長類についての、最も詳細かつ情報量の多い近距離での目撃談ということになる。しかしこの生物がローの考案なら、その記述を繰り返すすべての報告――つまり、ビッグフットのデータベースにあるほとんどの事例――に暗い影がかかる。とりわけ、ロジャー・パターソンとボブ・ギムリンが撮影した、サスクワッチらしきものが干上がった川底を歩いている有名な映像は、ローの話が本当であることに完全にかかっている。パターソンは一九六六年にローの話について書き、その翌年に、ほとんど同じ生物とのほとんど同じ遭遇を撮影した――かかとから足を下ろす歩き方、毛むくじゃらの胸、撮影者から歩き去るときにゆっくりと振り返ってこちらを見るところ。ローが捏造したとすれば、パターソン＝ギムリンの映画も捏造にちがいない。

これほど多くがローの目撃談に拠っているのなら、ローについては多くのことが知られているのだろうと私は想定した。何と言っても、ビッグフットについて書く人々は、この遭遇を半世紀以上にわたって前面に出してきたのだ。二〇〇四年にある雑誌が取り上げた事例[33]を調べると、すぐにすべての出典が、ローがグリーンに送った陳述に（あるいはもっと悪いことに、グリーンに基づく二次資料に）のみ依拠しているらしいことに気づいた。

私にはわかってきた。ローと会った未確認動物学者はいないのだ。

そんなことが本当にありうるのだろうか。私はローの有名な「宣誓陳述」を歴史の一部にしたビッグフッター、グリーンに連絡をして、直接に尋ねてみた。研究者のどなたかがウィリアム・ローと直接に話をしたとか、自分の目でその姿を見たことはあるんでしょうか。ローと会おうと試みたことはあるんでしょうか。ローの性格や生い立ちについて内容のあることはわかっているんでしょうか。

　何もなかった。グリーンによれば、「私がローと話したいと思ったときには、ローはアルバータ州〔やはりカナダ〕に引越していました。誰かが直接にローと話したというのは私は知りません」[34]。ローが目撃したという現場を訪れた研究者もいなかった。「後になれば、私たちは確かにローに直接質問して、一緒に現場に行こうと思ったのでしょうが、私が本を書いていた頃には、ローは亡くなっていました」と、グリーンは私に言った[35]。未確認動物学の著書があるジョン・カーク（ブリティッシュコロンビア州科学的未確認動物学クラブ会長）に、私は確認を求めた。カークの答えは、「ローに会ったことがあるという人は知りません……グリーンはローに会ったことはありませんし、私が知っている研究者にそういう人はいません」ということだった。

　ローが姿を消したことはビッグフット支持者のせいではない。それでも、引用回数が多いことでは歴史上でも有数のサスクワッチ目撃例の一つが、誰にも質されていないというのはやはり奇妙なことだ。もっと悪いことに、ローの話の状況について（その話が語られたとき、その地域にいたのか）、あるいはそれが最初に語られるようになったのはどういういきさつかといったことは、ほとんど何も知られていない。グリーンが認めるように（ローの話や同じ時期の別の話を検討する中で）、「他にこれらの話の確認がとれる関係者はおらず、その話のことがあったと考えられる当時の現地で得られた記録はない」[36]。さらに、一九五七年のハリソン・ホットスプリングの「サスクワッチ狩り」をめぐるメディアの狂騒以前にローの話を聞いたという人も見つからなかった[37]。ローは自分が目撃したのはそれより二年前のことだと言ったが、それは単にそう断言しているというだけのことにすぎない。私たちは、ローがサスクワッチを目撃し、二年間は誰にも言わず、その信じがたい話を、それが広く知られ始めるようになってから報道機関に持ち込んだということを信じるよう求められている。

その最初に報道された話を聞くか読むかして、グリーンはローに手紙を書く気になった。するとローはグリーンにあの「宣誓陳述書」──歴史に残っている唯一のローの話──を提供した。後から出て来たローの「宣誓」による話は、元の話と一致するか。それは誰も知らない。グリーンは自身が最初にローの話と出会った場所（あるいはそのときローがどう言っていたか）も私に言えなかった。「すみません、その頃は記録をとっていませんでした」[38]。カークは私宛の手紙で、ローのいくつかの話は、一九五七年八月以前の「『プロヴィンス』紙と『サン』紙に出ていたと信じられます。あるいはラジオだったかもしれません」と言っている[39]。残念ながら、両紙のマイクロフィルム資料を探したが、ローの行方不明の最初の話をつきとめることはできていない。

その影響力にもかかわらず、ローの事例はつまるところ、どこの誰ともわからない人物が、未知の理由、未知の事情で語った話ということになる。この話を補強するものもまったくないので、ローは「宣誓陳述」しているのだから話は信用できるという論旨に多くの紙数が費やされている。私はカナダ人として、初期の未確認動物学の著述家アイヴァン・サンダーソンの、「『宣誓陳述』はこの国〔合衆国〕ではあまり影響はないかもしれないが、カナダでなど大英帝国の各地では大いにものを言う。カナダ人は法律に対して強い敬意を抱いている」[40]というばかげた与太話には笑える（映画監督のマイケル・ムーアが『ボーリング・フォー・コロンバイン』で、カナダ人はドアに鍵をかけないとおかしそうに言ったのを思い出す）。もちろん、この論拠はただばかばかしいだけだ。どこの国でも人は嘘をつく。ときにはこれといった理由もなく、また場合によっては宣誓したうえでも。「宣誓」が正しさを保証するなら司法はもっと簡単になるだろうが、残念ながらそうではない。だからこそ、弁護士は法廷で目撃者に反対尋問をおこない、その反応を測って、他の証拠と証言とを照合しようとする。ローについては誰もそれをしていない。ローが話すたびに、その話どうしのつじつまが合っているかどうかもわからない。実は、ウィリアム・ローがどんな顔をしていたのかさえわからないのだ[41]。

レイモンド・ウォレス——ブラフクリークの足跡

カナダの映画・音楽業界は重々承知しているように、カナダでチャートの一位になることと、国外でもヒットすることとは別の話だ。一九五七年にハリソン・ホットスプリングでの「サスクワッチ狩り」がどれほど報道されても、伝説は翌年まで、カナダのちょっと変わった話にとどまっていた。それが一九五八年、カリフォルニア州のブラフクリークという川周辺の地域で、サスクワッチが装いも新たにビッグフットとなってアメリカの記録的ヒット作となった。

出だしはゆっくりしたものだった。春の初め、レイモンド・ウォレスという道路建設請負業者の作業現場に、巨大な足跡が現れた[42]。この足跡は偽造だった。夏の終わりから秋にかけて、さらに大きな足跡が登場した。これもウォレスの作業現場だった。足跡は石膏で型取りされて（ウォレスの会社の従業員、ジェリー・クルーによる）、史上最も有名な「本物の」ビッグフットの足跡となった。それからウォレスは暮れにまたビッグフットの足跡を偽造し、その後は生涯、ビッグフットの悪ふざけを続けた。

それだけ？　と思われるだろうが、私も全面的に同感だ。ところが、ブラフクリークのウォレスの作業現場は、ビッグフット著述家には熱烈に、またあまねく擁護されている。ジョン・グリーンはこう唱える。「一九五〇年代末にカリフォルニア州北部のブラフクリーク用水路で見られた足跡は、偽造説によって傷がついて簡単に片づけられるものもあるが、本物と考えられる足跡もある。こちらは研究全体が依拠する最も根本の岩盤である」[43]。

話は次のように展開された。一九五八年八月二七日、ブルドーザーを操作するジェリー・クルーがブラフクリークの現場にやって来たとき、自分の使うブルドーザーのまわりに巨大な足跡を見つけて不気味に思った。クルーは石膏でその型をとった。その後、アイヴァン・サンダーソンが語るところでは、「一か月近くはそれ以上何も起きなかったが、その後再び、朝になると機械のまわりに怪異な大足《ビッグフット》が現れた……その頃、請負業者のレイ・ウォレス氏が出張から戻って来た」[44]。新しい足跡は、一〇月の始めには恒常的に現れていた。「毎朝、前日移動させていた新しい土に足跡があった」とクルーは言った[45]。一〇月三日、クルーはその足跡の石膏模型を作った。その模型を地元の新聞社に持ち込んで、歴史を作ることになった。カリフォルニア州全体で、「ビッグフット」の謎が見出しに踊った。

何日もしないうちに、ウォレスに疑いが向けられた。地元紙は、一〇月一四日、保安官代理がウォレスと話をして、「保安官事務所はレイ・ウォレスに……出頭してこの『冗談』について説明するよう伝えた」と報じた[46]。ウォレスは足跡を作ったことを否定したが、保安官は嫌疑をかけた。二〇〇二年にウォレスが亡くなった後、家族はウォレスが足跡の捏造に使っていた紐つきの木製の足一組を明らかにした。公開された道具そのものはクルーの石膏型には合致しないが、その年に見つかった他の足跡にはほぼ一致した。ローレン・コールマンは率直に、「確かにウォレスは一九五八年から一九六〇年代の間、作業現場の近くにいたずらの足跡をつけたらしい」と認める[47]。それはウォレスのビッグフット関連のいたずらの最初でも最後でもなかった。コールマンの解説では、「レイ・ウォレスは捏造し、真実をねじまげ、いたずらを仕掛ける一生を送った。それは一九五八年のブラフクリーク以前にも以後にもあった」[48]。

二〇〇二年のウォレスの遺族による公表で蜂の巣をつついたような騒ぎになり、ビッグフットの主張が根本的に根拠薄弱であることが明らかになった。ビッグフットのいたずらを仕掛けた張本人とわかっている人物が、まさしく中心となるビッグフット事例の至るところに指紋を残している。それでいて誰もそのことを語っていなかった。さらにひどいことに、ウォレスの捏造は当初から知られていた。ウォレスは直後から、作業現場で見つかった足跡を作ったと疑われていた。捏造者という立場は、二年後に生きたサスクワッチを捕らえたと説いたときに固まった。ビッグフット研究者に一〇〇万ドルで売りたいと言って、何週間も交渉を続けた。そのあげく、捕らえたビッグフットを「放した」(ついでながら、ウォレスは捕らえたサスクワッチが、ケロッグの一〇〇ポンド袋入りフロスティッドフレーク以外は何も食べないと主張している)[49]。その後の数十年、ウォレスは偽造の足跡を作り続け、新聞の見出しを提供し、ビッグフッターを異様なほら話で悩ませた。ある典型的な話では、こんなことを言っている。「ビッグフットはよくなついていた。仕事場へ行く途中でほとんど毎朝見た。トラックに乗っていて、窓からりんごを投げてやったもんだ。キャッチすることはなかったが、捕ろうとしていたのは確かだ」[50]。

ビッグフット研究家は、ウォレスがいたずらをしていて、クルーが型をとった足跡はウォレスの作業現場で見つかったものだということを知っていただけでなく、現場でこの怪物が重い装備品をあたりに放り投げていたという話の主な出どころはウォレスの兄弟だということも知っていた。クルーからしてウォレスのところの従業員だった。それに何というめぐり合わせか、ほんの数日後に身長三メートルもあるビッグフットを見たと唱えた二人の人物もそうだった。地元紙が記しているところでは、「埃っぽい道路の足跡は、建設現場に見られたものと同じだった」。ただし、大事なところが一つ違っていた。新たな事件は隣りの郡で起きたのだ。フンボルト郡の保安官がウォレスを尋問したがっていることを報じたその翌日、一面の見出しには「ビッグフットに目撃者。足跡事件はフンボルト郡保安官事務所の管轄外」。[51]

ウォレスはブラフクリークの足跡にずっとかかわり続けたが、どういうわけか各種の本は、何十年もの間、この主張を取り上げるときに、ウォレス本人に光を当てなかった。ある批判派のジャーナリストの言い方では、「ビッグフッターはレイ・ウォレスという人物を避けている。この人物はビッグフッターの後ろ暗い秘密であり、ブラフクリークでのウォレスの関与についての質問は少ないほど良い」。[52]実際、デーヴィッド・デーグリングが指摘するように、ジョン・グリーンとグローヴァー・クランツの枢要な本は、「レイ・ウォレスが実在することを認めてさえいない」。デーグリングによれば、「グリーンとクランツは一般に出来事と人物の詳細を記録することに熱心なので、ウォレスの話がないのは単なる見落としではなさそうだ」[53]。その診たてが正しいとしても、この「とりつくろい」についてのデーグリングの見方は厳しい。研究者が「特定のデータの正当性を判定するのに重要な証拠にまつわる情報を開示しないことにするだけ」でも、「省略による嘘」だという。[54]

ウォレスの馬鹿げた茶番は本気の支持者を怒らせたにちがいないが、その支持者の沈黙は裏目に出る定めにあった。一九九〇年代、『ストレンジ・マガジン』誌の編集者マーク・チョーヴィンスキーは、ウォレスが「公式のビッグフット史で排除されている、あるいは片隅に追いやられている」のはなぜかと鋭く問うた。[55]ウォレスの遺族が足跡を作るための木製の足のセットを持って現れると、それが長い沈黙をきっぱりと終わらせた。世界中で見出しが「ビッグフットの死」を報じた。

ビッグフットを研究する人々は、この問題をつきつけられて、あわててウォレスと足跡との関係はあやしいと唱えた。クルーが取った足跡の型は、ウォレスの遺族が報道機関に示した木製の足とは合わないことを、馬鹿にしたように指摘する人が多かった。デーグリングはこうした反論を「つまらない」として、「遺族はウォレスが偽物を一組ではなく何組か持っていたと言っている」ことを挙げた[56]。おまけに、遺族による木製の足は、初期のブラフクリークの他の足跡とは完全に合致する場合が多い[57]。ローレン・コールマンの見解では、「ウォレスは一九五八年のジェリー・クルーによる足跡を捏造したわけではなかったが、ブラフクリーク周辺での、ビッグフット本に登場することになった他の偽の足跡はきっと残した[58]」という。この汚れたデータベースは実務上、相当の問題となり、コールマンはこんなふうに力説している。「様々なサスクワッチ研究者のデータベースには、相変わらずレイ・ウォレスの偽造の例が入っている。そのため、いろいろなデータ集で、ビッグフットの足跡情報についての基本統計量や全体的分析が混乱している[59]」。

それでも、心配していそうなビッグフット支持者は少ない。問題そのものを否定する人さえいる。「ウォレスでも他の人でも、木材を彫ってサスクワッチの足跡と思えるようなものを作れるなどと考えることからしてばかげている[60]」。懐疑派の話は逆だと論じる人々もいる。グリーンによれば、ウォレスの遺族が明らかにした木製の足は、本物のブラフクリーク・サスクワッチの足跡をもとにして作った偽物だという。グリーンは、ウォレスの木製の足が実際に一九五八年にブラフクリークで見つかった足跡のいくつかと合致することを指摘して、「おそらくそれはその型をまねて作られたのだ[61]」とした。これが「個別応答」というもので、ここまでやられると我慢も限界だと読者が思っても罰は当たらないだろう。

こうしたことは、ビッグフット説にとってだけでなく、研究の健全さにとってもいまいましい。未確認動物学のすることが願望の科学的な達成であるなら、その「鉄壁の」根拠についてさえ後生大事に抱えたり、未確認動物学サブカルチャーで尊重される人物に不当に敬意を払っている余裕はない。コールマンはあえて、ビッグフッターがウォレスの偽造足跡によってつきつけられる問題の深さを認識できないのは、「ジョン・グリーンとジェフ・メルドラムに付与されている神のような地位のせい」だという見解を示したことがある。人々は、この二人の顕著な人物がとる立場に異を「唱えるのが怖い」のだと。どんな社会的圧力がかかっていようと、結果はコールマンが述べるようになる。「ビッグフットの籠には腐ったリンゴが残っていて、それが分析のアップルパイ全体をだめにしている。つまり科学的な意味がなくなるということだ[62]」。確かにそうだ。しかしどうやってそれを正すのだろう。少なくとも、私たちはジェリー・クルーが石膏に取った足跡など、ブラフクリークの足跡は、常習的な捏造者との密接な関係によって汚染されていることを認め、ビッグフットの証拠を集めたデータベースからは隔離しなければならない。もちろん、私はそれが汚染源であり、ほとんど確実に捏造だと思っている（私の見るところでは、決定的な点は、私たちがあまりにも多くの「たまたま」を受け入れるよう求められるところだ。巨大な足跡が、最初にウォレスの仕事場の一つで発見され、その後ウォレスの別の仕事場で見つかり、さらにウォレスの従業員がまた別の場所で見つけるとは！）。

ウォレスの息子が記者に対して言ったところでは、「レイ・L・ウォレスがビッグフットでした。実際は、ビッグフットが亡くなったということです」。ブラフクリークの足跡が枢要な重みを持っていることを考えれば、この言葉は正しいと思わざるをえない。

ロジャー・パターソンとボブ・ギムリン——ビッグフット映像

一九六七年一〇月二〇日、ロジャー・パターソンとボブ・ギムリンというカウボーイが、ビッグフットの写真を撮りに森へ入り、すぐに撮ってきた。

カリフォルニア州北部ブラフクリーク、つまり数年前にレイ・ウォレスの建設現場で見つかった巨大な足跡から「ビッグフット」伝説が始まったのと同じ土地の明るい秋の日中に撮影された、ぼやけた手持ち撮影の一六ミリフィルムは、砂利だらけの浅い川をしっかりとした足取りで渡っていく毛むくじゃらの二足歩行の人のような姿を示していた。雌のサスクワッチと言われた（その胴に大きな乳房らしいものがあったことから推定された）この大柄な生物は、倒木、灌木の茂み、木々、堆積物の向こうへと去った。歩くときに、撮影者に向かって威嚇するように振り返った（図2・3）。

熱心な支持派、懐疑派、主流のジャーナリストがこのサスクワッチに関心を向ける際には、誰もがたいていパターソン＝ギムリンによる映像を、ビッグフットの証拠の中でも「最重要」と呼ぶ。社会的な意味ではその通りだ。フィルムはビッグフットの実在性の問題を大衆の想像力の中で生かし続け、ビッグフット派の人々のサブカルチャーを統一している。多くの人々にとって、それは感情という火薬の入った樽で、ビッグフットが存在することの、自分の目で見たという実感の伴う文句なしの証拠となる。

しかし未発見の類人猿がいる証拠として使えるかどうかとなると、パターソン＝ギムリン撮影の映像には見込みがない。これから言うことは、論争の両陣営から嫌われそうなことだが、映像が映し出しているのが本物のサスクワッチか、ゴリラの着ぐるみを着た人物かは誰にもわからない。さらに、何十年にもわたる議論と分析を経ても、この問題が解決する兆しはない。次の三つのいずれかが出て来なければ無理だろう。生死を問わずサスクワッチの実物か、映像が捏造であることを暴露する文書か物的証拠

図 2.3 ロジャー・パターソン／ボブ・ギルマンによるビッグフット映像からとったスチール写真.（ウェールズのリシンにある Fortean Picture Library の許可を得て転載）

か（当の着ぐるみとか）[63]、共同目撃者のボブ・ギムリンの告白か。

これはこの件の従来の見方とはまったく異なる。何十年も行き詰まった論争、双方の側からの熱心な声が、決定的な証拠があると主張してきた。相手方が映像を本当に「見る」ことさえすればということだが。確かに、多くの人々は映像が本物かどうかを考えるときには、当の映像そのものが、調べるべき唯一の適切な証拠であると主張してきた。独自に調査したルネ・ダーヒンデンは「人間的な成分を無視しなさい」と求めた[64]。パターソンの友人で、映像を見た最初の人々の一人であるジョン・グリーンによれば、「カメラを構えている人物の性格は、映像が本物かどうかについてはほとんど関係ない[65]」。

これは公平に聞こえるが、真相を判定する助けにはならない。映像はロールシャハ・テストのインクのしみのようなものだ。懐疑派からすれば、これは明らかにゴリラの着ぐるみを着た人間だが、信じる人々からすれば、これは見るからに明らかに人ではない。資格のある人類学者なら、袋小路に決着をつけてくれると期待するかもしれないが、そうはなってはいない。

ともに人類学者のジョン・ネイピアとグローヴァー・クランツの対照的な見解を見てみよう。どちらもサスクワッチは本物の動物と考えているが、それぞれの人類学の専門知識をもってしても、パターソン＝ギムリン映像に関して導かれる結論はがらりと異なる。ネイピアによれば、「得られる科学的証拠を合わせると、何らかの捏造を指し示していることにほとんど疑いはない。映像に示されている生物は実効的な分析に耐えるものではない[66]」。クランツは正反対のことを論じた。「パターソン映像をどう分析しようと、その正当性は繰り返し支持されている。この大きさと形は人間によってまねできるものではなく、重さと動きは対応していて、人間によるものという可能性を等しく排除する。解剖学的詳細は申し分ない[67]」。

ジェフ・メルドラム（解剖学者にして明瞭なサスクワッチ支持派）によれば、「このフィルムは、誹謗する人々や懐疑派が何と言おうと、今なお、サスクワッチの存在を示す最大級の説得力ある証拠である」[68]。こうした人々に対しては、誹謗する人々や懐疑派の攻撃もほとんど効き目がない。ネイピアは「歩き方が尋常ではなく誇張されていることに困惑」して、「どうして役者にこんなわざとらしい歩き方を命じてよくできた捏造をだめにするのか」と問うている[69]。進化人類学者で霊長類の運動の専門家ダニエル・シュミットも、ネイピアと同じ結論で、「これはおかしな歩き方をしようとしている人か、そういう歩き方をする人と同じような歩き方をしているビッグフットか、いずれかだ」と冗談を言っている[70]。

四〇年以上にわたり、この映像の分析には驚くほど大量のことが書かれてきた。再現映像が演じられ撮影され、コンピュータアニメーションによる現場が再構成され、無数の図が描かれた。このものすごい努力を経ても、研究者はパターソンの生み出した生物について、基本的なところについても合致できていない。

ビッグフットと言える基準標本も、紛れもない捏造の証拠もないので、フィルムは結局のところ、自らの証を立てることはできない。運がよければ、状況証拠的ないくつかの因子が事例の信憑性に光を当てられるかもしれない。ロジャー・パターソンの性格、こんな映像が撮れたという思いも寄らない状況、映像は捏造という伝聞による証言、パターソンの話が明らかに二次的な構造をしていること、パターソンが映像で稼いだ金額。

• 支持派は、未確認動物と遭遇したと言われる曖昧な事例を、目撃者は人柄の良い、立派な人物である（医者や警察官のような専門職であることが理想）という論拠で擁護するのが習いだ。たとえば、早い時期の未確認動物学の著書があるアイヴァン・サンダーソンは、ブラフクリークの足跡を保存したジェリー・クルーについて、「バプティスト教会の活動的な信徒で、絶対禁酒を守り、地元では、英雄的としか言いようのない評判を得ている人物である」[71]と述べている。この選択肢はロジャー・パターソンにはない。こちらは擁護派からさえ、「善人ではない……がむしゃらな類の男で商売の相手にはすべきではない」[72]と言われ、「中古車セールスマンタイプの性格」[73]と言われる。

グレッグ・ロングは、この何十年かで最初の、この方面での重大な前進をとげた。二〇〇四年に出版された著書のためにロングが採った方針は、この映像は無視して撮影者を検証するということだった。そこから出て来たことは美しいとは言えなかった。パターソン家の人々、友人、同僚と面談すると(数年にわたっておこなわれた)、高度に芸術的で、小さな町で大成功を夢見るやり手というイメージが浮かんでくる。パターソンは軽業師、見世物芸人、発明家、イラストレーター、ビッグフット彫刻家、自費出版のビッグフット本著者、セミプロのロデオ競技者で、興行の世界で暮らし、呼吸していた。ビッグフットを撮影するよりずっと前から、積極的にハリウッド詣でをしていた[74]。家族やら[75]、友人やら、まったくの初対面の人々やら、会う人会う人からむしり取ったこともあるらしい(ビッグフッターのダーヒンデンは、パターソンのことを「要するに郵便詐欺」と非難した[76])。ビッグフット映像とのからみで言えば、実に好ましくない組合せだ。ロングの結論によれば、「ロジャー・パターソンの人格は嗅覚テストに通らない。ロジャー・パターソンについてのあらゆる情報をまとめると、単純な二点に収まる。一つはビッグフットの着ぐるみを考えて作る力があること、もう一つは悪党だということ[77]」。

- パターソンが聖人だろうと罪人だろうと、撮影の基本的状況が、信憑性をあやしくする。ビッグフット製作者のパターソンは、ビッグフット撮影のためのキャンプ旅行に出かけ、すぐに撮影をおこなった。ベンジャミン・ラドフォードが記すように、これはものすごい偶然だ。「パターソンは人々に、自分はビッグフットをカメラで撮影するという明白な意図をもって出かけると言っていた。今にいたる三五年の間（その間に携帯ビデオカメラの技術と普及は劇的に進んでいるというのに）、何千という人々がビッグフットを探しに行って、成果を得られずに帰ってきている[78]」。しかしそのような例外的な幸運は、ビッグフット研究の歴史では特異なことではない。他にもレイ・ウォレス、アイヴァン・マークス、ポール・フリーマンなどは、ある程度思いどおりに、足跡を見つけ、ビッグフットを目撃し、それを撮影するという顕著な能力を示している。そのような幸運に対する説明は、結局は捏造だったということが多い。パターソン＝ギムリン映像についてもそれが言えるのだろうか。
- パターソンの主張では、ビッグフットは「茶番でも捏造でもばかないたずらでもない。それどころか、これは歴史が始まって以来の人間の発達に関する研究において、最大の科学的躍進かもしれない[79]」。しかしデーグリングが記すように、「私はロジャー・パターソンのことを映画を偽造するような人間ではないと考えるパターソンとの知り合いとはまだ連絡が取れていない[80]」。実際、パターソンがときどき、仕組まれたビッグフットの証拠を撮影したことがあるのもわかっている。クランツは、偽造されたサスクワッチの足跡は「指や型押しで地面に捺《お》せる」ことを説明して、むしろうれしそうに回想する。「ロジャー・パターソンは、自分が製作していたドキュメンタリー用に、自分で石膏の型を作る映像を撮るために一度これをやったと語った[81]」。クランツはさらに、何の心配もないように、「パターソンはその何日か後に、本物のサスクワッチを撮影した」と言う。

　ロングはボブ・ヒーロニマスによる詳細な証言を紹介する。パターソン＝ギムリン映像でサスクワッチの役を演じたと称する人物だ。この「ボブ・H仮説」と呼ばれるものは、もちろんビッグフット社会から厳しい反発を受けている。批判する人々は、ヒーロニマスの話が正しいかどうかは確かめようがないと言うし、それは正しい。主張は今のところ、二人の近所の住人の矛盾する証言に煮詰められる。ヒーロニマスの、自分がパターソンとギムリンによる捏造に荷担したという告白と、捏造はないというギムリンの反論である。しかし状況証拠はヒーロニマスのほうを支持している。同じ町に住んでいるヒーロニマスは、当時パターソンとギムリンをよく知っていた。また、パターソンが有名なパターソン＝ギムリン映像を撮る前に製作したビッグフット関連の別の映画にも姿を見せてさえいる[82]。ビッグフッターで、ヒーロニマスの話を強固に批判するジョン・グリーンは、さらに確証する証拠を記すが、異論も持ち込む。「ヒーロニマスが毛皮の着ぐるみを所有していたという証言がある。おそらくこれで誰かにいたずらをしかけていたのだろうが、ロジャー・パターソンとこの着ぐるみとを結びつけるものは、ヒーロニマスのあてにならない言葉しかない[83]」。何人かの目撃者の証言にはヒーロニマスのトランクに毛皮の着ぐるみがあったとしていて、時期も正しく[84]、地元の噂が一九六〇年代の末からヒーロニマスをパターソン＝ギムリン映像に結びつけていたことは明らかだ。ヒーロニマスの話が確認できるかどうかにかかわらず、確かにありそうな話である。

・パターソン＝ギムリン映像がウィリアム・ローの主張するビッグフットとの遭遇とこれほどよく似ているのも疑念を招く。状況も（森の伐採跡地）、様子も（未確認動物の毛が「先端が灰色」であることや毛に覆われた大きな乳房など、細かいところまで同じ)、挙動も(あわてずゆっくりと歩み去り、「去るときに振り向いて」怖い顔でこちらを見た)、反応も(目撃者はライフルの銃身を向けて見ていたが、これほど人間に似た動物を撃つ気にはならなかった)、二つの話はほとんど瓜二つだ。これは「驚くほどの類似」だとロングは言う。「実際、この話を聞いて、パターソンは、ビッグフットの映像の『台本』を思いついたのだと言いたくなるほど驚くべきことだ[85]」。パターソンはこの映像の場面を、少なくとも何らかの意図で他から写す気があったことはわかっている。パターソンが一九六六年に出した本には、他の人の絵を、クレジット表示なしに写した挿絵がある[86]。パターソンがローの目撃を知っていたこともわかっている。その本にはローの遭遇談の挿絵が入っているからだ。その絵はどこから見ても、パターソンが一年後に撮影した映像のための絵コンテのようだ。これは多くの懐疑派からすれば、パターソン=ギムリン映像がローの話に基づく捏造だということを思わせる。支持派の方は、同じ未知の霊長類の種の雌を、まったく別個に正確に目撃したからだとしても、類似していることにおかしなところはないと反論する。この点には議論の余地があるが、ローの話が本物という前提に立っている。ローの報告が捏造なら、パターソン=ギムリン映像も捏造とせざるをえなくなるだろう。

• もう一点。パターソンはビッグフット映像で大いに稼いだ。捏造したくもなると言えるほど稼いだかどうかは主観的なことだが、ふだんは金欠だったパターソンからすれば、明らかに大収穫だった。パターソンの兄弟の回想では、「ある日、映画で手に入れた一〇万ドルの小切手を取り出して見せていた。その当時には相当な額だった[87]」。

映画を売り出して配給するために、パターソンは義理の兄弟のアル・ディアトリーと組んだ。ディアトリーは、パターソンのフィルムから長編なみの映画を作るための資金を集め、巡回興行にかけた。町から町へ移動し、映画館を賃借りして、私的に上映して稼ごうということだった。毎回、一大イベントとして上映を大々的に宣伝して、劇場を有料の観客で満員にした。ディアトリーは、学校の講堂での第一回上映から帰ったホテルの部屋で祝賀会をしたのを回想する。「現金だらけだった。一ドル札、五ドル札、十ドル札、二十ドル札。ごみ箱を現金で一杯にして、それをふかふかのベッドでお互いに投げ合っていた[88]」（これを聞くと、ディズニーアニメに登場するスクルージ・マクダック〔金貨の山で泳いだりする〕を思わずにいられない）。

アイヴァン・マークス——ボスバーグの失敗した「不揃いな足」

カリフォルニア州ブラフクリークの足跡がビッグフットの名を一般に浸透させ、パターソン＝ギムリン映像がこの動物に不滅の顔を与えたとすれば、ワシントン州ボスバーグの「不揃《クリプル》いの足《フット》」事件は、ビッグフットでは最高の資格証明がある科学者を擁護者として引き寄せた[89]。

一九六九年、ボスバーグ（当時は衰退する鉱山の町で、今は無人）は、アイヴァン・マークスというビッグフットハンターの新たな拠点となった[90]。奇跡的な「たまたま」で、ビッグフットの足跡はすぐに、一一月の末、マークスの地元のゴミ捨て場に姿を見せた。さらに幸運なめぐり合わせで、他ならぬマークスに発見された[91]。軟らかな土に残った足跡には明瞭な特徴があった。右足がひどく変形しているようだった（図2・4）。ビッグフット研究家にとっては、これは刺激的な発見だった。予想外で説得力のあるこの変形した足跡は、こんな声を上げているようだった[92]。「私は本当の生物学的な存在がつけたものなんですよ」。何日もしないうちにルネ・ダーヒンデンがやって来た。他の研究者もほどなくして続いた。

さらなる証拠（これまた「たまたま」）が発見されるのにも時間はかからなかった。一二月一三日、マークスとダーヒンデンは、おとりとして仕掛けておいた肉を調べに出かけた。車から降りてある地点を調べると、マークスは「ほんの何秒かいなくなり、大急ぎで戻ってきて」、雪にビッグフットの足跡を見つけたと大声で言った。[93] この一〇八九個の並んだ足跡は、やはり「不揃い《クリプル》」の足を見せていて、あてどなく蛇行していた。都合良く足跡が残らない川から始まり、[94] 通り道は行きつ戻りつして、鉄道の線路を渡り、また戻り、同じ道路や垣根を「何度か」渡って、最初の川で終わっていた。[95] そのルートは少々人為的に見えた。ダーヒンデン自身が思ったところでは、「この足跡はなぜ他ならぬここにあるのか。［ダーヒンデンが］毎日必ず通ったところで、いつも確かめているところであり、最初にこの件が見られたと報告があったゴミ捨て場から何マイルも行かないところだというのに。捏造を仕込むにしてはわかりやすすぎる」。[96]

いずれにせよ、この発見はサスクワッチ版のゴールドラッシュをもたらした。ビッグフット探しにかかわる人々がみな、麻酔銃やら飛行機やら、あらゆるものを装備して、ボスバーグに上ってきた。この

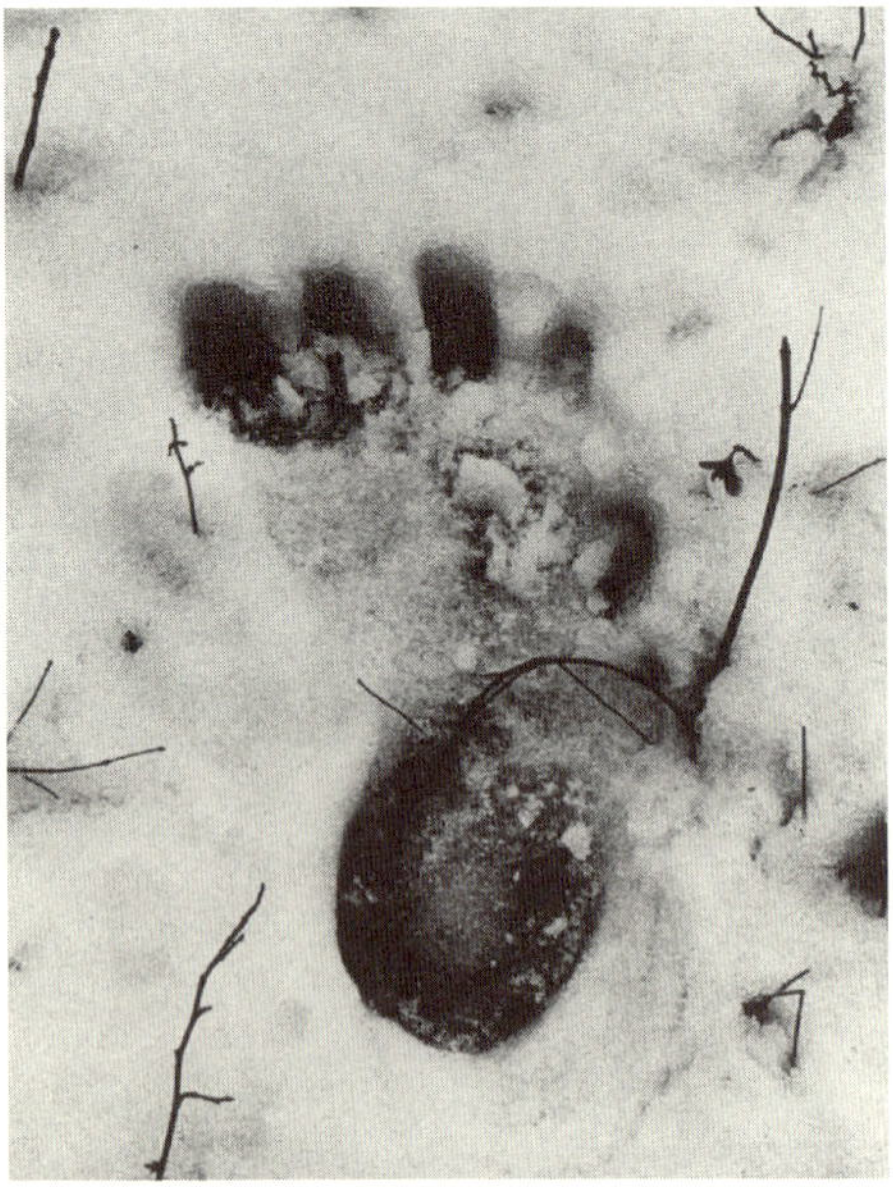

図 2.4 「クリプルフット」の跡の一つ．その名のもとになった変わった形の右足を見せている．（ウェールズのリシンにある Fortean Picture Library の許可を得て転載）

殺到は、ジョー・メトロウという名の捏造者がやって来て売り物のサスクワッチがあると言ったことで最高潮に達した。この餌はまず、入札競争を引き起こした。その後、一九七〇年一月三〇日になると、張り込み、さらには無鉄砲な追跡へとエスカレートした。競合する「ハンターグループが、雪靴を履いて、飛行機、ヘリコプターなど様々な乗り物でコルヴィルを発ち、それぞれにこの動物を見つけようとした」〔97〕。そして結局、みなが困惑することになる〔98〕。

ハンターらは去ったが、今では悪名高いボスバーグの失敗はまだまだ終わらなかった。ダーヒンデンが伝えるところでは、マークスは信じがたい頻度でビッグフットの証拠を見つけ続けた。「電話をかけるたびに、マークスは何かを見つけていた。こちらには手形、あちらには足跡、異様な体重の生物が茂みに横たわっていた跡、いつも痕跡は真新しかった」〔99〕。

そしてそれまでで最大のニュースが入ってきた。マークスは、自分の眼で当の動物を見ただけでなく、総天然色の映像も撮ったという〔100〕。ハンターたちはボスバーグに急いで戻って来て、マークスのフィルムを競って求め、家一軒が新築できるほどの金額を出そうというまでになった〔101〕。当時の有名なビッグフットハンター、ピーター・バーンが、変わった約束でさらって行った。マークスはフィルムを金庫にしまい、バーンはマークスを専属にするという約束だった（相当の給料、新品のキャンプ用品、スノーモービル、新車のトラックなどで）〔102〕。未確認のフィルムを持っているだけにしては悪くない話だ。

その間に、ビッグフットの新たな足跡が隣のアーデンという村にも現れた――アーデンのあちこちで、畑や町のゴミ捨て場や食料品店の周囲に五〇〇〇もの足跡がつけられていた。その足跡を見に、何万という観光客が集まった。マークスはバーンの給料で現場へ行き、犬がアーデンのサスクワッチの臭いをかぎつけしだい、麻酔銃を使うという計画を明らかにした〔103〕。

しかしバーンは、マークスとの契約から思われるほどにはお人好しではなかった。バーンはマークスの幸運すぎる映像の状況を調べるために、文字どおり時間を買っていたのだ。もちろん、まもなく真相が明らかになった。マークスは映像を捏造していた。地元の子どもが映像が撮影された場所についてバーンに秘密を洩らし、バーンはマークスが「撮影現場について欺いた」[104]という結論に至った。バーンが新聞各紙に語ったところでは、フィルムは「マークスが撮影したと言ったところから十数キロ離れたところで」撮られた[105]。現場が特定されると、現地の様子から、当の動物はマークスが主張したよりもずっと小さいことが明らかになった。さらに悪いことに、マークスの映像にあった影の方向が、スチル写真のものと違っていた。これは、両者は数秒の間隔で撮影されたという主張を成り立たなくした。「サスクワッチ」は明らかに、しばらく撮影者と一緒にいたのだ。最後には、マークスが近くの町で毛皮の衣類を買ったことがつきとめられた[106]。

バーンが真相をまとめている間に、アーデンの足跡も捏造が明らかになった。レイ・ピケンズという地元の煉瓦職人が、マークスによる「不揃いの足」跡の話に触発されてそれを作ったということだった。ピケンズは「誰でも偽造できることを示したかっただけだ」と説明した。でっち上げの足は五×二五センチの板から切り取り、それから靴底に釘で留めた。注目すべきことに、この告白された偽の足は、人間離れした歩幅があって、ビッグフットハンターはたいてい、それを本物の証拠として挙げていた。ピケンズの説明では、「歩幅はだいたい一四〇センチにした。難しいことではなかった。誰でもできる。小走りで歩けばいい[107]」。

ピケンズによる捏造の話が広まると、バーンは、「フィルムは明らかにまったくの作為だという事実」をつきつけにマークスのところへ向かった。しかしそれは遅すぎた。マークスは文字どおり夜逃げして、玄関の扉も風でばたばたし、所持品も庭に散乱しているありさまだった。金庫が開かれると、出て来たのは昔のミッキーマウスのモノクロアニメだった[108]（その後の何年かで、マークスは他にも、広く捏造と認識されるビッグフット映像を売り込んだ）。

これで話はどうなるか。結論は、有名な「不揃いの足」の跡の列は、常習的なビッグフット捏造をおこなう人物によって「発見」された。これはすぐにわかる危険信号で、ボスバーグで出た証拠は、まともなビッグフット研究者からはとっくに片づけられているはずだ。しかし奇妙なことに、まったく逆のことが起きた。マークスが足跡を「見つけた」時期に、当人が「不揃いの足」関連の証拠を捏造したことがわかっても、ビッグフッターの中には、「不揃いの足」跡そのものに内在する信頼できると見られる部分を片づけることはできないと思う人々がいた。あるビッグフット本の言い方では、「アイヴァン・マークスの場合には、ボスバーグの「不揃いの足」跡は『見事』すぎて、また数も多すぎて、マークスが、あるいはその点では他の誰でも、人為的に作ることはできない[109]」。足跡が捏造されたとするには「多すぎ」という発言は無視してよい。何と言っても、隣町のピケンズはさらに多くの足跡を作ったのだ。それにしても、「不揃いの足」跡は捏造とするには「見事」すぎるという論旨はどういうことだろう。

人類学者のグローヴァー・クランツは、この足跡によってビッグフット探しに引き込まれた。足の基本的な解剖学的構造を再構成しようとして、クランツは足跡を本物とせざるをえないと確信するようになった。それを誰かが偽造したとすれば、「解剖学的に設計されていることを思わせる絶妙の手がかりからすれば、その人は本当の天才であり、解剖学の専門家であり、創意のある、独創的な考えの持ち主でなければならない。その分野では私よりもはるかに上ということになるが、この分野で私より上という人がいるとは思わない。少なくともレオナルド・ダ・ヴィンチ以後は。つまり、そのような人はありえないということで、したがって足跡は本物である[110]」。

しかしクランツと同じ人類学者のデーヴィッド・デーグリングは、「不揃いの足」を解剖学的構造にもとづいて推測したクランツの再構成にほとんど信頼を置いていない。「クランツの論法の問題点は、単純にこういうことだ。当時もその後も、足跡からこの足の骨格が、いかなる確度のものであれ、再現できることは示されていない。この問題についてなされてきた調査から言えるのは、足跡が解剖学的構造にもとづいていることを見事に示しているわけではないということだ[111]」。

ジョン・ネイピアは、ボスバーグの足跡は「生物学的に説得力がある[112]」が、その足跡擁護論は、つまるところ、個人の信用による論証に行き着くと感じた。ネイピアはこう書いている。「このような足跡を意図的に偽造するなど、これほど絶妙な、これほどわかりやすい、かつ胸くその悪い捏造者を考えることは非常に難しい。捏造の可能性はあると思うが、その可能性は低すぎて、私はすぐにそれを度外視する[113]」。ネイピアは「不揃いの足」跡が偽造であるという明らかにそう思われる現実を否定する気になったかもしれないが、私たちにはできない。証拠の出どころがマークスという、ビッグフット捏造者なのだ。（マークスが置いたことを知っているビッグフット研究者の一人が言うように）「人を［もてあそぶ］そのためだけに嘘をつく[114]」ような人物によって見つかった証拠から言えることがあるだろうか。

まったくない。アイヴァン・マークスの証拠では何もできない。「不揃いの足」の件は汚染源である。

証拠

ふるい分け

ビッグフット派の主張は、いわゆる目撃者と足跡という、基本的に二系統の証拠に依拠している。後で両方とも検討するが、まず、ビッグフットの証拠全体、ひいては未確認動物学全体に通じる根本的な考え方の問題について述べておきたい。悪いデータから良いデータをどうふるい分けるかということだ。目撃者の報告にも足跡にも、捏造や間違いがあることは誰もが認める。この点について問いただせば、未確認動物学者は、ほとんどの話は正確とは言いがたいことを認める場合が多い。それにもかかわらず、それはささいな譲歩であるらしい。結局、ビッグフットが存在することを証明するには、確認された事例が一つあればいいのだ。しかし、雑音の中に信号が紛れているという議論の側に立って想定するとしても（そう前提する説得力のある理由はないのだが）、どうすればその信号を検出できるだろう。言い換えると、何かを見たとして、それがサスクワッチだということがわかるだろうか。

目撃者の描写はばらつきがひどい。基準標本がないので、どの描写が正しいのかを（いずれかが正しいとして）判定するすべもない。たとえば、多くのサスクワッチ目撃者が、信じがたい身長の動物を見たと報告している。ビッグフッターはそのような主張を、ほぼ自分には信じられないというだけで否定する。ジョン・グリーンが述べたところでは、「ときどき誰かが、身長三メートル、三・五メートル、四メートルのサスクワッチのようなものを見たと主張するが、誰でもそれは見間違いだと想定するだけだ」[115]。もちろん、もっと背の高い動物を報告する目撃者もいるが、それを見間違いとする想定は、未確認動物学という枠の中では正当ではないように思える。目撃者の証言をはなから否定することは、了見の狭い

「見下し《スコフティック》」の罪ではないか[116]。同種の目撃証言に基づいているのに、身長四・五メートルの巨獣の話は最初から否定し、二メートルなら認めるのはなぜか。グリーンはこの傾向に煮え切らない考察をしている。「身長二・五メートルなら、巨獣としてほぼ適切に見える。この大きさは目を引くが、大きな異論をもたらすほどには大きくない……したがって、成長しきったサスクワッチは身長二・五メートルと想定して、そこで打ち止めにできれば安心できるだろう。長年、だいたいそういうふうに考えられてきた[117]」。

未確認動物学者は実はここでコーナーに追い詰められる。一方では、そのような報告がばかげているのは自明に見えること。他方、未確認動物学のそもそもの要点は、ありそうにない動物についての目撃者の証言を、頭からありそうにないとして否定すべきではないというところにあること。この悩みの種を未確認動物学者はどう処理するだろう。へたくそだ。たいていは、悪いデータは常識でほとんど排除できると当然のように考えているにすぎない。グリーンは、「わかりやすくはない偽物を本物の情報からふるい分けるのが主な作業である[118]」と記すが、状況はそれどころではない。鉄壁の証拠（告白など）がなければ、ビッグフッターには悪いデータを悪いと確認する手段がない。ビッグフットが実はチタンでできているとしたらどうだろう。実際、そう言われたこともある[119]。そうでないことを証明できる人はいない。

変に思えるということ自体は、報告が不正確であることの証拠にはならない。もしそうなら、そもそもなぜ、わざわざ未確認動物学などをするのかということになる。また、目撃者の報告が、サスクワッチ支持のサブカルチャーの先入観でふるい分けられるのなら、残っている作為的に選ばれたデータベースから、あれこれの要素があるビッグフット像をどうやって抽出できるだろう。

目撃談

いずれにせよ、何千という人々が、ビッグフットを見たと言っているという事実が残る。誰もがその目撃者の多くは嘘は言っていないことを認める。では目撃者は森でいったい何を見たのだろう。決して解決されない場合も多い。私は目撃報告全体を「データベース」と呼ぶ慣習に従ってきたが、この慣習は目撃報告の根深い混乱を覆い隠している。数十年もかけて愛好家によって集められた遭遇談は、並外れてばらつきが大きい。そのため、合成してビッグフットを構成したり、有益な統計学的情報を抽出したりする試みが失敗する。

まず、多くの報告が断片的だ。一九七〇年、目撃者の報告を統計的に分析する可能性について考えたジョン・グリーンは、自分の集めたカードファイルにある情報が、「多くのカードが『誰それがサスクワッチを見たと言った』程度のことしか言っておらず、目撃した明確な日時や場所もなく、実際に誰かが何かを見たのかどうか疑問を挟む余地が相当にあって、あまり正確とは言えない[120]」ことを思い知った。グローヴァー・クランツは、さらに、そのような分析に対する障害がさらにあることを述べている。手に入る報告には、「曖昧な描写、不確実な場所、間違いの多い観察、一部には捏造が含まれているし、報告のどれにそうした瑕があるのかも一般にはわからない[121]」からだ。

さらに悪いことに、すでに論じたように、目撃者の報告はばらばらで、流布している標準的なビッグフットから外れていることも多い。巨大な尖った耳があるサスクワッチ、複雑な模様がある、身長が三メートル半を超えるサスクワッチという話もある。ビッグフットの色も、大きさも、体の造りも実に様々なものが伝えられている。ビッグフットは人間の言葉を話せるという報告もある。さらに、ビッグフット文献の主流では一貫して否定されているものの、目撃者が、ビッグフットには超常的な特徴があって、たとえば眼が文字どおりに光るとか、超能力があるとか、空飛ぶ円盤形の乗り物があるといったことを言うのは、ごくありふれた話だ[122]。

ジョン・ネイピアは、サスクワッチのデータを合成すると、一定の範囲の状況では役に立つと期待していたが、甘くはなかった。ネイピアは、「まじめな市民の報告が、町の酔っ払いのとりとめのない話なみに間違っていることがある[123]」ことを記して、ビッグフット研究全体、ひいては未確認動物学全体に響いてしかるべき警告を出した。「目撃者の話は相当の解釈の問題をもたらす。個々には無視してもよいものがあるだろう。目撃されたとき、疲労、精神的なストレス、酩酊、薬物中毒など、どんな状況にあったのかもわからない。目撃者は……幻覚を見ていたのか、勘違いをしたのか、単純に嘘を言っていたのかもわからない。どういう因子が目撃者の判断に影響していたのかを見分ける確かな方法はない[124]」。

見間違い

ビッグフットに遭遇したという目撃者の話にある根本的な問題点の一つは、人は話をこしらえるということだが、人は間違うというもっと大きな問題もある。グローヴァー・クランツが記すところでは、「十分な想像力があれば、同じような大きさ、形のどんな対象でも、サスクワッチと見ることができる[125]」。

クランツはその点で正しかった。それがわかるのは、自分でもそういうことがあったからだ。私は十年ほど羊飼いをしていて、アラスカ州がカナダに食い込む部分のブリティッシュコロンビア州側の人里離れた原野で働いていた。三人編成の従業員を何組か使って、一五〇〇頭ほどの羊の群れを、樹木の植生地で放牧していた(林業での下草刈り用に)。ある日、群れに戻ると、牧羊係《シェパード》のジル・キャリアとジョリーン・シェパード(この名字はものの見事に「たまたま」だ)が、興奮して話していた。「あなたがいない間に、私たち、サスクワッチを見たのよ」と、少し不安そうな笑いを交えて話し始めた。二人はすぐに、結局、あれはきっと背の高い刈り株でしょうけどね、とも言った。何と言っても、それは長い間動かなかったし、半分焼けた木や折れた木材は、ブリティッシュコロンビアの植物が茂りすぎた伐採地のあちこちにあった。そのような伐採搬出の残骸（残材）は何にでも見える。サスクワッチは時々ある、あってもおかしくない錯覚で、このときはとくにそれらしく見えたということだ。二人は、サスクワッチがこちらを向いて私たちを目で追ったと宣誓してもよかったんだけどと打ち明けて笑った。

結局のところ、それは実は切り株だった（私たちは後でそれを確かめることもできた）。しかし元の見晴らしのいい場所からの錯覚は実に強力だった。まともに見つめても、それがサスクワッチではないとは言い切れなかった。確かめる機会がなかったら、この目撃はビッグフットの存在を示す強力な論拠となったかもしれない。こんなことを考えてみよう。遠くまで見える、陽光降り注ぐ中で、複数の、全員熟練の屋外作業のプロの目に何かが見える。記憶は合作され、変形しやすい。夏が終わり、自分たちはサスクワッチを見たと信じて植林地を離れれば、その出来事の記憶は、時間がたつにつれ「改良」される。

誤認のもとは切り株だけでもない。ビッグフットの懐疑論はみな、その動物が人とよく似ているし、さらに熊にはもっとよく似ていることに注目する（図2・5）。さらに、大量のサスクワッチ目撃談は熊の棲息地のものである（さらに言えば、すべてのサスクワッチ目撃談は、そもそも人間の居住地のものだ）。二〇〇九年、『ジャーナル・オヴ・バイオジオグラフィ』〔生物地理学誌〕に掲載された論文は、サスクワッチの分布がアメリカクロクマの分布地と基本的に同じとしている。論文では、「サスクワッチとアメリカクロクマがこれほど酷似した生物気候学的必要条件を共有している可能性はあるが、筆者は、ビッグフット目撃例の多くが実はアメリカクロクマではないかとにらんでいる[126]」と皮肉に述べられている。

ビッグフットの熱烈なファンが示す典型的な反応では、間違いやすい類似があることはあっさり否定される。「この可能性が否定できない場合はあるが、サスクワッチ、熊、ハイカーが違うことは見るからにわかる」[127]と、クリストファー・マーフィは書いている。ジョン・ビンダーナーゲルはこう断言する。「アメリカクロクマもハイイログマもサスクワッチと誤認される常連ではあるが、そういう場合はまれで、一秒、二秒と続く目撃例や遭遇例ではありそうにないのではないか」[128]。しばしばイラストは、こうした「いつもの容疑者《ユージュアル・サスペクツ》」——明るい照明の下に並んだ、遮るものもなく、間近から面通しをするあれ——と、サスクワッチの想像図を並べる。

熊が後足で立って何歩か以上歩くことは解剖学的にできないので熊ではないと論じるビッグフッターもいる。熊はふつう長い距離を直立しては歩かないことは私も喜んで認めるが、そのような歩行行動は、自然界ではありうることだ（図2・5）。アメリカクロクマの成体が、後足でしっかりと立ち、一二秒間（アドレナリンがあふれ出すビッグフット目撃のときなら永遠とも言える長さ）のしのしと歩く映像を見たことがある[129]。

図2.5　格闘する2頭のヒグマ．アラスカ州にて．（アメリカ魚類野生動物庁デーヴ・メンケ撮影）

しかしこの例はいささか的を外している。ビッグフット目撃例は、見る環境が決して完璧ではない、直接比較ができない現実の世の中で起きるものだ。人間、熊、サスクワッチが似ていないことを認めるとしても、単純な事実が残る。人間はどんなときでもとてつもない誤認をしてしまうのだ。

私が羊飼いをしていたときにもそういうことは確かにあった。私や同僚が観察が下手だったということではない。まったくそんなことはない。夜明けから日暮れまで、羊飼いの第一の仕事はすべてを見ることだ。一五〇〇頭の羊のうち一頭が足を痛めていたり、危険な倒木を飛び越えようとしていたりすれば、羊飼いはそれに気づくことを仕事にしている。私たちは地形、野生生物、状況の観察に経験を積んでいた。それでもやはり誤認はする。その理由は、見るものの数が厖大で、そのすべてが様々な現実世界の状況下にあるということだ。

オオカミやらライチョウやらヘラジカやらハイイログマやら、野生動物との接近遭遇はきりなくあった。そうしたものに加えて、一分間に一〇〇〇頭を超える羊を見て、加えて広く展開している護衛犬を見て、さらには同僚や牧羊犬を見て、数え切れない樹木、しげみ、切り株、倒木を見る。見る出来事が増え続けるにつれて、まれではあっても見間違いの例も増え始める。ひどい見間違いもある。たとえば、「ハイイログマ」を見ていると思ったら、それが見る間に羊に変身したことも何度かある。逆もある。何度か最初は羊あるいは羊の群れだと思っていた対象が、実はハイイログマあるいはアメリカクロクマだったということもある。同様に、立ち枯れの木を熊と思う場合は実によくあることで、私たちはこの錯覚に名前をつけたほどだ（あまり想像力のあるものではないが）。「いや、ただの切り株熊だ」と言っていた（それがまた間違いだったりもする）。

ある忘れられない例がある。羊が草をはみ、反芻する間、先のジョリーン・シェパードがそばの茂みで居眠りをしていた。かすかなざわつきがあって、シェパードは目を覚ました（このようなときにはうたたねをしても耳はすましている）。見回すと休んでいる群れの向こう側に見慣れない犬がいるのが見えた。こんな人里離れた原野で飼い犬がいったい何をするのかと思うまもなく、ジョリーンは、茂みの中をくぐってそちらへ進み、声を上げて棒を振った。藪へ走り抜けて……そこで急停止。手で触れられそうな近くに、三頭のハイイログマ（母熊と二頭の大きくなった子熊）がぎょっとして、見上げるほどの高さに立ち上がった。

間違いはあるものだ――原野に入って行く誰にでも。見るときの状況は変動し、理想的な状況はない。時刻、季節、周囲の茂り方、天気、人間の側の違い（眠さ、経験、予断、恐怖、視力など）、すべてが一体になって、人の目撃者としての信頼性を下げる。人間がたとえわずかでも間違いうるかぎり、あとは数の問題だ。十分な時間があれば、見る回数も十分になって、ひどい間違いを生むことになる。北米で毎年、何百万という人が動物を見る。幹線道路を横切る鹿、ごみ捨て場をあさる熊、樹木の間を移動する形のよくわからない何か。北米にいる人々は誰でもビッグフットがいるかもという考えを知っているので、動物を目撃する総数が莫大となれば、その中にはサスクワッチと遭遇したという話が出て来ることは、この世にサスクワッチがいなくても、ほぼ確実にある。

足　跡

今度は「ビッグフット」という当の言葉をもたらした証拠（図2・6）の話だ。巨大な足跡が北米のあちこちで（もちろん世界中でも）見つかっている。ジョン・ミューズは、この説得力のある痕跡の証拠がなければ、サスクワッチは伝説、嘘、幻想の類の中に放り込んでもいいかもしれないが、「そうした手軽な説明のいずれも、地面についた窪みにはあてはまらない。何かがそれを作ったとせざるをえない[130]」と考える。

アニメで見られるような明瞭で巨大な足跡については、二通りの説明しかない。人間による捏造か、本物のサスクワッチによるものか。しかしもっとぼやけた多くの痕跡は希望的観測に行き着く。ジョン・グリーンは早くから、足跡と思われるものの多くは見る者の目の中にあることを認めていた。「私の目にはまったく形がないものにも人は明瞭な刻印を見てとることができるのを私は知った。人は私には全然見えないつま先を見ることができる[131]」。グリーンはこれに基づいて、見つかった足跡の記録全体は、「大量の」確かめられない間違われた足跡ですでに汚染されていると推定した。

しかし、くっきりした、間違いようのない、型で抜いたようなビッグフットの足跡も多い。すべての資料は、そのような足跡について二つ

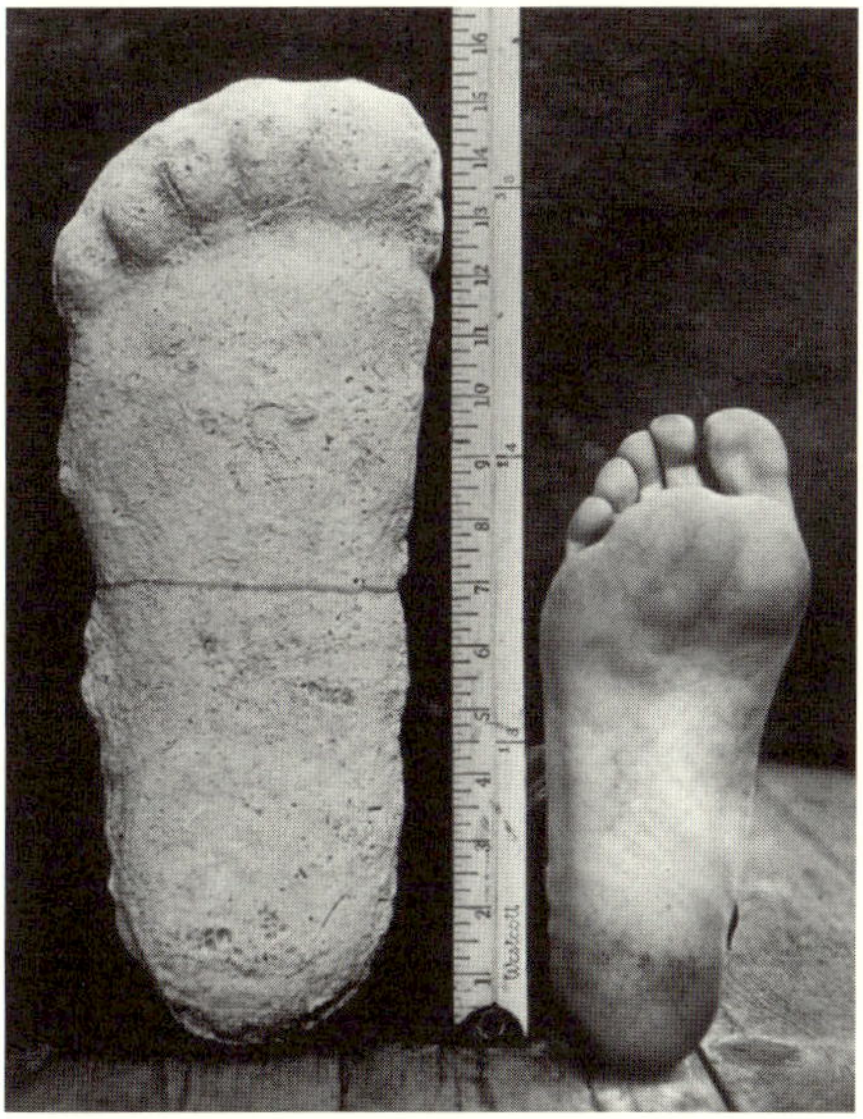

図 2.6 通常の大きさの人間の足跡と，カリフォルニア州ブラフクリークで 1967 年，パターソン＝ギムリン映像が撮影された後に見つかったビッグフットのものとされる足跡との比較．（ウェールズのリシンにある Fortean Picture Library の許可を得て転載）

の枢要な点で一致している。それは捏造でありうること、そして捏造はあたりまえにあること。ビッグフット支持者の希望は、「火のないところに煙は立たぬ」論法に託されることになる。グリーンはこう論じる。「こうした報告の一〇パーセント、あるいは五〇パーセント、あるいは九〇パーセントが間違いだとしても問題ない。サスクワッチを神話伝説の本に戻したいのなら、こうした報告の最後の一つまで間違いでなければならない」[132]。

しかしそのような足跡のいずれかでも本物と見なすだけの理由はあるのだろうか。ビッグフッターは、いろいろな足跡が一貫していることを本物であることの根拠として挙げるが、この論法はまったく成り立たない。あちこちの捏造者が、すぐに利用できる同じ大衆文化に依拠しているときには、一貫性は必ずしも本物であることを意味しない。サスクワッチがいてもいなくても、一貫性は当然に予想される。さらに悪いことに、ビッグフットの足跡はあまり一貫していない。ベンジャミン・ラドフォードの指摘では、「ビッグフットの足跡と言われるものの大半は五本指だが、中には指が二本、三本、四本、さらには六本ある型もある」[133]。足跡の大きさも約一〇センチから八〇センチ強（ときにはさらにものすごい足が伝えられることもある）。幅が七、八センチという狭いものもあれば、三〇センチ余りという広いものもある。[134] そのような途方もない幅があるときには、自信を持って、多くの足跡は必然的に捏造であると推定してよい。しかしどれがそうなのだろう。また、支持者が信じるように本物の遺物はあるのだろうか。

ここでも慢性的な問題をつきつけられる。基準標本がないということだ。サスクワッチの足跡を評価するには、本物のサスクワッチの足を見る必要がある。でないとサスクワッチの足は三本指ではないとは誰にも言えないのだ。もしかすると、五本指の足跡こそ、捏造の確かなしるしかもしれない。今のところ、確かに知る術はない。新しい、もしかするとでっちあげの足跡が本物かどうかは、古い、もしかするとでっちあげの足跡と比べることによっては決まらない。

サスクワッチ支持派の人類学者グローヴァー・クランツは、この基準の必要性をくっきりと強調したところがえらい。「物差しの両端、つまり偽物か本物かの境目が合理的な疑いの余地がないほどに確立しなければ、またそうなるまでは、明らかとは言えない標本の真偽を測ろうとしても意味がない[135]」。とはいえ、これは見かけほど立派な宣言ではない。クランツは自分が信頼に足る標準を持っていると信じているからだ。自身では、二つの判定の手がかりを使って「本物のサスクワッチの足跡を識別」できると主張している。それが本当なら見事なことだが、そのような技法を身につけているのは、地球上にはきっとクランツだけだろう。残念ながら、その「偽物を特定するために使える方法」は評価が難しい。クランツによれば、「この特徴は誰にも教えたことがなく、文字にしたこともない」からだ。クランツが自分の確実な偽造探知法を秘密にしておきたい理由は偽造者に知られないようするためと理解するのはたやすいが、同じ人類学者のデーヴィッド・デーグリングの見るところでは、「クランツはそうすることで、科学的に正当な説を立てることができない。クランツが言うところの足跡を本物と判定する基準は、同業者でも他の誰でも、検証することも評価することもできない[136]」。また、クランツが秘密にする本物判定方式を評価できる一つの基準――偽の足跡を探知できること――によって、それは成り立たないと判定されることもありうる。クランツの方式をテストするために、でっちあげの足跡をクランツの許に送り、クランツが間違ってそれは本物だと判定すればよい[137]。

基準標本がないことと、足跡が偽造である場合が多いという実証できる事実の両方をふまえると、ビッグフットの足跡の科学的な価値は非常に限定される。

毛髪とDNA

ビッグフットのことを初めて考える多くの人々にとっては、答えは明らかに見える。ビッグフットの毛髪やDNAを調べればいいではないか。サスクワッチの毛髪、糞、体液は、かなりの回数、採集されている。実際、多くの有望な試料が専門家によって分析され、DNA配列を読み取られている。

今までのところ、すべて不合格だった。がっかりする結果だが、悪い話はそれだけではない。ビッグフッターが本物のサスクワッチの毛髪をいくつか発見したとしても、その毛髪を検査すれば謎は解決というわけにはいかない。足跡の証拠や目撃者の報告に取り憑いていたのと同じ、基準標本の問題があり、サスクワッチの毛髪はどういうものかを誰も知らない。毛髪の専門家が未知の毛髪サンプルを調べるとき、その手順は単純そのものだ。まず顕微鏡で見て、未知のサンプルの特徴を、既知のサンプルの特徴と丁寧に比べ、一致するところを見つけようとする。ところが、ジョン・グリーンが簡潔に述べているように、「既知のサスクワッチの毛髪を集めたものがなければ、見つかった毛髪がサスクワッチのものかどうか、証明のしようがない。せいぜい、そうではないことも証明できないというにすぎない」[138]。

ビッグフットの熱烈なファンの中には、標本が特定できなくて元気になる人々もいる。まるで特定できないのなら未知の動物のものだと言うかのように。この結論は拙速であり、可能性は低い。グローヴァー・クランツの説明では、「毛髪の特徴は、同じ動物でも部位が違えば異なるし、すべての哺乳類のすべての型の毛髪について比較可能な資料集はない。北米の資料にあるものとは似ていない毛髪も、熊の脇の下や脱走したリャマの毛かもしれない」[139]。つまり、理論的に見ても、毛髪分析の見通しは暗い。「サスクワッチの体から、毛髪を資格のある分析家が直接引き抜く」まで、見通しはせいぜい袋小路だと、ジェフ・メルドラムは認める。「本当にサスクワッチに由来する毛髪でも、未定というカテゴリーに甘んじざるをえないだろう」[140]。

実際の例となると、状況はさらに悪くなる。毛髪標本とされるものの多くは鑑定ができていて、明らかにビッグフットのものではない。その大多数は人工的な繊維だということがわかっている（デーヴィッド・デーグリングは、ある遺伝学者による「標本の出どころとしてありそうなのは、ソファの中であるというからかうような報告」を引用している）[141]。他には人間や家畜など、既知の動物の毛だという場合もある。二〇〇五年に広く伝えられた例では、ユーコン準州の森林にいるという噂のサスクワッチのものとされる毛髪から抽出されたDNAは、その地のバイソンのものと合致した[142]。これまた有名なDNAの事例では、ビッグフットの体の跡とされる石膏の型（「スクーカムキャスト」と呼ばれる）から取られた毛髪は、人毛と判明した[143]。ふつうはその類の結果になる。

DNAだけでどんな状況下でもサスクワッチ論争に決着をつけられるかどうかは明らかではない。メルドラムは、現役の科学者として、次のような警告を出した。

動物分類学の慣習では、新種の存在を明瞭に確定するには、基準標本、それも伝統的には、体、あるいは十分に鑑定可能な体の部分という形のものを必要とする。DNAだけでその基準を最終的に満たすかどうかは今後を待たなければならない。私は懐疑的である。私は新種を物理的な標本なしで、DNAに基づいて決定した前例を知らない[144]。

誰もがそれほど自制的なわけではない。インターネットでは、DNAの証拠を提示するという長く待たれた文書の発表をめぐって騒ぎがあった[145]。「サスクワッチが現存のヒト科として実在し、現代人類の母方の先祖の直系の子孫であることを決定的に証明する[146]」という。この報告によれば、「血液、組織、毛髪など、何種類かの標本」一一一例の中からとったDNAがあり、これまでのところ、最も傑出したサスクワッチDNAの例である。このチームのデータと方法についての専門家によるきちんとした評価はまだない。しかし、文書が発表されてから何時間もしないうちに、何人かのサイエンスライターが重大な赤信号をいくつか特定した。まず、主要な科学雑誌からは直ちに却下されたらしい。第一著者のメルバ・ケチャムは、「ある査読者から査読報告でからかわれさえしました」と不満を述べた[147]。ではその文書はどのようにして発表されたのか。ケチャムは発表の機会を金で買ったらしい。本人はそれが編集手順に影響したわけではないと主張しているが[148]。実は、ケチャムの研究は、『デノヴォ科学ジャーナル』の創刊「特別号」に載ったもの一つしかない。ベンジャミン・ラドフォードの指摘では、新創刊の『デノヴォ』誌を購読する図書館や大学はなく、「この雑誌もウェブサイトも、三週間前には存在しなかったらしい。この研究が、その分野に通じた他の科学者によって質を保証するためのピアレビューを受けたことを示すものはない。同誌はいかなる意味でも、既存の、名の通った、一流の学術誌ではない[149]」。無脊椎動物神経行動学者のゼン・フォークスは、さらに、『デノヴォ』誌が編集人も編集委員も住所も示していないことを記した――電話番号さえない。「こうしたこと全体はどこから見てもいかがわしく、特定できる名前がないというのは、このジャーナルとはかかわるなと大声で注意しているようなものだ。危ない、危ない[150]」。

　こうした変則的なところ以外にも、調査のデータ、方法、結論に重大な問題の兆候もある。たとえば、ケチャムらは、自分たちの標本から回収したミトコンドリアDNAはすべて、検査の結果「現代人と一様に整合する」と見たが、それにもかかわらず、細胞核DNA分析の異常は、「この標本のヒト科の動物が霊長類の新種として存在することを明らかに支持する。データはさらに、それがヒトの雌から生まれたヒトとの雑種の系統であることも示唆する」[151]と論じた。「サスクワッチがおよそ一万五〇〇〇年前に登場した、現代人類と未知の霊長類の種との交雑による人類の親戚である」（未発表の論文について以前におこなわれた記者会見で発表された説）という想定は、特別に妥当というわけではない。[152]懐疑派のスティーヴン・ノヴェラが説明したところでは、「ビッグフットのような動物と人間との子孫に繁殖力があるというのは非常に疑わしい。ラバ（雄ロバと雌馬の子）のように不稔であることはほぼ確実だ。人類はチンパンジーなど現存の類人猿という近い親戚との間でも繁殖はできない」。ノヴェラはさらに、「結論はこうなる――人間のＤＮＡに何らかの異常あるいは未知のものを加えても、人間と類人猿の雑種というありえないものであるとは言えない。それはただ人間のＤＮＡに何かの異常が加わったものである」[153]。こうした問題は、ケチャムの論文やデータによって増幅する一方だった。Ars Technica《アルス・テクニカ》というウェブサイトの科学担当編集者で経験を積んだ遺伝学研究者のジョン・ティマーは、「これの最善の説明は、混合である」という仮の見解を示している。

細胞核ゲノムに関するかぎり、結果は混乱している。検査でヒトのＤＮＡが混じってしまうことはある。そうならないこともある。検査しそこなうこともある。資料に対しておこなわれるＤＮＡの増幅の産物は、反応が意図した配列を増幅しない場合、ほとんど何にでも見える。また、こうした資料から分離されたＤＮＡの電子顕微鏡写真は、二本と一本のＤＮＡが混じったつぎはぎを示す。これは二つの縁遠い種がＤＮＡを混ぜたとした場合に予想されることだ――タンパク質をコードする配列が混じったところがあり、その間には混じっていないところがある。こうしたことから言えるのは……

サスクワッチハンターが、人間のDNAと、他の何らかの（もしかすると複数の）哺乳類のDNAが混じったものについて作業しているということである[154]。

捏造

ビッグフット研究にとって大問題なのだが、捏造は必ず起きる。さらに悪いことに、ビッグフット神話の展開全体にわたり、それがあたりまえだったし、今もそうだということだ。基礎となる事例のほとんどはおそらく作為だったし、足跡の例や目撃者の話は大部分が捏造だった。

基準標本がないので、サスクワッチは二本の柱のみで支えられる（また定義される）。花形の事例とそれ以外のすべてである。いずれかのレベルでデータベースに捏造が混じってしまうと、ビッグフット支持者にとっては壊滅的な問題となる。支持派にはきっぱりとした選択がつきつけられる。サスクワッチ仮説を捨てるか、まったくの憶測や信仰に依拠するか、データベースから捏造を追放するための本格的な努力をするか。

残念ながら、第三の選択肢はほとんど人を引きつけない。実行するとなったときの問題が絶望的だからという面もある。ジョン・グリーンが四〇年前に述べたように、捏造があることを知っているというのと、それを特定するのとは別の話だ。「事態は、誰かが名声や金銭的な利得を期待してそのような話をでっちあげることが予想されるところにまで達していて、私はそういうことをしている人々がいる点に疑いを持っていない。それを何らかの確度をもって除去するのは難しい。今や活字になった情報が十分にあって、説得力のある話を作るための詳細を得られるからである[155]」。

しかしビッグフットのサブカルチャーに属する人々は、棄却すべき報告を擁護する。実際、未確認動物学者にとって、意図的な偽造の可能性が持ち上がってからずっと後になっても、有名な事例を前面に出すのはあたりまえのことになっている。捏造で有名な人々によって「発見」された証拠が、最新の、尊重されるビッグフット用語の本にさえ、相変わらず登場している。たとえば、映像を捏造したアイヴァン・マークスによって見つけられた「不揃いの足」[157]跡や、足跡を捏造したことが認められているポール・フリーマンによって発見された手形が、[156]ジェフ・メルドラムによって確固たる証拠として紹介されている。[158]そのような状況では、未確認動物学研究は、客観的な探求というより、党派的な主張であることが明らかになる。科学的な、あるいは厳格な学問分野であれば、捏造をうかがわせる重大な指摘は、主張を学問的な検疫のようなものにかける。ビッグフッターは疑問の余地のある証拠を脇に置くことをしたがらない。

未確認動物学者ローレン・コールマンは、有効期限をとっくに過ぎても残っている事例があることを認めるが、私の未確認動物学の健全度評価には合意しない。コールマンは、たとえば「ジャッコという、一九世紀に生け捕りにされたと言われる、小さな類人猿のような幼いサスクワッチの話はなかなか滅びない伝承である」と書くが、一八八四年にニュース記事が捏造を曝いたことが一九七九年には発見されている。[159]私はジャッコを大発見と見て育ったが、それは意外なことではない。ビッグフットの本のほとんどすべてで、それが捏造だったことの証拠は開示されないまま、目立つように登場しているのだ。この例が実際に知られているのとは違って確固としたものだと考えたのは、私だけではない。コールマンが書くところでは、「残念ながら、ホミノロジー〔ヒト科動物研究〕学者、サスクワッチを探す人々、ビッグフット研究者のまったく新しい世代が、ジャッコの話はこの分野の鉄壁の道しるべであり、サスクワッチが実在することを証明する歴史の基礎であると考えて育っている。しかし実際には、ジャッコは土地の噂が新聞記事のレベルにまで持ち上げられ、その後、現代の寓話に育ったものらしい[160]」。この事態は、私には未確認動物学の方法や健全さにとって非常に悪い兆しに映るが、コールマンはめげず、私に対して、この物語が残っているということは、「むしろ、情報の伝達や、私たちの発見を公表するために使える出口が足りないことについて語るものだ」と言った。コールマンによれば、「未確認動物学ではつねに自浄作用がはたらきます。ただ情報が伝わるには何年もかかることがあります[161]」。

いたずらの分類

なぜ、わざわざビッグフットを捏造しようと思うのだろう。ビッグフット界は、この問題を、相反する二通りの姿勢で取り扱っているらしい。一方では支持者が、捏造を実行するのはいやになるほど面倒なのでわざわざそんなことをするはずがなく、ビッグフットを示す証拠の大半は本物にちがいないと論じることが多い。他方では、ビッグフットの痕跡に時間をかける人なら誰でも、早くから、また苦い経験から、捏造はきわめてありふれていることを知る。いろいろな人々が、それぞれ別個に、足跡や目撃談をこしらえる。それぞれの理由も様々だ。そうした捏造をおこなうのがビッグフット研究者という場合もある。

ビッグフットの証拠の量だけ見ても、たしかにすごい。そんな「証拠の山」を捏造で説明するには、マキャベリなみに狡猾な世界的規模の陰謀を仮定しなければならなくなる、とビッグフット支持者は論じる。グローヴァー・クランツによる、かなりあやしい概算によれば、ビッグフットの足跡すべてを捏造するとなると、「それを商売にするプロが少なくとも一〇〇〇人」いなければならず、その手間は安くはないだろうという。「この四〇年の間、一〇億ドルをゆうに超える額がこの仕事にかけられたに違いない」。そうでなければ、無料奉仕で「年に一、二度、週末に足跡作りに出かける一〇万人ほどの捏造者」の群れを想像しなければならないと、クランツは論じた。でなければ結局、クランツが最も簡素な説明として唱えたことを受け入れてもいいのではないか。巨大な霊長類の未発見の種が、北米一帯を歩き回っているということだ(162)。

クランツの計算は、実際に発見された足跡の数に基づくのではなく、ほとんどは知られていない足跡づくりの事例が一億回あったにちがいないという独自の推定に基づいたもので、安心して無視してよい。しかしその基本的な論旨はどうだろう。それぞれ別個の捏造者が、もっともらしい足跡を作るだけの資金や手段を持っているものだろうか。また、どんな得があるのだろう。幸い、いずれの問いについても推測は必要ない。ビッグフット研究者の上を行こうとする捏造者も多く、記録に残ることが動機という場合も多い。

懐疑派のデーヴィッド・デーグリングは、「ビッグフットの権威の間では、捏造をしそうな人は、そんなことをするような人だから、能力もたいしたことはないと思い込む傾向がある」と述べて、捏造が不誠実であるからといって、それを実行する人の知能や創造性が低いわけではないことを指摘している(163)。目の覚めるような実例として、クランツ自身が伝える事例を考えよう。険しい斜面に、人間離れした二メートル半の歩幅のビッグフットの足跡が出て来たというものだ。「後にこれは、高校の運動部員が足跡をつけたことがわかった。偽造の足を逆向きに履き、斜面を駆け下りたのだ。私は、ものすごい脚力の新記録が出るたびに、この事例を思い出し、新しい記録がどうすれば偽造できるかと考える(164)」。

めざましい離れ業からささやかな嘘まで、いろいろな形の捏造があり、その理由もいろいろある。偽造の中には、本人の地位を高めるためのものがある（ビッグフットを探せば必ずあまりにも見事すぎる証拠を発見する場合など）。ただのギャグという場合もある。金儲けのための場合もある（ロジャー・パターソンとボブ・ギムリンによる映像の捏造と思われるものに唱えられている動機）。偽造がいわゆる「花ゲリラ」、「フラッシュモブ」、ある種の「落書き」になぞらえられそうな場合も珍しくない。つまり大胆さと見る者を当惑させることが特徴の匿名のアート作品ということだ。

偽造する人の多くは、超常現象研究家がばかに見えるようにしようと、あるいは研究者やメディアの方法論にある欠陥を暴露しようと意図的に試みている（見る立場によって、破壊的だったり建設的だったりする）。このジャンルで広く取り上げられる例が、一九八八年にあった「カルロス」の捏造で、オーストラリアの報道メディアが、アメリカからニューエイジのチャネラーとされる人物が到来したことを知らされた。実際には懐疑派の著述家ジェームズ・ランディによる芝居のために雇われた大道芸人だった[165]。メディアによるカルロスの報道は懐疑的な調子だったが、これを報じたオーストラリアの大手報道メディアで、この超能力芸人について何らかの経歴調査を相当な注意を払って実施したところはなかった。そうしていれば、この人物がまったくの虚構であることがすぐに明らかになっていただろうに[166]。このことは、CBSのドキュメンタリー番組「シクスティ・ミニッツ」オーストラリア版でランディの協力者が全国放送で捏造を暴露したとき、大きな困惑をもたらした。怒った人も多かった[167]。

この種の捏造検査（「客のふりをした覆面調査員」とか「おとり」の捏造）は、ビッグフット界ではよくある。ランディが「カルロス」の芸につぎ込んだほどの資源はいらない。煉瓦職人のレイ・ピケンズが一九七一年に何度か偽造のビッグフットの足跡をつけた話を思い出そう。必要なのは、靴につけた木製の足だけだった[168]（これはささやかな復讐だった。あるビッグフット研究者がピケンズやその友人を「田舎者」と言ったとき、ピケンズは最初の偽の足跡を作ろうという気になったという)[169]。もっと最近の例では、ジョン・ラエルという若い映画人が、二〇一〇年、偽のビッグフット動画を作り、それをユーチューブで流した。それが捏造であることが明らかになったのは、ビッグフットが文字どおり急所を蹴り上げられる、わざと子どもじみた形にした続編が出てからだった。私がこの件について尋ねると、ラエルは私に、「『本当に信じている人たち』を騙して、明らかに偽物だとわかるものを本物だと信じさせたかった」と言った。「本当に信じている人々に自分が信じていることにいくらかでも疑問を抱く気になってもらうため[170]」だという。

ビッグフットの謎の逆説

ビッグフットの謎の中心には、一つの逆説がある。サスクワッチを見ている人は多いのに、誰も見つけることができないのはどういうことか。これはビッグフットを唱える人々にとっては、きわめて落ち着きの悪いジレンマだ。サスクワッチは居場所をつきとめられないほど少ないのか。それならば、見る人も少ないはずだ。また、ありふれていて広く行き渡っている目撃談はだいたい正確なのか。しかしそれなら科学がとっくに標本を特定しているはずだ。

支持派は死骸がないことがこの分野の問題の中心だということを承知している。この問題は日がたつごとに深刻になる。サスクワッチ時代が始まった頃なら、懐疑派にもうちょっと待ってくれと言っても通じた。ジョン・グリーンは四〇年前にこう思っている。「サスクワッチ問題の決着のつきかたとしていちばん可能性が高いのは、狩猟をしている人が一頭しとめることだ。私は年々、多くの人がサスクワッチは本当にいて、それは人間ではないと信じるようになるにつれて、そうなる可能性が高まり、最初に一頭持ってくる人は確実に名声と、たぶん財産も得るだろうと思っている[171]」。

しかし何十年も待ったが空しい（また何十万ドルという報奨が求められることもない[172]）となると、ビッグフッターは、アラスカヒグマほどの大きさがあると考えられる種の動物の居場所をまだ特定できていない理由を説明しなければならない。人類学者デーヴィッド・デーグリングの解説では、「職業としてビッグフットを追っている人々の間では、『証拠がないのはないことの証拠ではない』と呪文のように唱えられ、これは間違ってはいないが、あってしかるべき証拠がないのはなぜかと懐疑派が問うのも、また妥当なことである[173]」。最もありふれた反応は、必然性論法だ。ビッグフットハンターは現物を見つけられないといって、ビッグフットハンターにそれを見つけることを期待すべきではないという。サスクワッチは稀少で頭がよく、死ぬとその遺骸はすぐに捕食者や気候によってなくなってしまう。ビッグフッターによれば、自然とはそういうものなのだ。これは未確認動物学の先駆者、アイヴァン・サンダーソンの論法だった。「狩猟区管理者、本職の林業者、職業的動物収集家に、野生動物の死体を見つけたことがあるかと聞いてみればよい。もちろん道路沿いや人がしとめたものは除く。私は四〇年間、五つの大陸を回ったが、見たことはない。自然は自ら後始末をするし、仕事も早い[174]」。この考え方はサスクワッチ支持の人類学者グローヴァー・クランツも採用し、「熊が実在するなら、なぜその骨が見つからないのか[175]」と言う。クランツの考えでは、「サスクワッチの死骸の見つかりやすさは熊の死体の見つかりやすさと同じくらいと予想すべきで（死ぬ数は同じで寿命も同じとして）……死んだ熊もほとんど見つかっていない[176]」。

懐疑派は奇妙な主張――ピラミッドパワーとか、エイリアンによる誘拐とか、誰かに意思に反しておしっこをもらさせる超能力とか[177]——を，文句なしにそれなりの可能性があるものとして，まじめに検討するのが仕事だ。しかしその基準によってさえ，そして世界中の善意をもってしても，「死んだ熊」論法はばかげているとしか言いようがないと考える。その理由は単純で，死んだ熊は見つかっているということだ（図2・7）。それも頻繁に。

実際，ビッグフット研究家と懐疑派の小さな業界に属する人々のうち多くの人々が，死んだ熊に遭遇したことがある。サスクワッチ支持派の野生生物学者，ジョン・ビンダーナーゲルは，熊の頭蓋骨を見たことがあると私に言った。それも二度見たという[178]。ビッグフット懐疑派のデーヴィッド・デーグリングは，「アメリカクロクマの頭蓋が美しく保存されている」のに遭遇し，そこから皮肉をこめた結論を出した。「たぶん，私が自分の個人的経験をもとに，サンダーソンやクランツの宣言がまったく無意味であると見ていると思われてもかまわない」[179]。私は「死んだ熊がいない」論法が無意味であることに賛成するし，理由も同じだ。私

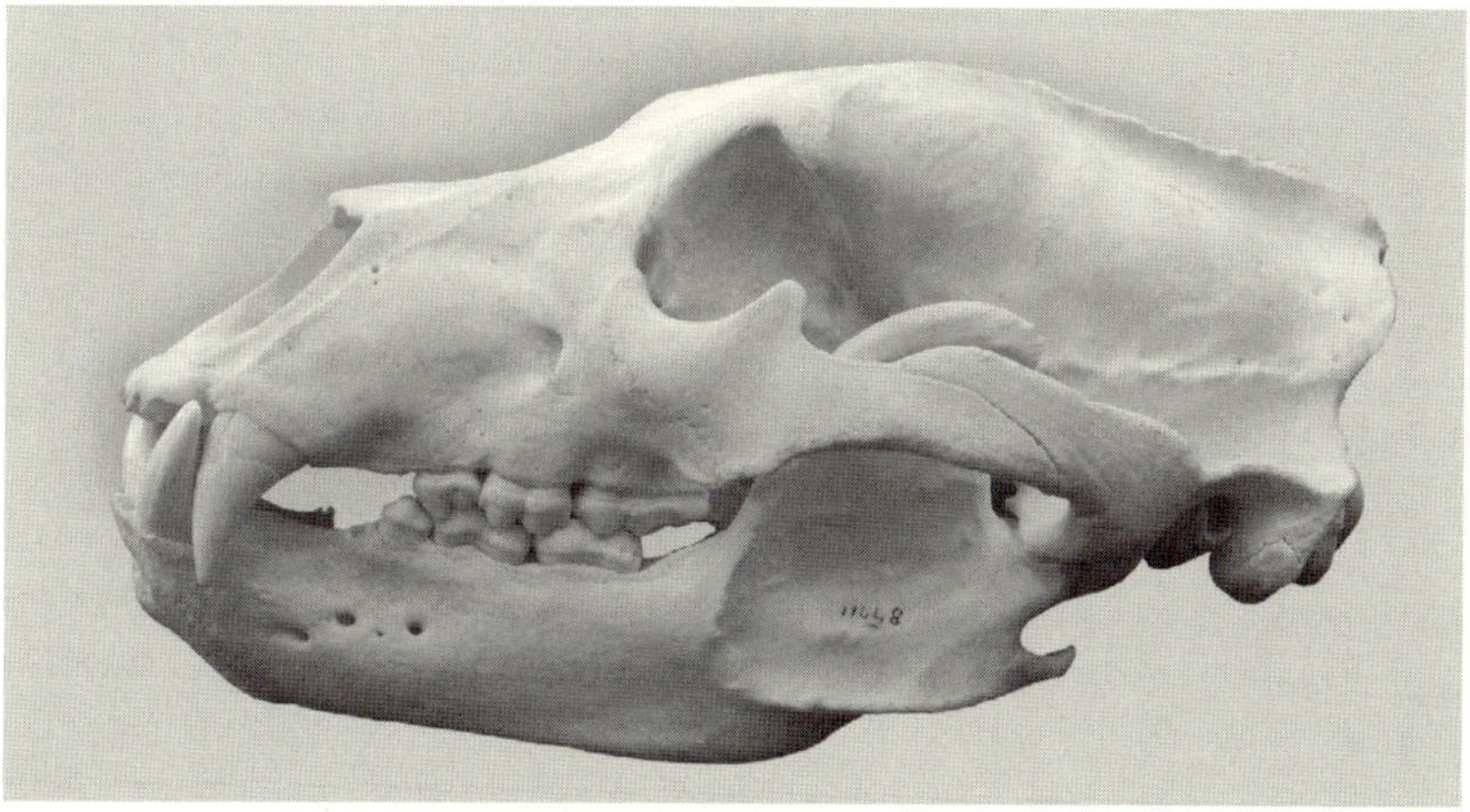

図 2.7　ハイイログマの頭蓋骨．ビクトリア市ロイヤル・ブリティッシュコロンビア博物館蔵．（ダニエル・ロクストン撮影）

ていた部分あたりで羊飼いとして過ごしていたときのことだ。同様に、兄弟のジェイソンも、はるかかなたのユーコン準州で地球化学的試料収集をしていて熊の死骸に遭遇した。その熊の頭蓋骨は本人の本棚に置かれている[180]。

「死んだ熊がいない」論法は、個別応答であるし、もっとひどい。めちゃくちゃでばかばかしいほど間違っている。しかし個別応答というのはさらに個別応答をすることによって必ず救える。ビッグフッターはこの論証に、急いで「人間の行為によって〔死んだのではない〕」という条項を加える。クランツはこう説く。「私はハンター、狩猟の案内人、保護活動家、生態学の学生などと話をして、『自然死』した熊の遺骸をいくつ見たことがあるかと尋ねた。二〇年以上問い続けてきて、見つかった自然死した熊の骨の総計はゼロである[181]」。

この「自然死」規定には二つの問題点がある。まず、頭蓋や古い骨からは、死因はたいてい特定できない。ビンダーナーゲルは私にこう言った。「私が頭蓋を見つけた二頭の熊がどのように死んだかは、実はわかりません[182]」。本棚に頭蓋を飾っているジェイソンも、その熊がどう死んだかはわからない。ただ、きわめて辺鄙な、人が住まない、舟でしか行けない一帯で見つけたというだけだ。しかし単なる議論のためだけでも、特定できた死骸は人間によって殺された熊のものだけだというあやしい仮定を認めてみよう。ではビッグフットはなぜ熊と同じように自動車や銃で死ぬことがないのだろう。

目撃者の証言（ビッグフッターは現物もないこれに執着する）を受け入れるとすれば、サスクワッチは熊と同じくらい死に至る危険に恒常的にさらされていることを認めざるをえない。グリーンは、一九七三年にオレゴン州で身長が二メートルを超えるビッグフットと衝突したという伐採搬出トラック運転手の証言という例を示して、「道路上でサスクワッチを見ただけでなく、轢いたと説く人々も何人かいる」

と明かしている。[183] 他にも多くの人が――ウィリアム・ローやボブ・ギムリンのような重要な目撃者も含め――サスクワッチをライフルの照準ごしに見たことを述べている。相当数の人々がビッグフットを撃ったとさえ説いている。[184] サスクワッチが賢く、丈夫で、稀少だとしても、何度かは運が悪かったこともあったにちがいない。常識的に言えば、ハンターや運転手がときどき一頭殺しているはずだ。初期には、ビッグフッターはまさしくそうなるのを期待していたのだが、実際にはまだそうなっていない。ビッグフットがクズリなみに稀少で、クーガなみに人目につかず、ハイイログマなみに頑丈だとしてみよう。それでどうなるだろう。クズリを見た人、クーガの写真を撮った人、ハイイログマを撃った人はいる。デーグリングが記すように、「クズリは希少動物だが、その頭蓋骨がどういうものかは知っている。なぜかといえば、頭蓋骨が得られているからだ[185]」。

煙が多すぎる

ビッグフット文献を支配する二つの決まり文句がある。「証言の山」と、それに関連する論拠、「火のないところに煙は立たない」だ。これは成り立たない。煙のあるところにあるのは煙である。[186] そしてこの場合、その「煙」が広がりすぎて、実際には、そのことがビッグフットの実在を否定する論拠になっている。

何らかの大型動物の種が見つからないまま辺鄙なところに存在するかもしれないと想定すること（海洋動物については深海生物の探査でそのことが核にされている）と、何かの大型動物が、誰にも見つからないまま地球のあらゆるところで暮らすことができると想定することとはまったく別の話だ。サスクワッチは太平洋岸北西部の温帯雨林だけでなく、北米全体、さらにはその外で棲息すると考えられている。アメリカではニューメキシコ州からニュージャージー州まで、どの州でも目撃されている。フロリダ州の沼地にも、テキサス州の藪にも、オハイオ州の農地にも出没する。ハワイにまで姿を見せる[187]（それについて最初に考えていれば、サスクワッチがニューヨークのスタテン島にいたことが伝えられるのはほとんど当然に見えてくる）[188]。世界的にも、ビッグフットは、北米、中米、南米だけでなく、ヨーロッパ、アフリカ、アジア、さらにはオーストラリア（こちらではヨーウィーと呼ばれる）にも広がっている。

グローヴァー・クランツは、サスクワッチが実在すると信じて自分の科学者人生をそれに賭けたが、ビッグフットのような生物が地球全体から伝えられることは、ちょっと待てよと思わせる問題点だった。「野生霊長類がオーストラリアを含むあらゆる大陸に原生するのが見られると言われる場合、信憑性がぐっと落ちる」。世界的に未発見の霊長類が残っていることがもっともなことかどうかはともかく、クランツはこれほどの広い分布をしている動物種はほとんどないことを知っている。「ある程度を越えると、未確認動物の種がいると伝えられる範囲が広いほど、当の生物が実在する可能性は低くなる[189]」。

3 イエティ

「雪男」

ダニエル・ロクストン画

大衆文化におけるイエティ

私が大学時代の一九七三年の夏、ルームメイトと世界一周旅行をして、アフリカから、インド、タイ、中国、日本と回ったとき、ネパールのカトマンズに立ち寄った。仏教寺院や塔、ラマ教の修道院など、よくある観光地の多くを訪れた。村人が私たちの目の前で生け贄の山羊の喉を掻き切る宗教的な儀式を見たり、エベレスト山頂が見えるところまで（やっと雲が晴れてくれて）、車で行ったりもした。しかしネパールの首都の何か所かにある青空市場をぶらぶらしているとき、何より驚いたのは、イエティ関連の売り物の多さだった。ヒマラヤに生息する謎の類人猿のような生物である。イエティの足跡と言われるものの型、イエティの毛皮とされるもの、イエティの画像など、考えられるものはほとんど何でも見た。ネッシーやチャンプ〔アメリカのシャンプレーン湖にいるとされる怪獣〕と同じく、イエティは一大産業で、ネパールへやって来る金払いのいい観光客を引き寄せたり、見つけてやろうじゃないかと思う未確認動物学者の探検隊を引き寄せる。カトマンズには「ヤク&イエティ」という名の五つ星ホテルもあれば、「イエティ・バー」というのもある。ネパールを代表する航空会社は「イエティ・エアラインズ」という名だ。サイモン・ウェルフェアとジョン・フェアリーは、イエティは「ファンタジー、宗教、伝説、いたずら、商売が織りなす蜘蛛の巣にひっかかっている。イエティはきわめて商業的な伝説であり、たぶん、ネパールの主要な外貨獲得商品になっている」と書く[1]。

イエティは伝説の役者としてきわめて長続きしている例の一つである。世界の屋根をよじ登ってきた様々な登山家が口にすることもあった。西洋人の大半にはほぼ行けないエキゾチックな世界にいると言われるせいで、シャングリラ〔遠いところにあると言われる楽園〕の伝説とも結びつけられてきた。ブライアン・リーガルは、「大きくて毛むくじゃらのイエティは、世界の僻地で暮らし、地元の人々は恐れ、モンスターのようなふるまいが伝えられている。都合よくも、時間的にも物理的にも東西両世界が交わる空間を占め、したがって他の東洋の『神秘』とともに生じた」と書いた。[2]

イエティ（よく「汚れた雪男《アボミナブル・スノーマン》」と誤称される〔日本ではただの「雪男」。なお「スノーマン」には「雪だるま」の意味がある〕）は、『スノー・クリーチャー』（一九五四）を始めとする数々の映画のスターともなった。この映画は大衆文化にイエティが初めて広く伝えられてからほんの一年か二年で撮影・公開され、『アボミナブル・スノーマン』（一九五七）、『スノービースト』（一九七七）と続いた。アニメ『モンスターズ・インク』（二〇〇一）では、ジョン・ラッツェンバーガーの声でカメオ出演しているし、『ハムナプトラ３』（二〇〇八）では、中国兵と戦っている。無数のテレビ番組にも登場している。クリスマスのコマ撮りアニメの古典、『ルドルフ、赤鼻のトナカイ』（一九五四）にも「バンブル、汚れた雪のモンスター」として登場するし、「ルーニー・チューンズ」、「スパイダーマン」、「エレクトリック・カンパニー」、「スクービードゥー」、「ダックテールズ」、「ジョニー・クエスト」、「ドクター・フー」、「パワー・レンジャーズ」、「タンタン」や、さらには幼児向けのアニメ、「バックヤーディガンズ」にも登場する回があるし、ケーブルテレビの数々の「モンスターもの」のドキュメンタリーにも出てくる。本の世界では、イエティが登場するのはエルジェ（ジョルジュ・レミ）の『チベットのタンタン』（一九六〇）だけでなく、R・L・スタインの『ミステリー・グースバンプス』シリーズの第三八巻、『パサデナの汚れた雪男』（一九九五）や、何より「マーベル・コミック」の漫画にも登場する。カリフォルニア州のディズニーランドにある「マッターホルン・ボブスレー」、フロリダ州のウォルト・ディズニー・ワールドにある「エクスペディション・エベレスト」といったアトラクションには、音とアニメのイエティが姿を見せる。イエティが登場するロックの曲もあるし、イエティという名のロックバンドもある。

イエティ伝説は大衆文化に広く出回っているので、この動物のほとんどの描き方は、ヒマラヤ山脈を探検した人々が伝えた元の話にあるものとはまったく似ていないものになっている。「アボミナブル・スノーマン」レーベルのおかげで、たいていの大衆文化で、イエティは背の高い、二足歩行する、白い毛皮の動物と描かれていて、ヒマラヤ山地の文化に継承される伝説に住まう、黒っぽい毛皮の、ゴリラか熊に似た動物ではなくなっている。

❗山の怪獣

世界の屋根に潜むと言われるこの謎の動物について、何がわかっているだろう。イエティ伝説に対してつけられるようになった名称が多いせいで、混乱がある。言語や文化の違いによる名称の違いだけでなく、一つの言語の内部でも違う（そして実は、そうした言葉には、つづりが何種類もあるのはもちろんのこと、複数の、あるいは相反する意味がある）。著述家で登山家のラインホルト・メスナーは、そうした用語の多くについて、一覧を作り、定義を試みた。「イエティ」は、この動物についてシェルパが用いた名称、イェーテー（「岩場の動物」）の音の写し間違いか、もしかするとメーテー（「人熊」）に由来するという。チベットの人々はそれをズーテー（「牛熊」）とも言う。これは、後ろ足で立って歩くこともあるヒマラヤヒグマ（*Ursus arctos isabellinus*）を指す名でもある。またミゴ（「野人」）とも言う。メスナーは、イエティとヒマラヤヒグマの双方に対していちばんふつうに使われるチベット語は、チェモあるいはドレモであることも知った。中国語のいろいろな方言では、おそらくパンダを指す白熊《パイシン》や、馬熊《マーシン》（ヒグマ）、人熊《レンシン》と言う〔3〕。この動物を表す名称がいろいろだということは、未確認動物学の伝説がいろいろな文化的伝統や伝説が入り混じってできたものであり、また（メスナーが発見したように）伝説のチェモとめったに見られないヒマラヤヒグマとが大いに混同されるという事実を反映している。

「汚れた雪男」という変わった不適切な名称は、もともと、一九二一年にアルペンクラブと王立地理学協会の後援で、チャールズ・ハワード＝バリー中佐が率いたエベレスト偵察隊に由来する。これはエベレスト登頂を試みるためのルートを調べた初期の調査隊の一つだった。ハワード＝バリーらの隊は、海抜六〇〇〇メートル以上に登ったところで雪の中に足跡があるのを見て驚いた。「兎や狐の足跡を識別することはできたが、一見すると人間の足のようなものには相当に困惑させられた〔4〕」という。ハワード＝バリーはすぐに、「この足跡は、あれこれの意見を呼んだが、おそらく大型の『跳ねる』ように走るハイイロオオカミによるものだろう。新雪で二重に足跡がつくと、裸足の人間がつけたように見える」ことに気づいた。つまり、狼が前足でつけた窪みに後ろ足も乗ったということだ〔5〕。しかし、シェルパが「すぐに飛びついた結論〔6〕」は、これが「野生の毛むくじゃらの人間の足跡で、人がなかなか入れない山地の原野でときどき見られるやつ〔7〕」ということだった。ハワード＝バリーはこうした解釈をばかにして、「とはいえ、『鬼《ボーギーマン》』がいるのはチベットだけではない」と書いている。「チベットでは、この鬼は、雪中で暮らしている。騒ぎ回って親の言うことを聞かないチベットの子どもがこの鬼のおとぎ話を聞かされて、恐ろしい毛むくじゃらの男という形をとるのだ。この鬼から逃げるには、斜面を駆け下りなければならない。そうすると鬼の長い毛が眼にかかって、子どもが見えなくなるからだ。悪い子の心に恐怖を抱かせる同様の話はたくさんある〔8〕」。

正体が何であれ、「野人」説はかっこうの新聞記事のネタとなる。ジャーナリストのヘンリー・ニューマンは、偵察隊がインドのダージリンに戻って来たとき、隊のメンバーとシェルパの双方にインタビューをした。ヨーロッパ人の方は、足跡は「疑問の余地なく、オオカミほどの大きさの四足動物によって雪につけられたもの」だとする点で一致していてつまらない話だったので、ニューマンは喜んでシェルパの方の、メトー・カンミと呼ばれるものについての見栄えのする話を伝えた――この言葉は「私に理解できたかぎりでは、『汚れた雪男』という意味である」[9]という。ニューマンは、この運命の英訳を振り返って、自分のことを「『汚れた雪男』を文芸の世界に紹介する責任があるショーマン」と述べ、その名がついたいわれについて述べた。

シェルパの何人かと話し込んだとき、驚き、またうれしいことに、その場にいた別のチベット人が、その野人についての解説をしてくれた――その足が後ろ向きになっていて、斜面を登りやすくなっているとか、毛髪が長くてもつれていて、斜面を下りるときには目に被さるとかの話だった。私がその野人にはどんな名がついているのかと尋ねると、相手は「メトー・カンミ」と答えた。「カンミ」は「雪男《スノーマン》」を意味し、「メトー」を私は「汚れた《アボミナブル》」と英訳した。話全体は楽しい作品に見えたので、記事を一つか二つの新聞に送った。それが受けた……。後で、あるチベット語の専門家から、「メトー」という単語の力を捉えきれていないと言われた。それは「アボミナブル」というより、「醜悪な《フィルシー》」とか「気持ち悪い《ディスガスティング》」で、ぼろをまとった人といった意味だった。ウルドゥ語には、「ダルカポシュ」という、汚いぼろを着た人を意味する言葉がある。このチベット語の単語はそれに似た意味だが、それよりもっときつい。[10]

その意味に基づいて、ニューマンは、野人神話は本当の人間、つまり荒野で暮らす山賊や修行僧などに基づいていると思った。しかしあらためて、イエティに似た動物の話がヒマラヤ山地やそれを超えて広がり、何か国語にもわたり、いろいろな、あるいは相反する意味の、数々の言葉を生んでいることに目を留めておかなければならない[11]。「メトー・カンミ」の解釈も例外ではない。一九五六年、動物学者のウィリアム・L・ストロース二世は、「メトー・カンミ」の別解釈を述べた。それはその直前にインドの宗教指導者スリマット・スワミ・プラナヴァナンダによって出されていたもので、「『ミテ』は一部のヒマラヤ探検家によって『汚い、醜悪、気持ち悪いなど、吐き気を催すほど汚れている』と英訳されているが、実際には『人熊』という意味であり、『カンミ』つまり『雪男』は、同じ動物を表す別語にすぎない。したがって、『汚れた雪男』の元になった『ミテー・カンミ』という言葉は、誤訳のせいで、基本的には同義語である二つの言葉が不適切に組み合わさったものである[12]」。ストロースはこの訳に基づいて、この動物は「ヒマラヤヒグマに他ならない」と論じた。

名称の由来がどうであれ、ニューマンの新聞記事は、ある未確認動物に名を与え、「アボミナブル・スノーマン」は、この動物を表す英語ではいちばん普通の呼称となる。リーガルの言い方では、「この目を引く名は人々の関心を捉え、それまでのどんな目撃談や記事より、この動物をヒマラヤの外でも関心が向けられる話題にした。この受けやすいが不正確な名称によって、この動物は地元の風変わりな伝説から、国際的な現象へと移行した。二〇世紀の後半に、サスクワッチがビッグフットになり、仕立て直され有名人の地位に取り立てられたのと同種のことである[13]」。

伝説の成長

この地域のイエティのような動物が、知られる中で最初に西洋人に記録された目撃例は、一八〇〇年以上前にネパールに住んでいたイギリス人、ブライアン・ホジソンによる記事にある。当時の大英帝国にはよくいた典型的なジェントルマン探検家だったホジソンは、外交官にして生物学者であり行政官でありながら、冒険家でもあった。ホジソンはネパール国王の宮廷に迎えられた初のイギリス人であり、ネパールの仏教などの文化的伝統について詳細に記録した最初の西洋人でもある。ヒマラヤでの自身の発見について、三〇〇本以上の学術論文を書いている。その一本、一八三二年の『ベンガルアジア協会ジャーナル』に掲載された論文では、「私の銃手隊はカーチャールで、『野人』、たぶんオランウータンの類の出現でおびえたことがあるが、私は本当かどうか疑っている。間違って鬼とか羅刹［神話上の悪鬼］と誤解して、撃つよりも逃げたのだ。銃手たちは、それは直立歩行で移動して、長い黒い毛髪で覆われていて、尻尾はないと言っていた[14]」。人類学者のジョン・ネイピアが伝えるところでは、「ホジソンは自分が雇ったハンターが、本物のイギリス人狩猟家のようにこの動物に立ち向かって撃ち殺すのではなく、おびえて逃げたことを少々ばかにしていた。立ち向かっていたら、もしかすると本書を書く必要もなかったことだろう[15]」。

一八八九年、イエティの足跡が（今はシッキムと呼ばれるヒマラヤの高地にて）初めて伝えられた。ローレンス・A・ワデルという軍人で法律家でもある歴史家が書いた本による。アイヴァン・サンダーソンは（サンダーソンがそれを読んでいないことは明らかなので、戯れに[16]）、「これに関する、何かの霊感を受けてもおらず与えもしない本で、これまた霊感のない『ヒマラヤの山々の中で』と名づけられた」と評している。

雪に残されていたいくつかの大きな足跡は、私たちの歩いてきた跡を横切っていて、もっと高い頂へと遠ざかっていた。これは毛むくじゃらの野人の通り道だと言われる。野人は万年雪のあるところに、伝説で嵐のときに吠えると言われる白いライオンとともに住んでいると信じられている。こうした生物を信じるのは、チベット人の間ではあたりまえのことだ。しかし私がこのことについて尋ねた多くのチベット人には、本物と言える例を示すことができた人は一人もいなかった。ごく表面的に調べただけだが、その話はいつも、誰かがそう言っているのを聞いたの類に行き着く。このいわゆる毛むくじゃらの野人は明らかに大型のシリアグマ（*Ursus isabellinus*）の類で、これは肉食でヤクを殺すことも多い。チベット人の大半は、この熊のことをよく知っていて近づかないようにしているのに、見慣れぬ出来事があれば、すぐに怪異で超自然の説明をつけるような迷信の雰囲気の中で暮らしている[17]。

ネイピアが指摘するように、「シェルパが旅行者に、雪の中に見つかった跡がどんな様子でも、それはイエティのものだと断言したがるのは、この分野の文献に繰り返される基調である。そのような騙し方は、悪意があってのことではなさそうで、おそらく、人をがっかりさせるのはきわめて無礼なことだと見るシェルパの極端な礼儀正しさを反映している。さらに、多くの権威が伝えているように、シェルパはいたずら心も、おもしろい話が好きなところも持ち合わせている[18]」。

いたずら心はともかく、特定の熊を「野人」とする例は、古くから他の著述家によって記録されている。アメリカの外交官、ウィリアム・ウッドヴィル・ロックヒルは、一八九一年の遭遇についてこう述べている。

ある夜、あるモンゴル人が私に、中国人貿易商とともに湖沼地帯へ行ったときの旅の話をしてくれた。貿易商は、その湖沼地帯を毎年訪れるチベット人からダイオウを買おうとしていたという。二人は数え切れないほど、野生のヤク、野生のロバ、レイヨウの群れ、さらには「ゲレスン・バンブルシェ」の群れを見た。この表現は文字どおりには「野人」を意味する。話をしてくれた人物は、それが長い毛に覆われ、直立し、人間の足跡に似た足跡をつけると主張したが、言葉が使えるとは思っていなかった。それから、ツァンバ〔麦粉を焼いた食物〕の玉を使って、ゲレスン・バンブルシェの模型を作った。それは熊によく似ていた。そのことを補完するように、モンゴル人は、同行の中国人が、それを見たとき「シン、シン」、つまり「熊、熊」と叫んだと言っていた。チベット語では、熊は「ドレモン」と呼ばれるとも言った。モンゴル人は熊を通常の動物の仲間とはせず、そのとき見た物は、外見は人間だが、食欲の点では獣の、両者の間にある「ミッシングリンク」だという。熊は「百獣の王」の地位にあり、チベット人は、襲われたときに最も恐ろしいのは熊で、熊は人食いに決まっていると思っている。[19]

二〇世紀の初頭、多くのヒマラヤ探検隊が、C・H・ショックリー少佐やジェラルド・バラード大佐、A・E・ウォード大佐などの探検家や大物狩りのハンターによって結成された。[20] この三人は自分の探検についての本も書き、そこで動物の目撃例について詳細に伝えている。それぞれに、ヒマラヤの多くの既知の動物、それまで知られていなかった動物について述べている（そして撃っている）が、イエティを思わせるものは、疑わしい痕跡も、不気味な足跡も一度も出て来ない。この否定的な証拠は重要だ。こうした人々は大物狩猟の専門家で、経験豊富な案内人も伴っていて、変わった動物や変わった痕跡は見逃さなかったにちがいないからだ。もしかしたら移動していた領域が違っていたのかもしれない。歩き回ったところはまだ高度が足りなかったのかもしれない。軍人だったり官吏だったりで、下界にいる仲間から馬鹿にされることを恐れて、見ても何も言わなかったのかもしれない。はたまた、やはり何も見当たらなかったのかもしれない。[21]

「汚れた雪男」という間違った名を生んだエベレスト偵察隊の後にイエティに言及した無視できない例としては、一九二五年の、イギリスの探検隊に加わったギリシア人探検家で写真家、N・A・トンバジによるものがある。王立地理協会による探検隊で四五〇〇メートルあたりのところを歩いていると、ゼム氷河のあたりで、二〇〇〇メートルから三〇〇〇メートルあたりのところに生き物を見た。

その姿の輪郭は文句なく人間で、直立歩行し、ときどき低木のシャクナゲの茂みに立ち寄っていた。雪の背景に黒っぽい姿が目立ち、私に判別できるかぎりでは、衣服は着けていなかった。それから何分もしないうちに、濃密な藪に入ってしまっていて、見えなくなった。

残念ながら、そのようなちらっと見ただけの時間では望遠のカメラを用意できなかった。双眼鏡で丁寧に対象を固定することもできなかった。それでも二時間ほど後の下山中、私はあえて回り道をして、先の「人」あるいは「獣」が見えたあたりを通ってみた。足跡を調べたが、それは雪原の表面にくっきりと見えていた。形は人のものとよく似ていたが、長さは一五～一八センチほど、幅は最も広いところで一〇センチほどしかなかった。五本の指の跡は明瞭で、踏み込みも明らかだったが、かかとの跡は不明瞭で、かろうじて見えたところは先細になっているようだった。そんな足跡が一五個、四五～六〇センチほどの間隔で、規則正しく並んでいた。足跡は間違いなく二足歩行のもので、並び方も想像できるどんな四足獣の特徴も示していなかった。濃密なシャクナゲの茂みのせいで、足跡がその先どちらへ向いていたかを調べることはできなかった。[22]

トンバジは後に、自分はやっぱりあれはイエティだとは思わない、おそらくヒンドゥー教の修行僧が現地の山の洞窟に隠遁して暮らしていたのだろうと言った。[23] 少なくとも何らかの環境に順応した人々が高地の雪原を裸足で長い間歩くことはありうるらしいが、[24] 足跡の寸法が長さ一五センチから一八センチ、幅が一〇センチというのは、ネイピアが指摘するように、人間の足跡の寸法としてはふつうではない。しかし熊の足跡と考えると適切になる。かかとが細いというのも熊の特徴だ。人間は一歩進むごとにかかとで体重を支えるので、人間の足跡は後ろ側が広くなる。ネイピアの結論では、トンバジの記述は首尾が通らない。この動物は人間のような二足歩行をするのに、残った足跡は熊に似ているというのだ。[25] それは熊のような足をした未知の二足歩行動物だったのか、それとも熊が歩いているのを、トンバジが「ちらっと」見ただけだったため、歪曲されたのか（記憶にはよくあること）。

一九二〇年代、三〇年代、四〇年代には、別のヒマラヤ登山隊や調査隊からの報告もあるが、「汚れた雪男」の名がこの動物を表すグロテスクなラベルとして登場するまでは、西洋人の意識に大きく作用したものはなかった。

ナチスと雪男

フィラデルフィアの裕福な工場主の息子、ブルック・ドーラン二世は、一九三〇年代、中国とヒマラヤ山地へ二度、探検隊を率いて行った。一九三八年には、ドイツの生物学者エルンスト・シェーファーが、ドーランのもとでの二度目の探検（一九三四～三六）について、一般向けに語った本を書いた[26]。シェーファーはこのアメリカ人が資金を出す調査隊に科学者として随行し、チベットの自然誌について数多くの観察をおこない、その中にはジャイアントパンダ（シェーファーは「パンダを撮影した二番めの白人」だったらしい）[27]、ヒマラヤヒグマなど、野生生物についての最初の記録もあった。シェーファーもこの地域のイエティの伝承と痕跡について、ばかにしたように伝えている。ドキュメンタリー作家のクリストファー・ヘールの解説では、「シェーファーはその後ずっと、ヒマラヤの猿人を信じる人々をからかっていた。一九三八年、毎日毎晩、隊の人々がミギュズ［仏教神話に登場する猿人のような神で、イエティのことと言われた］についておびえながら話しているのにうんざりして、雪の中に足跡を偽造していたずらをしてやることにした」という[28]。シェーファーの結論によれば、イエティは神話上の動物の類ではなく、ヒマラヤヒグマのことだった（図3・1）。確かにそうだと思って助手のワンに意見を伝えたときの冒険のことを次のように述べている。

二日目の朝、野性的な外見と悪党のような顔つきのワタ族の男がやって来て、高い山々に潜む雪男の空想物語を語る。それはヒマラヤの探検家がつねづね、山脈の未登頂の山々を神秘のオーラで包むからと好んで語る、あの神話的動物のことである。その動物は背の高さはヤクなみ、熊のように毛むくじゃらで、人間のように二本脚で歩くが、足は逆向きについていて、足跡をたどれないとされている。夜行性と言われ、夜には谷間まで下りてきて、住民の家畜を食べたり、氷河近くにある山の飼育地まで家畜を連れて行く人々を襲ったりするという。この血なまぐさい話を静かに聞いた後、私はワタに、そんなほら話をでっちあげる必要はない、その「雪男」とやらの洞穴に連れて行ってくれて、怪物がそこで本当に休んでいれば、お礼に、ワタが喜びそうなこのテントにある空っぽのブリキ缶を全部やると伝える。加えてワンが、しかしおまえが雇い主に嘘をついていたら、鞭で叩かれると思えと言った。ワタは笑顔で、何度もおじぎをして出かける挨拶をし、翌朝早く戻って来て報告すると約束した。ワンも雪男がいると思

図 3.1　ヒマラヤヒグマの母子．インドのジャンムアンドカシミール州のラダク地方にあるカルギル地区で撮影．（©2013 Aishwarya Maheshwari/WWF-India）

っていて、その謎の動物の顔を、本人の育った部族の年長者から何度も聞いているとおりに黒い色で描いてくれる。悪魔や悪霊が高いところで日夜騒ぎ、人々を殺すという[29]。

シェーファーはばかにして、「しかしワンよ、おまえも私の仲間も、どうしてそんなおとぎ話を信じられるのか」と言う。ワンはその力がそこらじゅうに現れているからだと説明する。要するに、「同じ悪い魔物がすでに何度も、原野を渡るときに人々を脅かそうとしたことがあるのです。あいつらは弱い小さな集団に、超自然の力のように襲う激しい吹雪を送ってきて、夜になると私たちのテントを荒々しい拳で引き裂こうとしていました。あらかじめテントのカンバス地を腐食させていたみたいに」。シェーファーは、「その雪男はただの熊で、たぶんヒグマだ。実に大きい奴だ。しかし我々の『大型銃』なら、洞窟を出る前に簡単に射殺できる」と説いた。

ワタ族の男はその日のうちに目撃者を連れて戻って来た。行方不明になった羊を探していて、ある洞穴で「初めて自分の眼で黄色い頭の雪男を見た」という。その案内でイエティの洞穴へ向かい、シェーファーはそれが眠りから覚めて怒って吠えるのを至近距離から撃った——そして実際、それはヒマラヤヒグマだった。後には、「汚れた雪男」の像を、「でっちあげ」と述べ、「イエティの本当の正体は、写真と私のチベット熊の皮ではっきりした[30]」と言っている。

シェーファーはこんなことも断言する。一九三八年に登山家で重要なイエティ足跡の発見者である「〔フランク・〕スマイズと〔エリック・〕シプトンが低姿勢でやって来て、私の発見を英語圏の報道機関で発表しないよう懇願した。秘密は何としても守らなければならない——『でないと報道機関は私たちに今度のエベレスト遠征の資金を出してくれないだろう』と[31]」。もし本当なら、この一九九一年に出てきた話はのっぴきならないことを言っていることになる。シプトンが一九三〇年代に捏造、あるいは人気の伝説に乗ったのだとしたら、それは一九五一年の有名な足跡発見にもひどい影響を与える——今なお、イエティの最も強力な象徴だが、近年、捏造にからんでいるとされたものである（後述）。シプトンは実際、一九三六年には別のイエティを報告している。これはシェーファーの本が出版されるより前の足跡だ。[32] 一九三七年には、スマイズも「二足歩行で私の足跡ときわめてよく似た歩幅に見える巨大な足の跡」を見つけた。スマイズはこの跡を、洞穴の住処にまでたどることができたという。スマイズとシプトンが黙っていてくれと頼んだというシェーファー説の問題点は（確証がないことと事後何十年もたってから伝えられたこと以外に）、一九三八年にスマイズがシェーファーによってイエティは本当は熊であることを暴露されるのを恐れなければならなかったことだ。スマイズはすでに、自身の豊富なイエティの足跡を熊の足跡であることを公式に明らかにしていて、「ヒマラヤの迷信は今や解明された」——熊によるもの——と宣言していたのだ。[33] それでもシプトンの場合には、シェーファーの言い分は排除できない。一九三七年、シプトンの登山パートナー、H・W・ティルマンは、スマイズが書いたイエティ記事に応じて、からかうような否定の投書（実際には、ニックネームのバル〔＝熊〕を使っていたずらで書いた投書もあったので二通）で応じた。[34]「スマイズ氏の記事は、あの『イエティ』という由緒ある名物を廃棄しようとする試みなら、それが書かれた紙の値段ほどの値打ちもない」。[35] ティルマンのイエティについての見解は、生涯、いたずらっぽい、陽気な冗談だらけだった。「ふさわしくない軽さ」と書いた人もいる。[36]「もちろん難しいことだが、科学的懐疑派の反論があった方がよく、私は調査隊を送るべきだという〔E・B・〕ボーマン空軍中佐〔足跡の目撃者〕の提案を支持する」。この感想は、たぶんティルマンの一九三七年に自ら謎の足跡を発見したという主張がそうであるように、ユーモラスという観点から見ると物を言うようになる。「ビレー・ガンガ氷河を渡っていて、新雪に残された足跡に遭遇した。それは何よりもゾウの足跡に似ていた。私はしばしばゾウの足跡をたどったことがあり、そのときたどったのもそれだったと誓える。ただし、ヒマラヤ中央部にはゾウはあまりいないのだが」[37]。シプトンとティルマン（スマイズではなく）が、シェーファーにイエティ話でいたずらをするようけしかけたのではないかと推測したくなるほどだ。結局、ラルフ・イザードがティルマンにインタビューして思ったように、「ティルマンもイエティの謎は解明されないままにすべきで、未知のものがわかってしまい、神秘性が否定されてしまうと、関心は消えてしまうと考える一派に属していることは明らかである」[38]。

しかしそれはそれとして、シェーファーがヒマラヤ探検でおこなっていた重要な動物学的な成果は、もっと深刻な問題によって汚される。シェーファーは一九三三年、アドルフ・ヒトラーの親衛隊《シュッツシュタフェル》（SS）に入ったのだ[39]。「科学は人種的基盤の上でのみ成長する」ことを認めたシェーファーは、科学の価値とSSの価値を一体として述べている[40]。SSの司令官ハインリヒ・ヒムラーは、シェーファーのチベットに関する熟練の知識を用いてチベット作戦を計画した。これはチベットやネパールの人々に、この地域にいる英軍に対して蜂起させようというナチスの秘密の任務だった。加えて、ヒトラーとヒムラーは、先祖のアーリア人はチベットの山地が起源だという奇説を抱いていて、二人はシェーファーを、自分たちの奇妙な系譜学を支持する証拠を探しに派遣した。シェーファーは成果が得られず、ヒトラーやヒムラーとつながったことで戦後の科学者としての名声には影が差したため、戦前のチベットの自然誌に関する堅実な学術的業績までもがほとんど忘れられた。また、イエティ伝説や足跡についてのまじめな記述も、足跡がヒマラヤヒグマによってつけられたとする証拠も、後にラインホルト・メスナーが、自身のイエティ探しとの関連で翻訳して復活させるまで、否定され、忘れられていた[41]。

ヒマラヤへの殺到

第二次世界大戦のときは、しばらくヒマラヤ探検が停滞した。戦争でそれどころではなく、中央アジアは連合軍と日本軍の戦場の一部だったからだ。一九四〇年代末から一九五〇年代初めにかけて、ようやくイエティ調査・捜索のペースが回復してきた。注目すべき報告は二つある。一九四八年、カシミール地方のコラホイ氷河に向かっていた三人の陸軍将校が、標高四〇〇〇メートルあたりの雪線〔万年雪の限界〕に到達したとき、大型の哺乳類が自分たちの方へ向かってくるのを見た。最初はイエティではないかと思ったが、距離が近くなると、それは大型のラングールだった（*Semnopithecus schistaceus* か *Semnopithecus entellus* だったのだろう）。これは体重が二〇キロ以上あるものがいて、長い距離を二足歩行することもある（図3・2）。それからまもなくして、鉱山調査をしていた二人のスカンジナビア人が標高四〇〇〇メートルでラングールを見たことを伝えた。このときのラングールは二人を襲い、雪中に大きな足跡を残した[42]（その話を疑問視する資料もあるが[43]）。

一九五〇年代はイエティ探しの黄金時代で、ジョン・ネイピアの説では、「伝承《フォークロア》は偽伝《フェイクロア》に劣化し始め」、イエティの証拠を求めて多勢が押し寄せた。ネパール政府は、ハンターを呼び込もうと、イエティ一頭あたり四〇〇ポンドという特別許可料を提示した[44]〔入山料なら何千ポンドとかかる〕。決定的な事件が

図 3.2　ラングールの一種.

起きたのは、エリック・シプトンが率いる一九五一年のエベレスト偵察隊のときだった。探検隊はエベレスト山頂へ至るルートを調査していて（エベレストは未踏峰だった）、三班に分かれていた。エドマンド・ヒラリーらの調査隊がある地域を担当し、他に二人の登山家がまた別の地域にいて、シプトンと医師のマイケル・ウォード、シェルパのサン・テンジンが標高五五〇〇メートル付近の氷河を渡った[45]。そこで雪中に足跡が見つかり、誰かが一枚だけ写真を撮った。そのとき歴史が作られた。シプトンの足跡は、今なお最も有名で最も説得力のあるイエティの証拠だ。ロジャー・パターソンとボブ・ギムリンが撮った映画のように、この写真は文献の世界で繰り返し用いられている。ネイピアの言い方では、「シプトンの足跡を作ったものがあるにはちがいない。エベレスト山と同じようにそこに足跡があり、説明を求めている。自分で謎を解明できればと思う。そうなればもっとよく眠れるようになるのだろうが[46]」。しかしシプトンとウォードはこの足跡がこれほど有名になることは予想していなかったかもしれない。シプトン自身が語ったところでは、すごいと思うような足跡は少なかったという。「跡はほとんどは雪が解けて卵形に歪んでいて、私たちの大きな登山靴でできる跡よりも少し長く、幅はずっと広かった[47]」と言う。他の場では、さらに詳しく述べている。

ところが氷河を下りていくと、雪がそれほど深くなくなり、足跡ももっと整った形になった。とうとう、クレバスにとくに近い、氷河の氷を被う雪が何センチもないところまでやって来た。そこで私たちは、蠟で慎重に取ったとしてもこれ以上明瞭にはならないというほどくっきりした足跡の標本を見つけた。足跡どうしの比較によっても、輪郭の明瞭さによっても、溶けて形が変わっているわけではないことがわかったし、そこから私たちは、この動物たち（二頭分であることは明らかだった）がほんの数時間前にここを通ったのだと推定した。跡は氷河を下っていた。足跡の長さは約三〇センチ、幅は一五センチほどだった。大きくて丸みのある指が一本、片側で突き出ていた。これとは離れたところに次の指があり、三本の小さな指が固まっていた。小さなクレバスをジャンプして渡っていて、すべって後ろ向きに倒れないように、向こう側で雪に指を突っ込んでいることが明らかに見てとれるところも何か所かあった。[48]

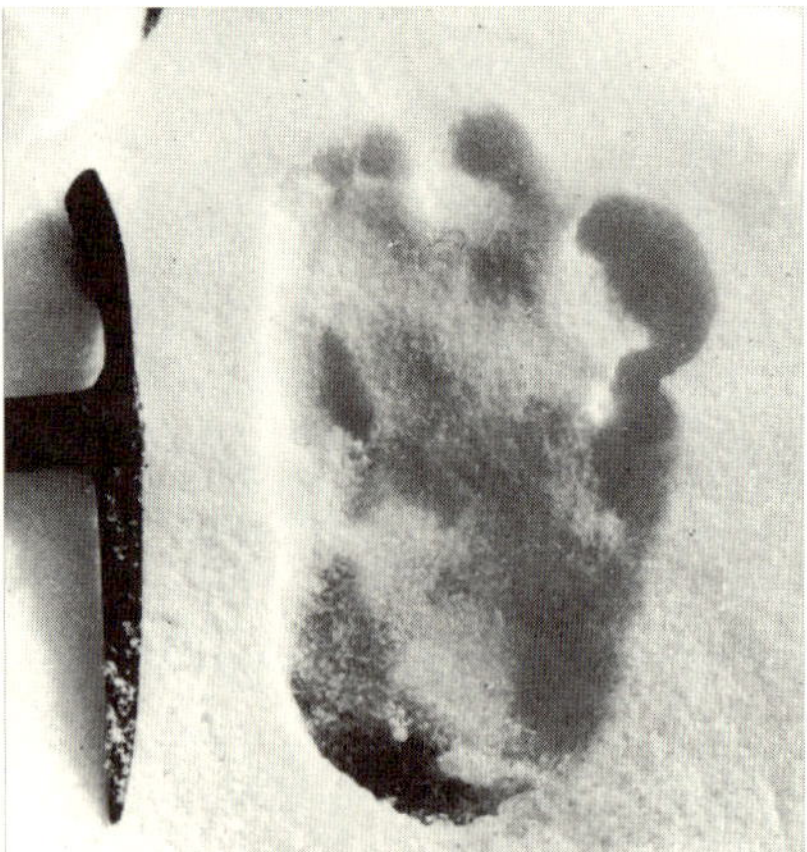

図 3.3　いわゆるイエティの足跡．1951 年，エリック・シプトン撮影．メンルン盆地（ネパールと中国の国境付近）の氷河にて．（ロンドンの王立地理学会［英国地理学会とともに］の許可を得て転載）

シプトンは自分とウォードがいちばんくっきりしていて変形も少ないと見た足跡の写真を撮ったが（図3・3）、他の「イエティ」の足跡は撮影しなかったらしい。あれば撮影した写真の意味もはっきりさせられただろうに。

それとも、ひょっとして撮ったのだろうか。一九八〇年代末以来、シプトンは意図的にこの有名な足跡を偽造したのかもしれないと考える一派が大きくなり、その論拠は話ごとの撮影枚数にずれがあることにかかっていた。[49] 一部の未確認動物学の資料は、シプトンが有名な足跡のクローズアップ写真を二枚撮っただけでなく（大きさ比較用に一枚はピッケル、もう一枚はウォードの登山靴を使った）、同じイエティの足跡がモレーン〔氷河に削り取られた土砂による土手〕に向かって行く足跡の列を撮った、もっと広角のものも二枚撮っていたとしている。[50]問題は、広角の方の足跡が、クローズアップの足跡と合致しないところだ。ネイピアがウォードにこの点を尋ねると、ウォードは広角の方の写真は、たまたま「イエティ」の足跡の写真と同じ写真ファイルに保存されていたせいで、よく誤認されるのだと言った。ウォードによれば、そのおそらくは山羊の足跡の列は、同じ日の早いうちに別に撮影されたもので、「イエティ」の足跡の写真とは何の関係もないという。シプトンもウォードの二つの足跡の列の話を追認したので、ネイピアは、この説明は「一八年にわたる謎を明らかにする」と思った。しかしそれで解明とはならなかった。ウォードは二〇年後に、有名なイエティの足跡の撮影を目撃した唯一の生き残りとして語った。[51]

雪中の足跡の列すべてのこと。これには二種類あるらしい。一方は不明瞭で、周囲の雪原につながるもの。もう一つは、ところどころ、固まった万年雪の上に積もった深さ五センチから一〇センチほどに刻まれた、それぞれくっきりと残されたもの。これを測定する術がなかったので、シプトンは四枚の写真を撮り、二枚の不明瞭な跡は比較対照として私と、つまり私の足跡やリュックサックと一緒に撮った。残りの二枚の写真はいちばん明瞭で細かい足跡で、こちらは一枚はピッケルと、もう一枚は私の登山靴を履いた足を物差しにして撮られた。[52]

「足跡の列すべて……は二種類」というのは、一本の跡のことか、二本の跡のことか。初期の説明のほとんどは、一組の足跡のみを述べていたが、後のもの（古い記録の後の解釈）では、二組あるとするものと一組とするものがある。あるいはどちらとも言えないものもある。この点についての記録と記憶は、広角の跡とクローズアップの跡との比較のように矛盾している。チームの一員だったヒラリーは、後にこう回想している。「私は第二の足跡の組のことは知らなかった」[53]。
この写真が本当に写しているものが何であれ、ピッケルと比較した足跡の写真はすぐに有名になり、世界中の新聞、雑誌、一流の学術誌で論議の的になった[54]。そしてまもなく、イエティの証拠をもっと見つけようと、探検隊を組もうと人々が押し寄せた。ウォードの回想では、「一九五一年の足跡の発見は、イエティへの関心を大いに刺激して、その結果、ヒマラヤや中央アジアで、ぴんからきりまで差のある探検隊がやたらと組まれた」[55]。
しかし写真はシプトンとウォードがしでかした捏造、あるいはいたずらではないのか。それはピーター・ギルマンという調査報道ジャーナリストの抱いた疑惑で、ギルマンは、二つの足跡の列の話が「それ以前の話すべてと矛盾」していると見て、「とくに目を引く」と思った[56]。さらにまずそうなことに、ピッケルと一緒に撮られたクローズアップ写真の、カットする前のものに写っているのは、「主」たる足跡にはある明瞭な特徴がないように見える、第二の足跡の一部かもしれないことにも気づいた。

その上の足跡全体と違い、指がもっと小さいという曖昧な印象しかなく、主たる足跡の指に対応すると期待される大きな指がありそうなところには何もない。我々は弁解や矛盾をすべて考察し、特異で異常な一つだけの足跡につけられる最もわかりやすい説明として、それがシプトンによって作られたという結論に至った。卵形の足跡の一方を、手、とくに言えばウールの手袋をはめた手による「指跡」を加えることによって強調するのは手間もかからなかっただろう[57]。

ウォードの方は、捏造はいっさいないと否定したが[58]、ギルマンは、ウォードがそのことを知っている必要はないと説いた。ギルマンの推測では、「私の想定ではこういうことだったかもしれない。シプトンとウォードが何かの跡の列のところに来たとき、シプトンは、ウォードの知らないところで、一個の足跡に決定的な装飾を加えた。それからウォードに注目させて、イエティの証拠を見つけたという推測に引き入れた」[59]。ほとんど状況証拠によるこの捏造説は、シプトンの人柄に基づいている。シプトンはいたずら者だったのか。ギルマンは、登山家でライターのオードリー・サルケルドによって明らかにされた例を挙げる。シプトンはときどき「まさしくこの手の冗談」をやらかしたらしい。他の登山家についてこじつけの話をでっち上げたりした。居合わせた他の人たちがすぐに否定するような話だったという[60]（シプトンは登山家で地質学者のノエル・オデルが、岩石をサンドイッチだと間違って信じて食べようとしたと言ったり、登山家のモーリス・ウィルソンの遺体が発見されたときには、犯罪すれすれの「セックス日記」と女性用衣類が何点かあったと断言したりしたらしい）[61]。ヒラリーは、自分のチームメイトのシプトンが、足跡について問われるとのらりくらりとして、「あまり多くのことを言わないようにする傾向がある」[62]と思った。ヒラリーはギルマンに、シプトンは「明らかに人をからかうのが好き」だと言い、「シプトンはそれ［足跡］を整形して新しく見せて撮影したかもしれない」と認めている。しかしシプトンがこのでっち上げをこれほど広く、長い間伝わるようにしたのだろうか。ヒラリーはそうだと思っている。「シプトンならこれはおもしろい冗談だと思うでしょう」[63]。

雪中の足跡

エリック・シプトンが撮影した足跡の写真（図3・3）が有名になって以来、イエティの存在を示す最強の証拠といえば、雪や氷についた足跡ということになっている。シプトンの足跡は、人間の足跡を巨大にしたものに見え、多くの未確認動物学者やイエティを信じる人々に、この足跡はイエティによるものだと思わせている。しかしこの足跡の証拠は、未確認動物学者が信じるほど説得力があるものなのだろうか。全体として見ると、足跡の列と言われるものどうしの整合性という問題がある。ジョン・ネイピアは、この証拠を一九七三年に評価して、次のような結論に達した。「いわゆるイエティの足跡は」総体的に言って「ヒマラヤのビッグフットの存在の証拠としては使えない」が、「少なくともこの話の出どころについてのヒントにはなる。サスクワッチとは違い、パターンが一様ではなく、一致している部分は熊によることを指し示す[64]」。

足跡の列は、ケースバイケースで見ても怪しいことがある。「ほとんどの足跡は、動物学的には素人が大部分を占める登山家の見たものである」と、シプトンとともに史上最も有名なイエティの足跡を見つけたウォードは警告する[65]。足跡は必ずしも足の形を正確に記録したものではなく、むしろ歩行の一歩ごとに、足跡がつくものに足がどう当たったかを記録しているのだということも忘れてはならない。

海岸の濡れた砂浜についた自分の足跡を見れば、窪みの形は、移動のしかたによって異なることがわかるだろう。走っていれば、つま先と親指のつけ根のところが砂にめり込み、かかとは地面に着かず、足が地面に着くか着かないかで走るので窪みも浅いだろう。ふつうに歩いていれば、かかとの跡が実際のかかとの大きさより広く、深くなる。歩いているときは、足がかかとから着地して、体重が足跡のかかと部分に集中するからだ。柔らかい砂地では、自分の足よりも幅の広い足跡が残る。足が砂に潜り込むからで、その砂は、すぐに崩れて跡の中に落ちる。泥の地面では、足跡は前方や横にすべり、やはり足よりも大きな跡が残る。ところが固い砂地では、足跡の一部しか残らず、実際の足より小さくなることがある。土踏まずが深い人がそうで、それは土踏まずの部分が砂に触れない場合が多いからだ。

雪中の足跡にも同じ力学があてはまるが、少し違うところがある。雪が深ければ、足だけではなく、足首やその上も潜り込むので、跡は非常に大きくなる。足を引き抜いて次の一歩を踏み出そうとするときにさらに大きくなることもある。うっすら積もった雪のときでも、跡の横側は、足が移動した後に内側に崩れることが多い。ほんの少し雪が解けただけでも足跡は広がるし、直射日光が当たる部分もあるのに、日の当たらない部分の温度が低いままで、解け方が均一でないこともある。通常の足跡は、ある部分の輪郭ははっきりしているのに別の部分はぼやけるなどして形が歪む。

「イエティ」の足跡を見たという人々の多くは、有蹄類や狼が、(とくに雪が深いときは)雪中に大きな対になった足跡の列を残すことがあるのを知っていた。動物はたいてい、一列に並んで、リーダーの足跡を踏んで進むことが多いので、足跡は大きくなる。本章で取り上げた「イエティ」の足跡の多くは、疑わしいことにかかとが細い。つまり人間よりも熊に多い形だ。熊の足跡が人間の足跡に見えるには、前足がつけた跡に後ろ足がかかればよい(熊は自然にそうなる)。すると後ろ足のつま先の跡が広がり、四本か五本の前足の指の跡が残って、人間の足跡に似てくる（図B・1）。少し雪が解けてかかとの部分を丸くすれば、もっともらしいイエティの足跡ができる。

人間の足跡に似たイエティの足跡についてはこんなことも頭に入れておこう。それを作ったのが何であれ、ギガントピテクスに似た類人猿のような大型動物ではなかったということだ。現存のものでも化石でも、類人猿は足跡の主とは足の形がまったく違っていて、ものをつかめるように、大きな親指が足の後ろ側の離れたところにある。これまで撮影された「イエティ」や「ビッグフット」の足跡が本当に未確認動物のものだ

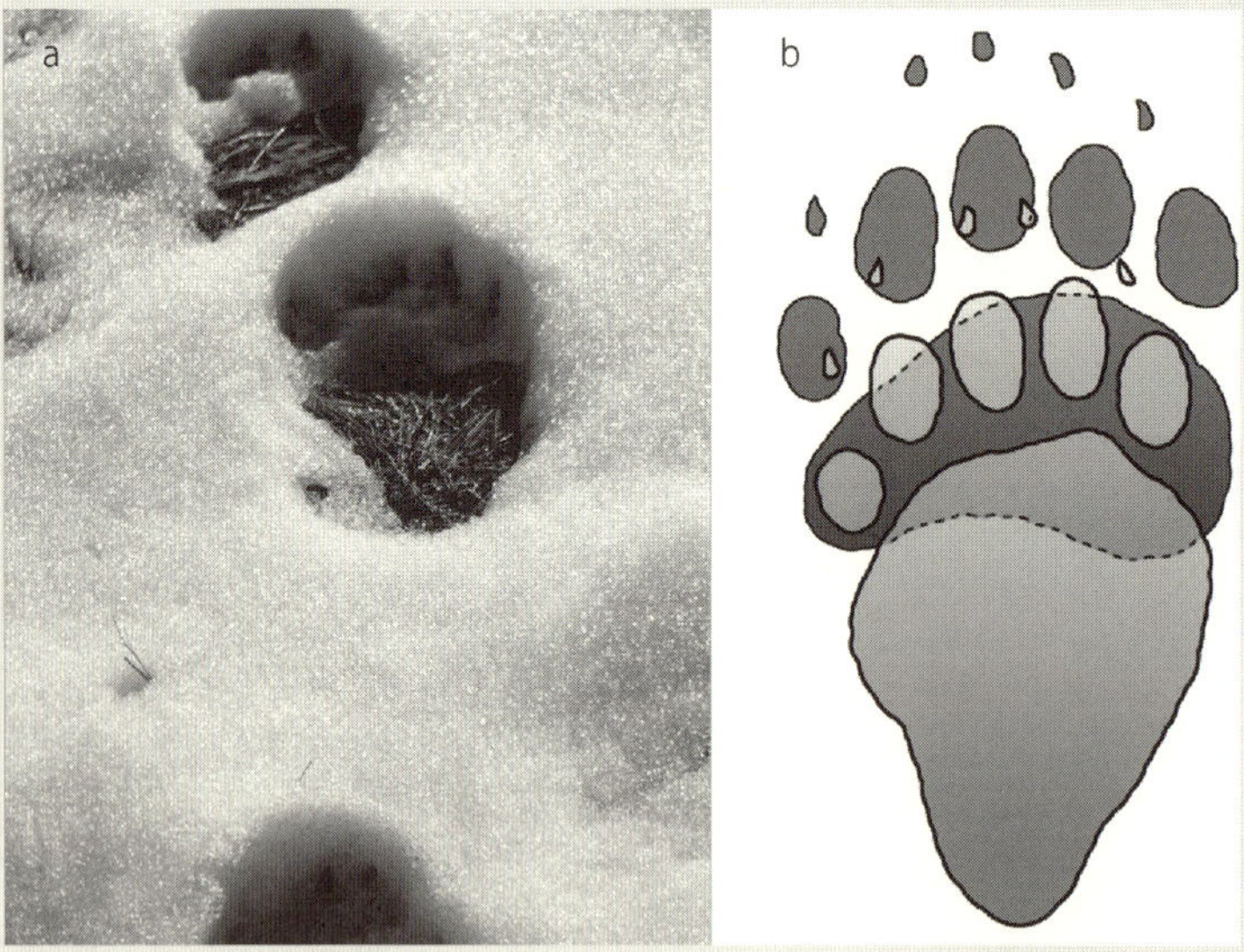

図 B.1　熊の足跡（a）が，人間の足跡に見えるものへ変形する（b）．写真はメリーランド州ハバードグラス付近で撮影．（［a］アメリカ魚類野生動物庁ルイス・B・グリック撮影．［b］ダニエル・ロクストン画）

とすれば、つまり捏造でも熊などの既知の動物のものでもなければ、その動物は人間に近くなければならない。完全に現代人型になった二足歩行姿勢は、進んだヒト科動物のみに見られる特徴だからだ。エチオピアで見つかった四四〇万年前のものとされるアルディピテクスの足のような、ヒト科について知られている最古の足の骨は、現代人類のような足、あるいは歩き方をしていなかったことを示している[66]。しかし、タンザニアのラエトリで見つかった、三五〇万年前のものとされるアウストラロピテクスの足跡は、その頃には進化していた現代人の歩き方を示している[67]。つまり、イエティやビッグフットの足跡が本物だとすると、それを作った生物は、類人猿的というよりは、はるかに人間的である（アウストラロピテクス属や初期のホモ属に似ている）はずだ。

「イエティ」の足跡の石膏複製は、写真から想像して再現されたもので、元の足跡の型を正確に取ったものではない。雪中の足跡の型を取ろうとするだけでも、多くの問題にぶつかることがわかるだろう。まず、「イエティ」の足跡を報告した人々は、たいてい、相当量の石膏、混合用の容器、型を取るための水を携行していたりはしない。次に、気温が氷点以下だと、石膏粉末は氷と混ぜ合わせることになるので、液体の混合物を作ることはできない。さらに、石膏は固まり始めると熱を発生するので（発熱反応）、足跡の雪が解けて元の形を損なうことになる。つまり、テレビ番組で紹介される未確認動物学者から持ち込まれた「イエティ」の足跡は、まったくの想像図なのだ。写真に見られる足跡の輪郭に合わせた複製だが、深さなどの三次元的な詳細は、写真に見られる足跡のくぼみの明暗のパターンから推定されている。

イギリスの探検家は、測量士がエベレストを世界最高峰と判定した一九二〇年代から、その山頂へ到達しようと何度も試みていた。いくつもの遠征隊が途中まで登り、最善のルートを調べたが、八八四八メートルの山頂までは行けていなかった。最大の障害は空気が薄いことで（海面と比べると気圧は三分の一）、酸素ボンベが必要だが、これは初期の登山家の頃にはまだなかった。極端な高度では、心臓発作、失明、血栓の脳や肺への進入などを起こす。登頂を試みた人々のうち一七五人以上が亡くなった。一九二四年のイギリス遠征隊（本格的な登頂としては最初期のもの）は全員が行方不明になった。登山者の一人ジョージ・マロリーの凍った遺体が見つかって帰還したのは七五年もたってからだった。

エドゥアール・ウィス＝デュナンが率いるスイス隊は、一九五二年に催行されたエベレスト登頂路を探るための遠征の際、標高五〇〇〇メートル近くのところで、イエティの足跡かもしれないものを発見した。ウィス＝デュナンは、隊が見つけた爪の跡がある足跡は、蹠行性の四足動物、つまり熊の類によってつけられたものだと判定し[68]、動物学的に本当に問題になるのは、熊のうちどの種かということだと思っていた。本人が書いているところでは、「本当の問題を攻略する段階になっていて、もはやぜひとも神話の根拠を求めようという段階ではない。しかし、動物学的調査の遠征に随行する人々の数は、報道機関を伴って神話上の生物を探す遠征に加わる人々よりも少なくなるのは疑いない[69]」。スイス隊はポーターがイエティに襲われたという話でも知られる（遠征後に、通った跡にいたときイエティに捕らえられ、後に解放されたと主張した）。スイス隊のメンバーは、この主張を裏付ける証拠はまったくないことを言っている。「雪男かもしれないし熊かもしれない。あるいは想像力の異常かもしれない[70]」。

一九五三年、ニュージーランド人のエドマンド・ヒラリーと、熟練のシェルパ、テンジン・ノルガイがとうとうエベレスト山頂に到達し、世界中がこの知らせに興奮した。しかしこの顕著な業績を祝うさなかにも、人々はヒラリーや登山隊が、前年にウィス゠デュナン隊が見たという足跡を見つけたかどうかを知りたがった。隊長のジョン・ハントはイエティを信じていた[71]（以前の遠征で足跡を見つけたことがあり[72]、その調査のための遠征隊を集めたこともある[73]）が、こう言っている。「がっかりさせて申し訳ないが、そいつの足跡は全然見かけなかった。汚れた雪男にとっては隊が大きすぎたんだと思う。連中はひっそりと孤独でいるのが好きなんだ[74]」。テンジン・ノルガイは最初の自伝で、自分はイエティを見たことはないが、父が見たことがあるので存在は信じていると述べた[75]。しかし後には、イエティの存在についてはもっと懐疑的になった[76]。

一九五四年には『デイリーメール』紙がエベレストの熱狂に乗り、読者を引き寄せるセンセーショナルな話を求めて資金を出し、イエティの証拠を求めてヒマラヤを探索する大規模な遠征隊が組まれた。そこには数々の登山家、ジャーナリスト、科学者に加えて、装備一式を運ぶための三七〇人もの隊員がいた[77]。一五週間にわたりヒマラヤを歩いたが、イエティのものかもしれない毛髪、貧弱な足跡、疑問の余地のある動物の糞以外には何も見つからなかった。この遠征隊の筆頭登山家、ジョン・アンジェロ・ジャクソンは、雪についた既知の動物の足跡とともに、何のものと特定できなかった大きな跡も撮影したが、後に本人は、それはありきたりの足跡の雪が解けた結果と考えることができると認めた。また、チベットにある要塞のような僧院テンボチェ寺院の、イエティを象徴するような絵を撮影した。

同隊は、ネパールのパンボチェ村の小さな仏教寺院で見つかったイエティの頭皮と言われるもの（図3・4）も調べた。隊の動物学者チャールズ・ストーナーは、最初、この物体を「例の動物の頭頂部の皮膚であることはきわめて明らか」として、「科学に知られている動物のものとすることはまったくできない」とも言った[78]。毛は暗褐色から明るい褐色までばらつきがある。しかし毛の標本と写真が、毛髪に詳しい解剖学者フレデリック・ウッド・ジョーンズに送られると、まったく別の話が明らかになった。ストーナーの説明では、ウッド・ジョーンズは「最終的に、この物体がそもそも本当の頭皮ではなく、何らかの未知の動物——熊や類人猿でないことは確か——の肩から切り取られた断片からこしらえられたことに疑問の余地はなく、頭蓋骨の形に加工され、一方では毛や皮膚はまだ新しくて柔らかいと断言できた」[79]（これや、別のイエティの頭皮と言われる遺物の製造に皮膚を提供した「未知の動物」は、後で見るように、その後特定されている）。

成果がなかったにもかかわらず、遠征隊の二人のメンバーが、自分たちの参加とイエティの存在を示す証

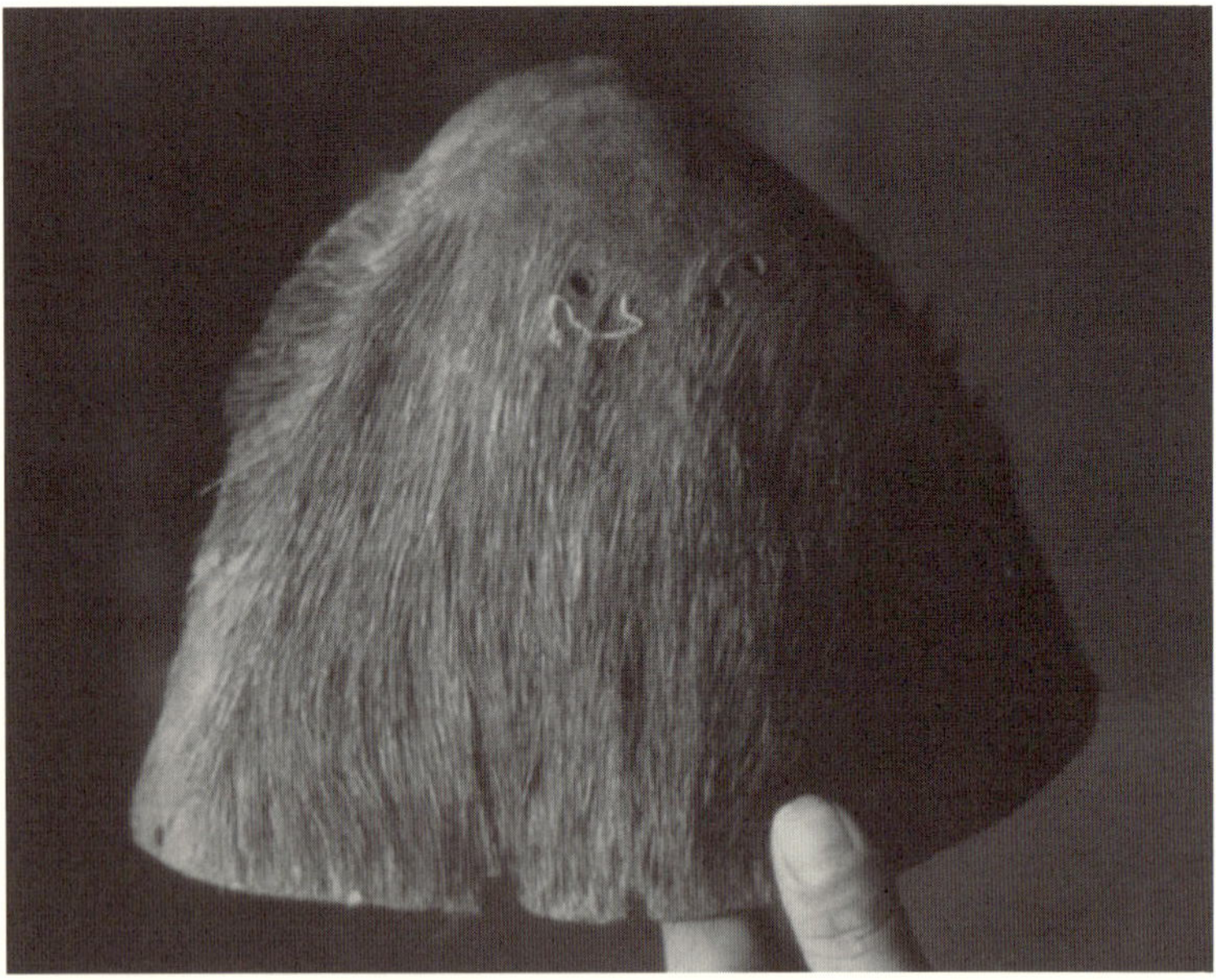

図 3.4　1954 年，『デイリーメール』紙の後援による遠征隊の一人，チャールズ・ストーナーによってパンボチェ寺院で調べられたイエティの頭皮と言われるもの．（ウェールズのリシンにある Fortean Picture Library の許可を得て複製）

拠の印象について長編の本を出版した。どちらの本も一九五五年の刊行で、それぞれ互いの本を長く引用している。新聞記者のラルフ・イザードが書いた方は、ジャーナリストの視点から、遠征の様子を関心を引くように語っている。[80] 本の大半は、遠征して困難な地方を歩いた旅の一日一日の詳細を取り上げている。イザードは二日かけて、二頭のイエティのものと信じた足跡を一三キロほどにわたって追跡した。[81] その二頭は長さ二〇センチ余り、幅一〇センチ余りの足跡をつけていて、歩幅は約六〇センチ、両足の間隔は七〜八センチだった。イザードはイエティの足跡が人間の通り道や小屋を避けて迂回していて、人と接触しないようになっていたこと、イエティが雪中に隠れた障害物につまづいて、足をついた跡を雪に残していることを詳述した。ところが、イザードとパートナーのジェラルド・ラッセルは、二日も追跡しながら、この通り道の写真を限られた数しか撮影していない。また、足跡は四日ほど前のもので、解けかかっているので大きくなり、輪郭も不明瞭だったことも認めている。

イザードは、当時ネパールのカリンポンに住んでいたギリシア王子ペトロスが、当初『ステイツマン』誌で発表した手紙も転載している。[82] 王子の手紙は何らかの形の汚れた雪男の存在を信じていることを述べているが、イザードはこう書いている。

生身の雪男の本当の種は、どれもこれも、熊（たぶんヒマラヤヒグマ）と猿の両方だと思う。どちらの足跡も見られたことがあり、スイスのエベレスト遠征隊長［エドゥアール・］ウィス゠デュナン教授は、世界最高峰の斜面で、蹠行性（人間、類人猿、熊など、かかとを地面に着けて足の裏で歩く動物）の動物全般の足跡だと考えたものを見つけた。しかし熊と比べると猿の方が優勢で、目撃が報告されているのは、ふつう人間のような、類人猿に似た動物である。[83]

『デイリーメール』遠征から生まれたもう一つの本は、この隊の学術担当の一人、ストーナーによって書かれた。経歴にふさわしく、この本は、イザードのようなセンセーショナルな報告ではなく、野生生物など、調査の科学的な次元（チベットの自然誌、文化の記述を含め）の記述で埋められている。ストーナーは、類人猿のようなイエティの小隊についてのシェルパなど、地元の人々による話も載せている。

パサン・ニマが見て、それを小柄な人の大きさと体形と記したのが最初だった。頭は胴体の中央部や腿などと同様長い毛で被われていた。顔と胸は毛むくじゃらには見えず、膝より下の毛は短かった。パサン・ニマが述べた色は「明暗両方」があり、胸は赤っぽかった。イエティは二本足で歩き、ほとんど人間並みに直立していたが、前屈みになって地面を掘り返していて、植物の根を探しているとパサン・ニマは思った。……しばらくすると、自分を見つめている相手を見やり、藪の中へ逃げていった。やはり二本足だったが、斜め歩行で（パサン・ニマはまねをした）、甲高い声を上げ、見ていた人は全員がそれを聞いた。[84]

ストーナーは著書や新聞記事で、チベット人がイエティと呼ぶ動物のいろいろな種類について論じ、目撃談からチベットの「ズーテー」は、「疑いなくヒマラヤヒグマのことである」と判定した。[85]ジャーナリストのイザードと同様、科学者のストーナーは気をそそるような「イエティ」の足跡を見つけた。しかし科学者としては、雪が解けることで足跡がぼやけていて「それが二本足の動物によってつけられたというだいたいの印象を記録する以上のことはできない」と認めざるをえなかった。学術的な誠実さから「明瞭な鑑定はすべきでない」と書いている。[86]新聞記事はチベットのシガツェという町の動物園に生きたイエティがいると主張したが[87]、ストーナーは旅行者の記述から、その動物はテナガザルだとした[88]。イエティ話には明らかに熊のことを言っているものもあるし[89]、遠征隊が全体としてイエティの存在を確認できなかったにもかかわらず、ストーナーは「何らかの未知の高い知能をもった類人猿が、確かに、ヒマラヤの高山地帯で足場の悪いところで暮らしている[90]」という結論を出した。

石油業者スリック、CIAのコネ、ヒラリーの復帰

一九世紀の末から二〇世紀初頭にかけてのヒマラヤ探検の指揮者の中には、イギリス、フランス、スイス、ドイツの植民地住民や冒険家がいた。ヨーロッパの登山家は、シェルパなど地元の人々と親しく仕事をともにしたので、イエティについての初期の報告のほとんどもこの人々が記録している。一九五四年の『デイリーメール』遠征がイエティ存在説を支持する決定的証拠を出せずに終わった後、次に試みられたのは、イギリスの探検家、学者、ジャーナリストによるのではなく、テキサス州の裕福な石油業者で、トム・スリックというおもしろい名の人物による探検だった（スリックには「つるつるすべる」という意味があり、テレビアニメの登場人物の名でもあった）。スリックは、一九五六年、自らこの地域を調べた後、三次の遠征隊に資金を出した。伝記を書いたローレン・コールマンによれば、スリックは子どものときから中央アジアに魅せられ、何度もその地へ行き、イエティの伝説を耳にしていたという。南部のテキサス育ちだったが東部の上流階級《エスタブリッシュメント》に属していて、フィリップス・エクセター・アカデミーとイェール大学を出ていた。父親から引き継いだ莫大な財産を使って、ビッグフット、ネス湖の怪獣、イエティ探しに資金を出しただけでなく、学術的・技術的研究のためのいくつかの研究機関も設立した。スリック

は「国際主義者のエリート集団の一員」で、そこでの「世界平和についての非公式の議論」には、ジェームズ・ステュアート、アルベルト・シュヴァイツァー、ドワイト・アイゼンハワー、ウィンストン・チャーチル、ジョン・フォスター・ダレスも加わっていた。共和党穏健派のスリックは、一九五〇年代の共和党が掲げた孤立主義とアメリカ例外主義には反対で、もっと国際主義的な方針を求めた。こうした思想は著書の『恒久平和——抑制均衡案』（一九五八年）に述べられている。スリックは、合衆国と共産圏は戦争を防止する世界警察（今の国連にある平和維持軍よりも強力な存在）を作るべきだと論じ、合衆国とソ連に核兵器を廃棄して世界平和に向けて動くよう求めた。一九六〇年と六一年には、そうした目標を進めるための大規模な国際会議もいくつか後援した[91]。残念なことに、当時の国連の弱さや米ソ双方にいた冷戦タカ派の姿勢により、そのような目標は実現できなかった。

　ブライアン・リーガルによれば、スリックが初めてイエティ探しに進出したのは一九五六年のことだった。中央アジアにいたとき、イエティとビッグフット両方で中心人物となったアイルランドの探検家ピーター・バーンと出会った[92]。コールマンは、バーンとスリックが、中央アジア開拓のとき、CIAのために働いていたのではないかと言い[93]、リーガルによれば、スパイ活動と未確認動物探しが連動するのはよくあるパターンだという[94]。たとえば、イエティが実在するかどうかを判定することに活発だった人類学者のカールトン・クーンとジョージ・アゴジーノは、CIAとのつながりがあった。アイヴァン・サンダーソンは第二次世界大戦中、イギリスの情報機関に勤めていたし、高名な科学者が他に何人か（S・ディロン・リプリー〔スミソニアン協会会長〕、ジョージ・ゲイロード・シンプソン〔古生物学者〕など）、やはり戦時中には連合国の情報機関で働いていた。戦後世界の中央アジアには、中国とチベットの争いやソ連のこの地域への関心を監視できるようなアメリカ人はほとんどいなかった。そこでスリック（資金もあり、力のある友人もいて、ダレス〔国務長官〕とも接触があった）のような人々が、アメリカが中共とソ連の南にある地域を監視するための貴重な人材となった。

一九五七年、スリックとバーンは、この地方で一か月を過ごした。[95] 二人がイエティのものとした足跡を三組報告したものの、この旅行ではほとんど成果がなかった。[96] リーガルはこう書いている。「それ以前、それ以後の様々な怪獣捜索隊のいずれとも同じように、スリック隊も一帯を歩き回り、あちこちでわずかな断片を見つけた。足跡かもしれないものがいくつか、毛髪かもしれないものがいくつか、イエティの糞に見えるものが一つ、大量の地元の話、それ以外はあまりない」。[97]

一九五八年のスリックの第二次捜索隊は、合わせるとテキサス州より広い範囲を探した。見出しも大きく、予算も大きく、謳う成果も大きかった（スリックは出発に際して、年末までにはイエティが見つかると宣言した）。[98] このときは、ジェラルド・ラッセル（一九五四年の『デイリーメール』遠征にも加わったベテラン）が率い、一〇〇人近くの遠征隊は、装備を新たにし、資金も人材も――賢明な者もそうでない者もとりまぜて――増えた。[99]「三頭のブルーティック・クーンハウンド隊」はいい考えに見えた。「一時的麻痺剤入りの皮下注射弾を発射する新開発のエアガン二丁」を携行したのもそうだった。[100] しかしラッセルのこんな判断は、全面的にまじめにとるのは難しい。「白人のハンターは全員地元民に変装する。シェルパのような粗い毛糸のベスト、毛糸の帽子、フェルト製のチベット風長靴を身につける。顔は茶色に塗る」。バーンでさえ、変装案は「ばかばかしいように見える」[101] と言っている。隊を組んでのし歩く人々の群れを考えるともっともなことだっただろう。隊は二月から六月まで現場に留まり、[102] その間、イエティが蛙を捕るという話を聞き、[103] 汚れた雪男の洞窟を見つけたと謳い、[104]『デイリーメール』隊が「イエティの頭皮」から毛髪標本を採取していたパンボチェの寺院を訪れ、[105] 毛髪を再分析するか、その頭皮を獲得するかを試みた。寺院にはイエティのものと言われる手のミイラもあった。それは聖遺物で、学術調査のために汚すものではないとされていた。

それでもスリック遠征隊の人々は、一九五九年、スリックの最後の遠征のとき（バーンとその弟だけの小規模なもの）、パンボチェで別のイエティの手を撮影した。[106] リーガルによれば、バーンは僧に取り入った。そうして、隙を見て、密かに指の骨を何本か手からはずし、人間の骨に入れ替え、遺物を再び包んで、盗んだことがわからないようにしたという。[107] バーンはBBCとのインタビューで、実際に人の骨と遺物の骨を入れ替えたと認めた（ただ入れ替えは寺院への寄付の見返りとして公然とおこなわれたと言った）。[108] スリックとバーンが「イエティの手」の骨を、有名な俳優で、二人の計画を裏で支持していたジェームズ・ステュアートに贈り、ステュアートはそれを手荷物に紛れ込ませて不法に持ち出したという話もある。[109] バーンによれば、実はグロリア・ステュアートの下着が入ったケースに指を忍び込ませたので、税関の係員も調べようとしなかったという。[110] 骨は解剖学者・霊長類学者・人類学者で、ロンドン動物学会のウィリアム・チャールズ・オスマン・ヒルの許へ送られた。悩んだオスマン・ヒルは、最初はネアンデルタール人の指の骨に似ていると思ったが、後のカールトン・クーンの調査では、人骨であることが示された。[111] 最近、ロンドンの王立外科医師会ハンター博物館にあるオスマン・ヒルの資料の中から再発見されたこの指の骨は、今ではＤＮＡ鑑定によって明確に人骨と特定されている。その検査にあたった遺伝学の専門家ロブ・オグデンは、「それはあまり意外ではありませんでしたが、新しいことを発見したわけではないというのはもちろん少しがっかりでした。人骨だと予想していて、その通り人骨でした」[112] と言った。このことは、とっくの昔に失敗として閉じられた本のエピローグだった。大言壮語（「一九五八年の遠征についてスリックがまとめた報告のタイトルは、「遠征成功、イエティの存在を証明」だった[113]や費やされた時間と費用（少なくとも一〇万ドル、もしかするとその二倍[114]）にもかかわらず、スリックによる遠征の結果は結局、惨憺たるものだった。スリックとバーンによって毛髪と糞の標本を送られたクーンらは、そこにはイエティを示す証拠はまったくないという結論を出し、イエティ探し全体に幻滅した。スリックの遠征で探し当てられた「イエティの脚」は、結局ユキヒョウのものだった[115]。ジョン・ネイピアはこの証拠総体を見て、こう考えた。「ミイラ化したユキヒョウの脚、ミイラ化した人の手、一つか二つの足跡――合わせても何にもならない。どれ一つとっても、ヒマラヤのビッグフット伝説の証拠に加わるものはない[116]」。

一方では中国が、ダライ・ラマがインドへ亡命することになった一九五九年のチベット動乱以後、弾圧を強めた。中国側はイエティ探しをスパイ活動と見ていて、国境を閉鎖し、ネパールより先へ進む遠征は難しくなった。そういう遠征の最後の方にあたる、一九六〇年から六一年にかけてのものは、エベレストを征服したエドマンド・ヒラリーと、アメリカで人気の動物学者マーリン・パーキンズによって進められた。動物学者のパーキンズはシカゴのリンカーンパーク動物園の園長で、その役目として、『ズーパレード』という人気動物番組の司会もしていた[117]（パーキンズはその後、やはり人気の自然・動物テレビ番組、『野生の王国《ワイルド・キングダム》』の司会もすることになる）。『世界大百科事典《ワールドブック・エンサイクロペディア》』が後援したその大がかりな遠征隊には、何人もの科学者（と一五〇人のポーター）がいた[118]。ヒラリー＝パーキンズ隊はパンボチェ寺院に直行し、そこで僧を説得して「イエティの手」を調べさせてもらった（バーンが指の骨を人骨にすりかえていたのは知らなかった）。さらに、クムジュン僧院から「イエティの頭皮」を借り受け、それを持ち帰ってロンドン、パリ、シカゴの専門家に調べさせる手配もした。ヒラリーの説明では、頭皮を調べた科学者によれば、「興味深くおそらく古い遺物ではあるが、偽造であり、シーロー（中くらいの野生動物で、山羊やレイヨウに似ているカモシカの仲間）の皮を成形したものだった。隠れ棲むイエティの狡猾な脳を保持していたのでなかったことは確かである[119]」という。

こうした検証は、ヒラリー隊が現場で発見したものを確認した。シーローの三枚の毛皮を得たとき、一行はただちにそれがパンボチェの「イエティ頭皮」や、クムジュン（パンボチェから一〇キロ余りのところにある村）の寺院にあるよく似た遺物を作るのに使われた皮に合致しているとにらんだ。隊員のデズモンド・ドイグはその日の日誌に、興奮したようすでこう記している。「クムジュンとパンボチェの頭皮はほぼ確実に一対で、同じシーローの皮で作られたものだ。形、色、基本的な寸法が同じであり、ともに円錐形の、黒と赤褐色の毛のはげかかったキャップで、頭頂部の中央にくぼみがあり、基底部の周囲には穴がいくつか開いている。頭皮を型に留めておくために使った釘でできたものである疑いが濃い」。この印象を確かめるべく、「我々は、入手した三枚のシーローの皮のうち一枚を犠牲にして、自分たちで二つ作ってみた。何も知らないラマ僧を使って、切り倒したばかりの松材から直接に型をとった。四日間の実験を経て、明らかに人間風の「頭皮」が二つできた。クムジュンやパンボチェのものと違うのは、新しさと毛の量だけだった」。最後に、隊員は本物のイエティの頭皮とされるものと、自分たちで作ったばかりの偽の頭皮から採取した毛のサンプルを、出どころは言わずにオスマン・ヒルに送り、分析してもらった。「二つのサンプルが同じと断言されれば、頭皮は偽造で、イエティ側の重要な論拠が成り立たなくなるだろう[120]」とドイグは考えた。実際、その通りになった。ヒラリーが話を引き継ぐ。「ヒルは、クムジュンとパンボチェの頭皮と我々のシーローを使って成形した偽物から取った毛の断面を撮影した顕微鏡写真を見せてくれた。そのときまで、ヒルはどちらがどちらとは知らなかった。クムジュンから毛のサンプルを送ったときには出どころを教えていなかったのだ。ヒル博士は、試料はすべて同じ属の動物のものであることを確信していた」[121]。イエティの存在を示す論拠と考えられていた他の物的証拠も、やはり失望するものだった。パンボチェ寺院のイエティの手と言われるものは、「基本的には人間の手を針金でつなぎ合わせたもので、いくつかの動物の骨が混じっているかもしれない」[122]（バーンがすり替えたもののことと考えられる）。「イエティの皮」はヒマラヤヒグマの皮であることがわかり、ヒラリー遠征隊には「この熊がイエティ伝説の大部分の出どころだったのではないかという非常にゆるぎない推論」を残した。証拠を見渡し、「自分でイエティを見たと言うラマ僧が一人も」見つからなかったことを考えて、ヒラリーはこう結論した。

シェルパがイエティは実際に存在するという事実を受け入れていることに疑いはない。ところが、自分たちの神々がエベレスト山頂で安らかに暮らしていることも確信している。イエティを超自然の存在から切り離すのは難しいだろう。あるシェルパにとっては、イエティが自在に姿を消せるという能力は、イエティの描写を構成するものとして、大きさや形と同じく重要な成分である。動物でもあり、人間でもあり、魔物でもある――イエティは、私たちが子どもの頃にサンタクロースを信じていたのと同じように、あたりまえに、また疑うことなく信じられている。

イエティの存在を信じれば気持ちはいいだろうが、この動物を支持する主な証拠が崩壊するのをつきつけられては、我が遠征隊のメンバーは、医師、科学者、動物学者、登山家のいずれも良心にかけて、それを魅力あるおとぎ話以上のものとは見ることができず、見慣れぬ動物の珍しくも恐ろしい姿が迷信に象れて生まれ、西洋の遠征隊によって熱心に育てられたものとしか考えられない[123]。

ヒラリー＝パーキンズ遠征隊はイエティの遺物を調べただけでなく、高地医学の研究もしたので、イエティの存在を示す証拠がなくても、遠征が完全に失敗だったわけではない。さらに重要なことに、ヒラリーはネパール人、とくに自分がエベレスト山頂に登り世界的に有名になるのを助けてくれたシェルパたちの恵まれない環境に敏感であり、心配していた。「イエティ頭皮」を貸し出してもらう代わりに、自分と遠征隊のスポンサーで、「イエティ頭皮がアメリカやヨーロッパのどこへ持って行かれようとそれに同行する」村の長老の旅費と、僧院の早急に直さなければならないところの改築費を出した。[124] さらに長く続いたのは、ネパールの貧しい村々に、学校や公共の建物を建設する基金を集める努力だった。[125]

この頃になると、遠征隊が次々と失敗を繰り返したことによって、西洋のイエティ探しは完全に意気消沈していた。イエティを探す人が増えるほど、証拠を分析するほど、イエティが存在する可能性は低くなった。スリック＝バーン隊のいたずらやCIAとのつながりは、信じていた多くの人々を幻滅させたが、中国政府は警戒するようになった。中国はイエティ探しをすべてスパイ活動と見ていたので、チベットを弾圧し、ラマ教や警察制度を破壊し、ダライ・ラマを亡命に追いやる間も、イエティ探しに対する取り締まりをさらに強化した。ヒラリー＝パーキンズ遠征の後、中国がチベットを完全に支配し、外国人の入国を認めなかったので、現地への遠征の試みはそれ以上はなくなった。一九五〇年代のイエティ捜索のつかのまの黄金時代は終わり、イエティ探しにヒマラヤ山地を再び訪れる人は、何年もの間、ほとんどいなかった。ジョン・ネイピアの言葉を借りれば、「一九六〇年から六一年のヒラリー遠征は、堅固なイエティ支持者以外の熱意を冷やす効果があった。科学者はほらやっぱりと笑みを浮かべ、登山家は関心を失い、ジャーナリストは他の話題を見つけた[126]」。

ウィランズ、ウルドリッジ、中国、ロシア――そして捏造

ほぼ一〇年にわたる中国によるチベットの閉鎖のせいで、イエティの証拠探しのためにこの地方へ行くのは難しかった。一九六〇年以前におこなわれた様々な遠征は何も見つけていなかった。チベットの僧院にあった「イエティの頭皮」なるものはシーローの皮だったし、「イエティの手」は人間の手だった。「イエティの糞」や毛は、既知の動物のもので、「イエティの通った跡」はやはり説得力がなかった。地元の人々は相変わらずイエティを見たと伝えていたが、西洋人によるイエティと思われるものの「目撃」例は、一九二五年のイギリス隊に加わったギリシア人探検家・写真家のN・A・トンバジによるものだけだった。トンバジは後に、自分が見たのは隠者だと判断したが、ジョン・ネイピアは、トンバジが伝えた足跡は、熊のものとした方が説明しやすいことを明らかにした[127]。しかし一九七〇年の夏、登山家で、アンナプルナにネパール側から登頂する遠征隊を率いたドン・ウィランズは、標高四〇〇〇メートル付近にイエティのように見える足跡があったと報告した。しかしその写真が見せているのは、おそらく四足獣によってつけられた足跡の列だった[128]。同夜、ウィランズは類人猿のような動物と思ったものが、テントから遠いところを四つ足で跳ねていくのを見た。本人の弁では、「何かの黒い塊が暗い斜面の上のほうに見えて、それからちょっと前にはいなかった塊が見えた。それは動き回っていた。……それから暗がりから跳び出して、明るい月明かりの中で斜面をまっすぐ上がって行った。類人猿のようだった。熊ではなかったと思う[129]」。数日前にも不確かなことを見ている。「熊だったかもしれないが、猿の類の方にずっと近かった[130]」。ウィランズがその動物を再び見ることはなかったし、距離も遠かったので（「およそ四〇〇メートル」）、暗がりで見た遠くのものについて詳細はほとんど示せていない――それが四

つ足で走っていたらしかったということ以外は。そこから言えるのは、二足歩行と考えられるイエティではなく、ヒマラヤヒグマか何かの四足獣だったということだ。

チベットの閉鎖は続き、西側の登山家や未確認動物学者のこの地を訪れたいという欲求は高まるばかりだった。中国はイエティが存在する証拠をつかんでいて、それを隠しているのではないかとも見られ、この地域に関心が集中した。実際、中国側でも伝説を検証し、一九七七年には一〇〇人を超える調査団を派遣して、手がかりをすべて徹底的にたどり、イエティがいそうなありとあらゆるところを調べたが、何も見つからなかった。結局、一九八八年、中国政府は西側の遠征隊をがチベットに入るのを認めたが、それでもイエティの証拠は見つからなかった。中国の科学者は、自国内で伝えられるイエティなどの野人の伝説を自ら調べてきた。たとえば、人類学者の周国兴《チュークォシン》〔興〕によれば、

一九七七年、中国科学院の後援で、この地域〔湖北省北西部と山西省南部〕で大規模な学術調査がおこなわれた。一〇〇人以上が参加し、一年近くがかけられた……調査が参加者の数と期間の点で異例の規模だったにもかかわらず、野人の証拠は見つからず、野人のものと考えられる足跡、頭の毛、糞が採集されただけだった。

周は間接証拠に基づいて、「こうした未知の動物は単なる虚構の動物ではない」と推論できると思っているが、中国科学者の大部分は賛成していないことは本人も認めている。周は野人を確認しようとする中国の試みが失敗続きだった長い歴史についても記した。

一九五〇年代の末以後、中国はチベット、雲南省、湖北省、山西省、浙江省で一連の野人現地調査団を組織した。こうした調査団に参加した人々は、人類学者、地質学者、動物学者、植物学者など本職の科学者や、動物園、博物館の特定の分野を担当する職員だった。神農架林区〔湖北省〕での調査には、熟練の狩人や巡視員が加わっている。現在に至るまで、先に述べた浙江省九龍山で得られた手と足の標本［猿、たぶんマカク属のものと思われる］以外には、野人の存在を支持する直接の物的証拠は見つかっていない[131]。

一九八八年、野生生物保護地域連合を率いる刘《リュー》〔劉〕武林《ウーリン》は、新華社通信に対して、毛皮や足跡の標本はすべてヒマラヤヒグマのもので、チベットにイエティが存在する証拠となるものはないと語った[132]（ただし中国人は、あらゆる試みが完全に失敗していても、まだこの動物が見つかることに希望を持っている）。

冷戦の緊張は、モンスター捜索にも拡大した。一九五八年にトム・スリックが出資したアメリカ隊の隊長ジェラルド・ラッセルは、「今回の我々の任務は、ロシア隊がすでにパミール高原に入っているので、いっそう大きな意義を担うことになった。イエティ探しは国際的競争になっている[133]」と言った。ボリス・ポルシュネフに率いられたソ連隊は、何度かパミール高原に送られた。ヒマラヤ山脈の北西部に広がり、タジキスタン、キルギスタン〔この二つは当時ソ連に属していた〕から中国、パキスタン、アフガニスタンに延びる一帯だ。この山地に暮らす人々も、アルマスティあるいはアルマスと呼ばれる「雪の野人」についての伝説を共有している。ポルシュネフが遠征を考えたのは、かつて一九〇六年にチベットを探検し、工芸品を収集したときにアルマスティを見たと言った民族学者、バザール・バラドリンの成果がもとになっている。ポルシュネフ以下のソ連隊は、「野人」探しを、人類の起源と行動の唯物論的・

進化論的説明を確かめる手段と見る、マルクス主義イデオロギーで動いていた[134]。ベルナール・ユーヴェルマンスやアイヴァン・サンダーソンのような未確認動物学者は、ギガントピテクスを、大型類人猿がイエティのような形で生き残っていることを示す証拠と見た。アルマスティは、ヤクや人を殺す獰猛な獣ではなく、ソ連の農民には優しく、イエティについて言われているような神話的な評判や巨人のような体はなかった。ポルシュネフは、ネアンデルタール人が更新世（二五〇万年前〜一万一七〇〇年前）の氷河期に絶滅したときに生き残っていた集団の名残と考えていた。パミール高原への遠征は成功せず、まもなくポルシュネフの出世も鈍り、ソ連体制からの厚遇も受けられなくなった。ポルシュネフが失脚した後、ドミトリ・バヤノフやマリ＝ジャンヌ・コフマンといった支持者が、一九六〇年代から七〇年代にかけて、パミール高原でアルマスティ捜索を続けようとしたが、その遠征隊も失敗に終わった[135]。

「竜骨」とギガントピテクス

中国のほとんどの都市にも、いろいろなものを売る青空市場がある。中国の薬屋は、薬効があると考えられる、鉱物・結晶、薬草、動物の各部など、幅広い製品を売っている。伝統的な東洋医学では一三万種以上が知られ、用いられている。よくある罪のないものもあれば、中には、虎のペニス、犀の角、熊の胆嚢、亀の甲羅、タツノオトシゴなど、無防備な動物集団が、密猟で絶滅寸前まで狩猟される事態をもたらすものもある。漢方薬には、臓器、骨、爪、毛髪、ふけ、耳垢、便、尿、汗など、人間が生み出すものもある。すりつぶした「竜骨」なるものも売っている漢方薬種業者も多い。洞窟や化石採掘場から、多くは科学者が見つける前に掘り出された化石の骨や歯だ。中国では、実は何世紀も前から、化石を発掘して砕いてすりつぶし、薬にしていた。

中国で化石を発見し、学術用に手に入れるには、漢方薬の店で「竜骨」を買うのがいちばんだということを学んだ古生物学者もいる。しかし「竜骨」はきわめて高価であり、中国人は出どころの秘密を用心深く隠すので、その化石が主にどこに埋もれていたのかをはっきりさせることができない場合も多い。一八五〇年代から六〇年代にかけて、イギリスの旅行者が手に入れた標本をロンドンに送り、一八七〇年には、大英博物館にいた古生物学者のリチャード・オーウェンが、絶滅したサイ、バク、ゾウ、ハイエナ、ウマや、氷河時代にいて、今の中国にはいない他の多くの哺乳類の歯を特定した。一八九九年から一九〇二年にかけて、ドイツ人の中国旅行者が、古生物学者のマックス・シュロッサーに、氷河時代の哺乳類の歯を数多く送った。その中には、北京近郊の周口店の洞窟から出た「北京原人」（今は *Homo erectus*《ホモ・エレクトゥス》と考えられている）の発見につながった最初の歯もあった。一九二一年、古生物学者でアメリカ自然史博物館のウォルター・グレンジャーが、漢方薬種を供給していた農民を捜し当て、氷河時代にいた、今のサイなみの大きさのバクなど、多くの絶滅哺乳類の化石が出土する洞窟を発掘した。

つまり、中国の薬屋での化石採集は、ドイツの地質学者で古生物学者、グスタフ・ハインリヒ・ラルフ・フォン・ケーニヒスヴァルトのような科学者にとっては、信頼性は実証済みの手法だった。フォン・ケーニヒスヴァルトの実績は、一九三七年のモジョケルトでの「ジャワ原人」（*Homo erectus*）の有名な頭蓋骨の頂部を見つけ、記載したのが最初で、「ジャワ原人」は「北京原人」と同じ種であることを認識したのもこの人が最初だった。また、アフリカなど多くの地域の初期人類や霊長類も調べた。

一九三五年、フォン・ケーニヒスヴァルトは中国の漢方薬店で巨大な霊長類の臼歯を見つけた。すぐにそれは、現代のオランウータンとあまり違わないがずっと大型の巨大類人猿のものだと認識して、*Gigantopithecus blacki*《ギガントピテクス・ブラッキ》と命名した（図B・2）。属名の*Gigantopithecus*は「巨大な類人猿」を意味するギリシア語で、種名の*blacki*は、中国古生物学の先駆者であり、「北京原人」の発見でとくに重要な役割を果たしたデーヴィッドソン・ブラックをたたえてつけられた。フォン・ケーニヒスヴァルトは中国の市場を回って四年を過ごしたが、ギガントピテクスの歯はあと三本見つかっただけだった。その後、歯は中国南部の広西地区〔ベトナム国境がある〕のものと教えてくれた薬種商と話をした。齧歯類の歯についた泥の類やかじり跡を手がかりにして、これは洞窟に埋まっていたものだと推測した。その洞窟をやっと捜し当てると、歯は更新世中期のゾウやパンダの化石とまじっていて、この歯の年代は一二万五〇〇〇年前から七〇万年前のものと推定した。

さらに歯の出どころを探している間に、日本による中国侵攻が始まり、フォン・ケーニヒスヴァルトは捕らえられた。一九〇二年ベルリン生まれ（そのため生まれたときはドイツ人で、日本にとっては同盟国人）だったにもかかわらず、フォン・ケーニヒスヴァルトは、ジャワ（当時はオランダの植民地）で過ごす間にオランダ国籍を取得していて、そのため日本軍によって捕虜収容所に収監された。厳しい取り調べをしのぎ、化石も日本軍から隠しきったが、頭蓋骨だけは例外だった。その頭蓋骨は天皇に贈られたが、戦後には取り戻された。フォン・ケーニヒスベルクのギガントピテクスの化石は、安全に保管して戦後に回収できるよう、友人の家の庭に、大きな牛乳瓶に入れて埋められた。捕らえられていた間、同業のフランツ・ヴァイデンライヒがアメリカの自然史博物館にいて、そこでフォン・ケーニヒスヴァルトがすでに死亡したものと思い、その発見の多く（「ジャワ原人」と「北京原人」がホモ・エレクトゥスの異なる例にすぎないという考え方や、「北京原人」の標本についての最高の記載など）を発表した。そのため、発見はほとんどフォン・ケーニヒスヴァルトによるものなのに、ヴァイデンライヒを著者として発表されている。戦後、フォン・ケーニヒスヴァルトはニューヨークのヴァイデンライヒの職場に加わり、また一緒に仕事をした[136]。

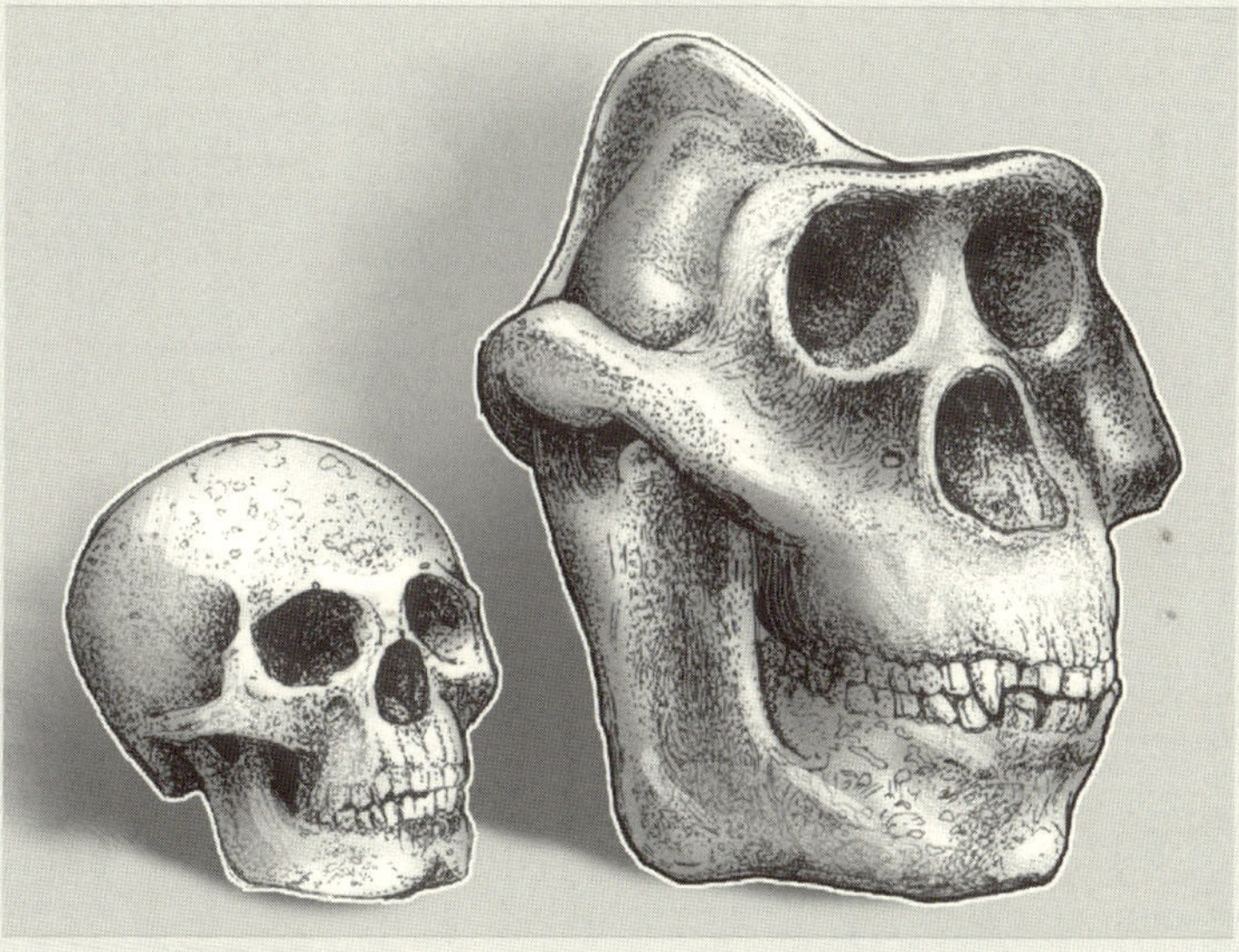

図 B.2 ギガントピテクス（*Gigantopithecus blacki*）の頭蓋骨を再現したものと，人間の頭蓋骨の比較.（パット・リンス画，ダニエル・ロクストン協力）

一九三〇年代以降、ギガントピテクスの標本は元の洞窟の堆積層の中でさらに多くが発見され、中には完全な下顎骨もあった（図B・3）。数々の中国人古生物学者が現地の堆積層を何十年も調査しているが、残念ながら、この謎の類人猿の歯骨以外の部分は見つかっていない。もっと新しいところでは、人類学者のラッセル・ショホーンが、また広西地区の現地を訪れ、ギガントピテクスの標本をさらに見つけた。このときはベトナム北部の洞窟の堆積物に目をつけた。こちらは中国側の洞窟のような漢方薬用の化石盗掘で破壊されていないからだった。それでも、最初の歯が見つかってから七五年も経つのに、この謎の霊長類については、下顎骨が三つとばらばらの歯が一三〇〇個ほどしか見つかっていない。インドには、第二の種、*Gigantopithecus giganteus*《ギガントピテクス・ギガンテウス》もいるが、こちらは、（名前に反して）ブラッキの半分くらいの大きさしかない。やはりインドのさらに古い地層（六〇〇万年前～九〇〇万年前）から出土する第三の種、*Gigantopithecus bilaspurensis*《ギガントピテクス・ビラスプレンシス》は、ギガントピテクスの系統を九〇〇万年前までさかのぼり、ドリオピテクスのような初期類人猿が進化によって放散したことをうかがわせる。

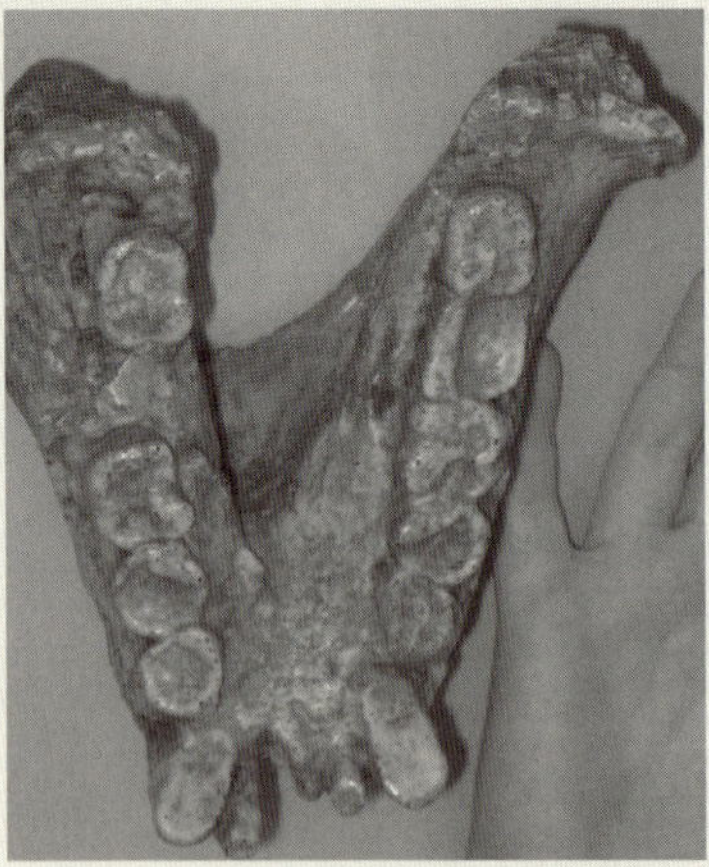

図 B.3　ギガントピテクス・ブラッキの顎骨の型をとったもの．厚いエナメル層に覆われ，激しく損耗した頑丈な臼歯を示している．（ドナルド・R・プロセロ撮影）

古生物学者が調べる対象は下顎骨だけなので、体全体の大きさを推定する信頼度を高くするのが

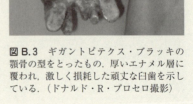

難しい。ショホーンらは身長が三メートル、体重は五五〇キロと推定した。エルウィン・サイモンズとピーター・エテルは、ゴリラのような体形で、身長は二・七メートル、体重は四〇〇キロほどではないかとする。[137] いずれにせよ、史上最大の霊長類であり、ゴリラ（現存の霊長類で最大）や、最大身長の人間よりもはるかに大きい。

ギガントピテクスについて残っているのは巨大な歯がある頑丈な造りの顎で、とくにエナメル層の厚い臼歯だ（図B・3）。臼歯とその前にある小臼歯は広く、低く、くぼみがある表面はすりへって平らになっている場合が多く、こうした類人猿が固い、砂混じりのものを食べていたことをうかがわせる。エナメル質の表面を顕微鏡で詳しく調べ、植物由来の化石があることからすると、ギガントピテクスは、今のジャイアントパンダのように、ほとんど竹を食べていたことが示される。[138]

ギガントピテクスはアジアで、少なくとも中新世半ばの約九〇〇万年前から生きていて、氷河時代には東アジアのほとんどで見られた。ギガントピテクスとホモ・エレクトゥスの両方が出土するベトナムの洞窟の堆積層を注意深く年代測定して、初期人類が約八〇万年前に中国に進入し、ギガントピテクスはそれから約五〇万年後、今から約三〇万年前に絶滅した。[139] この時系列は確かにホモ・エレクトゥスが直接に遠い親戚を滅ぼしたという説は否定するが、ギガントピテクスの絶滅には、ジャイアントパンダと竹を取り合ったとか、竹がなくなったといった他の因子もありうる。竹は二〇年から六〇年に一度枯れてしまい、類人猿の集団にはストレスになって、パンダやヒトとの競争で負けやすくなったかもしれない。

だが、絶滅したのだろうか。ブライアン・リーガルが指摘するように、一九五〇年代から六〇年代には、カールトン・クーンのような人類学者が、イエティはギガントピテクスの生き残り集団だという推論を示した。[140]当時、多くの人類学者は、ホモ・サピエンスのいろいろな集団が、いろいろな地域のいろいろな霊長類の系統から、一〇〇万年以上前に別個に進化していたのではないかとする多地域発生を支持していた。アジア人は「北京原人」の子孫であり、初期ヨーロッパ人の祖先はネアンデルタール人であり、アフリカ人はホモ・エレクトゥスからというように。今でも何らかの多地域説を支持している少数派はいるが（ミシガン大学のミルフォード・ウォルポフなど）、一九八〇年代以降積み上げられた遺伝子による証拠からすると、それは明らかに成り立たない。逆に、人間のゲノムは現代ホモ・サピエンスがすべてアフリカにいた祖先の子孫で、それが約六〇万年前に旧世界に広がり、それ以前からいたホモ属（ホモ・エレクトゥスなど）の集団と入れ替わったのだということを示している。[141]また化石と年代は、この「出アフリカ」分散は何度かあったことを示している。ホモ・エレクトゥスはアフリカ起源であり、そこから約一八五万年前に旧世界（中国やジャワなど）に広がったらしいからだ。さらに新しい遺伝学の成果は、何らかの集団（ネアンデルタール人）がホモ・サピエンスと交雑したことを示している。つまり、アフリカから侵入者がそちらへ行ったとき、その地域の遺伝子を組み込んだのだ。それでも、一九五〇年代にクーンが唱えたような多地域説や、ホモ・サピエンスがホモ・エレクトゥスのいくつかの集団とは別に並行して進化したとする説（人種差別の含みがある）は、人類学者からはとっくに否定されている。同様に、ギガントピテクスがアジアで進化して、イエティと呼ばれる人類に似た動物に進化したという説も、多地域説の否定によって捨てられる。つまり、もうギガントピテクスはイエティにつながるとは見なせない。

しかし、一九五二年のベルナール・ユーヴェルマンスに始まる未確認動物学者が、イエティは(後にはビッグフットも)ギガントピテクスの生き残りではないかと説いてきたのは意外なことではない。未確認動物学の文献には、こうした巨大な類人猿が、いろいろな霊長類の系統から出て、アジアと北米一帯に広がり、イエティやビッグフットがその名残だという根拠のない推測であふれている[142]。こうしたアマチュアの理論家は、今はすたれた霊長類進化の概念に基づいていて、人類学者がヒト科の化石の実際の歴史や人類の進化について知っていることとはかけはなれている。多くの証拠の列がイエティやビッグフットがギガントピテクスの生き残りだという説を否定する論拠となっている。

- ギガントピテクスは人間に近い親戚ではなく、オランウータンの巨大な親戚である。ギガントピテクスの骨格による証拠はあまり得られていないが、その足は、親指が小さいとか、ものを摑めないといった人間の足よりも、オランウータンなどの大型類人猿に似ていると考えて無理はない。つまりその足跡は類人猿の足跡に似ているはずで、イエティやビッグフットによってできたとされる人間のような足跡にはならない。また、足跡には、イエティやビッグフットが示すとされる人間のような直立二足歩行の姿勢ではなく、オランウータンなどの大型類人猿がする前屈した手の甲を地面につける歩き方が示されるはずだ(実は、ロジャー・パターソンとボブ・ギムリンがビッグフットを捉えたと説く映像の最大の問題点は、この動物の歩行姿勢がほとんど人間のもので、類人猿にはまったく似ていないことだった)。

・ギガントピテクスの化石はあまりないが、この類人猿ほど大きな動物が、三〇万年前以後の世界のどこかで生きていたなら、少なくとも何度かは化石が出ると予想される。たとえば、あるビッグフット支持団体はこう説く。「北米でギガントピテクスの骨を探すことを試みる研究グループはないのだから、ギガントピテクスの遺骸が北米で確認されていないのは当然だろう。皮肉なことに、この大陸で骨が見つかり確認されていないのはなぜかと口先では問う声高な懐疑派や科学者ほど、それを探す努力はしようとしない」[143]。この言い方はまったくの誤りで、化石記録や古生物学者の実際をまったく知らないことを明らかにしている。古生物学者は特定の化石を探すのではなく、それなりの化石が出る堆積層ならどんなものでも収集する。過去三〇万年（更新世中期から後期）の堆積層については、何百人という古生物学者が何十年も作業している中国でも、大型哺乳類の化石（とくに、洞窟の堆積物から出たもの）が合衆国の全州、カナダのほとんどの州で見つかっている北米でも、きわめて良い化石記録が見つかっている。何百人もの古生物学者がそうした化石を一〇〇年以上にわたって収集し、非常に細かく整理している。アメリカチーターや山羊のような体つきのラクダなど、きわめて稀な種も知られている。それでもギガントピテクスに似たものは一度も見つかっていない――ごく小さな歯のかけらさえない（厚いエナメル層と明瞭な背の低い歯の先端ですぐにそれとわかる）。未確認動物学者の陰謀説的思考とは逆に、古生物学者がそんな化石を見つければ大喜びして、鳴り物入りで発表するだろう。そんな発見をすれば有名になるからだ。未確認動物学者の邪魔をするためにそのような化石を隠す理由などない。

とくに有名な「目撃」の一つとして、物理学者で長距離ランナーのアンソニー・B・ウールドリッジによるものがある。一九八六年三月五日、インド北部のアラスカナダ峡谷上流で、リュックサック一つだけを持って三〇〇キロ以上の距離を走破したとき、ガンガリア付近の標高三八〇〇メートルほどのところでイエティとおぼしきものを見た。

興奮が抑えきれなかった。目の前にいるこの動物に少しでも似ているものとして思いつくのは、イエティしかないことに思い当たってきたからだ。この動物の存在について自分では懐疑的だったが、視野にあったこの紛れもなく存在する動物によって、それはひっくり返った。足を広げて立ち上がり、どうやら斜面の下を見ているらしい。右肩をこちらに向けていた。頭は大きく角張っていて、体全体が黒っぽい毛で被われていたが、上腕部の毛は少し色が薄かった。その動物は、茂みが一度か二度揺れたものの、驚くほどじっとしているのがうまく、また私が低い方へ戻ると、頭の位置を変えて、まともにこちらを見ているようだった。

推定一五〇メートルほどの距離で何枚か写真を撮った。……

天候は悪化し続けていて、四五分ほどすると、小雪が舞い始めた。ときどき茂みが少し揺れるものの、動物はまだ動く気配を見せていなかった。私は斜面を後退して少し下り、動物は、茂みの反対側に回っている私の方を見ているという印象を受けたが、足の姿勢は変わっていなかった。[144]

それからウールドリッジは雪が強まる中、その地域を離れた。文明世界に戻ると、その話が発表された。写真は未確認動物学界でセンセーションとなった。できるかぎり引き伸ばし、デジタルで画質を上げて分析され、大きな黒っぽい物体が何か、どう解釈すべきかと、侃々諤々の議論が続いた。しかしその後の現地調査で、謎のイエティがなぜ長い間じっと立っていられたのかが明らかになった。一年後、ウールドリッジは同じ山の自分が通った跡をたどり、現地の立体写真を撮った。写真測量の分析で、大きな黒い「人」は、単なる露出した岩だった。ウールドリッジは「合理的な疑いを超えて、私が静止した生き物だと信じたものは、実際には岩だった」と認めた[145]。

ビッグフットと同様、イエティも捏造されたことがある。一九九六年、『パラノーマル・ボーダーランド』というテレビ番組が、同年の三月一二日から八月六日にかけて撮影された動画を放映した[146]。「雪中歩行者《ザ・スノーウォーカー》フィルム」と呼ばれた映像は、本物のイエティを撮影したフィルムとして紹介されたが、後の調査で、動画はおそらく映像製作者による意図的な捏造だったことが明らかにされた。これを放映した局は、『宇宙人解剖《エイリアン・オートプシー》、事実か虚構か』という有名な番組も放映した局で、こちらもテレビ史では有名な捏造事件となった——それでもその映像は本物だと信じているUFOファンは今でもいる。皮肉なことに、番組は同じ系列で再利用されて、『世界最大の捏造——ついに秘密は暴かれた』という番組になっている。

! 山男

エベレスト山に最初に登ったのはエドマンド・ヒラリーとテンジン・ノルガイだったとしても、ほとんどの登山家は、ラインホルト・メスナーこそ史上最高の登山家だと見ている。一九四四年、イタリアアルプスの南チロル地方に生まれたメスナーは、一九六〇年代から七〇年代にかけて、アルプスとアンデスで記録破りの登山家の道を進み始めた。一九七八年、メスナーはペーター・ハーベラーと組んで、エベレストへ無酸素登頂を達成した初の、その後も他にはいない人類となり、二年後には、無酸素だけでなく、単独登頂を果たした。世界の屋根をなす海抜八〇〇〇メートルを超える山(いずれもヒマラヤ山脈)一四座すべての登頂を果たした唯一の人物でもある。メスナーは、アルヴド・フックスとともに、南極大陸を初めて徒歩で横断した人物でもある。こうした成果を上げるために多くの犠牲を払っている。凍傷で足の指を何本か失い、何度も怪我をした。

そんな途方もない登山で有名なメスナーだが、他にも関心があり、それがイエティだった。一九八六年、ヒマラヤの手前にある山地の奥、木々の生い茂る峡谷を進んでいたある夜のことをこう述べている。

灰色のビャクシンの茂みを抜けているとき、突然、不気味な音が聞こえた――口笛のような音で、イワヤギが立てる警戒の声に似ていた。眼の片隅で、直立姿勢の影が、低木の茂みが急な斜面を覆う、森の空き地の端まで、木から木へと飛び移って行くのが見えた。影は何も言わず、前傾姿勢で先へ進み、木の向こうに消えたかと思うと、月明かりの中に再び姿を見せた。一瞬止まると、向き直って私の方を見た。また、今度は怒りを含んだ甲高い口笛のような声がして、鼓動一拍分の間、眼と歯が見えた。威嚇するように立ち上がり、顔は灰色の影になり、体は黒い輪郭になった。毛に覆われたそれは二本の短い脚で直立し、強そうな腕が膝のあたりまで伸びていた。身長は二メートルを超えていただろう。体重は同じ身長の人間よりもありそうだったが、敏捷に、力強く、崖の端まで行ったので、私は驚きかつほっとした。私は気絶しかかった。人間では、夜中にあんなふうに走れないだろう。低木の茂みの向こうで再び、息をつくかのように立ち止まり、月明かりの中、振り返ることなくじっとしていた。私は呆然としすぎて、背負った荷物から双眼鏡を出すこともできなかった。
見れば見るほど、その姿は形を変えるようだった。……異臭が漂い、その動物の遠ざかる声が頭の中で反響していた。それが茂みの中に飛び込む音がして、四つ足で斜面を駆け上るのが見えた。高く上がり、山々の中の夜の闇に紛れ、姿を隠すと、すべてがまた静かになった。[147]

メスナーは恐怖で逃げ出し、村の安全なところにたどり着くまで、岩だらけの斜面を駆け下りた。その後の十年間、メスナーは、もっと証拠を求めて、ヒマラヤを——中国が支配するチベットにも密かに出入りして、中国軍の巡回から身を隠し、中国の監獄を脱獄し、山脈を次々と上り下りして——歩き回った。ブータンが鎖国政策を解除した後、そこを訪れた最初期の西洋人でもあった。それほど探しても、わずかな足跡を見つけただけで、それも決定的なものではなかった。有名なパンボチェの寺院も訪れたが、そこの「イエティの頭皮」もシーローの皮だった。ブータンの僧院では、「イエティの子」のミイラ化した皮、頭、手、足とされる遺骸を見たが、これもまた人造の剥製による偽物だった（見世物小屋の興行師なら「つぎはぎ」動物とでも言うところだろう）。

手足は確かに人のようで、八歳か九歳の子どものものらしかった。それが小さな棒、革、布、糸で作られている、あるいは再現されているのは明らかだった。猿のものとおぼしき薄い皮にひっかかっていた。頭は明らかに作られたもの、顔は仮面で、その上におそらく動物の皮を伸ばしたものである。その下にあるのが木なのか骨なのかはわからなかった。……このガンテイ・ゴンパの遺物は精霊を象るために、あるいはイエティ伝説を生かしておくために用いられる人形にすぎなかった。[148]

一九三〇年代のエルンスト・シェーファーと同じく、メスナーもチベット人に同行してチェモ（イエティ）の洞穴を探したが、熊の歯を見つけただけだった[149]。一九九七年、カム地方のソサル・ゴンパの僧院を訪れると、入り口に二匹の動物がぶらさげてあった。ヤクの剥製とチェモの剥製だというが、これはヒマラヤヒグマであることがわかった[150]。ネパール人やチベット人と話せば話すほど、メスナーはイエティが、類人猿のような動物だけでなく、ヒマラヤヒグマも含む何種類かの動物を神話的に合成したものだと認識するようになった。

一九九七年、ナンガ・パルタイン連峰付近で、メスナーは複数のチェモ（あるいは地元の方言でドレモ）を見た。

長い山歩きをした後のある午後、我々は別のドレモに遭遇した。それはこちらを見ると逃げたが、窪地で止まり、じっとしているように見えた。私は、臭いが届かないように、稜線の反対側からその場所に向かった。ロジ・アリ［山歩きのガイド］がついて来た。それが草地で眠っているところに向かって下り始めると、ロジ・アリが私を留めた。つかんだ手をふりほどいて、動物から二〇メートルもないところまで行って、何枚かいい写真を撮った。ロジ・アリは少し後ろにしゃがんで、急いで逃げるよう求めていた。その顔は恐怖で汗びっしょりだった。

向こうが目を覚まし、びっくりした子どもが知らない人を見るようにこちらを見た。それは若いヒグマだった。地元の人々が遭遇談をするときには、これがドレモ、チェモ、あるいは後にイエティとなる。……カシミール旅行のときにはドレモを見たのはあと一回だけだった。それは二本足で走り去った。遠くから見ると、それは不気味にも野人のように見えた［しかしやはりヒグマだった[151]］。

あるインタビューで、メスナーは地元の人々がイエティと呼んでいる動物を実際に見せてくれたことがあるかと尋ねられている。

チベットの東側の一帯では、「このイエティは女をさらい、ヤクを殺し、冬になるとこの辺まで来てヤギを盗む。イエティは人間と少し似ていて、そいつが吠えると人は逃げなければならない」と言われました。シェルパがイエティについて話すこととまったく同じです。最後に地元の人々がある場所に連れて行きました。そこで「あそこに一頭いる。見えるか」と言われました。それはチベットヒグマでした。みんなは「こいつが女をさらってヤクを殺しているやつだ」と言っていました。[152]

まるまる十年、チベットを出入りしたり、ネパール、ブータン、カシミールで山歩きをして、証拠をすべて調べた中で、この世界でも有数の山男は、「パズルのピースははまった」という結論に達した。

イエティはヒマラヤのモンスターの、実在するのも架空のものも全てを表す総称である。それが西洋のファンタジーによる汚れた雪男だったり、チェモやドレモだったりするのだ。私の見方はもう西洋的ではない。イエティが先史時代の人間に似た種が生き延びて見つからずにいたものとは信じなかった。イエティはヒグマに相当する現存する生物で、想像力による架空の存在ではない。……何と言っても、古くからのチベットの方言では、イエティは「雪熊」と訳される。急いで言っておくと、これはとてつもない動物だ。恐ろしくて異常なほど頭が良く、西洋人がときに熊に対して抱くかわいいというイメージからこれほど遠いものはない。[153]

捜索は続く

エルンスト・シェーファー、ラインホルト・メスナーなどの話からすれば、イエティがヒマラヤヒグマに基づいた神話上の存在であることは決定的であるように見えるし、イエティを示す「証拠」はすべて不明瞭か、類人猿のような動物よりも熊らしいことを示しているが、それでも信じている人々は探索をあきらめていない。二〇〇七年、『デスティネーション・トゥルース』〔目的地は真実〕というテレビ番組のプロデューサー、ジョシュア・ゲイツは、ヒマラヤ遠征隊を組織した。この隊は、雪中に三三センチの足跡をいくつか見つけ、[154]型をとってビッグフット支持の人類学者ジェフリー・メルドラムに届けると、メルドラムはこの足跡は霊長類によるもので、ビッグフットの足跡に似ていると考えた。同じ隊は、「イエティの毛髪」もいくらか見つけ、こちらも分析すると、ゴーラルやシーローのようなヒマラヤの反芻動物に属するらしかった。二〇〇八年七月二五日、イエティハンターのディプ・マラクによってインド北東部のガロ山地から持ち帰られた毛髪が分析されたが、これもシーローのものと判明した。[155]

二〇〇八年、未確認動物学のテレビ番組シリーズ『モンスタークエスト』がヒマラヤへ調査隊を送った。[156] できた番組では、霊長類学者のイアン・レドモンドなどのイエティ支持者を出演させ、年配のピーター・バーンのインタビューもちらりとあって、トム・スリックが資金を出して率いた遠征隊の話をしたり、メスナーらの「熊由来」説を支持する熊派にもインタビューしていた。シェーファーとナチスとのつながりに関しても短く触れられた。演出は他の大半の回の『モンスタークエスト』と同様で、おどろおどろしい音楽と、雰囲気を出す暗い映像、CGによる遭遇の再現、風景と「イエティハンター」があえぎながら〔シェルパは汗ひとつかかず〕ヒマラヤを進んで行くところの長い映像があるが、有望な現物の証拠はない。足跡は不明瞭で、ある「通った跡」は雪玉を転がして作られた。撮影隊員は気象観測気球にカメラを付けようとして不釣り合いな時間をかけるが、何も見つからない。「イエティの通り道」に罠をしかけるが、かかるのは普通の野生動物だけ。毛髪のサンプルが分析のために送られるが、やはりシーローかゴーラルのものだ。ハンターは、猛禽類があさった死体を調べ、レドモンドは腐肉をいくらか食べさえする。すべてこの種の食物がイエティを支えているのかもしれないという推測のためだ。『デスティネーション・トゥルース』や『モンスタークエスト』のような番組は、ケーブルテレビでは高い視聴率を取り、イエティのような未知の動物の謎を自宅で見たい視聴者の信じる気持ちを維持している。しかし番組が本物の証拠を出してくれるわけではなく、大量の推測だけだ。そうして、イエティに向かう誤った方向づけと不明瞭な証拠の背後にあるのは、ヒグマ、転がした雪玉、それに加えて、現実で伝説を膨らまそうとする、西洋人にははかりしれない、たいていは誤解している現地の人々にある傾向だという確信を強化する。

実は、ラインホルト・メスナーらが集めたイエティの本当の意味を示す最も決定的な証拠は、ヒマラヤ地方に住む民族の多くが、イエティはヒマラヤヒグマの怖さに基づいて生まれ、宗教的なシンボルに姿を変えた神話であることを知っているし認めているということだ。メスナーはダライ・ラマの許を訪れたとき、まさしくこんな質問をされたことを語る。

「ミギオとチェモン［ヒグマの呼び方の一つ］とイエティが同じものではないかとお考えか」［とダライ・ラマは尋ねた］。

「そう思うどころか、そのように確信しております」と私は言った。それから私は唇に指を当てると、ダライ・ラマもそうした。これは二人の秘密にしておかねばならないことを承知しているかのように。[157]

4 ネッシー

ネス湖の怪獣

ダニエル・ロクストン画

西洋人の想像力をかき立てるすべての「リアルな」モンスターの中でも、ネス湖の怪獣ほどロマンチックなものはほとんどない。私もそのロマンスからは少しも逃れられない。私のネッシー愛の開花は早く、最初から強かった。生きたプレシオサウルスが、スコットランドの湖の冷たい水中で、今も見つからずに泳いでいると思うほどすごいことがありうるだろうか。小学校の図書館や地元の公立図書館で読める本をすべて探し出し、むさぼり読んだ。グーグルもない時代の幼い少年がもっと知りたいと思い、地元の参考図書係に頼んで、ネス湖現象調査局《ロックネス・フェノメナ・インベスティゲーション・ビュロー》というところの住所をつきとめてもらうことまでした（残念ながら、私が連絡を試みた頃には、この団体はなくなっていた）。

ざら紙に刷られた超常現象に関する本で有名な事例を調べ、アーチのような首や水中の鰭《ひれ》の驚異の写真に目をみはり、標準的な説を吸収した。「ネス湖は地下のトンネルで海までつながっている」と、私は休み時間にクラスメートに話した（ネス湖の水面が海面より一五メートル以上高いことは知らなかった）。「一九三三年になるまでネッシーのことが報じられなかった理由を知ってるか」と運動場で尋ねた。「その年まで、ネス湖を通る道路ができてなかったからなんだ」（今なら、ネッシーが見つかるより一〇〇年以上前から道路はあったことを知っているのだが[1]）。

ネッシー文献についての当時の私の理解は少々うのみにすぎるものだったとしても、少なくとも私の調査手法は独創的だった。五年生のとき、教室でウィジャボード（日本の「こっくりさん」に相当する占い盤）のまわりに腹ばいになり、霊に向かって、怪獣を探すとしたらネス湖のどの湖畔に集中したらいいでしょうかと実務的なことを尋ねていたこともある（もしかしたらこれはあまり斬新ではなかったかもしれない。ウィジャボードに相談する七年前、メンタリストのトニー・「ドック」・シールズが、超能力者の一隊を連れて、ネッシーなど、「世界中の水棲大蛇・ドラゴン」を呼び出しに行った——と本人は言っていた[2]）。

何年かして、こうした驚異の物語への好みが高じて、懐疑的な文献にも行き当たった。結局、私は雑誌のライターになって、怪獣の謎を調べるという子どもの頃の夢を仕事として追いかける機会が得られた。だから、衰えないネス湖の怪獣の謎の話ができるのは、とてもうれしい。

ネス湖

ネス湖は、断層線（グレートグレンと呼ばれる一国の幅ほどもある裂け目）に沿った、細長い、深い湖である。グレートグレンはスコットランドを端から端まで二分割し、大

図 4.1 ネス湖はスコットランドを二分するグレートグレン沿いにある湖の中で最大．1822 年以後，これらの湖はカレドニア運河で結ばれ，スコットランド中央部を通って北海から大西洋までの水運が可能になった．（画像はダニエル・ロクストンによる）

きな湖がいくつかあるのが特徴で、その中で最大のものがネス湖だ(図4・1)。長さは三五キロ、深さは最深部で二三〇メートルほどあって、淡水湖としてはイギリスでいちばん大きい。伝説によれば、未知の大型動物の棲息地でもある。もしそこにネス湖の怪獣がいるとしたら、それは最近になってやって来たものだ。湖の切り立った両岸は、更新世(二五〇万年前〜一万一七〇〇年前)の氷河期に氷河で削り取られた。実はスコットランド全体が、一万八〇〇〇年前まで(あるいはそれ以後も)、厚さが何百メートルもある厚い氷床に覆われていたのだ。[3]

今日のネス湖は、長さ一一キロ余りのネス川を通って北海のマレ

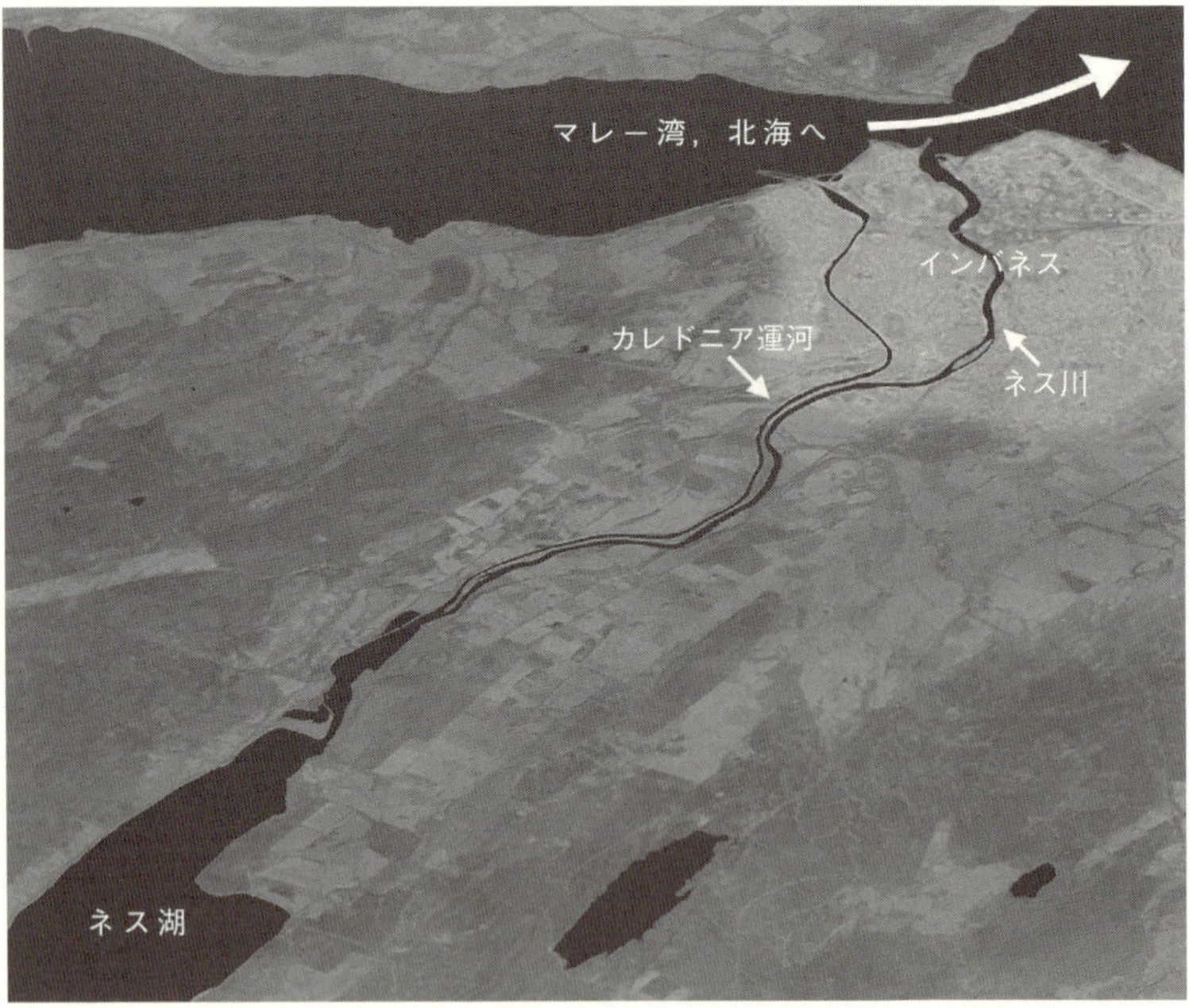

図 4.2 ネス湖は，二つの短い並行する水路を介して，マレー湾，さらには北海につながっている．ネス川とカレドニア運河で，どちらもインバネスの町を通る．(画像はダニエル・ロクストンによる)

ー湾の入江につながっている[4]（図4・2）。一八二二年以後は、カレドニア運河による航路の一部にもなっている[5]。カレドニア運河、水門、自然の湖が続き、これによって、スコットランドを北海側から大西洋側まで船で横断できる。水路はマレー湾からネス湖まで、いくつかの水門を通り（ネス川に並行する）、ネス湖を縦断し、それから運河で次のオイック湖に至る（最終的にはスコットランドの西岸まで続く）。ネス湖はもう二〇〇年近く、多くの船が頻繁に行き来している。実は、ネス湖は運河が建設される前から利用され、人も多いところで、何世紀も前から舟が通り、湖岸には道路、市街地、村落があった（湖の北端付近のネス川河口には、インバネスという結構大きな町がある）。運河の開通で観光ブームが起こり、汽船が毎日ネス湖を縦断して走っている。「一九三三年以前も、寂しく人気《ひとけ》のないところどころか、それ以前の一〇〇年は、イギリスの有閑中産階級にはきわめて人気の高いところだった」と、ロナルド・ビンズは明言する。ビクトリア女王もネス湖めぐりをした。憤慨するある博物学者によれば、現代の怪獣伝説が生まれるより一〇〇年近く前に、ネス湖はすでに娯楽のための移動ですでに荒廃していた。この人物は、「休日の人々で満員の、デッキにはテーブルやパラソルが目立つ」汽船が騒音をたて、汚染したと、苦々しく不満を述べている[6]。

ネッシー以前

海　馬

一九三〇年代のネス湖の怪獣の登場の頃を見る場合、スコットランドの伝承には、水棲の超自然的な生物があれこれ、もう何世紀も前から生きていたことを理解しておくことが重要だ。一八〇八年にストロンゼー島に死体が打ち上げられたストロンゼー獣（第5章参照）や、一八五六年にルイス島北部の内陸の淡水湖で目撃された海蛇などの[7]大海蛇《グレート・シー・サーペント》に加えて、スコットランドで恐れられた伝承の海獣には、ブーブリー（巨大な肉食の水鳥）、ブアラク・バオイ（九つの眼があるウナギで体をくねらせて獲物の足にからみつく）、ビアスト・ナ・スロガイグ（巨大な脚をもった不格好な一角水棲獣）、さらには一二本脚の「オー湖《ロックオー》の巨獣」などがいる。[8]

こうした伝承の動物の群れの中には、ケルピー（河川にいるとされる水魔）、海牛、海馬（エクウィシュケ、湖や海に隠れている）といった広く伝わる系譜もある。[9]今日では、こうした関連はあっても別々の神話的生物がネス湖の怪獣の伝説に利用されているが、そうした結びつけが不適切であると考える根拠もある。まず、こうした生物には、現代のネス湖の未確認動物に似ているものはない。さらに、ネス湖に固有のものはいない。

スコットランドの伝承では、海牛は陸に上がったときに遭遇する小さな黒い牛で、海に戻る前に陸上の牛と交尾することもあるという。海馬（エクウイシュケあるいはよく似ているがそれとは別のケルピー）は人を殺すこともある、変身する魔物だ。どちらも陸上ではふつうの馬の姿で出会うが、たてがみに海藻がまじり、濡れたような粘着性の肌をしていることが多い。誰かが愚かにも海馬の背中にまたがろうとしたら、その人はそこに貼りついてしまう。すると海馬は乗った人を海中に連れ去る。子どもは海馬が好む獲物だ。ある歴史家が一九三三年に伝承を記している。「海辺の草原で草をはむことが多く、人なつこいので子どもは乗りたくなってしまう。子どもが乗ろうとすると、海馬は背中を伸ばして子どもを一列に並んで乗せ、それから子どもごと海中へ走る」（よくある民話は、ただ一人残った子のことを語る。その子は海馬に触れたため、逃げるために指を一本切断しなければならなかった。他の子はみな連れて行かれて死んでしまった〔10〕。

海馬は現代の未確認動物よりも吸血鬼や狼男に近い（図4・3）。「海馬は殺されると泥とクラゲのような柔らかい塊でしかないことがわかる」と、スコットランドの神話的な動物についての記事は解説する。ネス湖の伝説が始まるほんの何週間か前のことだった。「それを殺せるのは銀の弾丸だけで、超自然的な存在であることの何よりの証拠である〔11〕」。やはり吸血鬼に似ている点として、海馬は人間の姿をとれる。「そのような姿では、海馬は若い娘に求愛することが多いが、目的はロマンチックなことではなく、食べるためである〔12〕」。

物理的な実体のない超自然の生物の海馬は、スコットランドの民話をひどく歪曲しないことには、現代の未確認

図 4.3 W・ハズリットが語った物語では，貪欲なケルピーが美しい娘を追い回す．必死に逃げた娘は，自宅の敷居をまたいで逃げ込み，そこで倒れる．吸血鬼のようなケルピーは，開いたドアから入ることができない．邪悪な存在から保護する力があると信じられていたナナカマドの枝で守られていたからだ．しかし倒れたときにまじないの及ぶ範囲をわずかに超えたところにあった娘の靴を取る．（W. Carew Hazlitt, *Dictionary of Faiths and Folklore: Beliefs, Superstitions, and Popular Customs* [London: Reeves and Turner, 1905], facing 334 より）

動物と同一視することはできない。どこから見ても、行動も姿もネッシーとは似ていない。さらに、海馬は世界中に伝わる話であり、ネス湖に固有のこととのつながりはまったくない。海馬は、ロモンド湖、グラス湖、オー湖、ラノク湖[13]、コールドシールズ湖、ホルン湖、バジボル湖[14]、ナムナ湖（ラーゼイ島[15]）、ガルベットベフ湖、ガルテン湖、ピティオリシュ湖[16]など、スコットランドのたいていの湖にいると言われる。イギリスに限られるものでもない。民俗学者のミシェル・ムルジェによれば、海馬は「イギリス諸島、スカンジナビア半島、シベリアロシア、フランス、イタリア、チェコスロバキア、南スラブ諸国に広く分布している[17]」。海馬は新世界にも見られる。一五三五年、今のカナダ、セントローレンス川の支流を探検していたジャック・カルティエは、「地元民に聞いたところでは、この川には馬の形をした魚がいて、夜は陸上にいて、昼間は海へ行く」という話を聞いた[18]。

捏造と間違い

湖の怪獣や海の大蛇を捏造する伝統も、現代ネッシー伝説よりずっと前からある。顕著な例の一つが、一九〇四年、ニューヨーク州の田舎で生まれた――木彫りのモンスターを、滑車を使ってジョージ湖に潜水させるという手の込んだ捏造だった（一九三四年、捏造した老人がこの仕掛けを暴露し、ネッシーもこういうものだという見解を明らかにした[19]）。実は、ネッシーより何十年か前には、そのネス湖でも怪獣捏造があったらしい。一八六八年、ネス湖の湖岸で「体長が一・八メートルほどのトックリクジラ」が見つかった。この「怪獣」はちょっとした騒ぎを起こし、特定されるまで「国中の多くの人々」を引き寄せた。『インバネス・クーリア』紙は、この鯨は「当然海で捕らえられ、いずれかのふざけた乗組員によって、ネス湖の湖水に投棄されたものだった」、つまりいたずらだったという結論を出した。同紙は、「計略はまんまと成功した」[20]と書いた（評価の高い「ネス湖・モラー湖プロジェクト」を主宰するエイドリアン・シャインは、この話を「伝説の海馬にはとどまらない話としては、見つかっている中では最初」[21]としている。似たような捏造は、近年になってもあった。一九七二年には死んだゾウアザラシが、二〇〇一年には死んだ大アナゴが投棄された[22]）。

同様に、世界中で、またネス湖についても、水棲の怪獣と誤認する歴史は長く、資料も残っている。一八五二年、『インバネス・クーリア』紙が、文字どおり干し草用のフォークで武装した群衆が、ネス湖の「海蛇」と戦う準備をしていると報じた。

先週、ネス湖が湖面に波もなく穏やかに眠っている中、ロケンドの住民のあいだで突然、二つの大きな物体が現れたと騒ぎになった。湖面を一定の速さで渡り、アルドリーから反対側の北へ向かったという。男も女も子どももみな、この異常な光景を見たことがわかった。この動物がどういう種類に属しているかについては多くが推測だった。水面でとぐろを巻く海蛇と考える人もいれば、鯨か大型のアザラシのつがいだと考える人もいた。不気味な物体が岸へ近づくと、攻撃しようといろいろな武器が準備された。男はなたを持ち、若者は草刈り鎌を手にした。女は干し草用のフォークだった。獰猛な顔つきの女戦士が一人、長い殻竿を頭上で振り回し、塚を叩いて練習を始めた。とうとう名士の長老が……古い「ライフル」を取ってきて、狙いをつけ、まさに撃たんとしたそのとき、長老は突然銃を地面に投げ捨てた[23]。

長老は、超自然の海馬だと思って衝撃で声を上げたのだが[24]、その衝撃もすぐ止んだ。その動物は「恐れられる『ケルピー』ではなく」、まごうかたなく、普通の、よく知られた動物だったと、同紙は続けた。結局、「その動物は珍しいポニーのつがいで……ネス湖の冷たい水に浸っていた」のだった（特筆すべきことに、この動物は湖を「まる一マイル」泳いできていた）。

この例から、二つの関連する事実が浮かび上がる。まず、普通の動物を謎の怪獣と誤解することはありうるということ——群衆でも、明るい昼間でも。もう一つ、この地元の人々も『インバネス・クーリア』紙も、今のネス湖の怪獣につながることを何も言っていないこと（記事で唱えられている海蛇、鯨、アザラシ、ケルピーという説明は、いずれもどこにでもあるものだ。ネス湖に固有のものは何もない）。

ネス湖の舞台は、伝承といたずらに彩られて、何十年も、あるいは何世紀も前から、とくにスターも登場しないまま、準備されていた。しかし一九三〇年代にはすべてが変わる。

目撃事例集

「三人の若い釣り人」

まず目を向けるのは、一九三〇年の、（読む人の視点によっては）ネス湖の怪獣が登場する最初の事例と考えられそうな、小さな新聞記事だ。『ノーザン・クロニクル』紙によると、「三人の若い釣り人[25]」が、ネス湖でマス釣りをしていて、奇妙なことを経験したという。三人のうちの一人、イアン・ミルンが述べるところでは、

八時十五分頃、水面で恐ろしい音がして、見回すと、五〇〇メートル余りの距離のところに、水煙

を撒き散らす大きな動きが見えました。すると魚――か何か――がこちらへやって来だして、三〇〇メートル弱くらいの距離になったとき、右へ向きを変えて、ドリズの先のホリブッシュ湾に入って深みに姿を消しました。こちらへ進むときには高さが六〇センチほどの波を立てて、くねるような動きが見えましたが、見えたのはそれだけで、波がそれを隠しました。それでも波は僕らのボートが激しく揺れるほどでした。それが何だったのかはわかりませんが、鮭ではありえないということははっきりしています。〔26〕

この話は多くの点で少々できが悪い。目撃者は実際には怪獣を見ていないし、記事の話はすぐに埋もれた（おもしろいことに、同紙は名前のない「湖の岸に住んでいる管理人」にインタビューして、「何年か前に……魚か何かが湖の中央あたりをこちらへやって来たのを見た。その後、黒っぽい色で、ひっくり返った釣り船のようで、かなり大きかったと述べた」という話を伝えている。この目撃談とされるものは、それがあった時に記録されたものではなく、そこからわかることはほとんどない〔27〕）。

しかし「三人の若い釣り人」の話は別の意味で注目に値する。一九三三年以前には、ネス湖の怪獣の類についてはほとんど伝えられていないが、その数少ない中の一つなのだ。それはまた、ネス湖の脈絡で、（無造作ではあっても）「怪獣《モンスター》」という言葉を使った最初期の例の一つでもある。「釣り人《ピスケイター》」と名乗る人物は、『インバネス・クーリア』紙に懐疑的な投書をしているが、その中でミルンの話をふまえて、「ネス湖にたぶん住むという未知の怪物によって生じた六〇センチほどの波」と述べている。〔28〕『ココモ・トリビューン』紙は、この小さな記事を二か月後に転載して、「スコットランドのネス湖周辺の人々は、怪獣が湖に住んでいるという報道に首をかしげている」と報じた。〔29〕

た。

「ネス湖での奇妙な光景」

一九三〇年の「三人の若い釣り人」事件は、怪獣伝説が広まるきっかけにはならなかった。しかし少なくとも一人はそれを憶えていた。小さな町に住む契約記者、アレックス・キャンベルという人物だった。

その後の一九三三年、キャンベルは、友人のアルディ・マッケイとジョン・マッケイ〔30〕（ドラムナドロッキト・ホテルの所有者夫婦〔31〕）が、ネス湖の岸を車で通っていたとき、水中に何かがいるのを見たという話を聞いた。キャンベルは『インバネス・クーリア』紙にその記事を書き、同紙はそれを「ネス湖での奇妙な光景――それは何だったのか」という見出しで掲載した。

ネス湖には代々、恐ろしい姿の怪獣が住むという評判があったが、形は違っても伝説の生物「水のケルピー」は、ずっと、冗談ではないにしても、神話と見られてきた。ところが今般、あらためてその動物が見られたというニュースがある。先週の金曜日、インバネス在住の有名な実業家とその妻（大学まで出ている）が、湖の北岸をドライブしていて、それまで静かそのものだった湖面が大きく盛り上がるのを見て驚いた。夫人の方が先に湖面の乱れに気づいた。それは岸からゆうに一キロを超えるところで生じて、夫人が突然「止めて」と叫んだために、夫も湖に目を向けた。そこでは何かの生物が姿を誇示し、まる一分の間、突進したり潜ったりした。体は鯨に似ていて、すね肉を煮る鍋のように水があふれ、流動していた。しかしまもなく、大量のしぶきの中に姿を消した。〔32〕

こうしてネス湖は「恐ろしい姿の怪獣」の住むところになり、突然、「昔から」そうだったことになった。

キャンベルの記事は、少々あおる側に立っている。マッケイ夫妻は後にこの目撃について、ルパート・グールドによるインタビューで明らかにしている。まず、何らかの物体あるいは動物を見たのは妻のアルディだけで、夫の方はしぶきを見ただけだった。記事の「大きく盛り上がる」というのは少々誇張されているかもしれない。アルディは、「最初は鴨が喧嘩してできたのかと思った」という（「よく考えると」、そのしぶきは「そんなことでできるにしてはずっと広すぎた」という判断はしているが）。最後にしぶきの原因を見たとき、それは「鯨の体に似た」一つの体ではなく、遠くの二つのこぶだったという。その二つのこぶは合計の長さが（アルディの推定では）六メートルほどだった[33]（正確だったとしても、一つ分はアザラシほどの大きさになる。ネス湖は北海に川と運河でつながっているので、今日に至るまで、ネス湖論争ではアザラシが重要な役割を演じる——後述）。

キャンベルはすぐにマッケイの目撃を三年前の「三人の若い釣り人」の件と結びつけた。元の記事では、三人の釣り人はしぶきの原因となったものを見ておらず、「それが何だったのかはわかりません」という。キャンベルの手が加わった転載版では、「未知の生物」を見たと言っている。「その胴体と動き、一度に押しのけられる水の量からすると、非常に大きなアザラシかイルカか、あるいはひょっとして怪獣か」。これはキャンベルによるただの装飾である。一九三〇年の新聞記事には、三人の釣り人がアザラシやイルカを水しぶきや波の説明として唱えているらしいところはない。

いずれにせよ、マッケイ夫妻の目撃の記事（キャンベルの華麗な文章があってもそれほど目立つものではない）は、相当の懐疑の目で迎えられた。汽船の船長ジョン・マクドナルドは、『インバネス・クーリア』紙に対して、マッケイ夫妻の湖面の巨大な盛り上がりの素人くさい描写に苛立ちを見せた。記事には「かき立てられたのは二人の想像力で、その光景は別に変わったものではなかったんじゃないかと思います」と書かれている。ネス湖を五〇年にわたって航行している（「ネス湖を通行したのは二万回を下らない」）マクドナルドは、マッケイが描写したのとよく似た日常の出来事にはなじんでいた。「元気な威勢のいい鮭は水中から跳び上がったり急速に泳ぎ回ったりして、穏やかな水面を大きく動かします。現場からある程度の距離を置いて見ると、奇妙でもしかすると恐ろしく見えたかもしれません」。マッケイの話、つまり大方の見るところ、ネス湖の怪獣を目撃した話の原典についての、何日もたたずに唱えられたこのもっともな説明は、汽船の船長が「何百回と見た〔34〕」ことがある出来事だった。

マッケイ夫妻の目撃は、どんな合理的な基準からしても根拠が薄弱な例だが、この小さな、不確かな火花が、まもなく、現代でも最大の怪獣ミステリーに燃え上がることになる。ネス湖の怪獣の概念が一九三三年に人々の想像力を捉え、一九三〇年の「三人の若い釣り人」の話がそうならなかったのはなぜか。マッケイのささやかな記事と、これから述べるジョージ・スパイサーのもっと壮大な目撃には、「三人の若い釣り人」の話にはなかった有利な点が何かあった。ハリウッドの歴史でも最大級の大ヒット怪獣映画の一つが上映されていたのだ。

キングコング

大恐慌とナチスドイツ台頭の間の時期、メディアの受け手は、楽しい大衆的ミステリーを待ち受けていた。海馬や大海蛇《シーサーペント》のような何世紀も前からある伝承は、そのようなミステリーのもとになる力があったが、それだけでは足りない――触媒が必要だった。

ハリウッドが、うってつけの時期にうってつけの触媒をもたらした。『キングコング』に（同じ年に出た続編『コングの復讐』にも）出て来た、巨大な首の長い怪獣だった。ネッシーとキングコングを結びつけた研究者は私が最初ではない。たとえば、ディック・レイナーが関連に触れていて、この映画の結果として、一九三三年の初め、「西洋の世界全体が、怪獣に夢中になった」[35]と記した。ロナルド・ビンズも同じで、「ネス湖の怪獣が、一九三三年に『キングコング』がスコットランドで公開になったそのときに発見されたのは、おそらくたまたまではないだろう」[36]と述べている。しかし私は、映画と伝説の間には、これまでに論じられているよりも強い関係を認めることができると思う。要するに、『キングコング』はネス湖の怪獣の直接の引き金になったということだ。

ネッシーの誕生は、キングコングの映画公開と密接に関連していることに疑問の余地はない。ロンドンで公開されたのは一九三三年四月一〇日、アルディ・マッケイがネス湖の「乱れ」を目撃するわずか四日前だった[37]。映画は大当たりで、『デイリーエクスプレス』紙は、映画館が立ち並ぶ一帯に近いトラファルガー・スクェアから、「何万という人々がコングの映画館から出て来る」と報じている。大入り満員の劇場から出て来る人は「呆然として、息が荒くなっていた」。大騒ぎだった。リアルで恐ろしいあまり、観客は客席で悲鳴をあげるほどの怪獣スリラー映画だった[38]。

ネス湖の「恐ろしい姿の怪獣」という概念が静かに浸透する一方で、『スコッツマン』紙は、『キングコング』が、見事に「その怪獣が原始の泥から新たに生まれているような印象をもたらす」ことに目をみはった。何より重要なことに、映画は「太古の怪獣が現代の環境と接触する」という、すっと納得できる幻想を生んだ[39]。

マッケイの目撃と『キングコング』の公開という二つの因子が、まもなく、史上最大の影響を残したネッシー報告のもとになる。

「ドラゴンだか先史時代の動物だかを今まででいちばん近いところで」

マッケイの記事の後、一九三三年の夏には曖昧な目撃例がわずかに出て来たが、当初、人々が信じた勢いは、衰えつつあった。そんな八月、突如として伝説が燃えさかるようになった――『キングコング』の影響があったのは間違いない。

八月四日、『インバネス・クーリア』紙は、ジョージ・スパイサーというロンドン市民からの驚くべき投書を掲載した。スパイサーが言うには、最近、妻とネス湖の湖畔をドライブしているとき、奇妙な生物を見つけたという。真昼の壮大な光景の描写は、伝説をすっかり変えた。「ドラゴンだか先史時代の動物だかを今まででいちばん近いところで見た。道路の前方五〇メートル足らずのところを渡っていて、小さな羊か何かの動物をくわえているようだった。長い首が、ローラーコースターみたいに上下に動いているようで、胴体は相当大きくて、背中が盛り上がっていた[40]」。

この話は要するに、恐竜が現代スコットランドの道路を横断していたということで、(ある大物ネッシー研究家によれば)「あまりに常軌を逸していて、強固な信者の想像力をもってしてもなかなか思い及ばない[41]」ほどだった。それでもスパイサーの話の影響力は、いくら言ってもいい足りない。エイドリアン・シャインは、「それまでは首長竜の報告はなく、スパイサーが陸上で遭遇したのがプレシオサウルスに結びつく最初の例となった[42]」。

それまでの目撃者が伝えていたのはただのしぶきや水面の隆起だったのに、スパイサーは、首長竜を間近に見たと言っていた。まるで『キングコング』の「ドクロ島」からそのまま引き出してきたようなものだった。私は実際そのとおりのことをしたのだと思っている。

『キングコング』の中でも印象に残る場面の一つが、夜、首の長い水棲怪獣が攻撃してくるところだ。

ヴェンチャー号の船員が、さらわれたヒロインを捜索して霧に包まれた湖を警戒しながら筏で渡っていると、水中で不気味な動きが起きる。黒っぽい、白鳥のような首が水中から現れたかと思うと、すうっと去って見えなくなる。乗員が霧の奥を覗き込むと、突然、暗がりから首がぬっと現れて攻撃する。筏はひっくり返り、乗員は湖に放り出される。劇的な映像が続き、巨大なプレシオサウルスのような動物が乗員をくわえ上げては殺していく。この丸い背中、弧を描く首、小さい頭の動物は、要するに、スパイサーの記事から成長することになる、よく知られたプレシオサウルス風のネッシーと同じものだ（図4・4）。残ったヴェンチャー号の乗組員は岸の安全そうなところへ急ぐが、恐ろしい真実を知る。この生物は水棲のプレシオサウルスではなく、ディプロドクスのような竜脚類だった。怪獣は乗組員を陸に上がって追いかけて来るのだ――こうなると、スパイサーの見た光景がくっきりと浮かび上がる。

スパイサーは自身の描写とスケッチに、『キング

図 4.4 『キングコング』の一場面での水棲怪獣.（ダニエル・ロクストンによる再現）

コング』のこの場面を、ほとんどそのまま再現していた。スパイサーの怪獣は、映画のディプロドクスが画面を横断したのと同じく、道路を左から右へ横断した（図4・5）。スパイサーの怪獣が「道路を渡る」とき、「長い首が曲線的に素早く上下に動くのが見えた……それから胴体が見えた」[43]。この部分については、映画の恐竜では、ありえないほどうねる首がまず現れて、それから巨大な胴体が続いていた。映画の生物は灰色の、ゾウのような肌をしているという印象で、スパイサーの怪獣は、「汚れたゾウかサイのような」灰色の肌をしていた[44]。体長一〇メートル近くのネス湖の怪獣は、映画の怪獣と大きさもほぼ同じで、「横向きになると、道路の幅全体を占めていた……私たちの車をひっくり返すくらい大きかった……その生物の長さは八メートル前後ほどと思った」[45]。

他にもいくつか特徴的な細部があって、とくにこの説を説得力のあるものにする。映画の映像からは、竜脚類の足は見えない（撮影しやすいように、足は藪やまとわりつく霧で隠されている）。スパイサーの描写でも同じく、「足は見えなかった」。とくに顕著なのは、二つの生物に共通する外形だ。映画のディプロドクスは、尻尾が曲線を描いて胴体の向こう側に見え

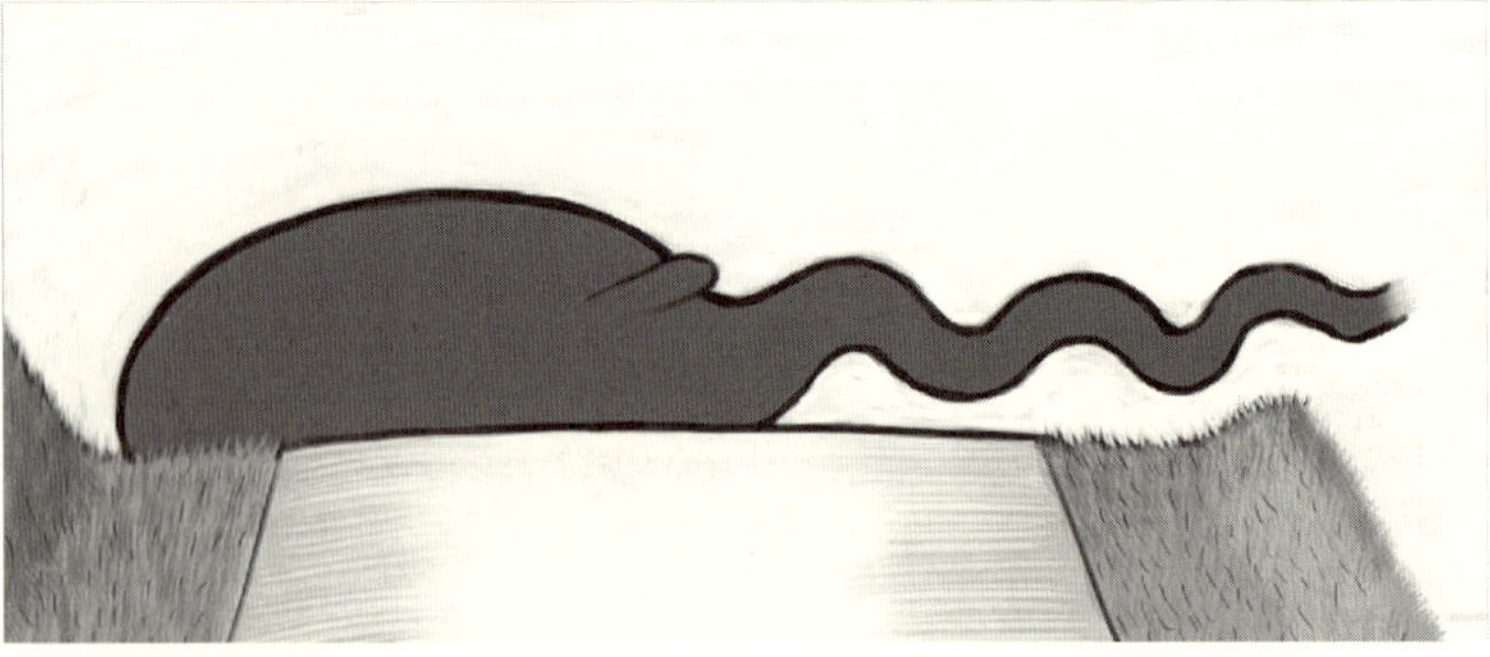

図4.5 ジョージ・スパイサーの描く「先史時代の動物」.（ルパート・グールドがスパイサーの指示の下で描いた図を，ダニエル・ロクストンが描き直した. Rupert T. Gould, *The Loch Ness Monster*［1934; repr., Secaucus, N. J.: Citadel Press, 1976］による）

なくなるように提示される。スパイサーの怪獣の描写でも「尻尾はくるっと回って向こう側に隠れていたと思う[46]」。

最後に、スパイサーが『インバネス・クーリア』紙に出した投書には、怪獣が「小さな羊か何かの動物をくわえているようだった」という、解釈に苦しむ記述がある[47]。後に、その話をまとめた形のものでは、「子羊か何かの動物」は、この動物の尻尾が肩の高さより上に突き出ているところを言っているらしい（あるいは怪獣の背中に何かが乗っているのかもしれない）が、額面通りに取れば、これは『キングコング』でディプロドクスが出て来る場面の最後の映像を述べたものに見える。怪獣は、木の中に首を伸ばしたと思うと、残った乗組員の一つを口でくわえて振り回す。スパイサーの描写にぴったり合う映像で、この乗組員は、まさしく怪獣の口にある「小さな羊か何かの動物」に見える。

映画と目撃談との類似が指摘されるのは、これが初めてのことではない。ルパート・グールドは、目撃からほんの数か月後にスパイサーと『キングコング』について話している。「スパイサーの経験の話をしているとき、私は『キングコング』に出て来るディプロドクスのような恐竜のことに触れた。その映画は二人とも見ていることがわかった。スパイサーは、自分が見た生物はこれによく似ていると言った。ただ、自分が見たときは脚は全然見えなかったが、首はもっと大きくてしなやかだったという[48]」。しかし、スパイサーが『キングコング』を見ていて、映画の怪獣と似ていたことを認めているという危険信号にもかかわらず（脚から下が見えないという、映画と目撃談とで共通に目を引く細部があるのに）、グールドはそれ以上は何も言っていない。もっと新しいところでは、シャインのいつもながら徹底した調査は、スパイサーの記事の画期的な重要性（あらためて言えば、ネス湖の首長竜を伝える最初の報告）と、スパイサーが『キングコング』の話をしていることの意味の両方に照準を合わせている[49]。シャインは、両者が関連している可能性について問われて、「私は、個人的には『キングコング』が、ネス湖『ジュラシックパーク』説の背後にある主要な影響だと思います」と明言している。「スパイサーの陸上での目撃以前には、首が長いという報告は全然なかったし、重要なのは、この首が長いというところです[50]」。しかしシャインは活字になった自分の文章では類似の詳細を明言していないようだし、大半の研究者も、この決定的な証拠をまったく見逃している。

結局残っていることは、UFOなど、他の超常現象に対する批判的な研究者にはおなじみの、大衆娯楽、報道メディア、超常的なものに対する信仰が影響しあって高まっているということだ。ネス湖の怪獣は、現代人類と先史時代の生物（とくにプレシオサウルスやディオプロドクス）の架空の遭遇という、すでにあったジャンルに属する。サイレント映画のヒット作『ロスト・ワールド』（一九二五）の観客は、ロンドン市街をディプロドクスが暴れ回るのを見ていたし、『キングコング』の観客も、乗員で一杯の筏をディオプロドクスが襲うコマ撮りの映像を見た。こうした架空の物語は、大衆の想像力が、報道機関が嬉々として発表する、これに似た「真実」の記事を受け入れる準備をした。報道機関の誇張はさらに大衆の関心を捉え、必然的に報告も増える。もちろん、中には捏造もあるが、多くは期待して注目するために生じる見間違いだった。一九三四年、グールドは重々しく述べた。「疑いようのないことは、『モンスター』を探す人が増えるほど、それを見る人も増えるということである[51]」。そこへ大衆的虚構の物語が入ってきて、メディアに基づいたネス湖の怪獣を逆輸入する。初めて映画に登場した『ザ・シークレット・オヴ・ザ・ロック』〔湖の秘密〕は、スパイサーの目撃から一年もしないうちに、劇場でヒットした（ほとんど避けがたいことに、主人公はネス湖の怪獣をディプロドクスであると断言した――他に考えられるだろうか）。

「恐ろしい巨獣」

スパイサーの例をきっかけにして、新たな目撃談が次々と出て来た。話の数だけ見ても、怪獣は実在することを示すらしいばかりではなく、新しく作られる伝説にある重大な欠陥もあらわにした。あるライターは一九三八年にそれを捉えている。「それに関しては、つねに正当な疑いを引き起こさざるをえない重要な疑問が一つある。これについて耳にするようになったのが、この五年かそこらでしかないのはなぜか。それ以前の何世紀も、その存在を伝える信頼できる記録がないというのに[52]」。

ニュース報道は、「伝統的なネス湖の『モンスター』――何世代も前から存在する迷信[53]」と断言するが、地元のことをよく知っている地元民は、そうしたメディアの説を否定した。汽船の船長ジョン・マクドナルドは、『インバネス・クーリア』紙を叱って、こう書いている。「貴紙の記事にある『何世代も前からこの湖は恐ろしい怪物の住むところとされている』というのは、私には初耳です[54]」。

本物の怪獣なら、怪獣を目撃した歴史があるはずだ。それはどこにあるだろう。そのような歴史を探して、人々は古文書、あるいは古い記憶に根拠を求めた。新聞は次のポートランド公爵からの投書のようなものを多く載せた。

拝啓、――最近ネス湖で目撃された「モンスター」に関する記事で思い出すのは、私が四〇年近く前の一八九五年、リバーギャリーとオイック湖の漁場の権利所有者となったとき、案内人、森林管理者など、インバギャリーの何人かの人々が、それがネス湖にときどき現れるという、言うところの「恐ろしい巨獣」についてよく話していたことです。ただ、自分で見たという人はいませんでしたが、どの人も実際に見た人を知っていると言っていました[55]。

この話について何か言おうとしても難しい。メディアの過熱が始まってから、この公爵は四〇年前に怪獣についての噂を聞いたことがあったのを思い出したと名乗り出てきたとは。ルパート・グールドは、むしろ起源の問題を理解して、この説についてはは「興味深いものの、こうした話は証拠としてはあまり価値はない[56]」と言う。それでも、今日までのネス湖の怪獣関連資料の多くは、この話を多くの目撃者による一八九五年の直接の目撃談の中に含める[57]。同様の、時代をさかのぼって数十年前にあったと言われるが記録のない出来事についての話、あるいは噂は、他の不確かなあるいは関連性のなさそうな古い話の中に散在し、ネッシー先史時代の架空の時系列を生み出す。標準的な年譜に載る古い資料の中には、まったくのでっち上げもある。たとえば、『アトランタ・コンスティテューション』紙に載ったある全面記事が、近代的なネス湖の怪獣のことをすでに一八九〇年代に、（木版画つきで）語っていたという話もあった。もし本当なら重要なことだが、そんな記事は存在しなかったらしい（特定しようとした試みはすべて失敗している[58]）。

こんな架空の歴史はあっても、実際には、『キングコング』の公開やそれ以後のメディアの過熱以前には、ネッシーの目撃例とまぎれもなく言えるものはない。怪獣支持者の中には、この事態に誠実に向き合う人々もいる。ヘンリー・バウアーは、「三人の若い釣り人事件は例外だろうが、まぎれもなくネス湖にいる大型の、神話上のものではない動物について、一九三三年以前に書かれたものはまったく提示できない[59]」と書いている。

それでも、この年の季節が移り、ネス湖の怪獣の目撃報告が蓄積されるとともに、人々には超自然のものの伝承という形での明白な補強証拠が見えてきた。まず、ネス湖だけのものではないとはいえ、ケルピーの伝承があった。しかし熱心な支持者はまもなく、ネッシーの古さを確立するらしい、もっと具体的な話を発掘する。

聖コルンバの物語

中世初期の『聖コルンバの生涯』という伝記には、カトリックの聖者がネス川で「水獣」に対面したという、短くも驚きの記述がある。今や、正統的なネス湖の怪獣の「最初の目撃例」とされるこの断片的な話は、ネッシーの由来が一三〇〇年前にさかのぼることを確定したと言われる。残念ながら、この遭遇はなかったらしいと考えられる根拠は相当にある。

コルンバ(五二一頃~五九七)はアイルランドの修道士で、五六三年には布教のためにスコットランドへ赴き、アイオナ島に修道院を建てた。コルンバが亡くなって一世紀ほどして、アイオナ修道院第九代院長のアドムナーンが、創始者の伝記を書いた。この魅惑の作品は、古いスコットランド文化を覗く重要な窓と考えられていて、怪獣支持派がそれを援用したがるのは意外ではない。

物語は次のようなものだ。コルンバと仲間の修道士は、川のほとりで地元民が埋葬をおこなっているところに遭遇した。何があったのかとコルンバが尋ねると、泳いでいた者が恐ろしい獣に殺されたと言われた。これを聞いたコルンバは、同行の一人に、川を泳いで渡り、向こう岸の舟を取ってくるよう指示した。命じられた修道士は従順に川に飛び込んだ。

しかし獣は、前の獲物ではものたりなかったので、まだ川底に潜んでいた。泳ぎで川面の水がばしゃばしゃするのを感じると、いきなり水面まで上昇し、大きな吠え声と大きく開けた口で、川の中央を泳いでいた男に飛びかかった。これを見た聖者は、そこにいた人々――恐怖に打たれた修道士だけでなく地元民も――とともに、手を挙げて、虚空に向かって救いの十字のしるしを描いた。神の名を唱えると、獰猛な獣に命じた。「それ以上進むな。その男に触れることもならぬ。すぐに引き返せ」。すると獣は、この聖者の命令を聞いて恐れおののき、縄で引き戻されたかのように、すばやく後退した。ほんの少し前には、泳ぐ［修道士に］近づいていて、修道士と獣のあいだは小さな舟の竿くらいの距離しかなかったというのに。(60)

これは確かにネス湖の怪獣の伝説に対する強力な裏付けのような感じがする。しかしこの川の怪物とネッシーが表面的に似ているのはたまたまであり、証拠としては根本的に無効だ。問題は、アドムナーンの『聖コルンバの生涯』が、アドムナーン自身は会ったことのない人物についての、伝聞に基づいた伝記だというところにある。コルンバはアドムナーンの時代には、すでに伝説に包まれていた、等身大以上の歴史上の人物だった。アドムナーンは、修道院の文書、地元の伝承、又聞きの（そのまた又聞きの……）証言、遠方の地からの旅行者の話を援用して、何百という無関係の、ほとんどはありそうにない断片的な話を収集した――中には根拠のない二つの文という短いものもある。年代順に並べることもできなかった。どの物語もただ「またあるときには……」とか「またある日には……」と始まるだけだ。

他の多くの中世伝記文学と同様、『聖コルンバの生涯』にも、魔法、怪物、背筋がぞくっとする超自然の力が詰め込まれている。コルンバは、預言を示し、治癒の奇跡をおこなうだけでなく、嵐を鎮め、水を酒に変え、石から水を呼び出し、「牛乳の桶に潜む魔物」を追い出し、死者を甦らせ、杖に呪文をかけて野生動物が毎晩自らそれに串刺しになるようにし、「大量の涙を流す」馬をなだめ……などのことをしたと言われる。水獣の話は、野生動物（イノシシ、水獣、毒蛇）に対する聖コルンバの神聖な力を示す動物がらみの断片的なの一つにすぎない。歴史家のチャールズ・トーマスは、この脈絡で言えば怪獣物語は「意図的であからさまな宗教的宣伝ものという、小さな文芸上の型の一つ[61]」として登場するにすぎないと片づける。つまり、さらに悪いことに、物語は紋切り型だった。トーマスが指摘するように、中世の聖人伝は聖なる冒険を含む事が多く、「そこでは蛇、大蛇、ドラゴン――陸棲でも水棲でも、また翼があるものもないもの、何も言わないもの吠えるもののいずれでも――蘇生や撃退の奇跡という話のいろいろな変種のストックとして造形されている[62]」。

要するに、コルンバが何を見たかは誰も知らないということだ。実際、この遭遇が実際にあったと考える理由はない。話の出どころはわからないし、何の証拠にもならない。

トーマスは、「将来、ネス湖の怪獣をテーマに何かを書く人が、この資料を無関係で混乱を招くとして捨ててくれるというのは期待のしすぎだろう[63]」と書いているが、残念ながら、それは正しい。今やトーマスがそう書いてから二〇年以上経っているが、ほとんどすべてのネス湖の怪獣に関する資料は、聖コルンバの話を「ネッシー目撃の最初の記録」として陳列し続けている。この話は、ネッシーをめぐるメディアの狂騒が始まった後になって登場した記録（何十年も前、あるいは千年以上も前の伝聞）を入れた「目撃例」でつぎはぎされる、修正主義的な年表の中核をなしている。

「プレシオサウルス仮説」の登場

『キングコング』に登場する竜脚類の恐竜に触発されたジョージ・スパイサーは、ネス湖の長い首の怪獣伝説を生み出した。逆に、その話がもとになって、恐竜、それもプレシオサウルスのような他の目撃談も数多くもたらされた。ニュース記事に促され、怪獣のものと言われる写真に支持されて、そうした目撃者の話から、二〇世紀を通じてネッシーの正体として人気の説となった「プレシオサウルス仮説」が生まれた。

この考え方の基礎が敷かれた時期は一八三三年にまでさかのぼる。博物学者が、シーサーペントにつく最善の説明は、先史時代の海洋爬虫類（新しく発見された化石から知られる）が生き残った集団とすることだと説くようになったのだ。[64] この説は、一八六一年、フィリップ・ヘンリー・ゴスという人気のサイエンスライターが大いに取り上げた。[65] プレシオサウルスの生き残り説は、ジュール・ヴェルヌの『地底旅行』（一八六四）のような、広く読まれたSF小説でさらに広められた。SF作家は海の爬虫類を淡水の湖に移し替えることまでした。ウォードン・アラン・カーティスによる「ラメトリ湖の怪獣」（一八九九）という短編は、科学者と、空洞の地球の中心から放り出されたエラスモサウルスとの遭遇騒ぎを描く[66]（図4・6）。ネス湖のプレシオサウルス説をよく知っている私たちからすると、そういう話はネッシー説話やそれが体現する未確認動物学の期待が明瞭に影を落としているものと読める。アーサー・コナン・ドイルの爆発的ヒット作『失われた世界』のこんなくだりを考えてみよう。

> あちこちに大蛇の頭が水面から高く突き出ていて、前面を少し泡立てて湖水を分けてすいすいと進んでいる。後には渦ができ、通るにつれて、優雅なスワンのような振動が上下する。そうした動物の一頭が、私たちから何百メートルもない砂浜でのたくり、樽のような形の胴体と、蛇のような頭の下にある巨大な鰭を見せたかと思うと、合流していたチャレンジャーとサマリーが、そろって驚きと感

嘆の声を上げた。

「プレシオサウルスだ。淡水性のプレシオサウルスとは！」と、サマリーが声を上げた。「生きているうちにこんな光景が見られるなんて。チャレンジャー、僕らはものすごく恵まれているぞ。この世が始まって以来のどんな動物学者よりも[67]」。

たぶん偶然ではないだろうが、海にプレシオサウルスの集団が生き残っているかもしれないという推測が、一九三〇年、ルパート・グールドによって唱えられ[68]、グールドはネス湖の怪獣について、最初にして大きな影響を残した本を書くまでになった。とくに、ネス湖にはプレシオサウルスが潜んでいるかもしれないという説は、一九三三年八月九日の段階ですでに出ている。これはスパイサーが首長の怪獣を目撃した直後のことだ。ネッシーをシーサーペントと結びつけた『ノーザン・クロニクル』紙は、ネス湖の怪獣は「プレシオサウルスの生き残りである」ことにほぼ疑いはないと論じた[69]。奇妙なことに、プレシオサウルス説を最も強固

図 4.6 ブリティッシュコロンビア州コートニーのコートニー・アンド・ディストリクト博物館・古生物学センターにある，エラスモサウルスの頭蓋骨．（画像はダニエル・ロクストンによる）

に押したのは、『インバネス・クーリア』紙にアルディ・マッケイの目撃談を最初に書いたアレックス・キャンベルだった。最初の正式なネス湖の怪獣記事を書き、「ネス湖には代々、恐ろしい姿の怪獣が住むという評判があった」という偽の伝承をでっちあげたキャンベルは、今度は自らネス湖でプレシオサウルスを、それも何度か見たと唱えるようになった。

一九三三年一〇月、キャンベルとその隣に住む人が、フィリップ・ストーカーという記者に、自分たちがものすごい怪獣を目撃したと語った。[70] ストーカーは、この「誠実さと信用が疑問視されたことはない人たち」が、その動物を「先史時代の動物と同じ形で、いちばん近いのはプレシオサウルスだ」と述べたと書いている。つまり、「二人はその動物の形を述べ、プレシオサウルスの図を見せられると、それが自分たちが見たのと同類の動物だと述べたということである」。[71] ストーカーはさらに、キャンベルの「つい最近のある午後、湖から頭と胴体を見せた動物が立ち止まり、頭を、長い首の上の小さな頭をすばやく左右に動かすのを見た。どうやら耳をすましているらしい……水上にいる間、手足を動かすたびに渦が生じるのが見え、その動物は長さが一〇メートル近くはあるようだった、とキャンベルは言った」[72]と伝えた。ストーカーは、これは「いささかでも懐疑的な人なら、空想の産物に見えるにちがいない描写」だと認める。懐疑論は、今では全面的に正しいことがわかっている。キャンベルは、ストーカーがそれを発表した本の数日後にこの話を撤回したのだ。ある手紙で、キャンベルは自分の語った体長一〇メートル近くのプレシオサウルスはふつうの水鳥の集団だったと明かした。

私がモンスターだと思ったものは、何羽かの鵜にすぎず、頭と見えたものは、鵜がよくやる、水面に立ち上がり、羽ばたいている姿だったことがわかった。他の鵜は先頭の鵜の後に一列に並んでいて、薄暗い中でちらっと見ると、いろいろな目撃者が語ってきたモンスターの背中のように見えた。しかしいちばん大事な点は、不確かな光によって、体が実際の大きさとはまったくつりあわないほど拡大されるところである。[73]

ネッシー伝説の発達でキャンベルが果たした役割は、紛れもなく重大だったが、すぐに茶番に堕した。「長さが一〇メートル近く」あり、頭を「水面から一・五メートル」も上げていた首の長い動物は、ただの鵜の群れ（図4・7）にすぎないことを認めたキャンベルは、一九三四年になるとまた「長さ九メートル」で「水面から伸びた首は二メートル近くある」動物という、ほぼ同じ目撃談を唱えている。[74] それだけをとってもありえないほどの「たまたま」で、キャンベルの証言（さらにはその後に続いたすべてのプレシオサウルスの目撃）はひどくてまともに取り上げられない。しかしキャンベルはそれで終わりにはならなかった。その後、ネス湖の怪獣をなんと一八回も目撃したと唱えた。近距離の場合も多く、ときに

図 4.7 プレシオサウルスに姿が似た鵜のような水鳥は，未確認動物だと誤認した目撃例のもとになることが多い．（©Stockphoto.com/Jesús David Carballo Prieto）

は一度に何頭も（そうしたおもしろい冒険談の一つでは、漕いでいたボートが怪獣の背中で空中に押し上げられたという）[75]。

＊＊＊

「プレシオサウルス仮説」には本章の後の方でまた戻って来る。しばらく足を止めて、目撃者による怪獣の描写が多様であることについて述べよう。ストーカーはこう書いている。「インバネスとフォート・オーガスタスの間でおこなった調査からは、多くの目撃者が……大きく分けて二つの集団に分かれることは明瞭であるように見える」。一方には、「長い、黒っぽい灰色の形、明らかに生物の背中を見た」人々がいる。他方には、「頭と首と全体の形がプレシオサウルスに似ていると言った人々がいる」[76]。ストーカーは、目撃者をこの二つの陣営に分けることによって、次のような枢要な問題を捉えながら、それをひどく控えめに言った。F・W・メモリーは、『デイリー・メール』紙の記事で、こう説明している。「一致する記述は二つとしてなく、モンスターは奇異かつ見事な形をまとっていた。首が長い、短い、一こぶ、二こぶ、はては八こぶや、こぶはないものまで。結局、舞台上で早変わりする器用な役者に劣らず、いろいろな姿をとることができた[77]」。

この記述のばらつきは、研究者を互いに根本的に異なる方向に導く。グールドがまとめた、「ネス湖の『モンスター』の最も顕著な、現存する既知のどの生物とも違うとされる特徴は、非常に長く細い首で、水面から相当に高いところまで持ち上げられるところである[78]」ということが本当なら、これはある方向への調査につながる。逆に、この生物には「アザラシやアシカのように、巨大な牛のような頭が非常に太い首の上についている[79]」なら、探索はまったく別の展開になる。

金と怪獣

ネス湖の怪獣に商業的な力があることは、最初から明らかだった――実は、スコットランド旅行協会は、こんな否定の声明を出す必要があると考えたほどだった。「ネス湖の『モンスター』は、当協会がスコットランドに人々を呼び寄せるための宣伝の手段として『考案』したものという噂が広まっていますが、それは事実ではありません[80]」。それでも、ネッシーのアトラクションとしての価値は、観光業がからむ意図的な偽造という噂が通用するほどのものだった（ナチスドイツの宣伝相、ヨーゼフ・ゲッベルスまでが、ネッシーはイギリスの観光業界による捏造だと言っていた[81]）。

ユーモア、期待、人間による単純な誤認があれば、怪獣伝説に火がつくだけの燃料は簡単に供給できるのだから、裏に陰謀があると推測する必要はなさそうだ。ネッシー伝説は、間欠的で気まぐれな、人間に固有のものから生まれたもので、自由な企業活動は単純に機会に便乗しているにすぎない。しかもその便乗すべき機会は相当なものだった。『デイリー・エクスプレス』紙が一九三三年一二月に解説したところでは、

これは一つの産業である。タージマハルや、ニューヨークのエンパイアステートビルや、巨人ボクサーのカルネラや、見世物のリプリーなどに対抗するスコットランドの答えだ。多くの国の多くの新聞が、そのために全力を尽くしてくれている。スコットランドが毎日、一面に登場するのだ……。地中海のリビエラも冬の日差しが弱いときには魅力はない。それに比べると、ネス湖は天気も、季節も、年代も関係ない。この怪獣は巨大な広告である――存在しようとするまいと[82]。

旅行会社はネッシー関連産業に飛び込み、専用列車やバスツアーを積極的に売り込んだ。[83]湖畔のバス交通量は過剰になり、一九三四年には、安全用に特別の法規を導入しなければならなくなった。[84]また、ネッシーがスコットランドに観光客の群れをもたらした一方、この怪獣は人気の娯楽として輸出もできた。ラジオやコミックに登場するだけでなく、銀幕にも飛び込んだ。たとえば、ブリティッシュパテ社のニュース映画は、一九三四年一月、「私はネス湖の怪獣」というポップソングを紹介した。[85]驚くことに、新しい『トーキー』映画『シークレット・オブ・ザ・ロック』が制作発表され、撮影され、年内に公開された。[86]

ネッシーはセールスのモンスターにも任じられた。広告業者は、マスタードやら床のワックスやら朝食のシリアルやらの消費者製品に、競ってネッシーをテーマにした広告を打った。[87]ネッシーの商品化もすぐに爆発した。一九三四年一月には、豪華なデパート、セルフリッジが、長さ五メートル余りの怪獣をメインに据え、バグパイプが伴うパレードを催して、ネス湖の怪獣サンディというかわいらしいベルベットの玩具を、三つのサイズで発売した。[88]大規模な連続広告や懸賞付きのコンテストが、子どもたちに、「アーチボルド――ネス湖のモンスター」という木製のパズルを買って「モンスタークラブに入会」するよう迫っていた。[89]ゴム製の海水浴用玩具が、一九三四年の観光シーズンを先取りして急いで生産されていた。[90]

ネッシー業界のユーモアは評論家にも乗り移った。ある見出しにはこうある。「またモンスターが立ち上がる……ホテルは順調」[91]。別の人はこう記した。「もちろん、卑しむべき説もあった。モンスターは、大きな独特の観光の目玉となる、見えない輸出品としての価値を認識する人々によって、不当に科学的解明がなされないように厳密に保護されているという」[92]。

写真、写真、写真

ヒュー・グレイの写真

ネス湖の怪獣写真の時代が始まったのは、ヒュー・グレイというイギリスのアルミ会社従業員が教会からネス湖岸を通って帰宅していた一九三三年一一月のことだった。岸の近くに怪獣がいるのに気づいたグレイは、五枚の写真を撮ったらしいが、四枚には何も写っていなかった〔93〕。しかし五枚目の写真には、揺れ動く何かが写っていた……のかどうか。

ルパート・グールドは、グレイの写真は、「不明瞭ではあるが、興味深くまた疑いなく本物」と書いた。「不明瞭」という言い方は控えめだ〔94〕。この怪獣の写真と言われるものは、実にひどい（図4・8）。ネッシーの最初の写真という地位によって取り上げられるが、何の写真とでも解釈できる。この写真の曖昧さがよくわかることに、少なくとも一冊の本がこの写真を上下逆に印刷した〔95〕。研究者の中には、賢明にも、この写真に基づいて論じることをしない人々もいる。ロイ・マッカルは（グレイの言葉による証言に基づいて）こう言った。「私はこの写真はおそらく本当にネス湖の何かの水棲動物を撮ったものだと思うが、客観的に見れば、この写真から決定的なことは何も引き出せない。どちらが前で後ろかを決める外見上の根拠もなく、そのような判断は、主として、人が持っている先入観によらざるをえない〔96〕」。

グレイの怪獣の正体について信頼できる見解を述べる資料はないが、白状すると、私にはあるものにしか見えない。黄色いラブラドールレトリバーが撮影者に向かって泳いでいるところだ。この解釈を教えてもらってからは〔97〕、それ以外には見えなくなった。しかし、写真が犬を写していることを証明することはできないし、この解釈は変像《パレイドリア》（ランダムなノイズに、実際にはないパターン、とくに顔を見てしまう人間の傾向のこと）だと批判を受けたこともある。同時に，この写真を根拠にして何かを証明することは，他の誰にもできない。グレイの写真そのものの証拠としての価値は無視できる。

この問題に光を当てられそうな状況証拠はあるだろうか。あるかもしれない。疑念の理由の一つは，グレイが少なくとも六回，ネッシーの目撃を報告していることで[98]，写真は二度めの遭遇のときだった[99]。なかなか捕まらない未確認動物を，何度も，常習的とさえ言えるほど目撃したという人がいたら，私はそれは怪しいと見る。ネス湖を何百万という人が訪れていて，付近で暮らして仕事をしている人が何万といて，組織的な観測隊もいて，それでも怪獣がちらりとも見られていないことを考えよう。ところが，特定の人物がネス湖を何度も訪れ，そのたびに目撃を報告しているのは説明がしにくい。こうした目撃者の中には，誤認したことを認めた人々もいるし（アレックス・キャンベルは，一八回の

図 4.8　ネス湖の怪獣を写したと言われる最初の写真．1933 年 11 月，ヒュー・グレイ撮影．（ウェールズのリシンにある Fortean Picture Library の許可を得て複製）

目撃のうち少なくとも一つは否定している）、不正が見つかった人々もいる。たとえば、ネッシー研究家のフランク・サールは、ありえないほどラッキーな写真を次々と生み出したが、同業のモンスターハンターたちは、それが捏造であることを明らかにした（偽物の写真のいくつかは、露骨に絵葉書から切り取った竜脚類の恐竜にに色をつけたものを見せていた）。サールの件が暴露された後、サールはネス湖・モラー湖プロジェクトを焼き討ちしたと言われるほど緊張が高まった。けが人はなかったが、サールはまもなくこの地方を去った[100]。今日、サールはあまねく詐欺師として記憶されている。

グレイの方も、疑わしいほどの頻度でネッシーを目撃した――またありえないと思えるほど都合よく写真を撮っている。本人の弁では、教会から徒歩で帰るとき、「湖岸に腰を下ろしたとたん、相当の大きさの物体が二〇〇メートル近く先の湖面から立ち上がった。私はすぐにカメラを準備すると、湖面から六〇～九〇センチの高さの物体を撮影した」[101]。近距離で史上初のネス湖の怪獣の写真を撮ったグレイは、その後帰宅して、フィルムを三週間も引き出しにしまっていたらしい[102]。

グレイの写真は捏造だったのだろうか。それはわからないが、そうでないと言う方にあまり多額は賭けられない。

カバの行進

一九三三年一二月、『デイリーメール』紙は、専従の調査員、「大物ハンター」マーマデューク・ウェザレルをネス湖に派遣して、謎の深層を探らせた。ウェザレルは、現地に到着するといきなり、湖の岸に怪獣の足跡を発見した（石膏で型を取った）ことを発表した。これを少々都合がよすぎると見る人々もいた。ウェザレルはあるインタビューで、「他の人がずっと探していて見つけられなかったのに、私が二日でそのような明瞭な痕跡を見つけるなど、とてつもない幸運だと言われているのは知っています[103]」と認めた。やはりそれは驚くべき発見だった。BBCのインタビュー（プロデューサーは、ジェームズ・ボンドの生みの親の兄、ピーター・フレミングだった[104]）では、ウェザレルはこう言っている。「ゆるい土の一角に、できたての足跡を見つけたときの驚きは想像できるでしょう、幅が二三センチほどで、四つ足の動物でした。足跡はカバのものとよく似ていました[105]」。

　フレミングは、このときのインタビューのことを振り返って、ウェザレルとその助手は「見るからにごろつき」で、その「発見の話にはほとんど納得できなかった」と言った。ウェザレルは、フレミングの目には、「霜降りのツイードを着た、愚鈍で口先だけの厚かましい男」と映った[106]。こうした個人攻撃は、デーヴィッド・マーティンとアラステア・ボイドが描く肖像とも合致する。ウェザレルは「エキセントリックで、愛想のいい悪党で、捏造の名人で、虚栄の注目を求めていた」。それでもマーティンとボイドは、ウェザレルは「文献で言われていたようなただの大物ハンター」ではなく、「まずもって映画監督であり俳優である」としている[107]。中堅の芸能人だったが、発見した足跡によって、注目の芸能人になった。

　しかしそれでは終わらなかった。足跡の型がロンドンの自然史博物館に送られ、動物部長以下の科学者によって調べられた。専門家はすぐに鑑定をつけた。「我々はこの跡とカバの足によってつけられたものとの間にいかなる意味のある違いも認められない」。その怪獣のつけた跡は、博物館が比較のために動物園で採取した生きたカバの足跡とは合致しなかった。ウェザレルの得た痕跡は、「乾燥した剥製の標本」によってつけられていた[108]。足跡は捏造で、ウェザレル自身が最初の手がかりを与えていた。

　一九九九年、マーティンとボイドは、「マーマデューク・ウェザレルは、銀製の灰皿を台にしてカバの足を取り付けたもの」を使って、「自分でカバの足跡をつけた」ことを暴露した。当の灰皿は、ウェザレルの孫のピーターが所有していて今も残っている〔109〕。

ウェザレルは、偽の足跡について「説明はできない」と言い、まもなくネス湖の怪獣はアザラシだと発表して、この地を離れた。しかしネッシー物語でウェザレルが残した影響はまだまだ終わらなかった。

外科医の写真

一九三四年四月二一日、『デイリーメール』紙は、画期的なネス湖の怪獣写真を掲載した。ロバート・ケネス・ウィルソンという名の婦人科医が撮影したものだという。今日、「外科医の写真」と呼ばれるこの写真は、疑問の余地なく、史上最も有名なネッシー画像である（また未確認動物学一般にとってのシンボルでもある）〔110〕（図4・9）。一九七六年、ロイ・マッカルは、わずかの例外はあるが、「ネス湖現象を研究するなら誰でも……この写真はネス湖の大型動物の頭と首を捉えたものと認めている」〔111〕と書いた。

当時の批判派は、すぐさま他に考えられる説明を提示した。伝説的な古生物学探検家ロイ・チャプマン・アンドリュースは、「私は『タイムズ』社から原本の写しを手に入れたが、予想通りのものが映っていた――シャチの背びれである」〔112〕と書いた。また、写真に映っているのは水に潜るカワウソか水鳥だというもっともな案もあった。しかし、今ではこの写真は捏造だったことがわかっている。一九七五年、『サンデーテレグラフ』紙は、カバの足によるネッシー偽造を行なったウェザレルの息子で六三歳になったイアン・ウェザレルが、「外科医の写真」は実は別のウェザレル家の捏造だったと暴露する短い記事を掲載した。モンスターの小さな模型をおもちゃの潜水艦に取り付けて作ったという。「そうして父は言いました。『よし、みんなの怪獣を地元のみんなにあげよう』。スコットランドまで車で行ったのをおぼえています……私はライカのカメラを持っていました。当時はまだ発売したてでした……私たちは小さな波がネス湖の沖の大波に見えそうな、背景にする実際の景色がある入り江を見つけました。私はライカで五枚撮影しました……それがあれです[113]」。模型を使った撮影の後、父マーマデューク・ウェザレルは、フィルムを協力者のモーリス・チェンバーズに渡し、チェンバーズはそれをウィルソンに渡すと、ウィルソンが新聞社に投稿した——そうして歴史が作られた。

奇妙なことに、イアン・ウェザレルの一九七五年の公の告白は、何年にもわたりほとんど知られないままだった[114]。一九九〇年、エイドリアン・シャインが忘れられた記事を引き出してきて、デーヴィッド・マーティンとアラステア・ボイドという研究者に調べさせた。この頃にはマーマデューク、イアン父子はすでに亡くなっていたが、調査でクリスチャン・スパーリングという、マーマデュークの継子なる年配の紳士にたどりついた。スパーリングはイアン・ウェザレルが言ったことを追認した。「あれは本物の写真ではありません。ナンセンスだらけで、

図 4.9 幽霊のようにはっきりしない，小さく切り取った，標準版「外科医の写真」．1934 年 4 月撮影．（ウェールズのリシンにある Fortean Picture Library の許可を得て転載）

ずっとそうでした」[115]。スパーリングとイアン・ウェザレルは一緒に怪獣の模型を作った。

ウィルソンはウィルソンで、いつも「自分の」有名な写真について用心していた。研究者には、「写真が本物かどうかについてはいささかの疑念・疑惑がある」と匂わせていた[116]。「自分はこの写真がいわゆる『モンスター』を写したものだとは言ったことはない……実際のところ、納得してはいないし、今でもそうであろうとしている」[117]と主張した。さらに、ウィルソンは捏造を告白したと証言する人もいる。その一人は、エギントン少佐というウィルソンの友人で、軍隊でウィルソンの部下だったという。一九七〇年、エギントンは、ニコラス・ウィッチェルという若いネッシー研究家に言った。

> 私はいつも、一九四〇年、かつての（砲兵隊の）上官で、戦争前はハーレー街（一流の医者が集まるという街）の専門医だったR・K・ウィルソン中佐が、私たち三人に、混乱の中で静かに語ったときのことを思い出す。中佐と友人がネス湖の地元の人々を捏造で騙したという話だ。ときどきこの湖で一緒に釣りをしていた友人が……どうやら板の上に怪獣の模型を重ねたらしい。……「R・K」によれば、結果が広まり、二人は怖くなって、この話は秘密にされた[118]。

「一緒に釣りをしていた友人」とは、ウィルソンとウェザレルの間に入っていたチェンバーズのことだ。ウィルソンの親族は、チェンバーズとウィルソンがよくスコットランドへ狩猟に行っていたことを認めているし[119]、ウィッチェルは二人が料金を払って「インバネスの近くで野鳥狩り」をしていたことを伝える[120]（エギントンの妻も、ウィルソンが「スコットランドで釣りや狩猟をしていた」ことを認めている[121]）。ウィルソンと「友人」（チェンバーズ）が「外科医の写真」をできあいの画像として提供したというエギントンの発言は、ウェザレルとクリスチャン・スパーリングの本人証言を追認する。そして、エギントンが強調するように、「私があなたにした話はウィルソン中佐に教えてもらったことで、又聞きではありません[122]」。

ウィルソンの友人や家族からも、もどかしくも伝聞による懐疑的な証言が大量に得られている。研究者のモーリス・バートンは、ロンドンのウィルソンが属していたあるクラブにいる人は「全員、写真が捏造だということは知っていた」と言われた。この手がかりをたどって、バートンはウィルソンの友人に手紙を書いた。「私の質問をはぐらかしたが、あうんの呼吸で答えてくれた[123]」人物だった。ウィルソンの義姉によると、ウィルソンの下の子は「ネス湖の問題全体について非常に懐疑的で、いとこにはあれは捏造だと言っていた[124]」という。ウィルソンの存命の息子が伝えるところでは、「すべての話からすると、R・Kは意地悪いユーモアのセンスがあるいたずら者だった……R・Kは、あの写真のことを家族と話すことはなかった。……家族の中で漠然と抱かれていた感覚では、みなあれはおそらく偽造だと思っていた[125]」。最後に、エギントンの妻は、ウィルソンが捏造話をしていたことを回想し、こう言っている。「みんな知っていたし、あの頃私たちは知っていました。みんなそれで笑っていて、何年もそうしてきました。私たちはその話を知っていたし、夫も知っていて、私も知っていました。捏造がこんなに長く残っていることのほうが信じられません[126]」。

写真が捏造であるという説は非常に強いが、本物だという説は、要するに、シルエットが怪獣に似ているという印象に行き着く。それでも、この実感によるテストもまったく成り立たない。写真の波の大きさ——とくに最近発表されたあまり切り詰められていない版のもの——を見ると、画像に写っているものは明らかに非常に小さい（図4・10）。一九六〇年には、波の高さを基準にして、物体は高さが三〇センチ程度以下であると推定する評論家もいた。今日のマーティンとボイドの説明では、「写真が本物であることを熱烈に信じる人々は、その信念を、［ポール・］ルブロンと「M・J・」コリンズのもっと新しいサイズの判定を中心に立てている。切り詰めていない写真に見られる風による波を使って、中央にある物体の大きさを導き、二人はこれが高さ約一・二メートルと判定した」[127]。この当惑するほど小さな水上部分の推定値を取り上げて、ロナルド・ビンズは言い返した。「物体の高さが一・二メートルだったとしても、それが何か?」[128]。この大きさは小さな模型の大きさと整合する。恐竜並みの怪獣の大きさではない。

図 4.10 それほど切り詰められていない「外科医の写真」は，捏造を行なうために用いた怪獣の模型が小さいことを明らかにしている．（ウェールズのリシンにある Fortean Picture Library の許可を得て転載）

証拠は逆を示しているのに、曖昧な、扇情的な画像はネッシーの最も強力な聖像であり続け、公衆の想像力を形成しつづけている。その力はそれほどのものだ。しかし謎をまじめに研究する人々は、歴史的真実に向き合う以外の選択肢はほとんどない。「外科医の写真」は偽物であることがわかっている。

ラフラン・スチュアートの写真

第二次世界大戦でネス湖の怪獣への関心は抑えられ、それに応じて目撃例も少なくなった。しかし一九五〇年代になると関心が復活した。未確認動物学の復活の鍵になったのが、ラフラン・スチュアートという林業者が撮影した新しい写真だった（図4・11）。熱心なネッシー研究者の間では、これは「外科医の写真」並みの影響力を持つようになったと言われる。そして先の有名な聖像と同様、ラフラン・スチュアートの写真も捏造だった。

スチュアートによれば、一九五一年七月一四日は乳搾りのために早く起きた。窓の外に見慣れぬものを見て、大声で妻と泊まり客を呼ぶと、カメラを手にした。三人は湖岸へ走って行き、三つのこぶと「細長い首と、羊の頭ほどの大きさと形の頭を見つめた。頭と首は上下運動して水中から出たり入ったりしていた」。動物が巡航する間――驚くべきことにほんの三〇～四〇メートル沖でのこと――スチュアートは有名な写真を撮った。昼休みにフィルムを現像して、ネッシー研究家のコンスタンス・ワイトが同じ日のうちにネガと写真を見た[129]。

ここでいったん停止して、この写真を一目見たときから私は悩んだことを言わなければならない。怪獣大好きな子どもでも、この奇怪にもかくかくっとしたこぶは、動物のものとは思えなかった。また、私がネッシーはそうだと理解していたプレシオサウルスともまったく相容れなかった（もちろん、一列に並んだこぶの目撃例はずっと報告の重要な部分を構成していた)。しかし写真は、スチュアートが誠実そうに見えたこともあって、一九五〇年代には大きな躍進として迎えられた。ワイトは夢中になって語った。「私はこの写真を自分が撮ったとしてもこれ以上の自信をもって提出できないだろう」[130]。この自信は置きどころが間違っている。研究家のニコラス・ウィッチェルは、「ラフラン・スチュアートの、すぐ沖合の三つの角張った『こぶ』の写真は捏造だった。スチュアート氏による事態の説明はでっちあげである。スチュアート氏はちょっとしたいたずらのつもりで、自分の写真――実際には三つの干し草用のバケツを防水シートで覆って一部を水中に沈めたもの――がまともにとられようとはと驚き、かつ楽しんだ」。その後まもなくして、捏造を仕組んだことを認めたスチュアートは、別のネス湖の地元の人(著述家のリチャード・フレア)に小道具を見せた。それは「藪に隠して」あった[131]。

この写真が粗雑な偽造であるという暴露は意外には見えないかもしれない。いかにも粗雑な偽造に見える。

図 4.11 1951 年 7 月,ラフラン・スチュアートが撮影した写真.(ウェールズのリシンにある Fortean Picture Library の許可を得て転載)

それでもロナルド・ビンズは、後から見るとこの写真の歴史的影響力は見えにくいと論じる。一九七六年、ネス湖調査局の科学部長が、ラフラン・スチュアートの写真を「動物の背中の中央部の形と思われるものについて、直接に写真で撮影した証拠[132]」と規定したことを考えよう。後から振り返って、ビンズは省察する。「おそらく年月が経つにつれて見えなくなったのは、ウィルソンやスチュアートの写真が一九六〇年代から七〇年代にかけてモンスターハンターに対して持っていた衝撃力である。その当時には、我々はみな、それが本物の写真だと信じたし、怪獣は実際に長いキリンのような首があり、三つのこぶがある物体に変身できる非常に大きい動物であることを信じていた[133]」。

ティム・ディンスデール・フィルム

ビッグフットの一瞬の姿を捉えたと言われるロジャー・パターソン＝ボブ・ギムリンの映像に相当するものをネス湖の謎で探せば、たいていの人が有名な「外科医の写真」を選ぶだろう。ネス湖研究家となると、おそらく別の、もっと深い答えを出すだろう。ティム・ディンスデール・フィルムだ。この一九六〇年に撮影されたモノクロの短い映画フィルムは、じれったいほど不明瞭な、遠くの湖面を移動する塊を示している。ネッシー研究者はこれには説得力も喚起力もあると見ている。ネス湖調査局のロイ・マッカル局長の説明によれば、他の証拠が説得力がなさそうに見えても、「一つ残る物があるとすれば、ディンスデール・フィルムである。距離があるために粒子が粗くなっているが、他にどんな説明もできなかった。私にとってはそれで十分だった[134]」。

ディンスデールはエンジニアで、一九五九年のある夜、雑誌の記事を読んで、突然、強くネッシーに魅入られるようになった。

頭の中で記事を何度も反芻して、その夜遅く、ベッドでうとうとしているとき、湖に突き出た切り立った岸を歩いていて、黒い湖水を覗き込む夢を見た。怪獣を探し、それが、記事で読んだように、深みから飛びだしてくるのを待っていた。夜が明けてきて、カーテン越しに光が入ってくると、私は目をさまし、夢の中ではっきりと始まった想像上の探索が、すっかり事実になっていた[135]。

ディンスデールは怪獣に関する文献を調べ、ごく単純な計画を考えた。車でネス湖へ出かけ、ネッシーの映像を撮るのだ。そして、ディンスデールはその通りのことをしたと、その後まもなく語った。実際、ディンスデールは湖を初めて見てほんの何分かで怪獣を見つけた。「おやっと思って車を近づけた……すると、信じられないことに岸から二百～三百メートルのところに、二つの波打つ灰色のこぶが水面を分けていた。こぶのあいだには二メートル余りの透明な水があった。目をぱちぱちさせてまた見たが、それはそのままそこにいて、水面でだらりとしていた[136]」。残念ながら、これは見間違いだった。双眼鏡でよく見ると、怪獣は「要するに浮いていた木の幹だった[137]」。しかしディンスデールの休暇の興奮はまだ始まったばかりだった。四日後、車であちこちを回り、怪獣について書いた人々や目撃者を訪ね、定期的に湖岸に止まっては湖を観察した——当たり！　ネス湖の怪獣が出た。

光がかげり始めたとき、突然、フォイヤー川の河口の方を見下ろしていた私は、激しく水が動くのが見えたと思った。水がかき混ぜられ、その中心に二つの長い黒い影、あるいは形と見えるものが水中で上下していた。私はためらうことなくカメラをそれに向け、六メートルほどのフィルムを回した。怪獣を、あるいは少なくともその一部を持って帰れることを確信して、まっすぐ岸へ向かった[138]。

ディンスデールの運はつきていなかったようで、休暇の六日めには、またネッシーの映像をフィルムに収めた。斜面を登りきると、

湖の幅の三分の二ほど行ったところの水面に一つの物体を見た。私は双眼鏡を投げ捨て、カメラに向かい、慎重かつ冷静に調節して、撮影を始めた。ボタンを押し、フィルムを機関銃のように長く安定して送り込んだ。……私にはカメラのファインダーを通してモンスターが見えた……湖を渡って遠ざかりながら、進路を変え、ジグザグのガラスのような航跡を残し、徐々に水中に潜り始めた。[139]

自分とカメラは「九〇〇メートルかそれ以上の距離で、モンスターを背後から捉えた[140]」と思って興奮し、ディンスデールは帰宅した。ところがその映画フィルムを現像すると、がっかりすることに、最初の「ネッシー」映像は「隠れた岩の浅瀬のまわりの水の渦」でしかなかった。突風で起こされたものだった。私はすっかり思い込みに騙されていた[141]」。

三度の「モンスター」目撃のうち二度は単なる誤認だったことがわかった。しかし残った一つはどうだっただろう。あと一つ残ったフィルムを見て、ディンスデールはネス湖の怪獣が存在する証拠を本当に捉えたことを確信した。そうして、科学者もすぐにそれを認めるだろうと思った。残念ながら、この「粗い小さな白黒の、それが画面を横断するのを追跡した画像」はまったく印象的でないように見えるのを、本人も認めざるをえなかった。[142] きわめて遠いところから撮影されたフィルムに描かれているのは、一キロ半もの距離がある水面を移動する不明瞭な塊でしかない。当然のことながら、ディンスデールが話を持って行った科学者の扱いは冷淡だった。しかしテレビの視聴者ははるかに理解があった。ディン

スデールのテレビデビューは遠くシカゴの大新聞までが報じ[143]、ネッシー本（一連のシリーズの最初）を書けば売れることまちがいなしだったし、ネッシー研究家として、著述と講演をする新しい職業を始めることになった[144]。ディンスデールは怪獣で有名人になった（一九七二年にアメリカを講演して回り、六週間のつむじ風のような面会、テレビやラジオや新聞のインタビューやリハーサルをする間に、ジョニー・カールソンの『トゥナイト・ショー』にも出た[145]）。

しかしそもそもディンスデールは何を撮影したのだろう。確かにそのフィルムは湖面を移動する物体を捉えている。それ以上のことはなかなか言えない。この、『ボストングローブ』紙によれば「ぼやけた、遠い、判然としない[146]」映像が、きわめて不確かな解釈をいろいろもたらす原因になっている。たとえば、英空軍の統合航空偵察情報センター（ＪＡＲＩＣ）所属の写真の専門家が、一九六六年にこのフィルムを調べて出した結論を取り上げてみよう。ディンスデールは調査した人々が自分の映像の「正しさを証明した[147]」と思ったが、これは相当に過大評価している。実際には、調査でわかったことは、映像に映っているぼんやりした塊の外形と速さは、モーターボート（「浮上性船体を備えた発動機艇の船体」）としても矛盾はしないということだった。ところが、報告は続き、この塊がモーターボートだとしたら、それは「観察者に見えないということはなかっただろう」とされている。つまり、ディンスデールはこれはボートではないと言っているので、「それはおそらく生きたものだろう[148]」。ディンスデールが遠くのモーターボートを認識していたはずだという想定は、きわめてあやしい。何と言っても、ディンスデールは同じ週のうちに二度、他の無生物をネス湖の怪獣と誤認している（最初は丸太、次は岩）。

要するに、ＪＡＲＩＣの専門家は、ディンスデールの塊は怪獣としても、あるいはボートとしても、矛盾しないと見た。この結論はまったく助けにならない。フィルムが分析されて以来、いろいろな著述家、専門家、テレビ制作者が、フィルムの画質向上を図ってきて、結果は怪獣を支持する場合もボートを支持する場合もあった。たとえば、ネッシー派の著述家ヘンリー・バウアーは、「バージニア工科大学計算機科学科のある先生に……何コマかをもっと高い解像度でスキャンして、それをいろいろな画質向上手法で調べる」よう求めた。そこからバウアーは、フィルムにはボートは写っていないという結論を出した。[149] 対照的に、エイドリアン・シャインは、ディンスデールのフィルムから、人が乗ったボートと思われる何コマかを見つけている。シャインが先のJARICチームのメンバーに、二〇〇五年、あらためてフィルムを見てくれるよう求めると、チームはその物体は「全体的な外見は小型の乗り物で、最後尾に特色がある。その位置は操舵手のものとして矛盾しない[150]」と見た。

ディンスデール・フィルムは、パターソン＝ギムリン映像と共通のところが多い。どちらもコアな支持者の間では影響力が大きい。どちらの撮影者も、有名な未確認動物を撮影するつもりで出かけ、すぐに撮影できた。どちらのフィルムも結局、真偽どちらとも言いがたい。ディンスデールは本当に怪獣を撮影したのだろうか。謎だらけのフィルムは教えてくれない——確かなこととしては。

それでも、もっと平凡な説明を示唆する状況証拠はある。たとえば、ディンスデールの斑点は、ほんの一〇〇メートルもない道路にいた自動車からよく見えるところを動いている。車を運転する人と「モンスター」は互いがよく見えたことだろうが、どちらもこの接近遭遇に反応してはいない。批判派のロナルド・ビンズにとっては、「ドライバーがただ進み続けているということが、これは通過している物体がごくふつうのもの、つまりモーターボートだったからだということを示している[151]」。

同様に、ディンスデール本人にも赤信号がともる。批判派にも友人にも「非常にまじめな人」という評判[152]を得ているにもかかわらず、ディンスデールはときどき、想像力を解き放つことがある。有名な映像を撮影する直前の、二回のネッシー目撃例が別のものをネッシーと見たときのように。そうした誤認を考えると、後の一九七一年の、近距離からの目撃という壮大な説をどう解釈すればいいか、わからなくなる。

私は右側を見て、一瞬にして写真でよく見た形に気づいた。有名な一九三四年の「外科医の写真」である。しかもそれが生きていてしかも強そうだった。信じられなくて、私はしばらく動きもせず、立ち尽くしていた。ただ見つめることしかできなかった。それから、首のような物体がしなって水中に戻るのを見た。一瞬また現れたかと思うと、白い泡が湧きたつ中に潜って行った。右手からほんの何インチかのところに五台のカメラがあったが、それに手を伸ばそうともしなかった。[153]

説明のつかないことに、後の本ではこの接近遭遇を一種の余談あるいは脚注に格下げしている。「私が受けた中で最も奇妙なラジオインタビューは、一九七一年にインバネスで受けたものだった。モンスターの頭と首を［ボートから］見た直後のことで、私は感想を言うためにテープレコーダーのスイッチを入れていて、BBCラジオはそれを科学番組で使いたいと言っていた」。ネス湖の怪獣を見たことにはほとんど触れず、ディンスデールは次の二つの段落を、あるインタビューでの技術的不具合という「変わった経験」についてのどうでもいい話に充てている。[154]どうしたというのだろう。

ディンスデールは超自然的な空想に逃げ込むこともあった。たとえば、怪獣が現れないかと見張りに出かけることの多かったひとけのないある浜辺で「何かの暗い影響を意識」したという。

ここを基地にした五回の遠征のうち四回は病気やけがをした。あるいは不快な事故に遭った。それで私は何か奇妙な、悪意があるように見える作用がある気がした。……私はこんなことを信じるようになっている……純粋に霊的な作用が、人や、場合によっては物質的な対象に、霊的な影響を及ぼすのだ。私はそんな現象を目撃したことがある。それは私たちが理解しているような物理学の法則には、まっこうから反している。[155]

同じ流れで、『ワシントンポスト』紙には、湖でボートに乗っていると、ときどき「死者」を感じると話している。「それを言い表すにはそれしか言葉がない。死者です。私は自分が一人でないことがわかりました。そのことがわかりました」[156]。

最後に、ディンスデールの家族による、不可解な映画の管理のしかたがある。長年のネッシー研究家、トニー・ハームズワースは、ティム・ディンスデールが長い間、エイドリアン・シャインの名高いネス湖・モラー湖プロジェクトにかかわる研究者には、当の映像を見せてくれなかったと不満を述べている。その状況は、ディンスデール本人が亡くなった後も改善されていない。ハームズワースはこう書いている。「ウェンディ・ディンスデールは今でも、ネス湖プロジェクトの証拠分析にかけて適切に検証されることを認めようとしない。これは悲しくもあり、また何か隠さなければならないことがあるのかもしれないという含みもある」[157]。テレビ番組はときどき、映像の一部を放映する許可を与えられる場合があるが、すべての研究者が簡単に高品質のコピーを手軽に利用できるなら、学術的研究にもうまく使えるだろう。そうではあっても、ネス湖研究者の多くはフィルム全体を見ていない。「ネッシーの写真による証拠としては最高[158]」と言われているというのに。

寄せ集め

ネス湖の怪獣は一つの生物種ではない。社会現象であり、何十年にもわたり、幅広い目撃者が幅広い理由で広範囲のことを述べてきた。一つの万能の答えを待っているすべてを包含する一つの謎ではなく、個々の事例がいくつも集まったものである。そうした多くの個別例の中には確かに捏造がある。既知の現象を未知の怪獣と誤認した結果というのもある。問題は、残り、あるいは部分集合となる「ネッシー」説は、本当に未知の動物のことを述べていると言えるのかということだ。その可能性はある（低いとしても）。

ほとんどの資料は、ネッシー論争は寄せ集めであることを頭では認めている。しかし、ある種の大統一ネッシー理論を唱えるという誘惑は、懐疑派にも支持派にも等しく抵抗しがたいことが多かった。この衝動は、目撃者がもたらしてきた実に様々にばらつく描写に抵抗する。一九三四年のある記事が冗談で言うように、「証拠からすると、怪獣は歩き、飛び、泳ぐものすべてが混じっているにちがいない。それにホテルを奇跡のように成り立たせる」[159]。何十年か後、ティム・ディンスデールはネッシーの目撃者を、基本的な体の造りという重要な問題について、一貫して首尾一貫しないと規定した。「水面の『こぶ』の数がみな違う。一つ、二つ、三つ、それ以上のこともあるし、まったくなくて、ひっくりかえったボートのような巨大な背中だけということもある。そういうことは理解しがたい」[160]。

この難点は、「ネッシー」という言葉が、目撃者が湖を眺めていて何なんだと思ったもののすべてを表す包括的な言葉だということを認めてしまえば、消えてしまう。しかし、興味深い疑問が残る。寄せ集めの中にあるいろいろなものは何か。そして、その寄せ集めの中に本当の怪獣が入っていることはありうるか。あの雑音だらけの中には信号が隠れていたりするのだろうか。

帰ってきた「プレシオサウルス仮説」

「プレシオサウルス仮説」は、ジョージ・スパイサーの『キングコング』に触発された目撃、アレックス・キャンベルが間違いとして撤回した記事、偽造の「外科医の写真」という、三本のきわめて不安定な柱の上に立っていることはすでに見た。土台がそれほど不安定だとなると、そもそもプレシオサウルス説は検討に値するのだろうか。著名な未確認動物学者ローレン・コールマンは、プレシオサウルスではないだろうと言う。

アメリカの未確認動物学者は、ほとんどが最初から、また批判的に考える未確認動物学者のほとんどは、今日ではプレシオサウルス仮説を否定する。哺乳類に的を絞る

などの考え方がとっくの昔に勝ち抜いている。我々は、プレシオサウルスのような絶滅した海洋爬虫類は絶滅していると認識していて、それをネス湖の怪の候補として持ち出したり使ったりすることは、「真の信者」にはほとんど片がついている（ネッシー派、反ネッシー派いずれの側でも）[161]。

さらに、プレシオサウルスは、複数のこぶがあるシーサーペント型のネッシーの報告にとってはまずい説明ということになる（図4・12）。それでも、明らかにプレシオサウルスに似た動物を描く目撃者は多い――初期の転機となる目撃者も近年の目撃者も同様だ。たとえば一九九七年には、あるジャーナリストが五頭のプレシオサウルスを見たと主張している（コールマンによれば、「どうやら本気で」）[162]。

図 4.12　エラスモサウルス型プレシオサウルス．（ダニエル・ロクストン画）

翌朝、私はネス湖の岸にいて、足を伸ばして日に当てていると、あのネッシー——ネス湖に住むプレシオサウルス型の怪獣——の一頭が目の前に浮かび上がってきた。一〇メートル前後の距離だった。三つか四つのこぶがあり、緑がかった茶色っぽい皮膚をしていた。小さいが傲然とした頭。長く、優美な首……。何秒もしないうちに、別の怪獣が浮かんできて、最初のやつの横にちょこんと控えた。さらに第三、第四と現れた——その後に一頭の幼獣まで……。しかし、カメラは車の中だった。[163]

気楽な旅行談という流れの中で、この突然の目撃は明らかに冗談に見える。とくに筆者のこんな添え書きを考えるとそうだ。「たぶんそれはただの錯乱だったのだろう。私はますますそれに襲われやすくなっているようだ」。それはそれとして、この人をはじめ、明らかに「プレシオサウルス型の怪獣」のことを言う目撃者はいる。未確認動物学の習性（要するに、「目撃者の証言は本気で受け取る」）は、未確認動物学者にこの説を受け入れることを求めるらしい。「プレシオサウルス仮説」は不遇をかこったかもしれないが（とくに「外科医の写真」が捏造であることが暴露された後は）、それが何十年かの間、人々の想像力の中だけでなく、未確認動物学の文献でも人気だったことは避けて通れない。未確認動物学の先駆者でレジェンド、ベルナール・ユーヴェルマンスが一九七七年に指摘したところでは、「プレシオサウルスは英米の研究者にとっては今なお、この動物が存在することに有利な選択肢の候補である」[164]。未確認動物学者のカール・シューカーは、二〇〇三年の著作で、仮説で言われるプレシオサウルスの末裔は、「未確認動物学者の間では、ネス湖の怪獣の正体として今なお最も人気がある」[165]と認めている。多くのネッシー本やネッシー研究者がこの説を支持するようになった。少なくとも一つの可能性の中に含めている。ティム・ディンスデールは、未発見の大型の種を考えるよりも、プレシオサウルス説の方が簡素な説明だと唱えた。少なくともプレシオサウルスがかつて存在したことはわかっているのだ。ディンスデールが言うには、さらに「このモンスターはまさしく首が長いプレシオサウルスのように見える。……それがプレシオサウルスの類でないなら、何でありうるのかまったくわからない[166]」。

ネス湖でのプレシオサウルス風の動物が報告されてきた長い（今も続く）歴史にもかかわらず、この説はやはり見事に成り立たない。プレシオサウルスは六五〇〇万年に絶滅しているし、ネス湖はほんの数千年前は氷河で凍結していた。プレシオサウルスが海のどこかで見つからずに生き延びていたと想像するとしても、それがネス湖に住み着いたことはありえそうにない。プレシオサウルスは熱帯の動物で、冷たい湖水には合わない――それに、プレシオサウルスはたいてい海の動物で、一般に淡水には向かない。プレシオサウルスともなると、ネス湖が提供できるよりも多くの餌が必要だろう。実際、エイドリアン・シャインらのネス湖・モラー湖プロジェクトの研究者による徹底した生物学的なサンプリングとソナーによる調査は、湖にいる魚群の総量はおよそ二二トンほどしかいないことを明らかにした[167]。これではプレシオサウルスの交配を維持できる集団としては全然足りない。シャインはこう説明する。

期待が高まりすぎる前に……この生物量に依存する捕食者は、餌の総重量の一〇分の一以上にはならないはずだということを念頭に置くべきだろう。したがって、予想できる「モンスター」の総重量は約二トン（二・二トン）ということになる。……一三メートルあるジンベイザメの体重の半分あるかどうかという数字である。実際には、持続可能な集団の最低限が一〇頭だとして、二トンをそれで割れば、個体の重さは二〇〇キログラム程度ということになる[168]。

さらに、仮説されるプレシオサウルスは食べるだけでなく、死ななければならない。集団は湖底に骨を残すことになる。浚渫と潜水調査では、骨などの肉体的な残骸は見つかっていない。もう一つ、プレシオサウルスは空気を吸っていた。ネス湖のプレシオサウルスは、息を継ぐために水面に浮かび上がってくるたびに、一時間に何度も撮影されてもおかしくない（空気で満たされた肺はソナーに顕著な反応を起こしもするだろうが、何度調査しても、そんなことは起きていない）。

つまりプレシオサウルス型のネッシーは、大衆文化と捏造に基づくもので、生物学的な根拠からは明白に除外できる。そうすると、目撃者が湖面で見たものは、ネッシーでないならいったい何なのか。

誤認による間違い

懐疑派はネス湖の怪獣目撃談の多くは単純な誤認で説明できると言い、支持派もそれに同意する場合が多い。ネッシー派の著述家ヘンリー・バウアーは端的に、「ネス湖では騙される機会がやたらとある」と断言している[169]。しかるべき目撃状況下では（ネッシー目撃時にはよくある穏やかな水面と長距離の見晴しなど）、既知の物体や事象でも、注意して観察していても有無を言わせないような錯覚を生み出すことがある。とくに、鳥、跳ねた魚、カワウソ、材木、船、航跡、波が、よくある見間違いのもとだ。ロイ・マッカルは、目撃記録を調べ、こんな結論を述べた。「報告を注意深く調べると、その観察の大部分、たぶん九〇パーセントが、誤認、間違い、誤解であり、少数が意図的なでっちあげである[170]」。

これを聞くと、ネッシーファンは信じられないと思うことがある。人は本当に、たとえば普通の鳥をプレシオサウルスと間違うことがありうるのか。たぶん意外に思われるだろうが、紛れもなくありうるし、しょっちゅうある。

目撃者が他の物体や動物をネス湖の怪獣だと思った具体的で証拠のそろった事例は数多くある。ティム・ディンスデールが、「自分の眼で」ネッシーを見たと言いながら、後でこの偽の怪獣は、「浮遊する木の幹」だと認めたという場合もあった[171]。同様に、未確認動物学者ジョン・カークは、自身の誤認体験を述べる。「世界中の未確認動物学ファンにとっての寺院であるネス湖巡礼」のときのことだった。期待に満ちて湖を見ているとき、「怪獣が水面に出たかと思うと、細長い首が水中から飛び出した……一瞬、背筋が総毛立ったのをおぼえている」。ところがカークは双眼鏡を手にしていて、それで怪獣を明瞭に確認できた。「とさかのあるカイツブリ、つまりネス湖では偽の通報に関与していることが多い、普通の水鳥だった[172]」。初期の有力な目撃者だったアレックス・キャンベルも、自分がプレシオサウルスに似た動物を見た中で少なくとも一回は、実は鵜《う》だったことを認めている。マッカルは定常波（船の航跡が湖岸で反射されて互いに重なるときに、船が去ってしばらく経っていても生じることがある）を、「ネス湖の幻の中で最もよくある例」に挙げている。定常波という別物を見間違う場合が多すぎて、「当初から、「ネス湖調査」局は、実は定常波だった目撃例をすぐに差し引くことができるように、湖を航行するすべての船の記録を取り始めた[173]」。

怪獣の目撃が始まったとたん、人々は謎の答えとして、競っていろいろな現存の動物を唱えた。ワニ[174]、チョウザメ[175]、リュウグウノツカイ[176]、ベルーガ、巨大イカ、巨大ウナギ[177]、等々。空想的な説もあった。怪獣は、「少々レアな」ラクダの類で、「泳ぐときには水中に留まる時間が異様に長いことで」目立っているという冗談もあった[178]。説明はつかないが、「ネス湖の怪獣は、オーストラリア原産のマンボウ[179]」とする人、あるいは「つがいのサメとするなら謎の説明になるかもしれない。ただしサメのしるしである緑の背びれがないサメがいるなら[180]」と説く人もいた。実は、ネッシーは超大型 *Tulimonstrum gregarium* だとする説にまるごと一冊が充てられた本もある。これは軟体動物で、長さ三〇センチほどの海生無脊椎動物であり、イリノイ州の三億年前の化石でしか知られていない[181]。

初期にはもっと妥当な容疑者に疑いの目が集まった。目撃者がネス湖で見たのはカワウソ、イルカ、アザラシではないかと。

伝説の懐疑派研究家ジョー・ニッケルは、ネス湖での多くの怪獣目撃例を総じて説明するものとしてカワウソを支持している[182]。この動物の棲息地は地理的に湖の怪獣分布によく対応し（とくに北米）、確かに怪獣に似たところがある。単独でもつがいでも、その長くくねる首と蛇のような頭はプレシオサウルスの頭や首と似ている。もっと大きな集団でいる場合には、カワウソが水中に飛び込むとき、うねる水による強力な錯覚を生むことがありうる[183]。そのことを念頭に置くと、カワウソがネス湖周辺に住んでいることには注目すべきだろう[184]。期待して見ているとそうなるもので、ネッシー報告のいくつかはカワウソだと推測できる。マッカルはもっと直接的で、「観光客が報告する怪獣目撃例の相当数は、カワウソを見たことによる」[185]と断言している。さらに、特定の目撃例の背後にカワウソがいる場合もあるだろう。とくに、一九三三年の最初の騒ぎのときのある目撃者は、「確かに三匹か四匹のカワウソが一緒に、まとまって進むように見える」ネッシーを報告している[186]。同様に、当時の地元民の一人によれば、ジョージ・スパイサーの転機となった目撃は、カワウソを見間違えたとすれば説明できるという[187]（ロナルド・ビンズやニッケルなど、批判派の多くがこの説明を支持する。私見では、スパイサーの話にはキングコングの痕跡が明らかだが、実際に見た動物を、映画の印象のフィルターを通して解釈したということはありうる。当初の二メートル前後の動物がその後の話で一〇メートル近くの巨大生物になった事情もこれで説明できるかもしれない）。

ネス湖は短いネス川を介して北海につながっているので、当初から、スコットランド産のイルカやアザラシが当然、容疑者と見られていた。当然すぎて、キャンベルは、アルディ・マッケイとジョン・マッケイによる最初の目撃についての自分の記事で、わざわざその可能性を否定している。「これまで知られているところでは、アザラシやイルカがネス湖に入ったことは知られていないことは言っておくべきだろう。実際、イルカにはそんなことはまったくできないし、アザラシについては、まれにネス川で見られることはあったが、ネス湖にいた例はかつて明瞭に確認されたことはない[188]」。それでも、キャンベル説よりは、地元にいる両種の動物の可能性のほうが高かった。まず、両者は多くの報告と矛盾しない。実際、最初期の報告（一九三三年六月）によれば、「この生物はむしろイルカやアザラシに見えた[189]」という。現実性の問題として、中程度の大きさの海の動物が川を遡上することはあり、満潮時には湖に入り込むこともある。キャンベルが認めたように、アザラシがネス川で見られることはあった。当初から、こうした事実によってアザラシは懐疑派の第一の仮説だった。ルパート・グールドは、自らはその説明を否定してはいるものの、次のように認めている。アザラシは「すべて説の中でいちばん妥当で、今のところ優勢だ。つまり、『ネス湖のモンスター』は鰭脚類に属する——そしてどう見ても大型のハイイロアザラシであるという説である[190]」。

ここでの目的からすると、ネス湖の謎を振り返った場合、鍵を握る事実はこういうことになる。今ではアザラシがネス湖に入るのは明瞭に知られている。さらに、イルカもネス湖に入ることを示す文書上の記録はある。キャンベルの、イルカがネス湖に入ることは「まったくできない」という説は、マッケイの目撃より二〇年前の『デイリーメール』紙の記事で端的に否定される。「ネス湖でめったに見られない現象が見られる。イルカの群れが閉じ込められているのだ。このイルカの群れはネス川の水位が高いときにマレー湾から入ってきたもので、今は同川の水位が未曾有と言えるほど下がっているので、子どものイルカでも浅い水路を通過できず、成体には絶望的である」[191]。

さらに大事なことに、アザラシがネス湖にいることは資料に残る紛れもない事実である（実際、スコットランドの、北海やアイルランド海や大西洋につながる多くの湖にいる）。ネス湖にアザラシがいるかという論争はすべて、一九八五年に決着がついた。ゴマフアザラシがネス湖で七か月過ごしたのだ。この間、「約三〇人が個別にアザラシの目撃を報告した」し、ゴードン・ウィリアムソンは明瞭な写真を撮った[192]。一九九九年には、ネッシー研究家のディック・レイナーがネス湖でアザラシをビデオで捉えた[193]。レイナーは（一九六七年に研究に入って以来）何十年もの研究の中で、「誰も、どんな生物学的『モンスター』についても、意味のある妥当な証拠をいささかも示していない。最も重要な展開は、アザラシが頻繁に湖に入っていることの認識であり、それがおそらく目撃事例の多くを説明するだろう」と書いている（ウィリアムソンが湖の管理人や漁師から集めたアザラシ目撃証言に依拠する必要はないが、そうした報告は、アザラシが湖に頻繁に訪れていたという説の支持にはなる。地元の人々はアザラシを見たと何度も主張していて、鮭漁の漁師は長年にわたり、アザラシを何頭か射殺している）[194]。

ネス湖にアザラシがいることは、ずっと証言されていた。たとえば、一九三四年に実業家のエドワード・マウンテンが組織したチームのメンバーによってフィルムに捉えられた怪獣を取り上げよう。「当時の多くの動物学や博物学の一流研究者」に見てもらったとき、「科学者の一般的な見解は、映っている動物の動きや泳ぎ方から、それはどうみてもアザラシの仲間で、おそらくハイイロアザラシということだった」[195]。アザラシ説は、一九三三年末と一九三六年に怪獣の動画と言われるものを撮影したマルコム・アーヴァインなど、主要なモンスターハンターにも支持されるらしい。一九三六年の映像については、『スコッツマン』紙が、アーヴァインはこの動物はアザラシだと思っていることを伝えた。[196]

結局、一九三三年から三四年の、ネッシー目撃が最初に相次いだ時期の何人かの目撃者は、怪獣をアザラシに似た表し方にしているか、端的にアザラシを見たと言っている。たとえば、「いろいろな理由から名前を明かされるのを認めなかったあるハイランドの牧師」は、「アザラシかアシカに似ていなくもない」頭をもった動物を報告している。[197] 沿岸のフォイヤーズ村に住むクランストン夫人は、もっとあからさまで、『デイリーメール』紙に、二〇〇〇メートル近く先で鮭が水中からジャンプして（ネッシー目撃の基準からすれば事実上至近距離）、その後すぐに、アザラシがするように大きな丸い頭が垂直にひょいと覗かせるのを見たことがあると語った。クランストンは自分はすなおに「それはネス湖で鮭を追っている大型のアザラシだと確信」していると断言した。ロンドンの国立自然史博物館では、クランストンの説明は当然に見えていた。ある学芸員の説明では、「私たちは最初からその説が当たっている可能性が高いと思っていました。ハイイロアザラシは過去においてもネス湖では知られていました。鮭を追って川を遡上するのです」[198]。興味深いことに、マーマデューク・ウェザレル（カバの足で悪名を馳せた）は、自

図 4.13　ゴマフアザラシは北半球全体で繁殖していて，スコットランドの北海沿岸からカナダの太平洋沿岸に至る，あらゆるところで見られる．（ダニエル・ロクストン撮影）

身が湖でアザラシを見たことを伝えた。「自分が見たのは大きなアザラシだということを私はまったく疑っていません。頭にはその点を疑う余地はまったくありません。背中のこぶに見えたのは、実はこの動物が体を前に伸ばして潜るときの背中です。私は今、ネス湖には先史時代の動物はおらず、大きなアザラシがいることで納得しています[199]」。こうした目撃者の証言に基づいて、『デイリーメール』はネス湖の怪獣調査を、「ネス湖にはアザラシがいる」という大見出しでしめくくった。ウェザレルは明らかに信頼できる情報源ではないが、この見出しは、少なくとも一般論として、また少なくともときどきは、まったく正しい。

記憶の歪曲

間違った、あるいは曖昧な目撃報告は、時間の経過とともに、目撃者の記憶の歪み、創造的強調、メディアによる再構成、あるいはその組合せによって、尾ひれがつくこともありうる。どうしてそういうことになるかはわかりやすい。未確認動物学者のジョン・カークによるネッシーの見間違いの例を考えよう。これは結局、とさかのある大型のカイツブリだった。カークが双眼鏡を持っていなくて、その場で錯覚に気づいていなければ、「首筋の毛が逆立つ」ような激情によって、目撃内容の後の記憶はどう影響されたことか。

この問題は単なる仮説ではない。重要なネッシー目撃者はその話を時間とともに装飾してきた。たとえば、初期の「三人の釣り人」物語の目撃者は、一九三〇年に、「くねるような動きが見えましたが、見えたのはそれだけで、波がそれを隠しました」と明言した。一九三三年になると、話はすでに成長して、「黒っぽい背中で、二つか三つの低いこぶのように見えた[200]」となっている。一九七四年には、波で隠されたという当初の話は詳しくなって、「私たちが見た部分の長さは六メートルほどあり、水面から一メートル近く立ち上がっていた」[201]となった。

このような歪みは未確認動物の例に特異なことではなく、怪獣を見たと言っている人々に特異な欠陥でもない。[202]心理学者は記憶の可塑性を自らの体験を語る証言すべてに見られる因子だと力説する。聖者も悪党も天才もそうでない人も、みな同じ現実をつきつけられる。人間の記憶の通常の動作には、時間とともに、創造的再構成と正確さの喪失が伴うのだ。

組織された捜索の驚くべき歴史

ネッシー伝説が長続きしているせいで、謎に迫ろうとする何十年もの真剣な、持続する努力の数と規模が見えにくくなっている。ジャイロコプターからネッシー用の巨大な罠まで、想像しうるほとんどどんな計略も試みられている――ずっと前から、何度も。探査の歴史はここで深く取り上げるには広すぎるが、読者が自分でも考えたかもしれないようないくつかのプロジェクトを見ておこう。

・古い本や新聞に証拠を探す　資料を探す試みは一九三三年から盛んで終わることはなかった。今日でも、何世紀分もの全国紙・地方紙が検索可能なデータベースでスキャンされているが、資料上の証拠はずっと変わっていない。ネッシーは一九三三年、『キングコング』の直後に生まれた。その時点までは、地元に未確認動物の伝承があった徴候はない（もちろん、ジョージ・スパイサーが見たと言い出すまでは、首の長い怪獣がネス湖で目撃された記録もない）。さらに、現存する記録からすると、そのような伝承は存在しなかったらしい。一八五二年にネス湖の地元民の集団が泳ぐ馬をケルピーと誤解したことを伝える『インバネス・クーリア』紙は、国際的に広がる水馬神話以外にネッシー伝説があることをうかがわせてはいない。四年後、同じ新聞が、ネス湖のルイス島で長さ一二メートル余りの大ウナギがいたという説を取り上げたが、固有のモンスターが住んでいるかもしれないという話は気配もない。[203]

・観測隊を雇って、カメラつきで湖周辺に常駐させる　この手法は一九三四年夏に試みられている。エドワード・マウンテンが二〇人を雇って、ネス湖の周りで一か月間監視させた。明け方から日暮れまで、「ほとんど軍隊並みの精密さで、納得できる写真が得られそうな各所への監視員を注意深く配置し」、監視員は二一枚の怪獣と言われる写真をもたらした。[204] ロイ・マッカルは、その写真は波や航跡といった別物を写していたことを認めているし（一つだけ例外があり、こぶのようなそうでないようなものが写っていた）、一致した見解はこうなる。マウンテンによる観測隊は失敗だった。ロナルド・ビンズはこう説明する。

残念ながら、マウンテンの立派なアイデアには欠陥があった。雇われた監視員はすべて失業者で、インバネスの職業紹介所経由で集まった。不況の三〇年代、夏の日中、ネス湖のほとりに座っているだけで週二ポンドというのは、魅力的な仕事だったにちがいない。ネッシーの写真を撮影したら、誰でも一〇ギニー〔一〇ポンドプラスアルファ〕のボーナスが出るとあっては、ネス湖に怪獣がいるという貴族の気まぐれに迎合しようという気にも大いになったにちがいない。[205]

とはいえ、「観測隊」という方針は当然の案に見える。そのため、その後何度も、ボランティアを使って試みられた。もちろんその仕事にはカメラを持った何万の観光客も非公式に当たった。

- **超高性能望遠ムービーカメラで監視を続ける** この方式も試みられた。専用の設置台（図4・14）から人手も時間もかけた観測がおこなわれた。

図 4.14 ネス湖を見張るカメラ台. 1966 年.（ウェールズのリシンにある Fortean Picture Library の許可を得て転載）

たとえば、一九六四年から、ネス湖現象調査局は、ネス湖の相当部分を、巨大なカメラ架台を使って監視下に置いた。F・W・ホリデイは、「イギリスで自然誌調査目的で用いられた中ではほぼ確実に最も恐るべき撮影器具[206]」と回想する。何か月か連続して監視して、年内には成果があるだろうと期待された。ホリデイの説明では、「夜明けから日暮れまで、週に七日、五か月監視すれば結果が出るだろう。何と言っても、空を長いこと見ていれば、必ず虹が見られるではないか[207]」。そして実際、この戦略は、何人かの目撃者が実際に怪獣を見ていたら、機能したはずだ。マッカルの考察では、「一九三三年以後の三〇年間で記録されている報告の数はおよそ三〇〇〇。この数字は額面どおりに取れば、毎年一〇〇件ということになる。そこからすれば、ネス湖面の監視カメラによる監視からすぐに証拠が出て来ると期待しても無理はないのは明らかである[208]」。しかしそうはならなかった——その年も、その後のいかなる年にも。一九七二年には、カメラ架台は結局撤去された。この継続的監視カメラという壮大な試みが失敗したことは、ほとんどの目撃報告は間違いであるにちがいないことを意味する。そして目撃者の目撃談に基づく伝説にとって見通しは暗くなる。

●潜水艇でネス湖を探す　この方式は、費用がかかるとしても、当然の方法に見える。これももちろん試みられている。たとえば、一九六九年、ネス湖現象調査局は、「バイパーフィッシュ」という名〔深海魚の一種〕の特注の潜水艇に、生体から組織を取るための銛《もり》を備えて配置した（図4・15）。『世界百科事典』が後援しておこなわれた調査は失敗した[209]。一九七三年と一九九四年、一九九五年には（観光業の観点から）、それぞれ別の潜水艇が配置された[210]。この探査法の重大な障害は、ネス湖の水は非常に不透明で（よく「インクのよう」とか「どんよりしている」などと言われる）、水中での視程が一～二メートルほどしかないことだ。

・水中カメラでネス湖を捜索する ネス湖の水の不透明さは水中撮影の効果を大きく制限する。この障害にもかかわらず、弁護士のロバート・ラインズが率いるチームが、一九七二年と一九七五年、プレシオサウルスに似た生物を水中撮影したと唱えた。初めの方の撮影結果は、派手な菱形のひれを見せていると言われ、あるダウザー（超常的な手段を用いて怪獣を「探知」して、カメラを向ける地元の超能力者）の助けを借りて撮影されたらしい[211]（このダウザーは、自分でも少なくとも一五回、ネッシーを目撃したという）[212]。得られた写真はきわめて不明瞭だったが、すでに画家の手で紛れもない鰭が描き込まれていた（図4・16）。その修正がいったいどう加えられたかは今に至る議論の的となった。コンピュータによる強調を施しても写真は曖昧なままだった。後から記録のない創造的構成、つまりレタッチが加えられてはじめて、衝撃的な

図 4.15 ダン・テイラーと，黄色い潜水艇《イエロー・サブマリン》，「バイパーフィッシュ」号．1969 年ネス湖にて．（ウェールズのリシンにある Fortean Picture Library の許可を得て転載）

明瞭さが得られた[213]。ネッシー著述家のトニー・ハームズワースによれば、大きく引き伸ばした改訂版に「絵筆の跡」がはっきり見えた。「そうして明瞭な鰭となった」とハームズワースは説明する。「レタッチは精巧なエアブラシや現代のフォトショップのエフェクトではなく、比較的雑な絵筆によっている」。エイドリアン・シャインとの「緊張の会合」でこの証拠をつきつけられ、ラインズ自身が雑誌編集者によるレタッチがあったかもしれないと認めた[214]。いずれにせよ、このときの写真の後、一九七五年には、プレシオサウルスに似た体や首が見えるとか、怪獣の頭が写っているとか言わ

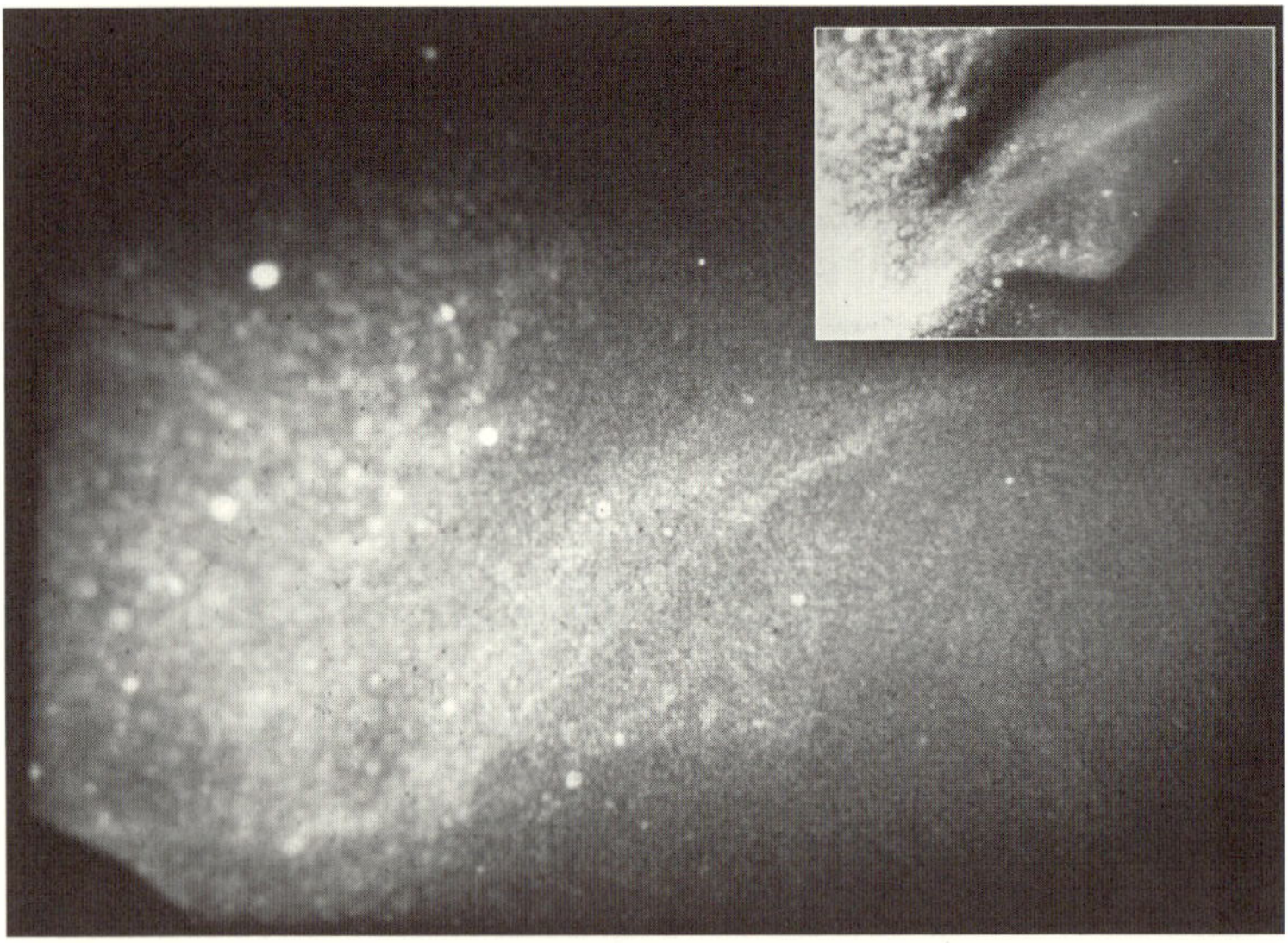

図 4.16　プレシオサウルスのような怪獣の鰭と言われるものの最初の写真．強調を施していないオリジナル．ロバート・ラインズ撮影．レタッチ版（右上）との対比．1972 年頃，コダクローム 35 ミリスライドフィルムによる強調なし版をスキャンした結果が，ラインズからネス湖研究者ディック・レイナーに提供された（16 ミリのコダクローム 11，ASA スピード 25 の「カメラオリジナル」）．（Mirror Syndication International の許可を得て転載．写真提供ディック・レイナー）

れる写真が続いた。ネッシー支持の著述を行なうニコラス・ウィッチェルが説明したように、残念ながら、「カメラとストロボライトは、山から流れ込む川によって湖に持ち込まれる泥炭で染まる、濃い靄がかかった水の向こうを撮影した。液中に浮かぶ一つ一つの粒子が目に見えるほど大きい緑の霧のようだった[215]」。批判派は、一九七五年のラインズの写真に写った画像は沈泥あるいは木の残骸に合致すると論じる（「頭」の写真は結局、水中の木の幹だった。それは今、確認され、引き上げられている[216]）。こうして、ウィッチェルが書くところでは、「そのような不確実さを前にしてこれらの写真に執着するのはばかげている。ボブ・ラインズも、今は同意すると思う[217]」（私はたまたま二回連続して大当たりしたことも信憑性を歪めると言いたい。ラインズの水中カメラはネス湖の約七四億立方メートルのうちほんの一部しか見ていない――しかもごく短期間）。

・骨を探して湖を浚《さら》う

一九三四年、ルパート・グールドは、大型の動物集団ならそれが存在する明瞭なしるしを残すはずだということを指摘した。たとえば、ネス湖にプレシオサウルスの繁殖可能な集団が住んでいたとした場合の「非常に驚くべき帰結」を考えよう。「この前提で、今頃湖底全体を覆っているはずの骨はどうなっているだろう」。その生物学的な宝はおとなしくそこに収まっているだろうか。残念ながらそうではない。グールドは、「底引き網を生物学的目的で何度も下ろしたことがあるが、その種の断片をまったくもたらしてはいない[218]」。そういうことはあっても、これは有望な方針だ。ビンズが指摘したように、「ネス湖の底は、大半がビリヤードの台のように平らである。ネス湖が骨による骨格を持った未知の大型動物を含むなら、骨格の遺骸という証拠は見つかりにくくはないだろう[219]」。

実際、ネス湖では、一九七〇年代から一九九〇年代いっぱいにかけて実施された本格的な学術調査を含め、浚渫船、スコップ、地質試料採取機を使い、徹底したサンプル調査が行なわれている[220]（二〇〇三年には、ロイド・スコットというダイバーが、慈善事業資金集めの呼び物として、ネス湖の湖底を縦方向に歩いた）。ネス湖の生物については、魚やらプランクトンやら、また怪獣捜索装置に付着して持ち込まれたと考えられるアメリカからの外来種扁形動物やら、多くのことがわかったが、当の怪獣の骨は発見されなかった[221]。「ネス湖・モラー湖プロジェクト」の研究者も、ネス湖の深部にある乱されていない堆積物は、絶妙に層をなしていて、この地域の地質学的記録であることを発見した。つまり、将来の浚渫作業は、それがこの歴史的資源にもたらす損傷を勘案しておこなわれなければならないということだ。

・ソナーを使ってネス湖を探る

この方法はもちろん最高だ。ソナーが試されたことはあると言っても驚かれはしないだろうが、どれほど徹底して、どれほど頻繁に調べられたかを知っている人はほとんどいない。船、潜水艇、栈橋に設置した装置を使った試みだけでなく、格子状、あるいは底引き網状にソナーを配置したネス湖全域の組織的な調査も数多くおこなわれた（図4・17）。たとえば、一九六二年には、ケンブリッジ大学のチームが四隻の船団を使ってネス湖全体を走査した。そのチームのリーダーによると、「どの船も何も探知しなかった。これはネス湖の水塊の中に大型動物が存在する可能性を排除するように思われる[222]」。一九六八年、六九年、七〇年にも網羅的なソナー曳航捜索がおこなわれたが（バーミンガム大学のチームによる）、残念な結果しか出なかった（一九六八年の調査は変わった接触を二回記録したが、翌年の調査では何も出て来なかった。一九七〇年にも徹底調査が行なわれたが、ビンズの言い方では「完全な空白を描いた」)[223]。一九八一年、ネス湖・モラー湖プロジェクトは特注のソナー船の運用を始め、ネス湖を端から端まで、一日二四時間走らせた（一九八二年のこの作業では、パトロール時間がのべ一五〇〇時間に及んだ。興味深いソナーのコンタクトはあったものの、いずれも目撃者が伝える巨大なネッシーのようなものをうかがわせるものではなかった)[224]。同様に、二〇〇三年にはBBCが、GPS装置を使ってネス湖を完全にカバーするソナー探査を後援した。BBCのソナー専門家の一人によれば、「湖岸から反対側の湖岸まで、水面

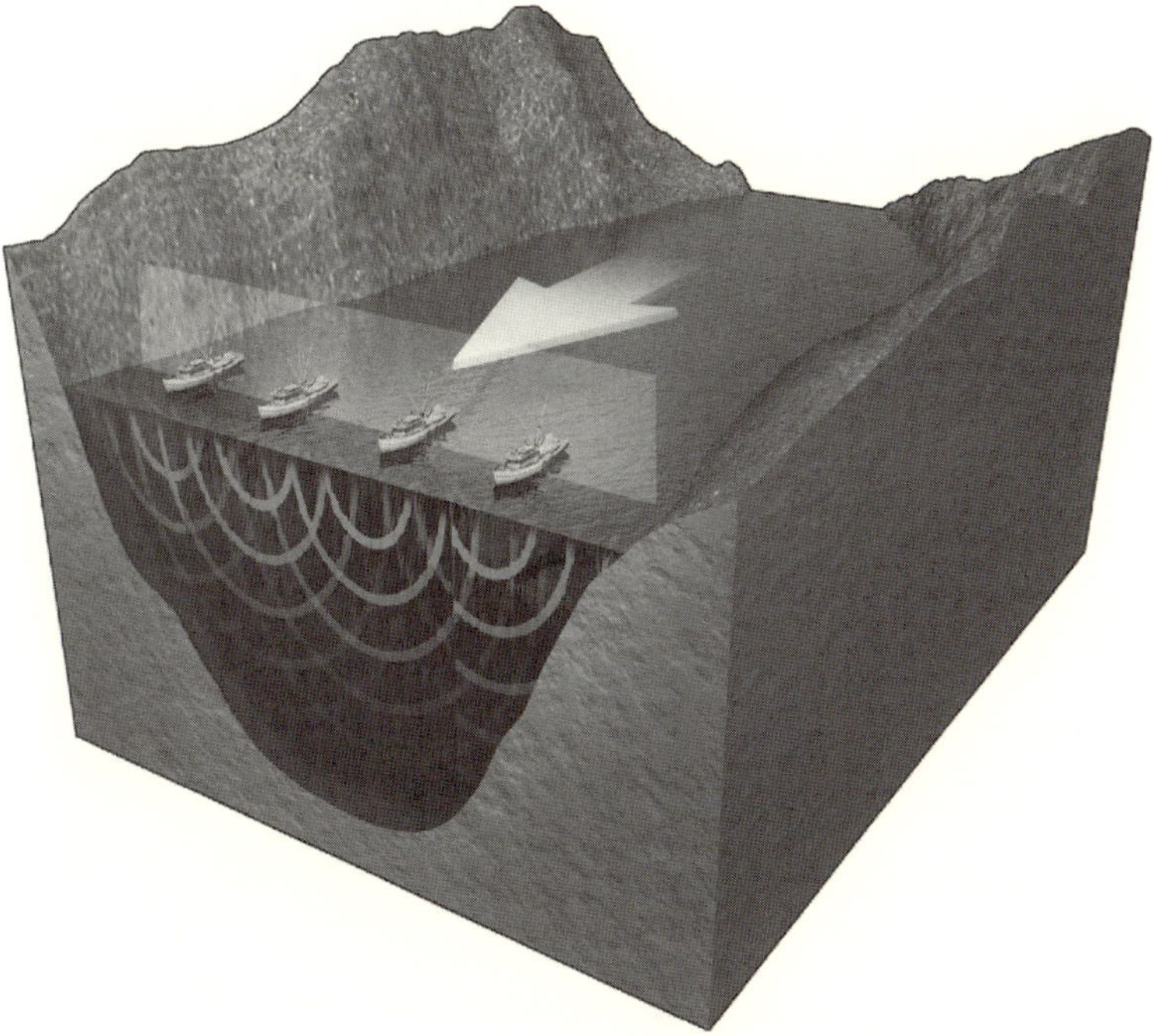

図 4.17 組織的な底引き網式ソナーによる湖全体の探査が，25 年の間に何度かおこなわれた．（ダニエル・ロクストン画，縮尺どおりではない）

から底まで調べ、湖にあるものをすべて拾ったが、大型の動物が生きていることを示す徴候は見られなかった[225]」という。

ネス湖のソナー調査すべての中でも大がかりなものが一九八七年、シャインの指揮の下でおこなわれた、ディープスキャン作戦だった（図4・18）。これは二四隻のボートを動員してネス湖を端から端まで、複数回走査する大規模な連携作業だった。船団は湖を横断する「ソナーカーテン」を作り、追跡する船がカーテンで探知されたものを何でも調べようと待ち構えていた。結果はどうだったかというと、「ソナーによる『ネッシー』探査は、三つの不明瞭な痕跡を見せた」という『ワシントンポスト』紙の見出しになった[226]。

ネス湖のソナーによる探査の長い歴史の結果は雑多である[227]。一方では、四〇年以上にわたるソナー探査は巨大怪獣を見つけられないという完全な集合的失敗という点がいちばん

図 4.18 1987 年のディープスキャン作戦に参加した船団.（ウェールズのリシンにある Fortean Picture Library の許可を得て転載）

際立つ。ディープスキャン作戦などの探査は、ネス湖にプレシオサウルス、巨大イモリ、長さ二十数メートルのシーサーペントがいる可能性を、実質的に排除している。そういうものがネス湖にいたら、ソナーは何十年も前に見つけているだろう。他方、いくつかのソナー探知は、もどかしくもまだ説明がついていない（ディープスキャン作戦での「不明瞭な痕跡」の一つなど）。そうした例は、ネッシー目撃者が伝える巨大な生物よりははるかに小さいが、鮭よりは大きい動物と見ることはできる。こうした例外的な探知は動物学的に本物の驚きの対象を表しているのだろうか。それはありうる。シャインは希望的に、ネス湖にチョウザメがいる可能性を論じている。

しかしソナーで探知があっても偽だったという例は多い。ソナーは水中の温度差で屈折したり反射したりすることもある。湖岸の崖で反射することもある。ソナーは魚群をもっと大きな動物として記録することもある。ボートの航跡さえ、偽のソナー探知を生むことがある。とくに重要なのは、ソナーが動物ではない対象も記録するということだ。わかりやすい落とし穴は木材で、湖底にたまったゴミ（釣り用具から脱落したものなど）もそうだ。笑えることに、いくつかのソナー探知記録は、ネス湖のモンスターハンターたちが何十年かにわたって残していった装備が沈んだものという可能性さえある。

海につながる海底トンネル？

徹底した捜索も、ネス湖が何頭かの大型怪獣の棲息地だとしたら見つかると予想される証拠は一つも明らかにしていない。これはそのような動物の目撃報告が崩れて、いくつもの捏造や（もっと一般的には）いろいろな見間違いの集合に収まるということを意味する。

しかしネッシーがネス湖を訪れるだけだとしたらどうだろう。非常勤モンスターなら、ソナーによる証拠が出ないことの説明になるかもしれない。ネス湖・モラー湖プロジェクトは、ソナーによる証拠の総括を次のようにまとめている。「ときどき単独で移動してくる場合には、探知はほぼ不可能ということになる」[228]。

ネス湖に流れ込む川や運河は大型怪獣の通勤経路としては自信をもって排除できる。浅いし、人通りも多いし、邪魔な堰はあるし、船舶用の閘門で分断されているし、などのことがある。実際、ネス湖から北海へ出る最善の経路であるネス川は、浅くて漁師もよく歩いて渡っている[229]（川はインバネス市のどまん中を流れてもいる）。しかし他に秘密のルートがあったりしないのだろうか。

多くの人々がネス湖は地底のトンネルで北海につながっていると信じている（私も子どもの頃はそうだった）。これは驚くほど執拗な神話で、たぶんそれは都合がいいからだろう。巨大な怪獣が閉ざされた空間に隠れているとしたら、裏口からそっと出る以外にどんなことがありうるだろう。それでも、この説明は、ネス湖の怪獣伝説の起源以来、論外だということはわかっている。一九三三年、ルパート・グールドは記者会見で、「地底にネス湖と海をつなぐ通路がある」という噂を排除した。「ネス湖の水面は海面より高いところにあり、通路があったら水は流れて海水面の高さになるので、これはありえない」というわかりやすい根拠に基づいていた[230]。実際、ネス湖の水面は海抜一五メートル以上のところにあり、その高さの水圧で、怪物はトンネルを弾丸のように押し流されるだろう。

別の湖や海につながるトンネルの噂はネス湖だけのものではないことにも留意しよう。実は、民俗学者のミシェル・ムルジェは、隠れた通路が、世界中の怪獣がいるとされる湖をめぐる伝説にはごくありふれた成分であることを力説している[231]。未確認動物学者は苦労して湖の怪獣伝承の超常的な由来（形が変わる魔物のケルピーのような）から距離を取ろうとしているが、ムルジェは海への秘密の出口という神話は、怪獣のいる湖は地獄や地底世界への通路を隠しているという思想の焼き直しにすぎないと論じる。

結論

三〇年以上前、ロイ・マッカルは、紛れもない怪物さえ、いずれ消えるにちがいないと書いた。「少なくとも理論上は、どれだけ失敗しても、基本的前提を否定することはできない。しかし、現実には、人情がどうであれ、継続してすべて失敗というのは、反証と同じことになる[232]」。その日は来ただろうか。八〇年にわたり、まじめな研究者が資金、評判、長年の労力を、ネス湖の深みに投じてきた。しかしそれがいる徴候はまったくない。この結果はどうしようもない。注入された科学と技術のすべてをもってしても、ネッシーは魔法の産物だ――スコットランドのケルピー伝承とハリウッド映画の魔法による。今日、この生物はその由来と同じように魔術的な矛盾に追いやられている。多くの人が見ている巨大な怪獣なのに、科学によって探知することができていないのだ。

エイドリアン・シャインとデーヴィッド・マーティンは、一九八七年に、こう説明している。「一九八〇年代の作業は人々が期待するドラゴンクエストではない。メディアは『モンスター』というが、それはそもそも想像上のものであり、含意としては先史時代のもので、娯楽の世界にあるものであり、調査による発見とはまったく別個のものである[233]」。何十年にもわたる成果のない捜索を経て、研究者はネス湖の探査からネス湖の環境そのものの調査へとシフトしている。

それで私の子どもの頃の夢のネッシーはどうなるだろう。それは今も何億という人々の想像の中を、すばしこくてなかなか捕まらないように泳いでいる。

5 シーサーペントの進化

海馬からキャドボロサウルスへ

ダニエル・ロクストン画

のし歩き、這い回り、血を吸う、世界中のあらゆる怪物の中でも、大海蛇《グレート・シーサーペント》にかなうものはない。シーサーペントの伝説は何世紀も続いており、未確認動物学の中でも独特の位置を占める。そして私自身の家族の歴史にも独特の位置を占めている。

未確認動物学研究の教訓の一つは、たいていの未確認動物は、できたてで新しいということだ。ネス湖の怪獣（ハリウッドの派生形）が生まれたのは、私の祖母が生まれた後だった。現代のビッグフット伝説が初登場したのは、テレビドラマ『ビーバーちゃん』が初めて放映されたのと同じ年（一九五七年）だった。チュパカブラ（ヤギの血を吸うもの）が人だとしたら、このプエルトリコ出身の吸血未確認動物の話は今、それを題材にしたSFホラー映画『スピーシーズ』（一九九五年）と同じ、高校生ぐらいの年齢だろう〔1〕。

ところが海の怪獣は、恐縮ながら、格が違う。海の怪獣は、書き言葉そのものと同じくらい古くから描かれていて、聖書にも、古代ギリシア人、ローマ人の文章にも登場する。どれほど厳密に定義をしても、完成形の現代版大シーサーペントは、少なくとも一七五五年、エリック・ポントピダン司教の著書『ノルウェー博物誌』が、それを世界的な大衆文化の永遠の一部にしたときにまでさかのぼる。

過去二五〇年にわたり、シーサーペントは科学界から特異なほどの支援を受けてきた。生物学の神代の時代の先駆者、ルイ・アガシー、リチャード・オーウェン、トマス・ヘンリー・ハクスリーのような人々など、歴史に名を残す何人かの科学者が支持し、論じ、否定してきた。シーサーペントの実在性に関する高度な論争は、古生物学の成長や恐竜やその親戚である海洋性の爬虫類の発見とともに発達し、学術誌上や、ガス灯がともるパーラーで展開され、現代科学の方法や境界を定める助けになった〔2〕。

深淵を見つかることなく泳ぐ巨大な生物という観念は、幼い頃の私の想像力を奥底からかき立てた。

どうしてそうならないことがありえようか。レイ・ブラッドベリの『霧笛』のような小説（灯台に引き寄せられる巨大な古代のシーサーペントの話）を読んで、それが本当だったらと思ってわくわくしない子どもがいるだろうか。このような原始の怪物が、ブラッドベリのように、「深海に隠れている。深い深い、深淵のいちばん深いところにね。あれはもうただの言葉じゃない……深淵。そういう言葉には、この世の冷たさ、暗さ、深さがすべてある」[3]と想像してみよう。

何かがそこまで行けないことがあろうか。

しかし、私にはシーサーペントが発見されるのを待ち受けていると考える個人的な理由があった。私が小さい頃、両親が一度見ているのだ。私はノマドのようなものとして育てられた。一家は銀色のキャンピングカーで暮らしていて、冬はブリティッシュコロンビア州のビクトリア近くの海辺で過ごした。私たちがキャンピングカーに潜り込むと、そこがそのまま家だった。その海岸の一つで、両親は二〇世紀で最も有名な大シーサーペントの地元版、ビクトリアのキャドボロサウルスを見たのだ。父の憶えている話を語ってもらおう——私が今の私になるきっかけになった話だ。

> 私たちは水辺にいた。二人とも若くて幸せで、生活も上々だった。毎朝、お茶を飲みながらベッドで外の海を眺めるという儀式があった。
>
> その日はとくに美しい夏の朝で、私たちはキャドボロサウルスを見たと思った。二人とも同時にそれを見て、二人とも「わあ、見て、シーサーペント」とか何とか馬鹿なことを言って、自分が言ったばかりの言葉にとまどっていた。私たちはバスローブを着て飛び出し、裸足で水辺まで走った。
>
> そいつはそこにいて、岸からほんの一〇メートル余りのところを泳いでいた。海岸に平行に泳いで

いて、結構速かった。ついて行くには早足で歩かなければならなかった。カメラを持って来ればよかったと思った。

二人とも「これは確かにシーサーペント。頭が見えるね。眼まで見える」などと言っていた。長さは一〇メートル近く、黒っぽい色をしていて、はっきり見えた。頭、首、いくつもの背中のこぶがあった。完全に整ったうねるような動きで泳いでいた。実在の、生きた、力強いものに見えた……実にはっきりとシーサーペントに見えた。[4]

実際のところ、何だったのだろう。それが問題だ。両親のこの経験の解釈は分かれているが、子どもの頃の私には、答えは明らかに見えた。海の怪獣だ。そして私はそれを捕まえようと思った。

何年もの間、そのことだけを夢に見ていた。怪獣狩りの道具のカタログをあさった。将来のキャドボロサウルス探索隊のロゴも考えた。地元の図書館で、ネス湖現象調査局へ手紙を書く手伝いもしてもらった。そして今日、奇妙なことに、実際に怪獣を調べる立場の仕事をしている（懐疑的にだが）。そうしたことを通じて、シーサーペントに似た動物がいてもまったくおかしくはないように思えた――今もそう思える。そうでないわけがあろうか。海は広いし、そこに住む生物の多くはまだ全然知られていないという、うれしい事実もある。

シーサーペント物語には本当の話があるだろうか。他の未確認動物ミステリーのように、まず事の起こりから始めるのがいちばんいい。そもそもこの観念はどのように始まったのか。どのようないきさつでこんな形をとったのか。なぜ、たとえば古典的なシーサーペントは馬のようなたてがみがあるように描かれることが多いのか（子どもの頃の私にはこれは深い謎だった）。

何より、どうしてシーサーペントの頭は馬（あるいは牛、羊、ラクダ）に似ているのだろう。

古典の中の海の怪獣

古代の文献や美術でのシーサーペント

シーサーペント伝説の根を求めるために、三〇〇〇年近く前の日の当たる地中海沿岸を振り返ってみよう。シーサーペントが実在するなら、古代世界の高度な沿岸地方文化がそれを描いているだろう。何と言っても、古代人は決して無能ではなく、何千年も前からユーラシア全体で物や情報を交易して流通させていた。おまけにシーサーペントは目立つものだ。私の両親が見た全長一〇メートル近くのキャドボロサウルスは、シーサーペントの標準からすれば雑魚のようなものだった。シロナガスクジラなみの長さ〔三〇メートルにも及ぶ〕、あるいはもっと大きいシーサーペントのことを言う目撃者もいる。四〇メートル、六〇メートル、九〇メートル、はては一八〇メートルにも及ぶ長さの目撃報告がある。一八〇メートルのシーサーペントとなると、未確認動物というよりもゴジラだ[5]。きっと、古代の記録は存在する中で最大の動物のことを言っているのだろう。

海の怪獣は文献が始まった当初からある。それも当然だろう。古代人の目を通して見た海を想像してみよう。果てしなく、暗く、不吉だ。勇敢な戦士、貿易商、漁師が未知の深淵に乗り出したとき、海中でどれほど巨大でどれほど恐ろしい危険が渦巻いているかは想像するしかなかった。海は時として人を飲み込むことだけは確かにわかっていた。古典学者のエミリー・ヴァームールによれば、古代の船乗りにとっては、海は「安全な地元の道ではなく、口を開けた虎の穴に張り渡した綱渡りの綱のようなもの」[6]だった。

したがって、古代人の想像力による海は、強力な、悪意ある怪物の類がうようよしていた。本当にいる動物が、民話、神話、遠くの国から帰ってきた旅行者の話で濾過されたものに想像力をかき立てられる人が多かった。こうした実在の生物、伝承の生物が特定されていても、互いにすぐに混じり合いもする。とくに、海の怪獣、鯨、ドラゴン、蛇の境目は流動的だ。聖書に出て来るレヴィアタンを考えよう。原始の海の怪獣だが、同時にドラゴンでもあり、また鯨だと考える人も多い。ヨブ記はこの巨大な（正体不明ながら）海に住む怪獣の火を噴く面を協調する。

口からは火炎が噴き出し／火の粉が飛び散る。
煮えたぎる鍋の勢いで／鼻からは煙が吹き出る。
喉は燃える炭火／口からは炎が吹き出る。（41章11－13節）〔新共同訳による〕

イザヤ書は、レヴィアタンを「海にいる竜」（27章1節）〔同〕と呼んで雑種的記述を増幅させる。[7]同時に、多くの学者がヨブ記のレヴィアタンは実在の動物に基づいていて、中でもクジラが第一候補だと論じる[8]（実在の動物をこのように神話的に歪めて見ることは、聖書を書いたヘブライ人が比較的陸地に限られた暮らしをしていて、一般に海になじみがないこととつじつまが合うだろう。考古学者のジョン・K・パパドプロスとデボラ・ルスキロは、ヘブライ人の聖書では、どんな特定の魚についてもそれを特定する種の名が記されていないと述べている。ヨナの「鯨」でさえ、「巨大な魚」〔ヨナ書2－1、同〕としか言われていない[9]）。

対照的に、古代ギリシアの沿岸文化にひたりきった文筆家や画家は、危険でもおもしろい、繊細な海の多くの動物を詳細に忠実に描いている。しかしクジラは地中海では比較的珍しく、恐ろしい分、研究は難しかった。その結果、明瞭にそれと特定される、クジラに関するギリシア人の自然主義的イメージが存在することは知られていない。[10] 逆に、「海の怪獣」と「クジラ」は、古典時代初期の文献では両方に通用する概念で、両方についてケトスという同じ言葉が使われていた。ケトスは「鯨類《ケタシアン》」という言葉の語源だが、最初はクジラに限られるものではなかった。海に住む大きくて恐ろしいもの全般をひっくるめる言葉で、クジラ、サメ、マグロも含んでいた(図5・1)。

人魚(トリトン)と海馬(前半分が馬で後ろ半分が魚のカプリコンのような動物で、これについては後で取り上げる)とともに、ケトスはギリシア人芸術家が採用した三種類の標準的な海の怪獣の一つだった。創造性のある甕《かめ》の絵付け師や彫刻家が、ケトスの形を何世紀にもわたって試

図 5.1 紀元前 530 年〜520 年頃の黒絵陶器「カエレタン・ヒュドリア」に描かれたケトス (Stavros S. Niarchos Collection). ジョン・パパドプロスとデボラ・ルスキロは,「クジラ類の櫂のような鰭に加えて体の 3 分の 2 くらいのところにあるいかにもクジラの鰭らしいもの」に注目している. (John Boardman, "'Very Like a Whale': Classical Sea Monsters," in *Monsters and Demons in the Ancient and Medieval Worlds,* ed. Anne E. Farkas, Prudence O. Harper, and Evelyn B. Harrison [Mainz: Zabern, 1987] および, S. Hertig による写真 [Zurich University Collection] を参照してダニエル・ロクストンが描き直したもの)

しているうちに、いくつかの種類が合体した。そのケトスの姿の多くはすなおに大きな魚として描かれている。ケトスの怪物を、グロテスクな雑種として思い浮かべた芸術家もいた。陸上の強い動物の頭を持った魚のように。この混合方式があたりまえになってしまうと、芸術家は創造性を発揮して動物を好きなように組み合わせることができた[11]。ヘレニズム時代（アレクサンドロス大王による大陸を股にかけた征服後の三世紀か四世紀）には、海の怪獣の絵はもっと屈託のない、空想的なものになっていた。芸術家は喜んで創造的な描き方を試し、考古学者のキャサリン・シェパードは、「ヘレニズム時代になって初めて、海のケンタウロス、海の牡牛、海の猪、海の鹿、海のライオン、海の豹が見られるようになる[12]」と記している。

パパドプロスとルスキロは、また別のケトスの描き方について述べる。これは未確認動物学の見地からするとさらに興味深い。「ケトスを大型の蛇のような生物のように描くこともあり、名前はどうあれ、これは蛇である。大きな魚と同様、しかるべく巨大な蛇は、巨大な海の生物に図像的な実質を与える描き方としては比較的わかりやすく、他よりも神秘的で恐ろしい[13]」。この種の空想による、上下にうねる動物には、ドラゴン、魚、クジラ、ニシキヘビ（他にもいろいろあるが）といった、互いに重なる概念に由来する要素を含んでいたが[14]、現代の眼には、「シーサーペント」と言っているように見える。上下のうねりを見るだけでよい。これは、現代の伝説がスカンジナビアに登場するより二〇〇〇年前の古代人が本当のシーサーペントの概念を持っていたことを意味するだろうか。

そうあせってはいけない。現代の読者は、他の時代、他の文化の芸術作品を脈絡を外して解釈するという間違いに、実に簡単に陥る。たとえば、UFO研究家は中世やルネサンスの絵に空飛ぶ円盤の「証拠」を見るが、それは自分の期待を、雲、精霊、さらにはつば広の帽子の様式化された描き方に投影している。[15] 結局、ケトスのイメージを私たちのシーサーペントの概念に似せる、長い、蛇のような、上下にうねる尻尾は、ケトスの描き方に特異なものではなかった。同じ尻尾が海馬や人魚についても用いられることが多かった（図5・2）。魚も大蛇も上下にくねっては動かないが、波打つ弓なりの体は、甕や浅浮き彫りの概略像では不吉さを示すためにきわめて都合がよいことには目を留めておこう。伝説の未確認動物学関連の著述家ベルナール・ユーヴェルマンス（「未確認動物学《クリプトゾーオロジー》」という言葉を作った一人）[16] は、「もちろん、ほとんどの原始的あるいは子どもっぽい図画は、同じようにくねる蛇を示しているが、これは単に横にくねる動物の側面図を描こうとすれば、透視図法の技法

図 5.2 ヘラクレスが川の神，アケローオスと格闘している．オルトス作とされるアッティカの赤絵式陶器．紀元前 520 年頃．（ロンドン大英博物館 London E437 をもとに再画）

が必要になるからにすぎない」[17]と記している。

画家が本物のシーサーペントのような動物をもとにケトスを造形したと考える理由があるだろうか。それはない。ケトスは古典美術に広まっているかもしれないが、それをもって未確認動物が存在する証拠とすることはできない。美術史家で考古学者のジョン・ボードマンは、影響力のあるケトス論で、「この獣と現実か想像上かの海の怪獣との関係」について憶測するのは無駄な努力だと言い、「その創造は芸術的な融合であって、地中海に泳いでいたもの、あるいは泳いでいると考えられるものによって悩まされることはあまりないからである」[18]と説明する。さらに、ケトスのイメージが芸術家間の流行とともに変化するのも明らかだ――このパターンは実際の動物の描写より、想像上の動物の描写の方にあてはまる。

しかし逆を考えてみよう。絵のほうがシーサーペントの概念を刺激したとしたらどうか。くねる動きを静止画の二次元媒体に描くための芸術的な解決として上下のうねりがあたりまえに見られる（しかも自然には上下振動はまれである）ことは、現代の伝説に出て来るシーサーペントがある程度は芸術に由来することをうかがわせる。後でまた芸術の影響に戻るが、まずは古典時代の、今なら「科学」と呼ばれそうな営みを調べてみよう。古典の芸術家は現代のシーサーペントが存在することを示す証拠を記録したわけではないかもしれないが、空中、陸上、海の動物を正確に描こうと試みた古代思想家はどうだろう。

古典時代の自然誌におけるシーサーペント

巨大なシーサーペントが文字どおりに存在するという未確認動物学の仮説には大きな弱点がある。啓蒙時代（シーサーペントがスカンジナビアに突如として目立つようになった時期）以前には、史料に明らかな根拠がきわめて少ないということだ。たとえば、『大海蛇《グレート・シーサーペント》』という先駆的な本は、率直に古代の目撃例を確認することができなかったことを認めている。著者のアントニ・コルネリス・アウデマンスは、自分が気づいたいくつかの可能性を、誤認として一掃し、「一五〇〇年頃以後の報告のみについて論評する」[19]と宣言した。

アウデマンスは拙速だったのだろうか。古典ギリシア・ローマの高度な学者が、実際、海の怪獣の目撃談を残していることは紛れもなく正しい。たとえば、古典民俗学者エイドリアン・メイヤーは、何十もの古代の資料を、実在した水棲怪獣のものだとしている。[20]しかしこうした権威は現代的な意味ではっきりと「シーサーペント」であるものを描いていたのだろうか。シーサーペントと呼べるには、その生物は（少なくとも）海に住んでいて、大蛇のように見えなければならない。大蛇とは違う海の怪獣を描いている古典時代の文章はある。それには巨大な人食いウミガメが含まれ、[21]一部は明らかにクジラのことを言っている（ローマ皇帝クラウディウスの下で、娯楽のために入り江に閉じ込められて舟と戦わされたオルカなど）。[22]海に住んでいない大蛇のような動物について述べたものもある（北アフリカの川でローマ軍の兵士と戦ったと言われる巨大な蛇のような）。[23]

アウデマンスは、アリストテレス、大プリニウスなど、古代ギリシア・ローマの博物学者が言及する動物がシーサーペントであるという議論をあっさりと退け、それはニシキヘビ、ウナギ、海に適応した既知の蛇だと考えた。この尊大な姿勢は正当としがたいように見えるかもしれないが、アウデマンスは正しいと私は思う。美術にはシーサーペント風のケトスがあるにもかかわらず、また古代には海の怪獣一般への言及があるにもかかわらず、古代ギリシア・ローマの歴史と文学は、とくにシーサーペント擁護の主張を助けるための材料はほとんど提供できない。

アリストテレスを考えよう。その綿密な『動物誌』（紀元前三五〇年）は、しばしばシーサーペントを支持するものとして引かれることが多いが、これはあまりのこじつけだ。最も引用されるくだりは、単純に「海で見つかるある奇妙な生物は、まれなために分類できない。漁師はどうやら、こうした未確認の珍しいものの一部を『棒のような海の動物で、黒く、丸く、全体が同じ太さ』と言っている[24]」としている。この表し方は都合の良いものを選ぼうという人々には十分にそれらしく思えるかもしれないが、無意味と言えるほど曖昧だ。別のくだりはもっとはっきりしている――明らかにシーサーペントのことではないという意味で。

リュビアでは、あらゆる話によれば、このサーペントの長さは恐るべきものである。船乗りは、乗組員の一部が上陸して雄牛何頭か分の骨を見て、雄牛はサーペントに食べられたにちがいないという趣旨の長話をする。牛を乗せて海に出ると、サーペントは船団を全速力で追跡し、一隻を転覆させて乗組員を襲ったからだという。[25]

アリストテレスもアウデマンスもこれは誇張であり、アフリカ原生のニシキヘビを又聞きで描写したものであることを理解していた。そのような陸上の大蛇の話はふつうにあり、海の怪獣とは関係なかった。とはいえ、気持ちをそそられる話だ。ベルナール・ユーヴェルマンスの尊重される著書『シーサーペントの航跡』が解説するように、この誇張は「多くの著述家が必死になってシーサーペントの資料の中に入れようとして苦労した、巨大な蛇の話だが、陸上に棲むものについての様々な物語が誤用されるのを広めた」[26]。

クジラや海の怪獣の話の場合と同様、古代ギリシアのニシキヘビについての伝承は、ドラゴンの伝承と絡み合っている（またどちらとも言える場合も多い）。ギリシアの叙事詩にある例を考えてみよう。伝説の英雄イアソンが金の羊毛を目指すとき、最後に乗り越えるべき難関は巨大な蛇だった（図5・3）。

一行の目の前で、ドラゴンが巨大な首を延ばして決して眠らない目で一行が進むのを見つけ、その恐ろしいシューシューという音が、長い川の堤と広い森に響いた……出産したばかりの女たちが恐怖で目覚め、あわてふためいて自分の腕の中で眠る子どもを抱え、シューシューという声に震える。巨大な薄暗い煙の渦が森の上に巻き起こり、燃え、果てしのない流れが地面から渦を巻いて次から次に上ると、そのとき怪獣は、硬い、乾いた鱗に覆われた巨大なとぐろをほどいて延びる[27]。

ギリシアの物語に登場するのが陸上の巨大蛇であるのは意外

図 5.3　金の羊毛を守る大蛇がイアソンを吐き出すところ．女神アテナが見ている．赤絵式の杯．ドゥリス絵．紀元前480〜470年頃．（ローマのバチカン博物館，Vatican 16545をもとに再画）

なことではない。このギリシア人は地球最大級に入る蛇と接触したが、伝承と生物学が簡単に区別できるほどの接近遭遇ではない。現代アフリカでは、大型のニシキヘビがサハラの南に広く分布している（古典時代には、アリストテレスが伝えるように北アフリカの地中海地域でも見られたかもしれない）。アフリカニシキヘビ（*Python sebea*）はとくに、長さが六メートル以上にもなり、伝聞の増幅作用を受けなくても「怪獣」だ。アフリカニシキヘビは人間を食べることもあり、最大のものは大人をまるごと呑み込むことができる[28]。

アリストテレスの弟子、アレクサンドロス大王の軍勢が東方を征服し、紀元前三二六年、インドに侵攻した。そこでアレクサンドロスの部下が、長さ七メートル以上の蛇を見たことを報告し、その何倍も大きい蛇がいるという話も耳にしたという[29]。ローマの軍司令官で博物学者の大プリニウスが、『博物誌』（七七～七九年頃）を編纂した頃には、インドの巨大蛇の話はゾウ狩りが好きな「ドラゴン」[30]の話になっていた。なんと、「大きいあまり、とぐろの中にゾウをかるがると取り込み、体をひねって絞め殺すほど」だった[31]（ルネサンスになると、ドラゴン対ゾウというイメージはアフリカニシキヘビにも適用された。エドワード・トプセルは一六〇八年、「ドラゴンとゾウの間の対決」について書いている。「両者の互いへの憎しみはすさまじく、エチオピアでは最大のドラゴンにはゾウ殺し以外の名はないほどである」という[32]）。

この文献を見渡して、ユーヴェルマンスは適切に、古代ギリシア・ローマ時代の物語は「どんなに広い意味でとってもシーサーペントのことは言っておらず、それとは無関係の他の動物のことを言っている」とした[33]。古代ギリシア・ローマ時代には他に既知の海の動物についての知識は時間とともに広まり、向上したことと対照すると、この空白は顕著だ。アリストテレスらの博物学者はその後、クジラについての正確な理解を加速し、この動物を *phallaina* と呼んで、他の海の怪物と区別した（ラテン語の

「*baleaena*」、英語の「balean〔ヒゲクジラ〕」の語源）。紀元前四世紀頃になると、アリストテレスは、クジラが鰓ではなく噴気孔を通じて空気呼吸し、子を産み、子に乳を与えることを記述することができた。シーサーペントについてはこれほどの理解は出て来なかった。つまり、古代ギリシア・ローマ時代の情報提供者が目撃した本物のシーサーペントはいなかったらしい。

海馬——シーサーペントの祖父

未確認動物学は、シーサーペントに似た生物の重要な古典的事例と思われるものを見逃す傾向があった。ヒッポカンポス、つまり海馬《ヒッポカンプ》である（図5・4）。想像上の人魚の類の一つである海馬は、前半分が馬で、魚あるいはイルカのような尻尾が円を描いている（星占いでおなじみの山羊座の山羊に似ている。こちらは前半分は山羊だが）。海馬は最初、古代ギリシアやイタリア半島の甕《かめ》、硬貨、宝飾品、彫刻などの芸術作品に現れ、純然たる装飾品として用いられることが多かった。その後の二五〇〇年で、ヨーロッパの美術や文学、とくに紋章の分野で定番となった。たとえば、海馬はアイルランドのベルファスト市の市章に登場する。

ギリシア人が考え、ローマ人が取り入れ、中世の間に国から

図 5.4　海馬に乗るギリシアの海神ポセイドン．アッティカの黒絵式陶器．紀元前 6 世紀頃．

国へと伝わった海馬のイメージは、徐々に姿を変え、陶磁器の装飾以上のものに変身した。空想の動物が時間を経て、実在すると言われる未確認動物になったのだ。私の考えでは、大シーサーペントの神話は（その現代版であるキャドボロサウルスも含め）、海馬の美術的伝統に由来する文化の産物である。

同族的な類似を特定するのは難しくない[34]。典型的な海馬と現代のキャドボロサウルスを合成して描いたものとを比べてみよう（図5・5）。両者はぴったり、一対一で解剖学的特徴が合致する——クジラのような尾鰭から、胸から出る脚、馬のようなたてがみまで[35]。ここには、シーサーペントにまつわるいくつかの執拗な疑問に対する明瞭な答えがある。なぜ不合理な上下にくねるアーチがあるのか。なぜ馬のたてがみなのか。なぜ頭が馬（あるいはその変種である牛、羊、ラクダ）なのか。子どもの頃の私はそれで悩み、懐疑派の研究者になってからもずっと悩んでいた。シーサーペントがこんなに馬に似ているのはなぜか。結局、答えは単純そのものだった。映画

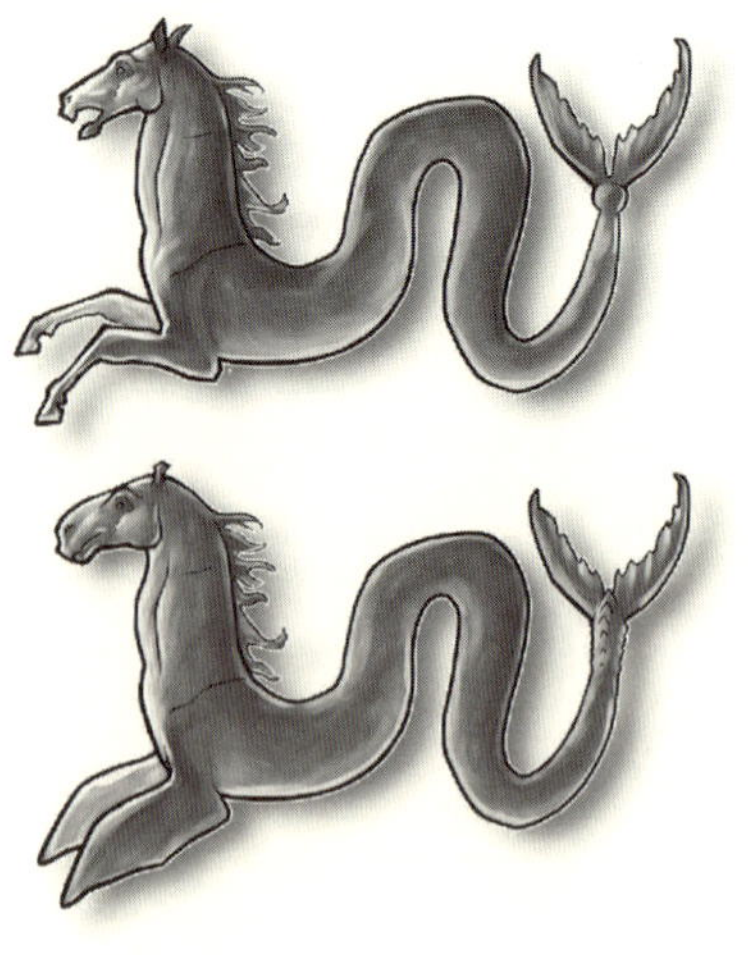

図5.5　古典的な海馬と現代の未確認動物キャドボロサウルス．総じて体形は同じで，たてがみやクジラのような尻尾といった具体的な解剖学的細部も同じ（どちらについても，いろいろな画家が，いくつかの背中のこぶ，あるいはいくつかのアーチによる尻尾をつけて描いている）．（ダニエル・ロクストン画）

『ロジャー・ラビット』のジェシカ・ラビットのように、シーサーペントがそういう形になっているのは、文字どおり「そう描かれて」いたからだ。

頭が馬の海馬というモチーフがギリシアで最初に登場したのは、オリエント化の頃で、トリトン（人魚）とケトス型の海の怪獣とだいたい同じ頃である。最初に海馬が何でないかを強調しておくことが重要だ。海馬は神ではない。神話のキャラクターでもない。最も重要なことに、実在する動物とも思われていなかった。古典世界には、未確認動物学によく似た活発な伝統があった。アリストテレスや大プリニウスのような真面目な学者は博物学の中に、噂、伝説、遠い土地から戻った旅行者の話に描かれる空想の動物を織り込もうとした。竜《ドラゴン》、一角獣《ユニコーン》、グリフィンはこの伝統に収まるし、獰猛なケトス型の海の怪獣もそうだ。人魚さえ目撃者によって見つかったとされたが、海馬はそうではなかった。

海馬はほとんど美術にしか存在せず、そこでは海に関係する神話上の存在が利用する乗り物として描かれることが多い（図5・6）。似たような外見の実在する魚が登場する美術品が登場するのと同じ頃、海馬も美術のモチーフとして姿を見せた。らせんの尻尾を持つ、頭が馬のタツノオトシゴ《シーホース》だ。[36] 実際、それらの実在および神話の生物は、お互いよく似ていて、タツノオトシゴはヒポカンポス

図5.6　海馬に引かれて海を渡る貝殻のチャリオットに乗るポセイドン.

〔タツノオトシゴ〕属に分類されるし、この繊細な小さな魚に「馬のような海の怪獣《ホース・シーモンスター》」という似つかわしくない名ももたらしている。逆に、空想の海馬はこの魚に想を得たのかもしれない――怪獣の方の起源はよくわからないが。考古学者のキャサリン・シェパードは、海馬の意味の解釈を「神話では何の役も演じていないので難しい問題」だと考えている。

ある人々は、馬は海の波の象徴だと考えている。海馬に乗るポセイドン、あるいは海馬が引く戦車《チャリオット》に乗るポセイドンは、波に乗るポセイドンを表していることになる。この怪獣は実際のタツノオトシゴ《シーホース》に似ているものとして意図されているという考え方もあるが、私たちのタツノオトシゴについての知識からは、この説は成り立ちにくい。おそらく海馬は純粋に空想上の怪獣で、ときどき海の象徴として使われる。動物は単に装飾の目的のために使われることが多い[37]。

装飾用の動物が、どんないきさつで美術の世界から解放され、未確認動物の中心を占めるようになったのだろう。その奇妙な変容をたどってみよう。

海馬がヨーロッパに広まる

海馬のモチーフは、ローマ人に取り入れられ、その後ヨーロッパに普及した。ローマ人自身がそれをイングランドやスコットランドまで伝えたのかもしれない（図5・7）。西暦四三年、ローマ軍がブリテン島に侵入し、その大部分を四世紀近く支配した。ブリテン島にローマ人がいたことの文化的影響は、ローマ支配が終わった後も長く続いた。それによって、スコットランドのアバレムノで見つかった海馬が生まれたと考えられる。九世紀の装飾を加えたピクト風浮き彫りの彫刻である[38]。

古典文学の長続きする人気は、海馬の概念が、中世やさらにその先まで伝わるのを助けた。たとえば、ローマの詩人ウェルギリウスは、神話のプロテウスについて書いている。

……前が馬、後ろが魚の
奇妙な動物に引かれ
海を渡る[39]。

ウェルギリウスはキリスト教のヨーロッパのどこでも読まれた（同様に、古代のモザイク、絵画、彫刻は、ローマ帝国の崩壊後も長い間、広く崇拝され、模倣された）。

『フィシオロゴス』というヨーロッパではとてつもない人気があった本は、海馬の概念を伝える補助になった。エジプトのア

図 5.7　イングランドのバースにある，ローマ式浴場の床のモザイク．西暦 4 世紀頃．（Andrew Dunn 撮影，Wikimedia Commons による．Creative Commons Attribution-Share Alike 2.0 Generic license の下で公開されたもの）

レキサンドリアで二世紀から四世紀までの間にまとめられた[40]『フィシオロゴス』は、キツネからユニコーンまで、興味深くエキゾチックな動物に関する伝説を集めたものである。しかし博物学の本ではない。編纂したのが誰かは知られていないが、『フィシオロゴス』は道徳的な教訓として読まれることが意図されていた。伝説や古典時代の博物学から材料をとった『フィシオロゴス』は、それぞれの動物を、あからさまなキリスト教の寓意で再構成していた。[41] 海馬(ヒュドリッポス)はケンタウルス、セイレーン、フェニックスなどの古くから好まれるものとともに現れ、モーゼの象徴になった。

ヒュドリッポスと呼ばれる獣もいる。体の前の部分は馬に似ているが、尻から後ろは魚の形をしている。海を泳ぎ、すべての魚を率いている。しかし大地の東側では、金色の魚がいる。その体は明るく磨かれていて、故郷を離れることはない。海の魚どうしが出会って集まり、群れをなすと、ヒュドリッポスを探す。そしてそれを見つけると、ヒュドリッポスは東へ向かい、魚はみなそれに従い……魚は金の魚へ向かい、ヒュドリッポスはそれを率いる。そしてすべての魚を率いてヒュドリッポスが到着すると、金の魚はそれを王として迎える。ヒュドリッポスは最初の預言者モーゼである。[42]

ギリシア語の『フィシオロゴス』はまもなくエチオピア語、アルメニア語、シリア語、アラビア語、ラテン語に翻訳された。そこからこの本のなりゆきは複雑になった(翻訳者のマイケル・カーリーはあっさりと控えめに言う。「『フィシオロゴス』の後期中世文学・美術に対する影響は、ここで語りきるには長すぎる」)。[43] ここでの目的にとっては、いろいろな版や脚色の豊かで様々な生態系が生まれ、多くの言語での手書きの稿本でヨーロッパ中に広がったと言うだけで十分だろう。

さらにカーリーは、「『フィシオロゴス』のその後の歴史で大きな分岐点となったのは、中世後期の百科事典や博物学大要に組み込まれたことだ」と言う。とくに、影響の大きかったセビリャ大司教で学者のイシドールスによる『語源』（六二三年頃）は、『フィシオロゴス』に集められた伝説に拠っているところが多いが、キリスト教的な寓意の部分はほとんど入れていない。イシドールスの扱いでは、海馬はモーゼ風の造形からふつうの海の動物へと格下げになっている。クジラの項とイルカの項の間に「海の馬（*equus marinus*）の項がある。これは前の部分が馬（*equus*）で、そこから魚に転じるからだ」[44]。この神話的意味のない形のものは、空想上の海馬をさらに一歩、現代の未確認動物としての造形に近づけ

図 5.8 『アシュモル動物寓話集』（1225 年ないし 1250 年頃）に描かれる海馬.（MS. Bodl. 764, fol. 106r. オックスフォード大学ボドリアン図書館の許諾を得て転載）

た。

動物の伝説を編纂するという伝統は、一二世紀から一三世紀の「動物寓話集《ベスティアリ》」（獣の本）と呼ばれる本のジャンルとして続いた。『フィシオロゴス』よりも大規模な物語集で、分量は以前の本の三倍にもなった。動物寓話集はエキゾチックな怪獣も含んでいたが、中心をなすのは通常の動物で、キリスト教の寓意を担わされていた。英訳したリチャード・バーバーは、「誰も実物を見たことがない獣についての伝聞によってのみ教えることができる教訓にいったいどんな良いところがあろうか。どんなに長い説教も、日常生活にある主題に充てられる。蟻や蜂はつつましさ、従順、勤勉の美徳を示すし、毒蛇は姦通の罪を戒める[45]」と言う。

動物寓話集は典拠となった動物寓話集から手書きで写され（また創造的に膨らまされ）、大きく変動している。海馬について述べているものもあれば、海馬は図として登場するものもある。たとえば、ぜいたくにも金箔を貼った動物寓話集（MS. Bodley 764）は、魚についての総論の中に海馬の図を掲げている（図5・8）。

北欧文化の海馬

現代のシーサーペント伝説は北欧文化から生まれ、起源は中世のアイスランドにあり、啓蒙時代のノルウェーで栄えた。

・アイスランドのフロッシュヴァルー　一二世紀のアイスランド北欧人社会はフロッシュヴァルー（馬鯨）と呼ばれる動物を信仰していて、これは紛れもなく海馬のように描かれていた。この革新は、北欧人がギリシアの海馬を、たてがみのある頭が馬の「実在する」海の怪獣として想像しなおしたもので、現代の大シーサーペントの謎を解く鍵だ。

北欧文化は海洋民の文化として自然に多くの海の怪獣、たとえばハーフグーファという巨大な、クラーケンのような動物などの物語を語るが、そうした豊富な怪獣群の中で、フロッシュヴァルーはとくに野蛮と考えられた。この怪獣は、『王の鏡』(*Konungs Skuggsjá*)という一二世紀の文書に描かれている。この本はほぼ確実に、ノルウェー王の息子の教育用だった。[46] これは、国政や交易についての教訓とともに、誰とはわかっていない王太子に、役に立つクジラの種類について教え、海の危険な怪獣について注意喚起する。

人間に対して獰猛で野蛮であり、つねに隙あらば人間を殺してやろうとしている種類のものがあります。その一つがフロッシュヴァルーと呼ばれ、他にラウドケンビングというのもいます。どちらも非常に貪欲で、悪意があり、人を殺すことに飽きることはありません。船を求めて海をうろつき、見つけると跳び上がります。そうすると船を速く沈めて破壊できるからです。こうした魚は人間が食べるのには適しません。人類の天敵であり、実際、気持ち悪くなります。

学者はこうした動物をセイウチやアシカと見る傾向があったが、『王の鏡』はフロッシュヴァルーやラウドケンビングは、「長さ三〇から四〇エル」、つまり二十数メートルになると明言する。おそらく、フロッシュヴァルー(馬＋鯨)とウォルラス(セイウチ)(鯨＋馬)という言葉には、語源的な関係があるだろう(言語学者にして『指輪物語』の著者J・R・R・トールキンは、一九一九年から一九二〇年にかけてオックスフォード英語辞典の仕事をしており、そのとき「ウォルラス」の項の語源に苦労した[47]。フロッシュヴァルーが「ウォルラス」を表す言葉として発生し、後に想像上の怪獣に適用されたということはありうる。それでも、「馬鯨」の原義がどうであれ、この動物はおなじみの形をとる。今日も残る形である。フランドルの地図製作者、アブラハム・オルテリウスは、フロッシュヴァルーを描いたとき、この動物を古典的な海馬のように描いた（図5・9）。

オルテリウスは地図学に歴史的貢献をして、一五七〇年には最初の近代的地図帳を作った（ついでながら、後には大陸移動説も唱えた）。海馬を生きた怪獣のように描いたことは、シーサーペントの表し方の転機にもなった。オルテリウスは自作の地図に怪獣をふんだんに散りばめている。多くはオラウス・マグヌスの著作から借りた。つまり後ろを振り返り、尻尾がくるりと回るケトスである。オルテリウスが一五八五

図 5.9　アブラハム・オルテリウスが自作のアイスランド地図に描いたフロッシュヴァルー．1585 年刊．

年に出版したアイスランドの地図には、おなじみフロッシュヴァルーなど、獰猛な獣が散りばめられている。オルテリウスはそれについて、「首から馬のようにたてがみを垂らす海馬。漁師は大いに恐れていることが多い」と述べている。その挿絵では、海馬には長い水かきのついた足があり、馬のような前脚の裏側には鰭のようなフリルがついている。これは紋章によく取り入れられる形だ（紋章では他に、海馬の前脚が水かきつきの足ではなく、鰭になっているものもある）。フロッシュヴァルーは、今や現代空想美術の感受性で濾過されているものの、基本的にこの形である。たとえば、二〇〇九年のアイスランド政府発行の切手には、たてがみと鰭がある、海馬のような動物が描かれている（図5・10）。

図5.10 アイスランドの切手に描かれた実物風のフロッシュヴァルー. 2009年3月発行.（ジョーン・バルドゥル・ヒースベリ作画, アイスランド郵便提供）

・ミズガルズの大蛇 海馬がもとになった中世アイスランドのフロッシュヴァルーは、大シーサーペントの由来として唯一ふさわしいわけではない。北欧神話の、ヨルムンガンド、世界蛇、あるいはミズガルズの大蛇と呼ばれる巨大な生物も考えなければならない。ヨルムンガンドは北欧の神、ロキの子だ。神々の支配者オーディンによって深海に捨てられたヨルムンガンドは、成長して胴体が地球を一周するほどの大蛇になった。中世北欧の『新エッダ』に記録されている古い物語によれば、トール神が巨大な鉤を使い、雄牛の頭を餌にしてヨルムンガンドを釣り上げたという（図5・11）。

その後、近代のシーサーペント伝説が学術的な論争にまでなったとき（一七五〇年代に、ノルウェーのエリック・ポントピダン司教によって書かれた論考とともに始まった）、学者たちはすぐに、それがヨルムンガンド神話を科学の時代に焼き直したものかもしれないと説いた。トール神がミズガルズ大蛇を釣り上げたという話について、トマス・パーシー司教は、一七七〇年、「寓話には明らかに、北方で抱かれて、ポントピダンが、著書『ノルウェー博物誌』で述べたクラーケンや怪物大蛇について記録している俗説に由来することが見てとれる[48]」と記した。一世紀後、この見方はなお、シーサーペントの説明として持ち出されていた。一八六九年、『新アメリカ百科事典《ニュー・アメリカン・サイクロペディア》』はこう唱えていた。

図 5.11　世界蛇，ミズガルズ大蛇ともいうヨルムンガンドが，雄牛の頭の餌に飛びついて，北欧の雷神トールに釣り上げられている．（17 世紀のアイスランド語写本をもとに再画）

　シーサーペントは確かに北欧起源で、最初は明らかに神話で考えられたものだったことを述べておくことが重要である。ロキの子、ミズガルズ大蛇は、とぐろを巻いてこの世を囲み、深い海に暮らしていた。「神々の黄昏」になって、それとトールが互いに殺し合い、エッダでは大活躍している。それから徐々に神話にあったものがその国の博物学の世界に降りてきているが、これはオラウス・マグヌスや、後のサーガに痕跡をたどれるかもしれない。そしてポントピダンのラテン語でヨーロッパに流通するようになり、当然、人々の空想が加わった[49]。

この見方は正しいだろうか。現代のシーサーペントはヨルムンガンド由来なのだろうか。とてつもなく巨大な神話上のシーサーペントを持つ文化が、後にとてつもなく巨大な未確認動物学上のシーサーペントを考えるというのはおそらくたまたまのことではないだろうが、正確な関係はまったく明らかではない（一八二二年にはすでに、論証をひっくり返そうと試みられていた。たぶん大蛇のような未確認動物の一種が北欧神話を生んだのであり、逆ではないという。[50] アントニ・コルネリス・アウデマンスが述べたように、「すべての寓話は事実や自然にあるものに基づいていて、トールの大蛇の物語がエッダに挿入される前に、ノルウェー人がシーサーペントに遭遇したことがあったことは考えられる」[51]）。

ノルウェーのシーサーペント伝説の起源にヨルムンガンド神話があることは確かに考えられるし、そうである可能性が高いとさえ言える。逆に、ミズガルズ大蛇が太古のドラゴン神話、たとえばバビロニアのティアマートや聖書のレヴィアタンの地域的な反復例と解することも十分可能だ。ここでのミズガルズ大蛇など、ノルウェー神話の出典が、北欧諸国がキリスト教化してだいぶたった時代のものであることにも留意しなければならない。『新エッダ』はキリスト教徒が書いたもので、「初めに神が天と地を造り、そこにあるすべてのものを造った。最後に二人の人間アダムとイヴを造り、そこから各種族が由来する」という言葉から始まる。[52]

アルベルトゥス・マグヌス

ヨルムンガンド神話の本当の典拠と影響が何であれ、海馬信仰はその後も広がり、成長した。ヨーロッパの知の最高峰にある人々にも、海馬の話題を取り上げる人々がいた。自然哲学者のアルベルトゥス・マグヌス（大アルベルト）もそうだ。

一二世紀末に生まれたアルベルトゥスは、根深い迷信と顕著な進歩がともにある薄明の時代で仕事をした（風車、舵ができたのもこの時期で、アルベルトゥスの晩年には、イタリア半島で製紙が始まった）。アルベルトゥスの始動は遅かった。チャールズ・マッケイ（一九世紀スコットランドの文人）によれば、「生まれてから三十年は、著しく愚鈍に見えた」という[53]。ドミニコ派の修道士になり、最終的には司教となって、その途上で、中世世界でも最高クラスの学者となり、今日でも科学以前の時代の抜きんでた思想家として記憶されている[54]（有名なカトリック教会の神学者、トマス・アクィナスは、アルベルトゥス・マグヌスの弟子だった）。

アルベルトゥス・マグヌスは、『動物について』という百科事典のような著書で知られているが、これはアリストテレスの著作に基づいていた（アルベルトゥス自身の見識も含めた他の典拠から取り入れた内容も入っている）。取り上げられた実在の水棲動物、神話上の海の怪獣はいろいろあるが、その中におなじみの海馬が出て来て、捕食者として、「生き生きと」、また後に動物学と未確認動物学を生むような学術の最先端で描かれている。「*equus marinus*《エクウス・マリヌス》（海馬）は海の動物で、その前部は馬の形をしており、後部は魚のようになる。好戦的な動物で、他の多くの海洋生物と対立しており、魚を食べて暮らす。人をひどく恐れており、水から出るとまったく無力で、生まれついた水から引き離されるとすぐに死んでしまう[55]」。

オラウス・マグヌス

今やおなじみの近代的なシーサーペントは、中世には未確認動物としては存在していなかった。中世の目撃者は、脅威となる深海の怪獣を、海馬も含め他にもたくさん見ているが、大シーサーペントは見ていない。むしろ、大シーサーペントは比較的近年にできあがった魚の話だったのだ。その物語の成長の重要な画期をもたらしたのは、スウェーデンのウプサラ大司教、オラウス・マグヌスの学識だった。多くの注釈家にとって、オラウスは最初のシーサーペント著述家と考えられているが、これから、その栄誉はオラウスのものではないことを見ていく。

ニコラウス・コペルニクスが太陽中心宇宙モデル（いわゆる地動説）を唱えた頃、オラウス・マグヌスは、スカンジナビアの先進的な地図を作り、この地の人々、習慣、動物についての長い本を書いた。英語では *A Description of the Northern Peoples*（『北方民族誌』）と呼ばれるこの本（一五五五年）は、スカンジナビアについての標準的な参考資料となった。近代のシーサーペントに用意された最終的な舞台にもなった（幕が開くまでにはさらに二〇〇年かかることになるが）。その時点では、スカンジナビア人は何世紀か前から、ギリシアの海馬を「実在の」海の怪獣として想像しなおしていた。前出のアルベルトゥス・マグヌスのように、オラウス・マグヌスもこの怪獣エクウス・マリヌスを本物の、生きている動物とした。「海馬はブリテン島とノルウェーとの間でしばしば見られることがある。馬の頭を持ち、いななき声を発し、牛のような割れた蹄を持ち、陸にあるような牧場を海中で探している。捕まることはないが、雄牛ほどの大きさに達する。そして尻尾は魚の尻尾のように先端が分かれている」[56]。

オラウスは、「ドラゴンのような四本の足、腰の両側に二つの目、腹には臍《へそ》の方に向かう第三の目」を持つ「モンスター豚」など、他のエキゾチックな海の怪獣群も紹介する。「青と灰色の、長さが四〇キュビト（一八メートル余り）あるが、太さは子どもの腕ほどもない「ミミズ」」という、実際にはなさそうな動物もいる。奇妙なことに、このミミズは実在の動物らしい（自身でも何度も見たことがあると言われている）。紐形動物に属する細い *Lineus longissimus* というヒモムシで、三〇メートル以上になることがある。[57]

しかしここで目を向けなければならないのは、オラウス・マグヌスが紹介する別の怪獣だ。それは陸生のノルウェーの大蛇で、オラウスはこれが狩りのために水に入ることがあると言った。以下の記述は、巨大な海の怪獣についての文献の中でもよく引用されるくだりの一つとなった。

貿易であれ漁であれ、ノルウェーの岸から船に乗って仕事をする人々は、異口同音に、実に驚くべきものについて証言する。長さが少なくとも六〇メートル、太さは六メートルはある巨大な胴体の大蛇《サーペント》が、ベルゲン近くの海岸にある崖や洞穴に頻繁に姿を見せるという。明るい夏の夜の間だけだが、洞穴を出て、子牛、羊、豚を食べに出かける。また、海中を泳いでタコ、ロブスターなどの甲殻類を食べる。首からは数十センチの毛を垂らし、鋭い黒い鱗と、燃えるような赤い眼を持つ。船を襲い、帆柱のように高く伸び上がると、人を捕え、むさぼり食う。姿を見せれば必ず、異常現象や、国内での恐ろしい変化の予兆となる。王子が亡くなったり亡命を余儀なくされたり、激しい戦争が勃発したりといったことである。〔58〕

このサーペント形の動物は、シーサーペントを取り上げるどんな本、どんなドキュメンタリーにも登場して、大シーサーペントには定番の重要な記録の筆頭として挙げられる。多くの著述家がこの罠に陥る理由はわかりやすい。たてがみのある蛇が、船から叫び声を上げる船乗りをさらう。確かに現代の伝説にある怪獣のような感じがする。しかしそうではない——全然違うし、まだそうはなっていない。

シーサーペントに関する著述家の先駆け、アントニ・コルネリス・アウデマンスは、オラウス・マグヌスの話を振り返り、一八九二年には、自身のシーサーペント像に合致する成分を見いだして喜んでいる――そして他は恣意的に捨ててしまう。たとえば，「それが豚，子羊，子牛をむさぼり，夏の夜には陸にも姿を見せて獲物を捕まえる」という証言は，「寓話である」として退ける。[59] アウデマンスは自身で選り好みした形のものを作り上げるとき，オラウスが描いていたドラゴンのような蛇を根本的に違う姿に描いた。オラウスによれば，この怪獣は餌を獲りに陸に上がるのではなく，陸に住んで陸で狩りをして（「海岸の崖や洞穴」で），ときどき水中に入ってシーフードを獲る（一八四三年の雑誌記事に描かれるように，船乗りも食べる。「砂糖をまぶしたアーモンドのように」[60]）。この生活様式は，『北方民族誌』に付随する挿絵によって強調されている。そこでは大蛇は明らかに陸上の洞穴から出て来ている（図5・12）。

確かにサーペントだが，現代のシーサーペントかと言えば，それはない。オラウス・マグヌスの蛇は成分となる伝説，淵源と見るべきだろう。海馬のたてがみがあり，船の脅威でもあるが，オラウス・マグヌスは，それを陸に棲む怪獣として描いているのは明らかだった。それは要するにリンドルムという，スカンジナビア民話に登場する標準的

図 5.12 オラウス・マグヌスの『北方民族誌』に描かれた大蛇．陸地にある洞穴から出て来て，通りがかりの船の乗組員を餌食にする．

な巨大蛇あるいはドラゴンの一種である。

この時期のリンドルム物語には、超自然現象が根本的な成分としてつきものだったことも見ておかなければならない。オラウス・マグヌスが、サーペントが登場するのは王族の死や大戦争など、大変動の予兆であると書いたとき、冗談を言っていたわけではない。博物学的な野生生物の目撃の最後に迷信の彩りを少し添えただけのことでもない。超自然的な意味こそがその話の意図だった。未確認動物学者がそれに加える自然主義の方こそが、人為的な装飾だった。それでも、そのような修正主義的な脱神話化は前々からある（今も続く）伝統である。[61] 科学の心得があるエリック・ポントピダン司教がオラウス・マグヌスの蛇の話を二〇〇年後に繰り返したときには、オラウスが「当時の迷信的な概念に従って、真実と寓話を混同している」のは明らかだと思っていた。[62] ベルナール・ユーヴェルマンスも、オラウス・マグヌスの話の超自然的な面を軽くあしらっているが（「猊下《げいか》の素朴さには笑ってもいい」）、実際には、そのような恣意的な見解は無謀だ。民俗学者のミシェル・ムルジェは、ユーヴェルマンスなどの未確認動物学者が、超自然的な部分をこうした話の「ひどい歪曲」と呼んで省略あるいは軽く扱うのを酷評する。[63]

成長するシーサーペント

オラウス・マグナスが述べた並行する伝承の流れ、つまりリンドルムと、海馬《ヒッポカンプ》のスカンジナビア流の焼き直しとが収斂して近代のシーサーペント伝説となるまでには、さらに二世紀が経過する。その二〇〇年の間、学者が取り上げ続けた海馬には多くの名があった。「hippocamp」「hyppocamp」（英語）、*hippokamos* つまりヒュドリッポス（ギリシア語）、*sjø-hest*（ノルウェー語）、*hroshvalur*、*hrossvalur*, *roshvalr* つまりフロッシュヴァルー（アイスランド語）、*Equus marinus*、*Equus aquaticus*、*Equus bipes*（ラテン語）、*cheval marin*（フランス語）〔いずれも「海馬」あるいは「水馬」の意味〕。そうした論議をたどるのは難しく、ほとんどのヨーロッパ文化は、独自の海馬風の怪獣に加えて、関係する（それでも別の）、淡水域にいる超自然のケルピー型水馬を持っているという事実でややこしくなる。たいていの言語では、海馬を表す単語は繊細な小さな魚を表す単語（タツノオトシゴ〔sea horse〕）と同じである。そして、事態をもっと困ったことにするのは、多くの海馬型怪獣がセイウチとごっちゃになっているということだ。

こうした混乱の中で、英語圏の未確認動物学文献と懐疑派文献は、海馬型の怪物を、シーサーペントとの間には特定の関係のない動物として、片隅の扱いをするのが典型だった。それでも、スカンジナビアの古い海馬伝承が新しいスカンジナビアのシーサーペント表現の一部となったことを言うのは、私が最初ではない。ミシェル・ムルジェは、ノルウェーの著述家ハルヴォル・J・サンズダーレンを参照して、近代のシーサーペントは雑種化、つまり「ノルウェーの伝承ではもともと明らかに別々だったいくつかの伝説の動物の融合[64]」を示すと解説する。ハヴヘスト（スカンジナビアでは「海馬」の同義語）と呼ばれる、半分魚、半分馬の恐ろしい怪物が、リンドルム、つまり「巨大に膨らんだ陸の蛇」と一体になった。

少し後で融合、つまり近代のシーサーペントが生まれた瞬間を見るが、当面は、科学時代の夜明けに、実在する怪獣と言われた海馬の進展をもっと詳しく見てみよう。

中世後期から近代初期にかけての典拠の中には、海馬は博物学上の事実とするものがあった。単純に、人がときどき見ているからという根拠だった。馬の頭をした海の怪獣についての民間信仰を、ギリシア・ローマ時代の海馬の概念に正しくつなげる人々もいた。フランスの博物学者ピエール・ブロンとスイスの博物学者コンラート・ゲスナーは、懐疑派に入る。ブロンは海の動物の専門家で、海馬を単純に「ネプチューンが乗った伝説の馬」[65]のこととした（図5・13）。すでに見たように、オラウス・マグヌスは一五五五年に海馬は本当にいる動物だと言ったが、ゲスナー（動物学史ではこちらの方が格が上）は、ブロンの身も蓋もない分析を受け入れた。ゲスナーの百科事典『動物誌』（全五巻、一五五一～一五五八年）は、ローマ帝国の崩壊以来書かれた中で最も野心的な博物学の文献だった。ゲスナーはブロンの、近代の海馬目撃例は、古典を意図した空想に基づいているという論旨を繰り返した。

古代人は、信じるべき真実を隠し、人々の信じやすい心を無意味の斑で掩うために作られた魅力的な寓話について、大いに自由を行使した。古代人のばかげた絵を信じる人々は騙されている……古代すべて、諸公の自分の名を上げたいという望みと学者の驚きに発している。こうした人々は陸や海

図 5.13　ピエール・ブロンの『水棲動物図解』という，魚類の論考と，コンラート・ゲスナーの『動物誌』第 4 巻に出て来る海馬.

への自分の支配を意味のある物にしたがるので、両界を象徴する動物二つ、馬とイルカを組み合わせ、それが海の藻屑のような怪異な融合となって、今なおそれは「海馬」の名で呼ばれている。[66]

ゲスナーは、オラウス・マグヌスが取り上げた他の怪獣についての論考ではそれほど懐疑的ではない。オラウスが描いた、シーサーペント二種、小さい方（長さ一〇メートル前後）と、大きいドラゴンのような巨大サーペントの記述と図版をそのまま使った。

同じマップには、別のシーサーペントがいる。長さが数十メートル……あるいは百メートル近くあり……ノルウェー近辺の晴れた日に姿を見せることがあり、船から乗員を咥えていくので、船乗りにとっては危険である。船乗りは、これが外洋船ほどの大きな船を、体を巻き付けて覆ってしまい、船はひっくり返ると言う。水上で巨大な螺旋となり、船がその中を通過できるほどになることもある。[67]

図 5.14 オラウス・マグヌスの陸を本拠にする巨大蛇は，コンラート・ゲスナーでは海に住むシーサーペントとなった．

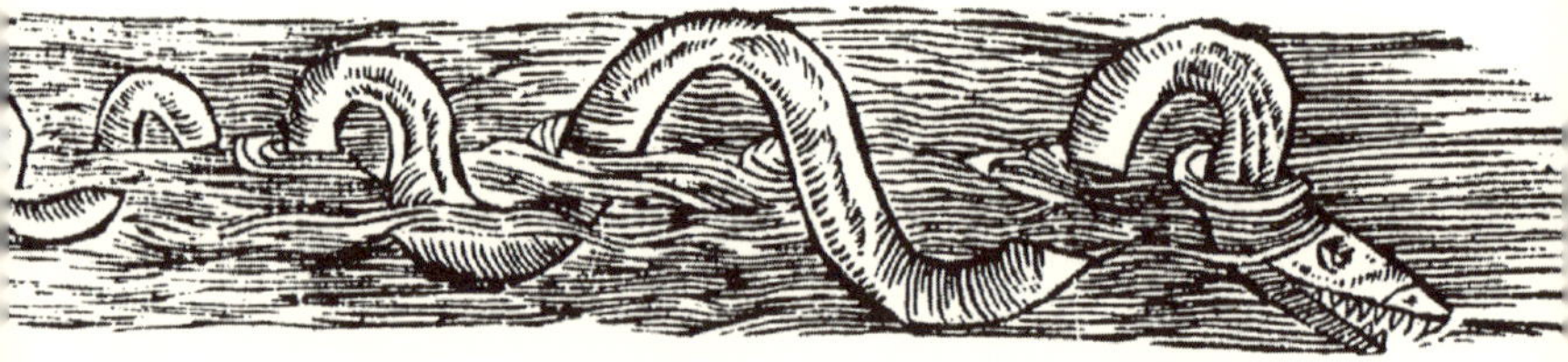

図 5.15　コンラート・ゲスナーに出て来る小さい方のシーサーペント．エドワード・トプセルの『サーペント誌』〔1608〕で再現されたもの．

ゲスナーは、『北方民族誌』の図版を忠実に描き直しているが、一点だけ、この怪獣を、海岸の洞穴から出て来るのではなく、外洋に移すという重大な変更を加えている（図5・14）。小さい方のサーペントの絵には、近代的な特色がもう一つある。サーペントが体をくねらせて、水中から漫画のようにアーチを作っているところだ（図5・15）。ベルナール・ユーヴェルマンスが後に記したことだが、この今や定番の細部は、根本的におかしい。「ひょっとすると、大シーサーペントのこぶの数が多いのは、挿絵画家の素朴さや無能力の結果かもしれない。ゲスナーの『バルト海』のシーサーペントの絵は、確かにそう考えさせる。動物のほとんど全体が水の外に出るというのは、風船以外では力学的にありえないのである[68]」。

成長中のスカンジナビアのシーサーペント像とともに、巨大な海馬の信仰も続いていた。外科医のアンブロワーズ・パレは自身の『怪物と奇跡』（一五七三年）という著書で、この話題を取り上げた。中世の迷信と、科学の原形となる経験主義の最初の動きとの間に位置するパレは、医療上の驚異（とくに生まれつきの欠損）に強い関心を抱いたが、同時にその関心を黒魔術、天に見える予兆、怪物にも向けた。パレは何種類かの人魚を取り上げた後、海馬を現存の動物として記述した。「この海の怪獣は、馬の頭、たてがみ、前半身を持ち、外洋で見られた。その絵はローマへもたらされ、当時の法王に見せられた[69]」（こうした観念がどうまとまるかも興味深い。古典期のギリシアから二〇〇〇年たっても、トリトンと海馬はヨーロッパの想像力の中ではやはり一緒に泳いでいた)。同じ頃の一五八五年、地図製作者のアブラハム・オルテリウスは、アイスランドのフロッシュヴァルーをギリシア・ローマ時代の海馬のように、「馬のように首からたてがみが垂れている」とした。

生まれたばかりの科学の伝統の足元がまだふらついている頃、それと関連する私が属す科学的懐疑主義と呼ばれる伝統、つまり大衆が信じるとくに超常的な説を批判的に検証する世界も同様だった。〔70〕科学的な傾向のある著述家は、どの説が経験的証拠で支持できるか、どれが根拠のない迷信かと問い始めた。しかしこうした試みそのものが、しばしば反動的な侮蔑にすぎなくなり、その多くが、批判の対象となった説と同じく不正確になってしまった。そんな中、イギリスでは、医師のサー・トマス・ブラウンの著書『荒唐世説《プセウドドクシア・エピデミカ》、あるいは多くの人が受け入れ、一般に真実と考えられている信条についての研究』(一六四八年、『通俗謬説《ヴァルガー・エラーズ》』とも)が、宗教的推論、新しい経験主義的精神、古代の知恵を混合して、懐疑論のすばらしい玉石混淆の原形を生み出した。ブラウンは、カメレオンが空気しか食べないとか、「クジャクの肉は腐らない」といった「非常に疑問のある」説を疑う点では実に正しかったし、海馬信仰の間違いも暴いた。当時、海馬は、陸の動物はすべてそれに対応する海の動物がいるという伝承の証拠として挙げられていた。ブラウンはそんなことは信じず、ばかにして反論した。「この説を支持する海馬については、その流布した描き方では、地図の空白を埋めるグロテスクな姿にすぎず、物理的な形ではなく、絵で考えたことにすぎない」。伝承の海馬《シーホース》はギリシア・ローマ時代の海馬《ヒッポカンプ》と同一であると説いた〔71〕(ブラウンは、この神話上の海馬はセイウチとは別で、くねる尻尾があるが、どちらもシーホースと呼ばれることを強調した。中世の資料の多くでカバもそう呼ばれたことを言っておくのがよいだろう。私はブラウンの不満と一緒になって、こう言いたくなる。こうしたいくつかのごちゃまぜの生物は、もつれをほどく障害である）。

懐疑派がいても、怪異な海馬はヨーロッパの文化全体に残った。たとえば、ルイ・ニコラという短気なイエズス会宣教師は、海馬をカナダに住む動物として描いた。ニコラは、一六六四年から一六七五年まで、広くカナダを旅行し、一七〇〇年、『カナダ手稿《コデクス・カナデンシス》』（手書きの七九頁の資料で、カナダの動物や原住民を描いている）を生み出した。〔72〕ニコラはビーバーの隣に、事実として描かれたものとして紛れもなくギリシアローマ時代の海馬を示した（図5・16）。「セントローレンス川に流れ込むチセデク川の堤ぞいの野原で見た海馬〔73〕」だという。

その時点では、海馬は二〇〇〇年前からいて、純然たる美術の空想の産物から、ヨーロッパ中、あるいはそれを超える地域の学者や一般の人々に実在すると認められた怪獣になっていた。そしてそれではまだ終わらない。

スカンジナビアのサーペントの誕生

スカンジナビアのシーサーペントがとうとう生まれたのは、一七世紀の末だった。当時は地域の怪獣としてのみの存在だったが、融合の時期になっていた。スカンジナビアのサーペントが成長する中で、ドイツの学者アダム・オレアリウスは、一六七六年頃の知り合いの知り合いによる目撃情報を記録し（「この人は、ノルウェーの沿岸で、穏やかな水中に巨大なサーペントを見た。遠くからも見え、太さはワイン樽なみ、二五重にくねっていたという」）、歴史家のヨナス・ラムスは一六九八年に別の目撃例を記録した。〔74〕オラウス・マグヌスによる岸辺のドラゴンが完全に水棲海洋サーペントに改装されて、アーチのよう

図 5.16　ルイ・ニコラの『カナダ手稿』に海馬《シュヴァル・マラン》として示された海馬《ヒッポカンプ》（オクラホマ州タルサ，ギルクリース博物館蔵）

なくねりとたてがみがついた近代型（未確認動物のキャドボロサウルスとして残るシーサーペントの形）として、やっとノルウェーの伝承の確立した役者として登場したのは一六九四年のことで、ハンス・リレンスキオルトの手書きの華麗な絵入りの四巻本『スペクルム・ボレアレ』（北の鏡）に記録された。リレンスキオルトは政府高官で、ノルウェー最北部の文化、地理、野生生物を調べた文章を書いた[75]。リレンスキオルトは、海ミミズ《ショーオルメン》について「害獣としか考えられない。静かな海では七〇メートルもうねるので、何頭もの牛が水中に放り込まれたように見える」[76]。重要な点は、リレンスキオルトのシーサーペントの特色が「明るいグレーのたてがみで、これは首から何メートルも垂れ下がって」いて、それによって海馬、サーペント風のようなリンドルム、名もない海の怪獣という並行する伝承を融合している。ノルウェーの辺鄙なところで、伝承の雑種怪獣が生まれていた。

この新種のシーサーペントがスターになっていく。あとは売り出し担当、相当の地位のある宣伝係が必要なだけだった。この宣伝係がエリック・ポントピダンだった。

エリック・ポントピダン

オラウス・マグヌスから二〇〇年後、シーサーペントはスカンジナビアの民間信仰の一部として確立していた――そうなったのはこの地だけだった。この点は特筆大書に値する。シーサーペントはもっぱらスカンジナビアの動物で、アイスランドのフロッシュヴァルーやハヴヘストの伝承の文化的な親戚だった。ベルナール・ユーヴェルマンスの説明では、「シーサーペントはスカンジナビア以外ではめったに耳にしない。彼の地ではシーサーペントは実在の動物と考えられるが、それ以外のところでは北欧神話と考えられている」[77]。

その後すべてが変わった。それに関与したのは、エリック・ポントピダンという、一七四七年から五四年までノルウェーのベルゲン司教を務めた人物だった。ポントピダンは高位の聖職者だっただけでなく、王立デンマーク科学アカデミーの立派な会員だった。そのため、『ノルウェー博物誌』という二巻本で、大胆にも「人魚、何百フィートもの大海蛇、大きさ不明だが想像を絶するらしいクラーケン[78]」が現に生きて存在すると論じたときには、波紋を起こした。ポントピダンがそうした動物の存在を支持したことが、世間の想像力を捉えた。とくに、ポントピダンのシーサーペントは世界的に人気のミステリーとして飛び立ち、一八世紀から一九世紀を席巻し、二〇世紀と二一世紀の未確認動物学者の間で続いている学術的な論争に火を付けた。

ポントピダンが相当の才能をシーサーペント論争に傾けたときは、ノルウェーの沿岸はまだ「この見慣れぬ動物が訪れるヨーロッパ唯一の場所[79]」だった。しかしそこでシーサーペントはすでに大衆文化に根付いた一部となっていた。たとえば、ポントピダンは、往年のノルウェーでも一流の詩人ペッター・ダスによる論考を引用した。

大いなる海蛇がこの詩の主題
我が目でそれを見たことはなく、
おぞましいものを見たくもないが
多くの人が朽ちせぬ真実を語る
そのすべての言葉を我は信じる
そは実に恐ろしき怪物なるを示さん。

多くのノルウェー人がシーサーペントの実在を認めているが、懐疑派は「信じやすさの敵で、その存在についてますます大きな疑いを抱いている」。いずれにせよ、ノルウェーでは当時誰もが、この伝説の怪獣のことを聞いたことがあった。ポントピダンが伝えるところでは、「私が話したことがあるどんな知的な人でも、『この魚の実在を強く断言』し、またそれを描写できるという」[80]。シーサーペントは広く知られていて、海で正体不明の、あるいは見慣れぬものを見たときに文化的に与えられる説明になっていたので、ポントピダンは躊躇してしかるべきだったが、本人はその意味に気づかなかったらしい。逆にポントピダンは、現代の未確認動物学者のように、自分の説を目撃談の集合の上に立て、「ノルウェーの信用できる経験ある漁師、船乗り」で、シーサーペントを「毎年見てきたと証言できる人々が何百人もいる」[81]という。ポントピダンは目撃者が「一般的な描写によく一致する」ことに感心し、「評判でしか、あるいは近隣の人々が語ったことでしか知らないことを認める他の人々も、同じ細部を認識している」[82]とも言う。これは致命的なエラーだった。ポントピダンは文化上のシーサーペント伝承を、目撃報告を生み出すものとしてではなく、目撃証言を確認するものとして取り扱った。

とはいうものの、目撃例の中には壮大なものがあり、それゆえにこそ、この司教はシーサーペントが二〇〇メートル近くにもなると信じるようになった。目撃者はノルウェーのサーペントの首には「たてがみのようなものがあり、水に垂れ下がる海藻の房のように見える」と信じさせることにもなった（図5・17）。ハンス・リレンスキオルトが真に近代的なシーサーペントについて述べてから五〇年後、フロッシュヴァルーやハヴヘストに由来するたてがみが、民間信仰の鍵になる特色として残っていた（そして、海藻のように見えるおかげで、間違った目撃例の明らかな情報源をもたらした）。

この海馬《ヒッポカンプ》という文化的な由来のＤＮＡは、ポントピダンの主要な事例研究にはまばゆいほど明らかだ。その事例は海軍士官ローレンス・ド・フェリーの宣誓陳述である。ポントピダンは科学的な頭のある学者で、文献をあさり、手紙を書き、広く波止場を尋ね回って貪欲に情報を求めた。そうして次のように書いた。

> 去年の冬、たたたまローレンス・ド・フェリー大佐と、この話になった……大佐は自分はそんな動物がいることをずっと疑っていたが、一七四六年、目ではっきりと見ることによって、完全に納得する機会を得たという。私は反論する材料はなかったが、それでも大佐は、自分が言ったことをさらに確認するものとして、ベルゲンの町での遅まきの取調べで、知事の前に、二人の船乗りを連れて来た。この二人は大佐が怪獣の一頭を撃ったとき一緒に船にいた人物だった[83]。

フェリーは自分の遭遇について述べる陳述書を書き、部下は知事の前でその陳述が正しいことを宣誓した。その陳述書はこんなことを言っている。フェリーは穏やかな日に海上にいるとき、八人の漕手が「目の前に海蛇がいる」と言ってきた。フェリーは部下にその動物の行く手を遮るように命じ、「自分の銃を取った。弾はこめてあって、それを狙って撃った」。動物は水中に潜り、跡に血が残っていた。フェリーは宣誓して述べる。「この蛇の頭は水面から数十センチ以上持ち上げられていて、馬に似ていた……それには長く白いたてがみがあ

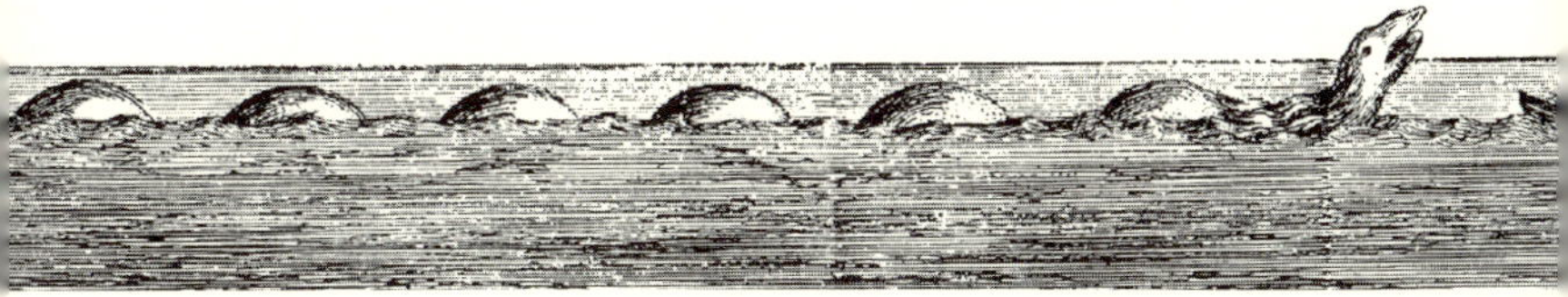

図 5.17 たてがみのあるショー・オルメン（海ミミズ）．ハンス・シュトルム画．エリック・ポントピダン『ノルウェー博物誌』より．

って、首から水面に垂れ下がっていた。頭と首に加えて、この蛇が七重か八重にくねっているのが見えた。非常に太く、一巻きごとに［一・八メートル］くらいの距離があった」。

フェリーと部下が見たものは何だったのだろう。懐疑派の博物学者ヘンリー・リーのように推測するのも興味深い。「サーペントの体がとぐろを巻いていると思われたものは、まさしく一列になって泳ぐ八頭のイルカの外見である。小型のクジラ類の一部にはこの習慣があることはよく知られている」[84]（私もそういう様子を見たことがあり、この推測は鮮やかな説得力がある）。しかし、もっと可能性の高い容疑者があるとすれば、ノルウェーの沿岸にはよく見られるアザラシだろう。民俗学者のミシェル・ムルジェの記すところでは、いずれにせよ、「シーサーペントの頭が馬のようだという特色はよく知られていた。したがって、フェリーの説は、本人が公式の陳述の六年前に見たものについて、伝承に基づく解釈があることの証明にしかならない。この時間は長すぎて、見たばかりのときの回想とは言いがたいが、記憶が集団の抱く定型と一体になるには十分な長さである」[85]。

フェリーの話で本当に重要な点は、それがその後の話のひな形になったところだ。この広く伝えられ、しばしば翻訳され、先例となる目撃談は、スカンジナビアを超えて広がる最初の信用される目撃談で、英語圏でもシーサーペントの定番イメージが固まる助けになった。いくつものこぶ、あるいは何重にも巻いたとぐろが、馬の頭とたてがみと組み合わさる。

『ノルウェー博物誌』が出版されてからの何世紀かの間には、ポントピダンは信用性を批判されることも多かった。ユーヴェルマンスは「実際、このベルゲン司教はミュンヒハウゼンなみに途方もない嘘つきと扱われた」[86]と書いている。そこまで厳しくはない批判もあった。リーは次のように認める。「ノルウェーの司教は良心的で骨身を惜しまない研究者だったし、その文章の調子は意図的に騙すとか、不注意に騙されるといった人物のものではない。司教はまじめに真実を、それを見えなくする誤りや虚構の雲から切り分けようとしたし、その点では、大いに成功している」[87]。私は、ポントピダンの研究の一部は「科学的懐疑」の初期の例と見ることができると論じたことがある。[88] ポントピダンは、地球全体を貫通する底なしの渦とか、やはり古くからある、カオジロコクガンは樹木や腐った木から生まれるという伝説など、流布している誤りを調べ、正そうとするところまで踏み出した。

ポントピダンは無精な人ではないので、シーサーペントの文化的な特殊性という重要な問題に照準を合わせたのも意外なことではない。

この主題を離れる前に、一部の人々によって立てられるかもしれない疑問に答えるのが適切かもしれない。すなわち、これほどの異様な大きさなどの特徴があるこの蛇が、この北の海だけで見られることに、どんな理由が与えられるかということだ。海へ出て行く人々からの話すべてによれば、他のどこでも見られたことはないらしい。地球の他の部分にある他の海に船で行ったことがある人々は、日誌に他の海の怪獣についてのメモを書いたことがあるが、この蛇については一つとして言及がない。[89]

海でつながる社会は多いが、シーサーペントに出会うのはそのうちの一つだけだ。それは明らかに警戒すべき巨大な危険信号であり、読者がポントピダンのそれに対する答えに説得力がないと思っても赦されるだろう。ポントピダンは単純に、「ものごとが疑問の余地のない証拠によって確かめられ、真実と見られるとき」、安楽椅子からの反論は的外れとなると断言するにとどまる。さらにポントピダンは、

「この異論には、自然の主が、自身の目的と意図によって、世界のいろいろなところに自ら造られた様々な生物それぞれの住処を用意したという以外の答えは必要としない。造物主のやり方は、我々には理解できないし、理解してはいけない」。このかわし方をするポントピダンは、不適切に科学者を標榜するときの聖職者に似ているように私には見える。

大シーサーペント

エリック・ポントピダンの本は、シーサーペントにとっては枢要な転機となった。スカンジナビアの現象が世界の舞台に躍り出て、大衆文化の長く続く一部となったのだ（スウェーデンのポップバンド、アバが世界的にヒットしたことを思わずにはいられない）。これがどれほどの躍進だったかを理解するために、ベルナール・ユーヴェルマンスの目撃データベースを概観してみよう（図5・18）。ユーヴェルマンスは、ポントピダンの『ノルウェー博物誌』が出る前の数世紀には、シーサーペントの日付と資料が残る目撃例は、歴史全体で九件のみと計算している。ポントピダン以後はどうなったかというと、「一七五一年から一八〇〇年にかけては二三件と増えたが、一九世紀前半になるまでは本当に頻繁になったとは言えない。一八〇一年から一八五〇年にかけては一六六件、一八五一年から一九〇〇年にかけては一四九件である。この数は二〇世紀になっても落ちなかった。一九〇一年から一九五〇年の間には一九四件あった」。ユーヴェルマンスは、この傾向が、この統計数字をまとめた一九六〇年代になっても続いていることを述べている。ユーヴェルマンスは、目撃例のうち三分の一が誤認や捏造だと仮定して、「これによって、今になっても五〇年で一〇〇件、平均すると年に二件の目撃例ということになる」[90]。

これは私の目には二つの点できわめておかしく映る。まず、ユーヴェルマンスの仮定、つまり目撃例の三分の二は本物だというのは楽観的な側に偏っている。何と言っても、本物のシーサーペントの目撃例は一つも知られていないのだ――一つも。次に、ユーヴェルマンスが述べるパターンは明らかに大衆文化的な現象のパターンである。本人も認めるように、シーサーペントは基本的にポントピダンの本がそれを有名にする以前には存在しなかった。その本以後は、頻繁に見られ、その数も増えている。『ノルウェー博物誌』は、シーサーペントをスターに引き上げた。そこから、シーサーペントは、UFO、ビッグフットなどの大衆的な謎を恒久化するるのと同じく、長続きする名声の循環に入って行ったのだ。

ストロンゼーの獣

人類は、海のそばを歩いてきているので、と

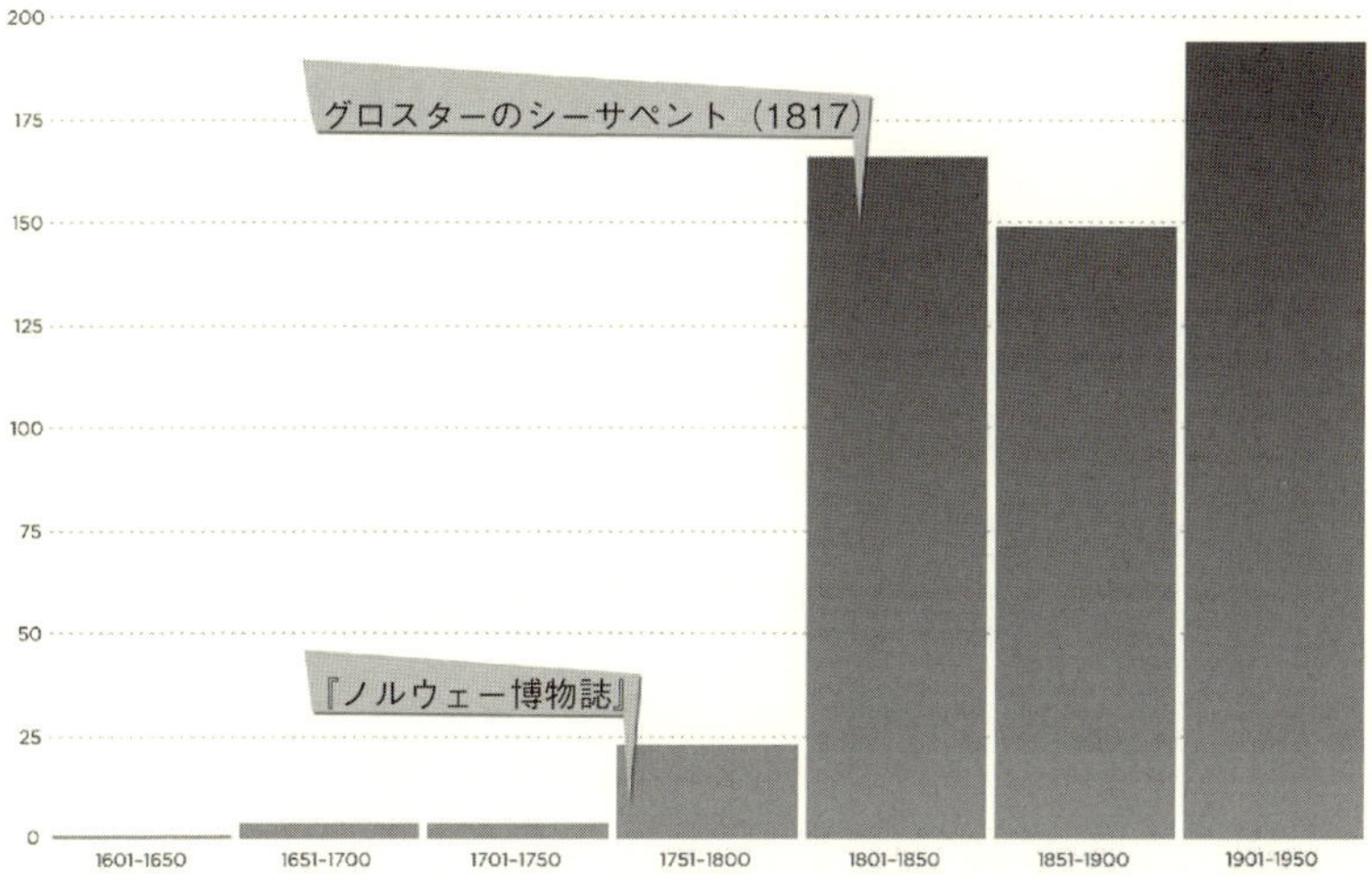

図 5.18　シーサーペント目撃数．1600〜1950 年の 50 年刻み．ベルナール・ユーヴェルマンスによる．

きどき岸に打ち寄せる奇妙なものに驚いてきた。ローマの博物学者大プリニウスは、「ティベリウス〔第二代ローマ皇帝〕の治世〔西暦一四年～三七年〕には、属州のリヨン地方の沖にある島で、引き潮のときに、種類も大きさも驚くべき怪獣が同時に三百体以上残された」と書き残している[91]。同様に、一六七四年に発行された冊子は、アイルランドの海岸に打ち上げられた「奇妙な怪獣、あるいは驚異の魚」のことを記している（図5・19）。記述と挿絵でその動物は明らかに巨大なイカであることがわかる。長さは六メートル近くあり（足も含む）、「胴体、つまり体の太いところは馬よりも大きい」（冊子の匿名の著者は、僭越にも「奇妙な動物のことを聞きつけた狂信者が、黙示録に出て来る獣だと思い、法王が打ち上げられたと想像した」とも書いている[92]）。

エリック・ポントピダンのシーサーペントが世界的に知られるようになると、奇妙な死骸は新たな意味をまとった。一八〇八年、ストロンザ（今はストロンゼーと呼ばれる、スコットランド北端沖にある島）に巨大な、どことなくクジラに似た動物が打ち上げられたとき、それはすぐに「馬のようなたてがみをもった海蛇」と特定された。実際、それは明らかに見えた。太くても波打つ全長は一七メートルあり、長い首とたてがみがあり、これは科学には知られていない動物であることに疑問の余地はなかったらしい。複数の宣誓陳述と目撃者のスケッチは、この説に決着をつけるようだ（図5・20）。スコットランドの博物学者ジョン・バークレーがしゃしゃり出て、それは半世紀以上前にポントピダンによって、『ノルウェー博物誌』

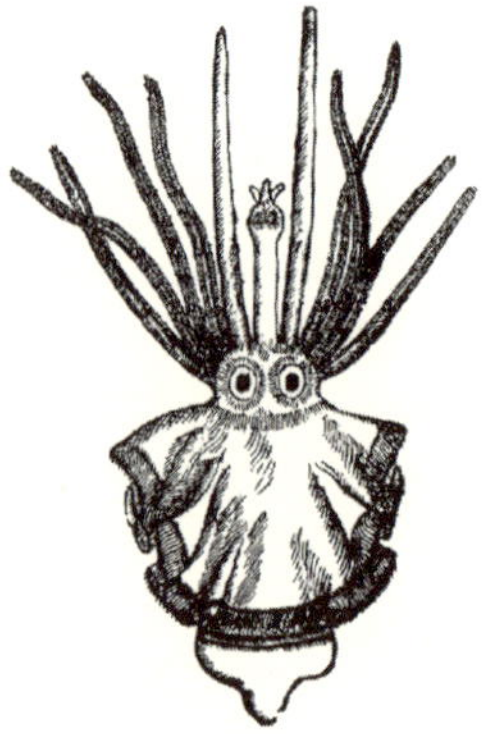

図 5.19　1673 年 10 月，アイルランドに打ち上げられた「奇妙な怪獣，あるいは驚異の魚」

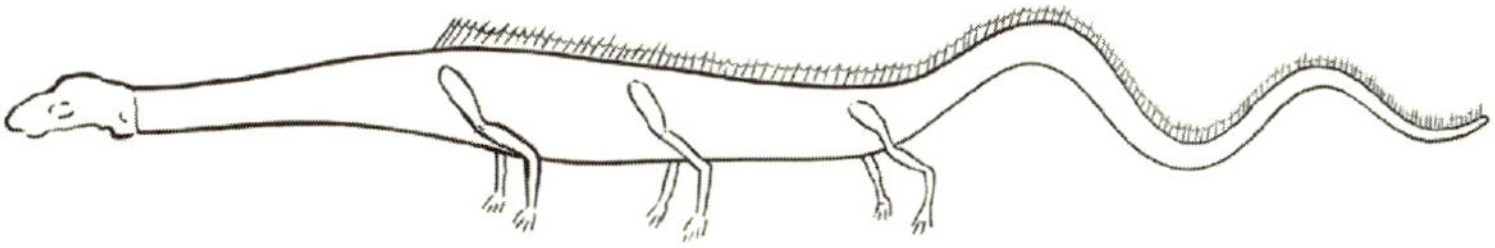

図 5.20 ストロンゼー獣のスケッチ．目撃者が描いたもの（*Memoirs of the Wernerian Natural History Society* 1［1811］をもとに再画）

で記述された「海ミミズ」らしいと認め、それに新しい属名と種名を与えた。*Halsydrus pontoppidani*（ポントピダンの海蛇）という。[93]

残念ながら、外見と実際は違う。今日では、バークレーの *Halsydrus pontoppidani* は、*Nessiteras rhombopteryx*（ネス湖の怪獣に提案された名）、*Hydrarchos sillimani*（シーサーペントの化石と言われるもの）、*Cadborosaurus willisi* とともに、先走った分類の失策として記憶されている。どこが問題だったかというと、ストロンゼーの海岸で腐り、カモメにあさられる動物は、ウバザメだったのだ。動物の頭蓋、いくつかの脊椎などの標本がエヴァラード・ホームという、ロンドン王立協会の権威あるコプリー・メダルを受賞したばかりの外科医にして一流の科学者の許に送られた。ホームはこの標本で、この動物がウバザメであることを確実に特定し、絵と記述が死骸の解剖学的特徴を不正確に歪めたものだと断言できた。目撃証言と鑑定の証拠はこれほどずれているので、ストロンゼー獣は戒めの物語として残っている。シーサーペント支持派のルパート・グールドは、「この生物は、実際には巨大なウバザメが、一部腐敗したものであることにほとんど疑いの余地はないが、元の報告は興味深く、それと認められている説明とが大きく違っている点で、この説にはおざなりな言及以上の価値がある。正直な証言にも誤解がどれだけありうるかという例としてだけでも」と書いている。[94]

しかしホームの分析は正しかったのだろうか。バークレーは正しいとは考えず、反論を発表した。ウバザメの頭は幅一・五メートルほどだが、ストロンゼー獣の頭蓋骨の幅は二〇センチもないと異論を述べた。しかしバークレーは、人々をいつも間違いに導いてきた落とし穴に陥っていた。巨大でおとなしいウバザメは――すべてのサメと同様――骨格が骨ではなく軟骨でできている。さらにウバザメは濾過摂食者である（ザトウクジラなどナガスクジラ科のクジラと似ている）。その結果、ウバザメの死体が腐敗するパターンは直感に反することがある（図5・21）。巨大な顎はすぐに落ちてしまい、驚くほど小さな頭蓋が長い背骨の端に乗ったようになる――誰の目にも、シーサーペントあるいは首長なプレシオサウルスが腐敗したものに見える。ストロンゼーの死骸もそういうことだった。この死骸が打ち上げられてから二世紀、脊椎（博物館の収蔵品として保存されている）は何度か再検証され、そのたびにホームの見解が確認されている。たとえば一九三三年、ジェームズ・リッチー（当時アバディーン大学の自然誌教授で、のちにエジンバラ王立協会の会長になった）は、ロンドンの『タイムズ』紙に寄稿して、王立スコットランド博物館にあったストロンゼー獣の脊椎を再調査した結果について述べた。

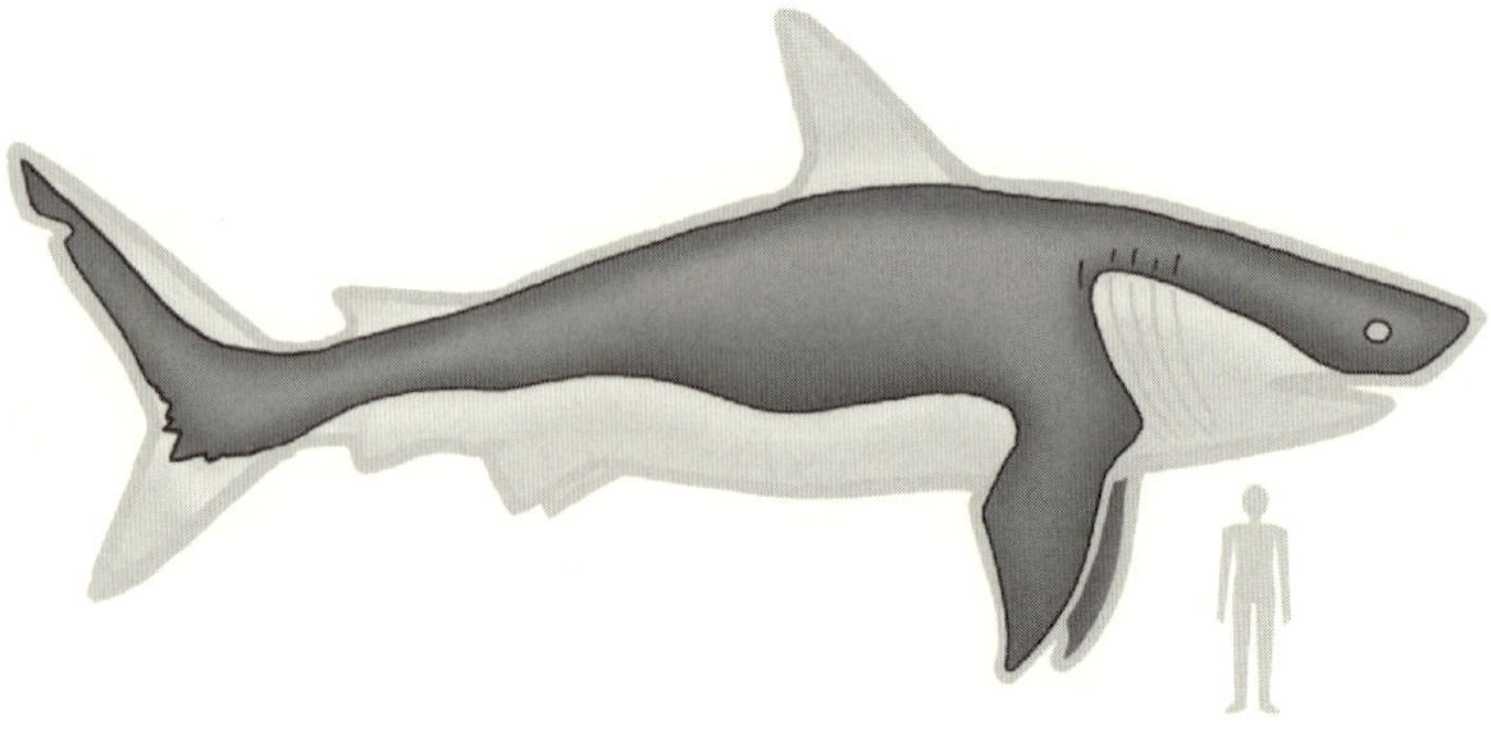

図5.21　ウバザメが腐敗してプレシオサウルスに似るのはよくあること．（ダニエル・ロクストン画）

その脊椎は科学的検証に対して自らの正体を語る。それは明らかに軟骨魚類の背骨の一部である。それがプレシオサウルスや他の爬虫類や両生類に属している可能性はありえないし、鯨でも硬骨魚類でもない。脊椎の断片のきめ、大きさ、奇妙なピラーのある構造は、長さ一〇メートル以上になることもあり、イギリス海域に姿を見せることがある巨大魚ウバザメの脊椎にぴたりと一致する。……一二五年前には科学界に大きな騒ぎを起こしたストロンゼーのシーサーペントは、その特異な地位からは転落しているが、経験の浅い人々や、あやしげな土台に拠って立つ科学者の信じやすさには忘れられない記念物として残っている。[95]

ストロンゼー獣は忘れられてしまうことはなかったかもしれないが（少なくともシーサーペントの狭い文献世界内部では）、その教訓は学ばれてはいない。人々は繰り返し同じ軟骨魚の錯覚に陥る。有名な事例も登場しつづけ、多くの「シーサーペント」、「プレシオサウルス」の死骸が二〇世紀にも見出しになって、結局またウバザメという結果になる。リッチーがストロンゼー獣は実際にはサメだと確認してからわずか三か月後には、世界中で同様の未確認の死骸（未確認動物学用語では、「グロブスター」と呼ばれる）がフランスのシェルブールで打ち上げられたことを報じる見出しが躍った。『ロサンゼルス・タイムズ』紙はそれを「本物の海の怪獣初捕獲」と報じ、『ニューヨーク・タイムズ』紙の一面は、「フランスで海の怪獣」と謳った。[96]この話題について何本かの記事を出した『ニューヨーク・タイムズ』は、撤回をせざるをえなかった。「シェルブール近くの海岸で見つかった『海の怪獣』の巨大な遺骸を慎重に調べたフランス自然誌博物館の［ジョルジュ・］プチ教授らのチームは、これはウバザメであるという明瞭な結論に達した[97]」。これで紋切り型の話がおしまいになったわけではない。おかしなことに、その年さえこれでは終わらなかった。一九三四年一一月、スコットランドからシカゴまでの新聞がヘンリー島（カナダ、ブリティッシュコロンビア州）で長さ九メートルのシーサーペントの死骸が発見されたことを高らかに報じた。『ニューヨーク・タイムズ』は海馬にさかのぼり、この「奇妙な海の怪獣」は、「馬に似た頭」を持ち、背骨以外の骨はないと伝えた。[98] わずか四日後、同紙は、予想どおり、ブリティッシュコロンビア州ナナイモにある太平洋生物学観測所の所長が、この遺骸はウバザメのものと特定したことを明らかにした。[99]

こうした誤認は未確認動物学にはよくあるばかげた話だが、今はもうないと言えるほど過去の話ではない。有名な事例は、日本のトロール漁船瑞洋丸の例だろう。一九七七年、ひどく腐敗した死骸をニュージーランド沖の太平洋で引き上げたのだ（図5・22）。「ものすごい悪臭と、甲板にしたたる不快な脂肪の液体」をいやがった乗組員は、死骸を撮影し、組織の標本を取って、海へ投棄した。[100]『ロサンゼルス・タイムズ』は、標本がなくてもひるむことなく、この悪臭を放つ、べとべとの塊がプレシオザウルスの生き残りではないかと推測した。「一億年前に絶滅したと考えられる巨大恐竜」である。[101] しかしそうではなかった。組織標本からわかったのは、歴史を知っている人にはすでに明らかなことだった。それはウバザメだったのだ。[102] またしても。

瑞洋丸乗組員の一人が撮影したカラー写真は、子どもだった私の想像力に火をつけたし、それは明らかに私だけのことでもなかった。話は完全に消えたわけではない。私は仕事場に、すばらしい日本の新しいおもちゃを置いている。この死骸を素敵なミニチュアで再現したもの——腐敗する肉の塊に似せた塗装のプラスチックの塊だ。しかしこの話が通用する範囲は、未確認動物学関連グッズの世界を超えていて、信じる人の中には、今日でも、死骸は本当は現存するプレシオサウルスのものだったと論じる人もいる。創造研究学界の学術誌に載った、科学的創造主義（創世記にある創造の物語が文字どおりに正しいことを科学的と言われる手段で確認しようとする、あるいは少なくとも進化論を否定しようとする試み）と未確認動物学が重なった典型的な記事は、「瑞洋丸の未確認動物はサメだという解釈は間違って」いて、「サウロプテリギア［プレシオサウルスあるいは類縁の海洋爬虫類］とする鑑定はまだ成り立つ」と論じた[103]。未確認動物学的傾向のある創造主義者は、プレシオサウルスなど、いわゆる生きた化石は進化論に対して問題になると希望しているらしいが、ワニやサメという、それぞれ約二億二〇〇〇万年前と約四億年前に初めて登場した生物が今も生き続けていることよりも、プレシオサウルスの方が問題になる理由はよくわからない。それにもかかわらず、創造主義者の（また目を丸くした子どもたちの）熱心な関心によって、プレシオサウ

図 5.22　ウバザメの遺骸を引き上げた日本のトロール漁船瑞洋丸．1977 年．（ウェールズのリシンにある Fortean Picture Library の許可を得て転載）

ルスの生き残りがいることは、確実に、未確認動物学のいちばん好きな夢の中に残っている。しかしプレシオサウルスが優勢な未確認動物として登場し、海馬に基づく大シーサーペントと関連するのはどういうことだろう。

「プレシオサウルス仮説」

シーサーペントは、一九世紀の最盛期には、他の未確認動物よりも、主流の科学から重視されていた。この鮮明な科学的注目は、実に見事な「たまたま」に基づいていた。シーサーペントが人気の頂点に達するまさにその頃、新しい化石が発見されて、巨大な海洋爬虫類が本当に存在していたことを科学者に教えたのだ。原始の海には、波打つ体のプレシオサウルスとイクチオサウルスが恐竜に支配される岸辺のそばを泳いでいた（図5・23）。その当時、北米東海岸でのシーサーペント目撃が相次ぐのを世界が注視しているところへ（とくに一八一七年のマサチューセッツ州グロスター）、驚くべき化石が見つかり、近代のシーサーペント伝説の本当らしさに暖かい光を投げかけた。それはシーサーペントが栄えるもとになったスポットライトだった。

ここで、現代の古生物学者のクリストファー・マクゴーワンによって生き生きと甦る、このダーウィンに先立つ先駆的な時期のイギリスの科学の状況を描いてみる価値はある。マクゴーワンは、一九世紀の地質学書のロマンチックな魅力を考えてこう書いている。「そうした本は、洪水以前の生物についての話で私を魅了する。私は摂政時代からビクトリア時代のイギリスという過ぎ去った世界へと連れ去られる。私は自分がシルクハットとフロックコートを着けて、ドーセットの海岸の汀を歩き、崖で化石を探しているところを思い浮かべることができる。あるいはロンドンの馬車通りを辻馬車で駆け抜け、ジエントルマン地質学者の会合に出席するのを〔104〕」。

山高帽。瞬くガス灯に照らされた会合。ブランデーグラスに注いだブランデー。オックスフォードの講義室では、先進的な地質学の講義がまだ、地球の姿はノアの洪水で刻まれたと教えていた。しかし世界は急速に変化しつつあり、「蒸気の時代」が明けようとしていた。地質学のすばらしい新世界は地球の歴史をひっくり返そうとしていた。地球はものすごく古いことが明らかになりつつあった。地球上の生命は遠い過去には今とはまったく異なっていた。フランスでは、大解剖学者ジョルジュ・キュヴィエが、化石で知られていた一部の生物には、地上から消えてしまったものがある（たとえばマンモス）と説得力のある論証をしていたが、まだ、絶滅は神の完全さと矛盾すると論じる科学者もいた。ひょっとしてマンモスさえどこか遠いところで生き

図 5.23 19世紀の多くの画家や作家が，新しく発見されたイクチオサウルスとプレシオサウルスの争いを描いた．

延びているのではないか。[105] 化石生物の残存集団が地球の未踏の土地にいるのだとしたら、それはほとんど変化していないかもしれない。種の「変移」（あるいは進化）の説得力ある仕組みはまだ知られていなかった。

その舞台にメアリー・アニングが立つ。労働者階級のイギリス女性で、その鋭い眼と体力で、その時代の（ジェントルマン地質学の時代の）最大の化石収集家となった。科学史上ではロマンチックな人物だ。自分自身ではそういうふうには考えなかったにちがいないが。私はアニングが、湿気の多い寒い朝、ドーセット州ライムリージスの海辺の崖沿いを歩き、まめのできた、甲がすりむけた手で、岩を叩くハンマーをふるっているところを思い浮かべてしまう。すべて生活のために売り、金持ちの男に発見の栄誉を与えるためだった。それでも、アニングが化石を見つけた大型海洋爬虫類は、過去についての人々の理解に圧倒的な変動を引き起こした。それは既知のどんな動物とも似ていなかった。イクチオサウルスはサメのような体の爬虫類だが、プレシオサウルスはさらに変わっていた。首が長い爬虫類で、水中を四枚の櫂のような鰭で進む。化石化した残骸は、失われた世界に窓を開け、チャールズ・ダーウィンに至る道をつけた。それに付随してシーサーペントの流布した伝説を混ぜ直した。

一九世紀の時間感覚からすれば、一八二一年にイクチオサウルスが爬虫類であることがわかったとき、一八一七年のグロスターでのシーサーペント目撃の新聞記事はついこの間のことだった。一八二四年、ロンドン地質学協会での発表で、プレシオサウルスの最初のほぼ完全な骨格が記述された。これは恐竜の属名、*Megalosaurus*《メガロサウルス》が初めて発表されたのと同じ会合だった。[106] ほぼその直後、博物学者はシーサーペントとのつながりをつけた。一八二七年、植物学者のウィリアム・フッカーが新発見のプレシオサウルスと恐竜の化石を修辞的な仕掛けに用いて、「最近発見されたプレシオサウルスとメガロサウルスは、サーペントよりもはるかに信用しにくかったというのに、サーペントの方の記述はほとんど信用されず、あざけりと侮蔑を受けている」のはなぜかと問うた。フッカーはさらに、目撃証言に照らせば、シーサーペントは今や「博物学の厳粛な事実と考えて」よく、「どんなに懐疑的な人でも、そのような令名の高い目撃者によって確かめられた事実を疑い続けることができるとは思えない[107]」と論じた。

一八三三年には、地質学者のロバート・ベークウェルによって、さらに直接的な論証が進められた。ベークウェルは自身が書いた教科書『地質学』の序論で、淡々とこう述べた。「私はイクチオサウルス、あるいは同様の属の何らかの種が、現在の海になお生きていると信じたい」。ベークウェルはさらにこう述べた。「私はシーサーペントの非常に際だった記述の一つが、アメリカの艦長によっておこなわれていることを憶えている。……それには亀のような鰭脚と、ワニのような巨大な顎がついていた。この記述は確かに、イクチオサウルスに近い。あるいは一致すると言ってもいい。艦長はおそらくそんな動物のことは聞いたことがなかったであろうに[108]」。

化学者でイェール大学教授、ベンジャミン・シリマンは、ベークウェルの推測に対する脚注で、一世紀後にネス湖の怪獣に形を与えることになるつながりをつけた。「それがトカゲ類かもしれないというベークウェル氏の巧みな推測は、それがイクチオサウルスよりもプレシオサウルスだという想定の方にはるかによく合致する。イクチオサウルスの首は短く、シーサーペントの通常の外見に合わないからだ[109]」。シーサーペントはプレシオサウルスの生き残りというイメージをすぐに採用する科学者もいた。一八三五年、ジョン・ラグルス・コッティングは、「ニューイングランドの海域に出没するシーサーペントは、プレシオサウルス属のものと考えられる。その存在は何千というプロの目撃者によって証言されており、その正体はもはや問題なく明らかである[110]」。

先史時代の怪獣が生きている。なんと素敵なことだっただろう。地球上の生命の歴史が誰にでも何とでも言える時代には（ダーウィンの『種の起源』が出版されるのは一八五九年になってから）、プレシオサウルスがまだ生きているかもしれない（あくまで「かもしれない」だが）という可能性は、一般の人々、ジャーナリスト、科学者には同様に想像力に強力に訴える力があった。ベルナール・ユーヴェルマンスは、「シーサーペント支持者が信じていることは、当時の流行に刺激されていた。一九世紀の前半のイギリス、後半のアメリカで大トカゲの骨が発見されたことは、誰の想像力にも火をつけた[111]」と記した。もちろん、この流布した関心は、海の怪獣の目撃例が報告される形式や頻度に影響した。「古生物学者がプレシオサウルスなどの過去の遺物を掘り返し始めると、シーサーペントの目撃例も大きく増えたのはたまたまのことではない」と、サイエンスライターのシェリー・リン・ライオンズは淡々と書いている[112]。

たとえばプレシオサウルスは、一八四八年の、イギリス海軍のフリゲート艦、ディーダラス号の複数の士官による目撃例の説明として唱えられた（図5・24）。この説は、非常に評価が高かったが（今に至るまで）、これは海軍士官に対する評価と、ピーター・マクヒー艦長が海軍省に提出したきびきびとした言葉の報告のおかげだった（しかし出来事の経緯には最初に注意しておくべきだろう。奇妙なことに、ディーダラス号の日誌はシーサーペントをうかがわせることを記録していない[113]。それでもロンドンの『タイムズ』紙が三か月近く前の目撃とされるものを発表したとき、海軍省は当然、詳細を求めた[114]。その時点になってやっと、マクヒーは、海軍省に目撃と言われるものを、「『タイムズ』紙に発表された、英国艦ディーダラス号から異様な大きさのシーサーペントが見られたとする発言の真偽について情報を求める書簡への回答[115]」として報告している）。

マクヒーは、「馬のたてがみのようなもの」がついた比較的伝統的な「巨大なサーペント」が、頭をもたげ、適度な距離（マクヒーによれば、人間の知り合いならだれそれとわかる程度の距離、同乗の目撃者エドガー・ドラモンド副長によれば最接近時で二〇〇メートル弱）で船を通過したと述べていた。[116] ディーダラス号の事例は今も未解決だが、いつもの三つの可能性が存在する。捏造か、誤認か、本当に未知の動物か。ルパート・グールドが言うような、「マクヒーの正直さにはまともに疑問をはさむ余地はなかった――明らかにはさみようがなかった」という論証は粗雑と見て良い[117]（英国海軍ファンには、捏造は「端的に考えられない」と思われるかもしれないが、懐疑派は、どんな階級、職業でも、捏造が不愉快なほどあたりまえにあることを知っている。実際、ロンドンの別の新聞が、マクヒーの報告から三週間もしないうちに別のシーサーペント報告を公表したものの、困惑することに、話はまったくの捏造だったことがわかった[118]）。それでも、ほとんどの論評は、ディーダラス号の士官による報告を誠実なものととっている。その場合、問題はこうなる。乗組員は何を見たのか。それについての説はすぐに、『タイムズ』への投書に現れた。「当該の巨大爬虫類は、今日まで化石の状態でのみ存在すると信じられていた、巨大なトカゲの仲間、中でもプレシオサウルス

図 5.24 1848 年，英国艦ディーダラス号の複数の士官によって報告された動物．

の仲間だった」[119]。

ディーダラス号の事例は、世界でも重んじられる科学の権威の一人で、ほんの六年前に「恐竜《ダイナソー》」という言葉を作った、大英博物館のリチャード・オーウェンの詳細な公開批判を引き寄せて以来、未確認動物学の正式目録に長く載せられた項目となった。オーウェンは個人的には不愉快な人物と言われていたが、その専門分野での評判は圧倒的だった（「動物学の問題に関する見解はほとんど公理〔証明抜きで正しいとされる理論の出発点〕なみの力がある」と、当時の一人が言っている[120]）。オーウェンのダーウィン進化論とその支持者に反対する容赦ないキャンペーンの中に、『種の起源』に対する毒のある匿名の書評[121]があり、それがふだんはおとなしいダーウィンに、「私は昔、この人を憎んだことを恥じたが、今では終生、自分の憎悪と侮蔑を注意深く守ることにする[122]」と言わしめた。それにもかかわらず、オーウェンは恐るべき鋭い人物で、ディーダラス号の事例に対する批判は、シーサーペント神話に対する明瞭な懐疑的発言の一つとして傑出している。オーウェンは、マクヒーはゾウアザラシかアシカを見間違えたのかもしれないと論じた。十分ありそうなことだった。こうした巨大な哺乳類は、マクヒーのシーサーペント記述や、やはりマクヒーが裏書きした絵ともよく合致するが、推測による説明には変わりない。簡潔だが証明はされておらず、そこに謎が残る。マクヒーは自分が何を見たのか知らなかったというオーウェンの論旨と、オーウェンは自分が何を言っているのかわかっていないのであって、「今や私は断言する。それはありふれたアザラシやゾウアザラシではなく、その体長や、全然違う外観はその可能性を排除する[123]」というマクヒーの反論は水掛け論だ。

オーウェンは、ゾウアザラシ説が推測であることは承知していたが、確かな事が一つあった。生きたプレシオサウルスがたまたま英海軍のフリゲート艦をすべるように通り過ぎたというのはありえなかった。オーウェンの痛烈な反応は、未確認動物学にもあてはまる。

さて、「大シーサーペント」の名に値する動物が存在するか、あるいは第二紀〔中生代〕の堆積物の巨大な海のトカゲと言うべき物が現在に至るまで生き続けているのか、という問題を秤量するに、私にはそのような爬虫類の死骸のいかなる部分も、新しい、つまり化石化していない状態では見つかっていないという可能性より、人々が一部が水面下にあって急速に移動する動物をちらっと見たことで騙されているという可能性の方が高いように見える。奇妙に見えたのは本人たちだけのことかもしれない。言い換えると、大シーサーペント、クラーケン、エナリオサウリアの新しい死骸がまったくないことによる否定的な証拠の方が、これまで人々の頭で実在に有利と見なされてきた肯定的な陳述よりも強く実在を否定すると私は見る。目撃者による証拠の総体からすると、シーサーペントの証拠よりも、幻である証拠の方が多いのではないか[124]。

プレシオサウルスの生き残りという可能性に簡単に納得した科学者もいた。大地質学者にして古生物学者でハーバード大学にいたルイ・アガシーもそうだった。アガシーは、地球の歴史の中に「氷河期」があったことを唱えた初期の人々の一人として有名になったが、それほど知られていないことながら、シーサーペントを先史時代からの生き残りとしたことでも語り継がれる。アガシーは一八四九年三月におこなった講義でこのことに触れた。

私は考えた……シーサーペントのような動物はいないのかどうか。そのような動物が解剖用メスの下にもたらされるまではその存在を疑うという人も多いが、信頼できる多くの人に見られてもいるので、どこまでも疑うのは間違っているかもしれない。しかし真実は、博物学者が手にしている遺骸からイクチオサウルスやプレシオサウルスの外形をスケッチしなければならないとしたら、すでに描かれているシーサーペントによく似た絵になるだろうということである。私はやはり、おそらくノルウェーや北米の沿岸にいる誰かが、この種の、すでに絶滅したと思われている爬虫類の生きた例を見つける幸運に恵まれることになるだろうと考えている。[125]

アガシーはこの見解を、一八四九年六月一五日に書かれた手紙で増幅し、シーサーペント目撃の「すべての報告を支持する立場にはありませんが、「私が受け取っている証拠からすると、博物学者にはまだ知られていない、イクチオサウルスやプレシオサウルスの仲間の何らかの大型海洋爬虫類の存在を疑うことはもはやできません[126]」という結論を出している。

明らかにプレシオサウルスに似た動物というこの新型の目撃の例は、英国海軍軍艦フライ号からの報告で、一八四九年の『ゾーオロジスト』誌の編集人、エドワード・ニューマンによって述べられている。

ジョージ・ホープ艦長閣下は、カリフォルニア湾上の英海軍艦フライ号で、海が申し分なく穏やかで透明だったとき、海底に大きな海洋動物がいるのを見た。頭と全体の形はワニのようだが、首はもっと長く、脚ではなく四枚の大きな鰭、ウミガメにあるような鰭があった。……その動物ははっきりと見え、その動きは容易に観察できた。それは海底で獲物を追っているようだった。[127]

一九五九年、未確認動物学の先駆者ウィリー・レイはフライ号の報告を「私見では非常に重要[128]」と規定したが、なぜそう思ったのかはよくわからない。レイが記すところでは、この事例は「嘆かわしいほど細部が足りない」が、実際はそれよりもひどい。話は根拠薄弱な伝聞だったのだ。ニューマンの言い方では、「ホープ艦長はこの報告を仲間内でおこなった。何かの会話の話題として、私がそれが語られた相手のジェントルマンから聞いたとき［強調は付加］、私は尋ねた」という。つまり、ニューマンはホープが社交的な場で自分は変わった外見の動物を見たことがあると述べたという話を、名指されていない情報源から聞いたということだ。話はそれでおしまいにしてもよさそうなものだが、奇妙なことに、ニューマンはさらに、フライ号の事例は「私にはあらゆる点で今世紀で最も興味深い博物学的事実で、地質学で認められ、流行している仮説のいくつかと同じように、完全に天地をひっくり返すように見える[129]」と論じる。その弱点にもかかわらず、この報告に影響力があるのは、それが多くの人が真実であってほしいと思う仮説を追認するらしいからだ。

しかし希望的思考をもってしても、後の「プレシオサウルス仮説」支持者、ルパート・グールドが、話にはニューマンらが気づかなかった欠陥があることを指摘するのは止められなかった。「この問題がそんなに重要なら、なぜ（と思うのだが）ニューマンはホープ艦長と接触して、この話の直接の体験談を（できれば文書で）得なかったのだろう。可能ならそれを確認する証拠とともに。結局、この話で最も顕著な特色は、時と場所、正確な日付のような初歩的なデータがないということである[130]」。目撃から一世紀後、グールドは艦の日誌とホープの経歴の詳細をつきとめようとした。ホープは副長時代、確かにフライ号に勤務していた。ニューマンが怪物の話を又聞きするより一〇年前のことだった。しかし怪物を見たという記録はまったくない。グールドが要約するように、「この動物が（ともかく見られたとして）、ホープ以外の誰かが見たようには見えない。つまり話は「あまり重みがあるとは見なせない」。その通りだ。

フライ号の話は、新しい化石の発見が持つ、シーサーペントのためにギリシア・ローマ時代の海馬に基づく形態とはまた別に利用できる主要な文化的ひな形を紹介するという影響と、いわゆるシーサーペントの棲息地の地理的範囲の拡大の両方を示している。一八四九年には、もはや北大西洋にかぎらず、もちろんノルウェーにかぎらず、シーサーペントは太平洋側のカリフォルニア沖の快適な海にもしっかりと根を下ろしていたのだ。

シーサーペントがプレシオサウルスの生き残り集団に属しているという考えは、魅力を増し続け、定評のあるサイエンスライター、フィリップ・ヘンリー・ゴスはこの考えに明瞭に賛成する意見を述べた。その結論はこうだった。「私は、まだ科学的な動物学の範疇には入れてもらっていない巨大な体の海洋性動物が存在することに自信をもって納得していることを表明する。また、この動物が化石のエナリオサウリア〔プレシオサウルスを含む絶滅した海の爬虫類〕と近い類縁があると強く思う」[131]。これがゴスの経歴で最も変わった発言というわけではない。ゴスでいちばん知られているのは『へそ――地質学の結び目を統一する試み』という、聖書を字義通り解釈して、地質学での新発見を、神が実際には存在しなかった過去があったように見せる証拠を含めて生物の世界を造ったという自説と結びつけようとする著書だ（ゴスはある意味で正しかった。瞬間的創造の概念は、そもそものような虚構の先史を暗に想定しているのだ）[132]。この不幸な成果である創造主義的論拠のせいで、ゴスが当時、ポピュラーサイエンスライターの走りだったことはすぐに忘れられる。スティーヴン・ジェイ・グールドは、ゴスを「自然の魅力を人々に向かって細やかに語るイギリスのデーヴィッド・アッテンボローのような人」[133]だったと述べている。

ゴスはとくに、海洋生物に関する話題で重んじられた。塩水「水槽《アクァリウム》」で実験を始めた人々の一人で、アクァリウムという言葉自体が、それについての著書で普及し、家庭での趣味や、あるいは水族館の観光業を生むきっかけとなった[134]。

ゴスは、とくに目撃証言については懐疑主義の必要について述べながら（「どんな科学者も、どんなに文句なく信用できても言語道断な間違いの発言が自分に対してなされた事例と無数に遭遇しているにちがいない。情報提供者は、自分の眼で見たことを話しているだけだと何とはなしに信じている[135]」）、シーサーペントの目撃例はその存在を確かなものにすると納得していた。ゴスは先史時代の動物が生き残っている可能性について、推測だけに頼る必要はないと思っていた。「この点で、実際の証言が存在して、それに対して私は大いに価値を付与せざるをえない」と書いている。どんな証言だろう。おなじみ根拠のない伝聞、フライ号のジョージ・ホープの報告である。

ゴスはリチャード・オーウェンの「プレシオサウルス仮説」に対する異論（要するに、今日のプレシオサウルスの死骸や、恐竜時代が終わった後の骨が化石記録にはないということ）を取り上げ、現代のビッグフッターのように、現代の遺骸がないことは、現代にプレシオサウルスが存在することと矛盾しないと論じた（きっとその死骸は沈んでしまうのだろう。そしてこのめったにいない動物が辺鄙な海岸に打ち上げられるとしても、誰がそれに気づくだろう）。ゴスは、化石記録がないという証拠はそれで仮説を捨てるほどのものではないとも唱えた。ゴスの名を評判の悪い創造主義的な論旨でのみ知っている人々は、チャールズ・ダーウィンを是認して引いていることに驚くかもしれない[136]。

ダーウィン氏がうまく論じているように、我々が手にしている化石生物の標本は、系列が完全にそろったものとはとうてい言えない。ほとんどがなくなってしまう中で、たまたま条件が良くて保存された断片である。エナリオサウリアは、第二紀にはとくに豊富で、第三紀には稀になって、保存された断片的収集物では代表例とはならないが、それでも全面的に絶滅したわけではないかもしれない[137]。

たぶん、さらに驚くべきことに、ゴスはシーサーペント説を進化論の上に立てていた。

　私は見られている動物をリアス〔ジュラ紀の最初期〕の本物のプレシオサウルスと同一と言っているのではない。発見されているもののうち、長さが一一メートルを超えるように見えるものはなく、これは説から求められることを満たす長さの半分そこそこしかない。何かの種、あるいは属さえ、ウーライト期〔ジュラ紀中期〕から現在まで続くとは期待すべきではない。エナリオサウリア類が今も生きていることを認めるなら、一般的なアナロジーに沿って、おそらく、いくつかの絶滅種が持っていた目立つ特徴を合わせて、主だったおおまかな形を考えることになると私は思う。たとえば、ほとんど知られていないプリオサウルスは、プレシオサウルスよりはるかに大きく、きわめて長く伸びた首はないが、プレシオサウルスの特徴を多く持っていた。現存形が、基本的にプレシオサウルスだが、プリオサウルスなみの大きさがあるとしたらどうだろう[138]。

　ゴスのようなポピュラーサイエンスライターが背後にいれば、大衆娯楽もシーサーペント説を取り入れるのは意外なことではない。初期のSF作家は、今日の後継者たちと同様、物語の可能性のために劇的な科学的発見を期待した。そしてプレシオサウルスとイクチオサウルスが登場するとドラマチックになった。たとえば、ジュール・ヴェルヌの小説『地底旅行』（一八六四年）では、登場人物が秘密の地下の海で筏にしがみつき、「恐ろしい洪水以前の爬虫類、イクチオサウルス」と、「亀の甲羅のようなもので姿を変えた大蛇で、イクチオサウルスの恐ろしい敵であるプレシオサウルス」との戦いを目撃する[139]。アーサー・コナン・ドイルの小説『失われた世界』（一九一二年）やエドガー・ライス・バローズの『時間に忘れられた国』（一九一八年）の現代人の登場人物も、生き残ったプレシオサウルスを目撃し、それとかかわりあう。バローズの本ではドイツのUボートの乗組員がプレシオサウルスのステーキをうまいと言っている[140]。

このテーマはルパート・グールドによってさらに唱えられ、ホープのフライ号からの報告に対する批判にもかかわらず、目撃者の証言が未発見の種のうち三つを支持すると論じられた。中でも突出しているのが、「外形と構造が中生代のプレシオサウルスによく似た」巨大な動物である。グールドは、ゴスと同じことを言って、自説のために進化を持ち出した。「私は、最後の名指されたものは実際にプレシオサウルスではないかというのではなく、それはその子孫の一つであるか、同様の方向に進化したしたものではないかと言っている。いずれの場合にも、同じ特徴が多くあることにはほとんど疑いがないだろう。細長い首や尾、比較的大きな体に推進用の鰭といったところである[141]」。

「プレシオサウルス仮説」は二〇世紀を通じて人気を維持し、海馬のようなシーサーペントと共存していた。この二つの主なシーサーペントがどれほど劇的に異なっていても、世界中の海と怪獣のいる湖全体で互いに簡単に入れ替わる。目撃者はその場その場で、自由に文化的に使えるひな形を好きなように利用する。その結果、報告と再構成がきりなく入り交じった怪獣をもたらす。たてがみのあるプレシオサウルス、プレシオサウルスの頭をしたサーペント、ありえないほどとぐろを巻いたような背中が盛り上がったプレシオサウルスというように。たとえば、ネス湖の怪獣は、プレシオサウルス生き残り神話のイメージキャラクターのような地位にあるにもかかわらず、こうしたいろいろな形のどれにでもなれるし、他の形のものにもなる（まっすぐな伝統的シーサーペントも含め）。

ヒドラルコス——長さ三五メートルの化石シーサーペントか

一九世紀の化石化したプレシオサウルスなどの絶滅した海洋爬虫類は、プレシオサウルスに似た海の怪獣という長く続く新しい下位分類を生み、しかも従来から言われる海馬型シーサーペントの存在感も高めた。シーサーペントが見るからにありそうに思わせる劇的な化石による証拠の中でも、*Hydrarchos sillimani*《ヒドラルコス・シリマニ》と名づけられた生物の化石を再構成したものほど途方もない、あるいはこれほどぴったりのものはなかった（図5・25）。発見したアルバート・コッチ

図 5.25　アルバート・コッチが *Hydrarchos sillimani* と名づけた，合成された寄せ集めの化石.

によれば、これはまさしくあのシーサーペントの骨だった。海馬のような、巨大な頭が前脚の鰭から高くもたげられ、体はアーチ状で、尻尾がくるりと巻いている形で再現されると、それ以外のものではありえないだろう。ほんとに？

　このいかにも嘘くさい「長さ三五メートルの巨大化石爬虫類」（広告の謳い文句）は、一八四五年、ニューヨーク市で展示された。ローワーブロードウェイのアポロルームズだった（その三年前、ニューヨーク・フィルハーモニックがデビューを飾った大きなサロン）。二五セント（子どもは半額）を払って人々が集まり、化石シーサーペントを見た。[142] これはそこそこの稼ぎになった。ニューヨーク市では当時、一クォート（一リットル弱）のミルクが四セントだった。[143] 報道機関も群衆同様、度肝を抜かれていた。『ニューヨーク・デイリー・トリビューン』紙は、これを「我等が地球の地殻を形成する層から明るみに出された中で異論の余地なく最大の驚異」であり、アメリカの偉大さを永く記念するものと称えた。[144] 残念ながら、それは見た通りのものではなかった。

　化石収集を商売にしている「ドクター」アルバート・コッチは派手な人物だった。実績のある重要な化石ハンターで、恥じらいなく自分を売り込み、（何より）一級のペテン師だった。コッチが以前に発見した化石は、やはり利益目的で巡業し、宣伝され、ミズーリウム、つまり「ミズーリ州のレヴィアタン」の名で世間に紹介された。かつてミズーリ州の湖や川に潜んでいた、足に水かきのついた水棲動物だという。新たに出土した生物のコッチによる分析によれば、ミズーリウムはその硬い鎧（それにはいかなる「鉄の矢、銛、槍でも傷をつけることはできない」）と、「巨大さ、獰猛さ、力の強さ、泳ぎの速さ」で顕著だった。しかし「泳ぎの速さ」は誇張だったかもしれない。コッチの華麗な断定にもかかわらず（それにいくつかの追加の肋骨や脊椎が加えられていた）、ミズーリウムは実はアメリカマストドンだったのだ

（とはいえ、見事なアメリカマストドンだった）。大英博物館は、一八四三年にこの骨格が何と一三〇〇ポンドで売りに出されて買ったとき、それが何であるかは知っていた[145]。解剖学者でシーサーペント懐疑派のリチャード・オーウェンは、すぐにこの骨格を正しい解剖学的構造に復元した。この骨格は、今もロンドンの自然誌博物館に、「マストドン」と正しく鑑定されて展示されている[146]。

コッチが次の仕掛けとして、自ら体長三五メートルのシーサーペントの決定的な証拠を発見したと明かすと、それで群衆は集まったが、同時に精査の目も集まった。ヒドラルコスはできすぎていたのだ。実際そうだった。

ハーバードの解剖学教授、ジェフリース・ワイマンが、ニューヨークの展示のとき巨大な骨格を調べ、ただちにシーサーペントというのは間違いだと見てとり、自身の見解をボストン博物学協会に知らせた。まず、歯の根が二つに分かれていることから、ヒドラルコスの顎は爬虫類ではなく哺乳類のものであることは明らかだった。この鑑定で、シーサーペント説の科学的な可能性はなくなったが、この点が難点の筆頭だったわけではない。ワイマンにとって、脊柱が、「同じ個体に属していたことはありえないような骨が並んだもの」をつなぎ合わせていることは明らかだった。「それは骨化の程度が異なり、したがって、年齢が異なる個体に属していたとせざるをえないという事実からも明らかである[147]」。最後の難点として、ワイマンは、海馬のような鰭脚は、少なくとも一部が「骨ではなく、房に分かれた殻、つまりオウムガイの一種のくぼみを型にとったもの」で作られていることも発見した。「こういうことは、オウムガイの殻の化石の形に通じた者が調べれば、ひと目見ただけですぐにわかるだろう」。あたたっ。ヒドラルコスは一個の動物ではなく、キメラ〔寄せ集めの怪物〕で、複数の化石動物から骨を集めた彫刻のような創造物だった。絶滅したクジラ（今ではバシロサウルスと呼ばれる）のいくつかの標本が集められていた。

訓練を積んだ目には問題がこれほど明らかなら、このことでコッチはただの能力不足だったか意図的な偽造をしたかが明らかになっただろうか。コッチの能力という問題については、評決は今でもいささか分かれる。ある現代の歴史家は、「アルバート・コッチを単に当時の巧妙な興行師の一人だとして退けるのは公平ではないだろう。コッチは専門的な訓練は受けていなかったとはいえ、地質学的現象には鋭い観察眼があって、有能な博物学者だったらしい[148]」。それほど親切ではない人々もいる。とくに、イェール大学の地質学者ジェームズ・ドワイト・デーナは、コッチについては猛烈に批判し、コッチの論文は全体として「コッチ博士が地質学についてほとんど何も知らず、博士が地質学者とのつきあいから徐々に集めたものを広く利用しているが、正しく使えているところはほとんどない。動物学的な知識でも、同様に欠陥があった[149]」と書いている。

コッチの能力の水準にもかかわらず、二つの真実が浮かび上がる。コッチが見つける化石は本物で壮大だったこと。コッチはその化石について意図的に嘘を言っていたこと。デーナは「コッチ博士はほら吹きだった」と言って、こうまとめた。自身の説が「ばかげていることをコッチは認識していた」が、自分の展示物を見物料を払って見に来る「人を集めるためだけに」それを作った[150]。デーナは、コッチがミズーリウムは聖書のレヴィアタンに想を得たものだというありえないことを平気で唱えることや、そうしておいてまじめな顔をしてそのレヴィアタンはヒドラルコスに基づいていたという説を広めるところを証拠として挙げた。

ワイマンは、元のヒドラルコスに関する暴露を補足して、ある同業の学者への手紙でこんな説明をした。「コッチ博士は、といっても本当の博士ではないが、洞察力のある人物で、骨について、獣の性質について見解を述べられるだけの知識がある人は少ないこともよく知っている」[151]。そうして、コッチのシーサーペントのもとになった化石クジラの骨の本当の出どころを決める助けになるさらなる情報を求めていた。骨はすべて、生物のような集合体としてひとまとめで見つかったとコッチは主張していたが、それは複数の個体からのものだというワイマンの発見は、コッチが「ただの偽造者」であることを示していた（ボストン博物学協会の判断もそうだった）。もちろん、ワイマンの見解は、コッチが骨を発見した地域の住人、リスター博士にも追認された。リスターは調査し、ボストンの科学者に知らせてきた。

コッチ博士は地表あるいは地表近くにある、ヒドラルコスを構成する骨の大部分を見つけた。それは自然な姿勢で横たわったつながった列をなしてはおらず、あちこちに散乱していた。前端部、肋骨、脊椎の骨がいくつか見つかって数日後、博士は三〇キロほど離れたクラーク郡で他のいくつかの骨も手に入れ、現地から一〇キロ余り離れた別の場所では、荷車何台か分の骨を手に入れ、そこで最も興味深い部分を得た[152]。

興味深いことに、この話の大部分は、他ならぬコッチ自身の内部資料によって補強される。コッチの旅行日誌には、不完全な骨が埋まった最大の場所の発見について書かれている。おそらくヒドラルコスを作るために用いられたものだろう。「柔らかい部分が分解した後、骨がしばらく石化しないで埋まっていた……骨格の個々の骨はずれていた。もちろん、肋骨の一部、足の骨、尾椎骨のいくつかはまったく失われていた」。ゆるく「半円のような」形に並んでいたが、残っている骨は損傷を受け、散らばっていて、頭の残存部分は「完全に逆向きになっていた」。それでもコッチは、「全体として、失われている部分が人為的に埋められるほどの量は存在すること」に自信を抱いた[153]。そして今や私たちが知っているように、実際そうした。人為的に、また、他の採取地の骨を使って非常に創造的に仕立てたのだ（バシロサウルスの脊椎はこの地域ではよく見られ、暖炉の石に組み込まれたり、庭の門の土台になったり、「ある黒人が枕に」使っていてさえいたとコッチは書いている）。

さらに顕著なことに、コッチの日記は、こうした化石が「ジゴドン」（*Zeuglodon*《ゼウグロドン》の転化）に属しているとしている。これはバシロサウルスの別名だ。コッチは最初からヒドラルコスが驚くべき新種ではなく、すでに他の博物学者によって発見され、記載され、標本にされていた属であることを、明瞭に理解していた。コッチの日記は、本人が意図してこのときの化石狩りを「アラバマ州のジゴドンが見つかる地域[154]」で実施したことを明かしている。さらに、コッチによる「ジゴドン」という用語の使い方は、自分の言うシーサーペントが哺乳類であることをあらかじめ知っていたことも明らかにする。ゼウグロドン属はリチャード・オーウェンが唱えたもので、一八三九年に不正確な名、バシロサウルス（王様とかげ）と名づけられたものの骨をオーウェンが調べ、「この化石はクジラ目に属する哺乳類である」ことが明らかになった。ワイマンが六年前にコッチの標本を調べたときに知ったように、オーウェンは、この動物の歯の根が二つに分かれていることを動かぬ証拠とした。こうしてオーウェンはゼウグロドン（つなぎ合わされた歯）と名づけなおした[155]。

とは言うものの、コッチのいわゆるシーサーペントを構成する骨は稀少であり、貴重だった。ヨーロッパの科学者からの見識ある批判にもかかわらず、この寄せ集めはプロイセンのフリードリヒ・ヴィルヘルム四世国王に買い上げられ、ベルリンの王立解剖学博物館のヒドラルコスを保守するために、コッチに終身年金を与えた[156]（残念ながら、ヨーロッパの多くの自然遺産、文化遺産と同様、第二次世界大戦のときに破壊された)[157]。またしても、ロバート・シルヴァーバーグの言う、「超怪獣を作るのを仕事」にした不誠実な「ドクター」アルバート・コッチに太っぱらな報酬が与えられた[158]。

誤った目撃――世界的伝説の火付け役

グーグルNグラム〔文献資料全体の中に検索語がどのくらいの頻度で現れるかを表示するサービス〕で大文字小文字を区別して「sea serpent」と「Sea Serpent」の検索を実行すると、驚くことではないが、英語の本でのこの語の頻度が一八四九年(一八四八年のディーダラス号の件の直後)に急激に上昇し、その後二度と再び達しないような高みに達していることがわかる[159]。これほどの名声は鎮まったが、シーサーペントが闇に退くことはなかった。真に世界的な伝説となって、シーサーペントは、船が航海する先、海に眼が向く先どこにでも姿を見せ続けた(塩水ともかぎらず、内陸にも姿を見せ、エリー湖〔いわゆる五大湖の一つ〕やオカナガン湖〔ブリティッシュコロンビア州〕の淡水域の伝承にもすべり込んでいる)。

シーサーペントは本や大衆文化で栄えただけでなく、世界中の目撃者によれば、自然界でも栄えた。そういう人々が何かを見たとして、実際に見たのは何だろう。それに答えるために、一旦停止して、まず他の超常現象と言われるものについての批判的文献から一つ、二つ、見解を取り上げるのがいいかもしれない。というのも、リチャード・オーウェンの洞察を受け売りすると、「目撃者による大量の証拠は、シーサーペントの証拠というよりも幽霊の証拠になるのではないか[160]」ということがあるからだ。

UFO、幽霊、ビッグフット、念動力、信仰による治癒などの、よくわからない超常現象を考えるとき、支持者は、目撃者に依存する事例の根本的な脆弱性二つを何とかしなければならない。人は嘘をつくということと、人は間違うということだ。伝統的には、こうした現象を支持する人々は「火のないところに煙は立たない」論法で応じてきた。

- 目撃者による遭遇が多数ある。
- すべての遭遇例が嘘か間違いだと言うほどそれがありふれていると考えるのには無理がある。
- したがって、超常現象との遭遇例のいくつかは本物の超常的な出来事である。

しかし一九九五年、集団遺伝学者のジョージ・プライスが広く読まれた論文で説明したように、この論法は話が逆だ。プライスの批判は、超感覚的知覚《エクストラセンソリーパーセプション》（ESP）に関する研究における不正に焦点を合わせているが、その論法は、シーサーペントの目撃例にもあてはまる。

我々が不正の可能性を考えるとき、ほとんど決まって、個々の人のことを考えて、この特定の人物、このX教授が不正直であることはありうるかと考える。確率は小さそうに見えるが、その進め方は正しくない。正しい手順は、X教授について、その超能力の発見がなかったら、我々は聞いたこともなかった可能性が高い点を考えることだ。そうすると、関心の対象となる確率は、世界のどこかに、そこで暮らす二〇億人以上の人のあいだに、超自然現象を示す偽の証拠を作る欲求と能力をもった人が何人かはいた確率ということである[161]。

目撃者と研究者の両方による意図的な不正が、未確認動物学にとっては深刻な（たぶん台なしにするほどの）問題であることはすでに見たが、不正はしばらく除外しておこう。プライスの論証は、実は違っていたという誤認によるエラーの問題にも当てはまる。不正の場合と同様、未確認動物学者はしばしば、しかじかの目撃例でのまっとうな観察者は、通常の現象や動物を未確認動物と誤認してはいないだろうと論じる。この懐疑派への応じ方はふつうにある。「シーサーペントを見る人々はアザラシをよく知っているので……そんな間違いをしそうにはない」[162]。それを拡張して、多くのまっとうな観察者が未確認動物を見たと報告しているのなら、その目撃例は相当の比率で本当であるはずだ。そうだろうか。そうあっさりとは言えない。

プライスがＥＳＰ研究者について指摘したように、この論法は逆方向から証明に向かっている。未確認動物を見たと唱える人々は、無作為に選ばれた平均的な観察者ではない。地球にいる何十億もの人の中の、未確認動物を見たと唱える人々というごく小さな分離された集団にすでにふるい分けられている人々に属している。不正の問題を無視したとしても、大数の法則にぶつかる。十分に大きい数があれば、ありそうにないことも必ずあるのだ（マイケル・シャーマーがよく言っていたように、「大数の法則は、確率が一〇〇万分の一の奇跡でも、アメリカで一日二九五回は起きることを保証する」[163]）。人間一般がまっとうな観察者であるというあやしい説を認めてもよいし、誰もがほとんどの場合正しいという非現実的なことさえ想定してもよいが、それでもふつうの動物、物、出来事を未確認動物であると誤認する、ごくわずかな集団があると予想される。そうならざるをえないのは、単純に、何十億もの人が何十億ではきかないものごとを見ているからだ。

しかしそういうことだからといって、理論的な論証に頼る必要はない。もちろん憶測の必要もない。他の未確認動物の場合と同じく、シーサーペントを目撃したものの実はそうではなかったという記録はたくさんある。資料の残っているいくつかの誤認の例と、そのいろいろな理由を見てみよう。

・もっと小さい動物

目撃者がたいてい、蛇のような形の動物を見たと言っているわけではないことを認識しておくことが重要である。むしろ、とびとびの螺旋、こぶ、黒っぽい丸い物体の列と言い（「ブイの列のような」というのが典型[164]）、水面の下でつながっているのだろうと推測している。もちろん問題は、そのような目撃はそもそも曖昧だというところにある。とてつもなく大きいサーペントのような動物は、ブイの列に似ているかもしれないが、小さなものが集まっても（たとえば実際にブイが並んでいたとか）、ブイの列に見えるだろう。そのため、アザラシ、アシカ、イルカ、水の流れは、常に、実はそうではなかったシーサーペント目撃例のわかりやすい正体だった。エドワード・ニューマンは、一八五四年、ノルウェーの海にはよくいる、樽のような形のタテゴトアザラシが、シーサーペントを見たという報告になりやすいことを記している。

このアザラシは、頭だけ水面から出して、一列になって泳ぎ、「物まねゲーム」（「リーダー」のすることを必ずまねる）をするのが好きだ。先頭のアザラシがくるりと体をひねったり、空中にジャンプしたりすると、群れのそれぞれのアザラシが次々と進んで、同じ地点で、同じことを、同じようにする。こうした特異な進行を見ていると（何度も見る機会があった）、この外見について言われることがある「グレート・シーサーペント」の名で広く知られる説明を考えてしまうこともあった。……私は誰でも、ロマンのかけらもない博物学者ならともかく、私が今述べようとしたような光景を初めて見れば、本気で伝説の怪獣が眼前にいると信じてしまいかねないのは理解できた[165]。

図 5.26　テキサス州ガルヴェストン付近のセントオラフ号で目撃されたシーサーペント．サメの群れが船を横切ってから「およそ２分後」のことだった．

ニューマンは正しかった。アザラシの群れはシーサーペントと間違われる。キャドボロサウルスを支持するポール・ルブロンとエドワード・バウスフィールドが挙げる例では、ブリティッシュコロンビア州の二人の警官が「馬のような頭をした巨大なシーサーペント」を見たが、結局、双眼鏡で見ると、「サーペント」は七頭のアシカの集団だということがわかったという。『プロヴィンス』紙が伝えるところでは、「アシカが群れをなして上下動すると、つながった胴体のようになって、水中から出たり入ったりすると、中間の部分があるように見えた。肉眼には、その光景は文句なく海の怪獣のように見えた」[166]。

同様に、イルカの群れもシーサーペントに見えることがある。怪獣説を唱える人々は、この説明を馬鹿にすることが多いが（ウィリー・レイは「自分で時間をかけて知ろうとしない多くの人々が好きな『説明』の一つ」と呼んだ[167]）、私は自分でもその錯覚をしたことがある。ワシントン州シアトルとブリティッシュコロンビア州ビクトリアを結ぶ歩行者用の小さなフェリーの窓の前の座席に腰を下ろしていて、私は昼日中にキャドボロサウルスを見た。くねる螺旋に気づいたとき、私の心臓は口から飛び出しそうになった。「プロの懐疑派」が見たのだ。声に出してそう言いたくなった。観察を続けてやっと錯覚と見きわめをつけられたが、そうなっても、頭ではそのイルカをシーサーペントだと解釈しようとしていた。ピュージェット湾のイルカの群れは、一八七二年にテキサス州ガルヴェストン付近のメキシコ湾で目撃された後でスケッチされたものにきわめてよく似ていた（図5・26）。三本マストのセントオラフ号のハッセル船長によれば、サメの群れが舳先の下を通過して、およそ二分後に、乗組員が長さ二〇メートル以上のシーサーペントだと言った。しかし「サーペント」のスケッチが示しているのは三つか四つの別々の丸みのある物体だ――それぞれに目立つ三角形の背びれがついている。それははっきりとイルカ、あるいはサメだと言っている。どれもこの地域で見られるものだ（もちろん、そういうことがあったと仮定してのこと。アントニ・コルネリス・アウデマンスはこの件についてこう書いている。「以下のことが本当の捏造か視覚の錯覚かは知らないが、私は捏造だと思う[168]」）。

　多くの未確認動物学者の見方からすると、こうした「一列に並んで泳ぐXの群れ」という説明はこじつけに見える。「世界中の他の多くのものが『一列に並んで泳いで』目撃者を騙してシーサーペントか湖の怪獣のとぐろだと思わせるのなら、そういう視覚的実証の写真はどこにあるのか」とローレン・コールマンは問うた[169]。コールマンはだじゃれに訴えて、この説を「かわうそ《アタリー》のように馬鹿げている」（「otterly」。「完全に」の意味の「utterly《アタリー》」をかけている）と呼んだが、一週間後には、仲間の未確認動物学者ジョン・カークに指摘された写真を投稿して、「この行動が観察され、撮影されたことがある明瞭な例を送られた[170]」ことを認めた。自然学者は多くの種でそのような行動を観察しているが、広く見るとそれも外れだ。錯覚は一列になって進む動物のせいではなく、単純に群れをなした動きのせいにすぎない。以下はシーサーペント文献に関係して認められているごくささやかな事実の一つだ。透視図法的な遠近感の効果によって、海上の遠くにある何かの群れが、小さな船や海岸のような、海面近くの高さから見ると、一列をなしているように見える。この効果は台所のカウンターで観察することもできる。小さい物をいくつか、カウンターの一方の側にランダムに見えるように並べて、反対側でかがんで真横から見るだけでよい。私はこれを工作用の粘土の塊でやってみた。ご覧あれ、シーサーペントだ（図5・27）。カワウソやカモやイルカなど、多くの動物が水面を群れになって泳ぐ。透視図法的に見ると、多くのものがシーサーペントのように見える。つまり、実際にはそうでなくてもシーサーペントを見たと信じる目撃者がいることは予測されることなのだ。そこであらためて理論に依拠する必要がある。この結果は未確認動物学の中でも十分に事例が挙がっている。たとえば、ネッ

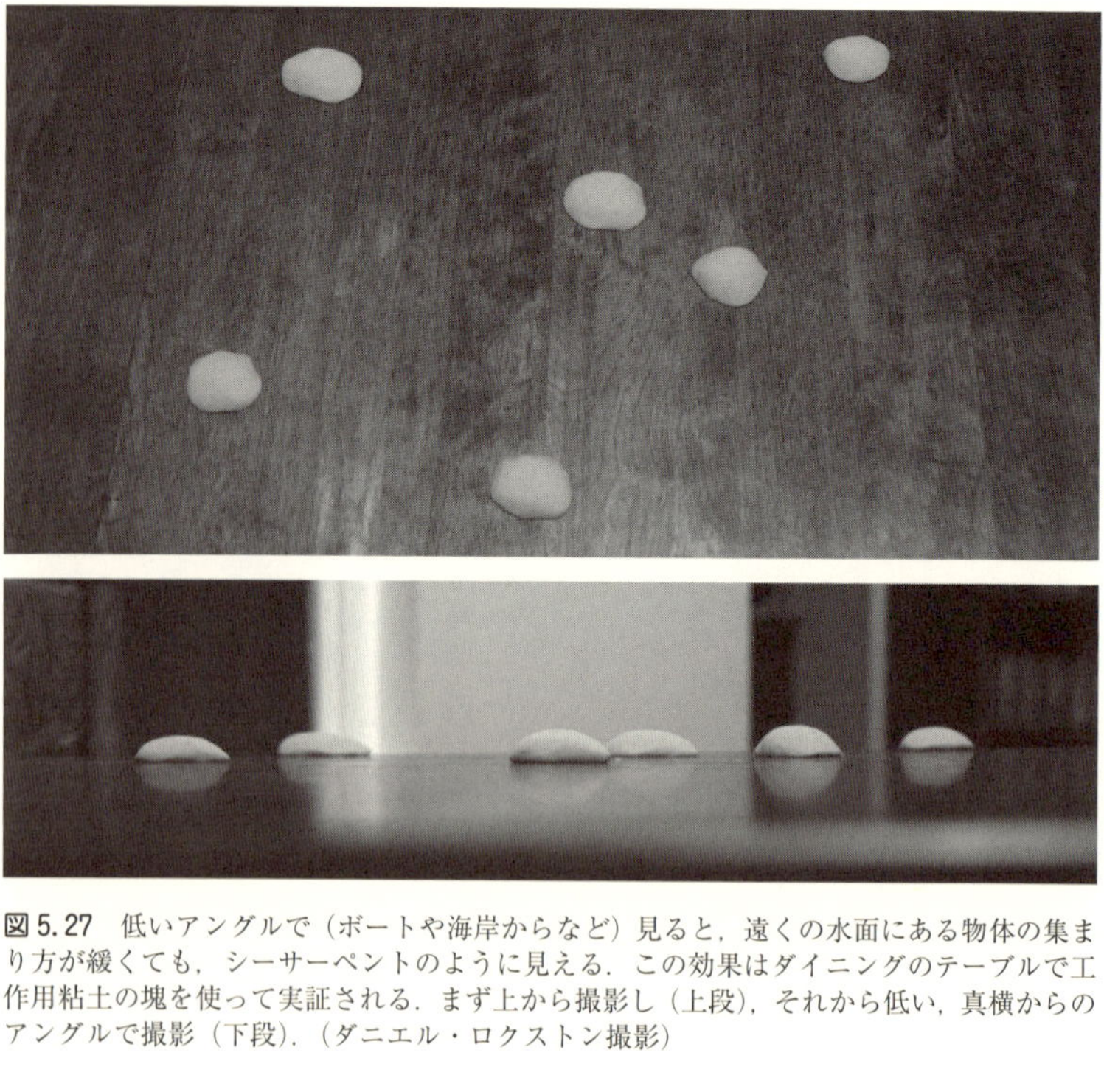

図 5.27 低いアングルで（ボートや海岸からなど）見ると，遠くの水面にある物体の集まり方が緩くても，シーサーペントのように見える．この効果はダイニングのテーブルで工作用粘土の塊を使って実証される．まず上から撮影し（上段），それから低い，真横からのアングルで撮影（下段）．（ダニエル・ロクストン撮影）

シーを目撃したアレックス・キャンベルの鳥の群れの誤認がそうだった。

私がモンスターだと思ったものは、何羽かの鵜にすぎず、頭と見えたものは、鵜がよくやる、水面に立ち上がり、羽ばたいている姿だったことがわかった。他の鵜は先頭の鵜の後に一列に並んでいて、薄暗い中でちらっと見ると、いろいろな目撃者が語ってきたモンスターの背中のように見えた[171]。

アシカなどの動物の群れがシーサーペントと誤解される一方、錯覚はつかのまのもので長続きしないと考えたくなるかもしれない。何と言っても、今しがた挙げた例では、目撃者は自分では錯覚と見抜けたではないか。ただ、この種の間違いは、イアン・マクタガート＝コーワンによれば、必ずしも一瞬のものではない。一九五〇年、ブリティッシュコロンビア大学動物学科の教授だったマクタガート＝コーワンは[172]、『マクリーンズ』誌に対して、この錯覚が人々に思い込みを与え、それが残り、太平洋岸北西部のシーサーペント、キャドボロサウルスを本当に見たという話となって印刷されると説明した。「コーワンが言うには、『私がキャドボロサウルスと報告されたものを見た二度の例では、いずれの場合もキャドボロサウルスは一頭のアシカに他の二頭が続いていたものだった。確かにシーサーペントと思うような姿をしていたことは認めなければならないし、それをアシカだと認識しなかった経験が浅い人を責めることもできないだろう。いずれの場合も翌日の新聞ではキャドボロサウルスが目撃されたという記事になっていた[173]』」。

●海藻　人がふつうの動かない海藻を生きた怪獣と見間違えることがあるという考えは、誰もが馬鹿にしてきた。「この仮説は我々の側から顧慮するには値しないのは言うまでもないだろう」とアウデマンスは鼻で笑った[174]。シーサーペント報告をすべて海藻で説明できるわけではないのは確かだし、それは当然でもある。未確認動物学のどちらの側にいようと、一つだけの説明を求めるべきではない。一つの未確認動物の正体は一個の動物で、これか、そうでなければあれか、というのではなく、傘のようなもので、その下に様々な報告がまとめられている。新しい生物の本当の目撃が、そういう傘の下に集められた証拠の中に入ることもほとんどありえない。入ったとしても、非常に幅広い現象で生じた多くの偽の例とごちゃごちゃに入り交じっている。

シーサーペントの誤った報告を招くものとして知られているものの一つが海藻で、その堂々たる大きさのいかにもサーペントらしい例は、世界中の海を漂っているのが見られる。海藻を怪獣と見間違えるような初歩的に思える間違いをするのは新米の船乗りばかりでもない。経験を積んだ乗組員の集団が、まさにこの間違いをしたことがある（しかも昼日中に）。たとえば、一八四九年には、ブラジリアン号の船長J・A・ヘリマンが、望遠鏡で明らかにシーサーペントと思われるものを目撃した。この巨大で活発な生物は、頭を高くもたげて泳いでいた。首から垂れ下がるたてがみも、先が分かれた尻尾もはっきり見えた。ヘリマンは航海士と何人かの乗客に声をかけ、その全員が「しばらくその物体を調べて、満場一致でそれはシーサーペントに違いないと見た」。最近のニュースで広く知られていたものだった。ヘリマンは銛をつかみ、ボートを下ろすよう命じ、追跡した。

しかし戦いは危険でも何でもないことを、船上の人々は感づいた。物体に近づいてみると、それはただの巨大な海藻で、明らかに珊瑚礁ではがれて、そのあたりの緯度では常に西へ向かう海流に乗って流れてきたもので、膨張していたのでくねくねとした蛇のような動きをしていたのだった[175]。

ヘリマンが追跡を命じていなかったらこんな話が歴史に記録されることもなかったことをよく考えなければならない。海藻を「捕獲」する機会がなければ、このときの話も、日中、熟練の船乗りも含めた多くの目撃者が見た、重要な、長く伝えられる目撃例として残ることになる。

ブラジリアン号の例が特異なのでもない。一八五八年、ペキン号のスミス船長は、ほとんど同じ経験を伝えている（一八四八年のことと言われている[176]）。スミスの回想では、「望遠鏡で明らかに巨大な頭と、長くもじゃもじゃとして見えるたてがみのようなもので覆われた首が識別でき、それが間を置いて繰り返し水中から上がっていた。これは全員が見て、大シーサーペントだと断言された」。スミスは怪獣を追いかけるためにボートを送り出した。乗組員がその生物を引き上げて、衝撃を受けた。それは（もちろん）ただの海藻だったのだ。またしても、経験を積んだ船乗りが、ふつうの海藻を、昼日中、怪獣と間違えていた。「つまりこれは生きた怪獣のように見えるということで、何かの事情でボートを送り出せていなかったら、きっと、自分は大シーサーペントを見たんだと信じ込んでいたはずだ」とスミスは警告している[177]。

漂う海藻に向かって武装した兵隊が発砲したという派手な事例さえある。インドの要港マドラス港を預かる政府の役人、J・H・テイラー大佐の回想によれば、

一五年ほど前……巨大な怪獣に見えるものが、港に漂って来る、あるいは進んで来るのが見えた。

長さは三〇メートル以上あり、くねる蛇のような動きで進んでいた。その頭には長い髪のように見えるものが冠のようにあって、おびえて見ている中の視力の良い者が、目が見えて、姿形がわかると断言した。軍が呼ばれて、四五〇メートルくらいの距離で弾が撃ち込まれた。何発か当たって、破片が飛んだ。明らかに重傷を負っていて、それがうろうろしていた地点で動かなくなったところで調べてとどめを刺すためにボートが出て行った。それは先に言った海藻の一部だということがわかり、深傷を負わせたと思った後で静かになったのは、大波に揺れていたところから、静かな湾に入ってきたことによる(178)。

・船の航跡と波

シーサーペントが静かな海でこれほど見られるというのはきわめてよくわかる。エリック・ポントピダンが一七五五年に言っているところでは、「それが水面で見られることは、最も静かなとき以外にはない(179)」。これは当時から多くの他の著述家や目撃者が何度も繰り返した見解だ。アウデマンスは、こうした状況が記述される例を何十と挙げて、「明らかに、動物は好天で風もないときに快適と感じる(180)」と結んだ。そういう状況はあまりにありふれているので、シーサーペントは波や風に耐えられないほどかよわいのかもしれないと論じた人もいるほどだ。

もちろん、静かな海も、航跡をシーサーペントと間違う絶好の条件となる。怪獣目撃のありふれた説明にとらわれてしまう懐疑派は多い。自然学者のヘンリー・リーは、重要なシーサーペント事例をほとんどすべて、巨大イカの誤認だと解釈した。私はそのような特効薬的な説明には反対することを強く薦める。偽のシーサーペント目撃は明らかに幅広い現象から生じているが、私は航跡原因説は過小評価されていると確信している。静かな海と適切な明るさがあれば、通過する船舶が残す特徴的な

V字形の波は、きわめて説得力のある錯覚を生むことがある。二つの航跡がぶつかっても、それぞれが意図を持っているように進み、うねうねと動き、黒っぽい色のこぶの列に見える。航跡がどのように進むかを認識している人は少ない。目撃者が見る航跡は、発生源から何キロも離れていて、近くに、あるいは見える範囲のどこにも船がいないので、自分が見たのはシーサーペントだと判断することになる場合もある。シーサーペントに似ているのは航跡だけでもなく、自然に発生する波もやはりこの作用がある。波は要するに波で、相互作用をして打ち消しあう場合もあれば、強めあう場合もある（トランポリンをする若者にはおなじみ「ダブルバウンス」〔ジャンプしている人が下りて来るのを見計らって外からその地点に飛び込んで、トランポリンの反発を強めて高く跳べるようにする〕に似ている）。比較的穏やかな海でも、サーペントのような自然な波が立ち上がることがある。そしてもちろん、自然な波も航跡と干渉しあう。

私は多くの一般向けの怪獣本の多くに航跡の写真やそれを記述したものがあるのに納得している。実際、そうでないほうが驚きだろう。今度船着き場や海岸の近くに行ったら（あるいは怪獣本を読んだら）、この錯覚を目を皿のようにして見つけてみよう。まっとうな人が見ていても、状況によっては、自分がシーサーペントを見たと思い込めるような波を見つけるのに長くはかからない。忘れてはならないのは、しかじかの見間違いを招くためには、どんな状況でも多くの人にとって説得力があるように見える必要はないということだ。航跡を見間違う人が一〇万人に一人、一〇〇万人に一人、一億人に一人だけだとしてみよう。航跡や波が一年に数人の人に思い込ませれば、それで怪獣伝説の大きな部分となるのだ。

キャドボロサウルス——北米北西部のシーサーペント

大シーサーペントは過ぎ去った時代の謎のように見えるかもしれない。山高帽や御者の鞭と並べられるような、廃れた伝説だと。しかし、それが科学的関心や世間の信用を最も得たのは蒸気の時代だったかもしれないが、伝統的なシーサーペントは今も目撃されている。今日になっても、未確認動物学者はこの「水棲巨大サーペント」が存在する証拠を求め続けている。

海馬に想を得たノルウェーのサーペントの最も知られた現代版が見られたのは、ヨーロッパ沖の北大西洋ではなく、北米北西部の太平洋だった（図5・28）。このビクトリア時代の伝説の生物は二〇世紀に泳ぎ着き、ふさわしいことに、カナダのビクトリア市（バンクーバー島の南端）の沖に現れた。ブリティッシュコロンビア州の州都ビクトリアは、クルーズ船の港で賑わう観光地だ。今日では庭園都市として宣伝しているが、一九三三年の頃には、もっと神秘的なことで世界に名

図 5.28 *Cadborosaurus willsi* と名づけられた動物の馬あるいはラクダに似た頭.（ダニエル・ロクストン画）

をとどろかせていた。二五メートルもあろうかという海の怪獣だった。伝説によれば、それは恐ろしい、原始時代の怪獣で、脚は鰭状、アーチ形の尻尾とたてがみがあり、頭は馬かラクダのような巨大サーペントだった。しかし、その伝説のそもそもの起こりはどうだったのか。時代違いの怪獣がブリティッシュコロンビア州やワシントン州の冷水の中で、見つからずに泳いでいるとなぜ思い込むことになったのか。この問いを解く鍵は、歴史上のある一つの時期にある。

一九三三年にいるとしよう。大恐慌が家庭の暮らしを苦境に追い込んでいた。『ビクトリア・デイリータイムズ』紙のアーチー・ウィルズがオタワ〔カナダのほぼ反対側〕まで出かけたときの回想では、

まず国中を覆う不況の壊滅的な影響を見てみよう。オタワでは、議事堂近くで人々が野宿し、道端で施しを求めていた。列車で移動しているとき、何千という若者が列車に乗り、客車にすし詰めになっているのを見た。みな仕事がない中でそれでも仕事を探している。ホームレスの家族もいくつか見た。カムループス〔ブリティッシュコロンビア州南部〕では、〔鉄道〕橋の下で食べるものなら何でも探している若者も見た。その状況に私は衝撃を受けた[181]。

海外からのニュースもやはり暗かった。新聞の見出しは、ヒトラーについてのさらにひどいニュースも報じていた。ナチスによる新政府と他のヨーロッパの間で緊張が高まり、戦争の可能性がますます強まるようだった。

ウィルズは続ける。「この混乱の時期にビクトリアに戻った後、新聞に少しのユーモアを入れようとすべきではないかと思い当たった。シーサーペントがこの国の海で戯れているという噂が広がっていて、

私はその話を周到に扱えば、少しおもしろいことができるのではと思った」[182]。ウィルズはサーペントを広めるための自身の動機について率直に語っている（人々は悪いニュースだらけの中で、それとつりあいを取る回復材料を必要としていた。もちろん、新聞社も稼ぐ必要があった[183]）が、危機のときにシーサーペントに目を向けた新聞編集者はウィルズが最初ではなかった。『クリティック』紙は一八八五年にこう言っている。

警察官とシーサーペントには違いがある。必要なときに警官はいないとよく言われる。しかしシーサーペントが必要なら、こちらは必ずにここにしてやって来る。ネタに困った新聞記者がシスター・アンを、どこかで「あっと言わせる事件」を見つけることができるかどうか試すために取材に送り出す。こうした水棲ヘビが、高い知能を持ち、自己犠牲精神にあふれたお人好しであることの証拠としては、それが新聞がネタ切れになるちょうどそのときに現れる正確さ以上のものはない[184]。

一九五〇年のインタビューで、ウィルズは「キャディは心理学者ですよ」とまで言っている。あまりに完璧なタイミングは「無視できない」とウィルズは意味ありげに言い、「その当時は確かに気晴らしが必要だった」とも言う[185]。

『ビクトリア・デイリータイムズ』が一九三三年のサーペント記事の後ろ盾になり、同紙が「キャドボロサウルス」と名づけた動物（あるいはキャディとも。この動物のお気に入りの場所とされるキャドボロ湾にちなむ）はメディアの寵児となり、ロンドン、ロサンゼルスから、ニューヨークに至る、各地の『タイムズ』紙の見出しになった[186]。しかし伝統の大西洋のシーサーペントはどうやって太平洋に住むようになったのだろう。ウィルズが一から作ったのではないと仮定すると、サーペントについての「噂」はどのように始まったのか。そしてなぜ、一九三三年、つまりネッシーが生まれたのと同じ年だったのか。

私の強い疑念は、キャドボロサウルスは映画『キングコング』に、あるいはもっと言えば、スコットランドのネス湖で見つかったばかりの、やはり『キングコング』に基づいていた怪獣をめぐる世界的報道に触発されたのではないかということだ。事件はどう進展したかを見てみよう。

ウィルズによれば、それは文字どおり、大したニュースがない日に始まった。ウィルズは回想する。「ある朝、『タイムズ』の記者室は暇だった。サツ回りの記者は酔払いの事件さえ手に入れられずに取材から帰っていた。この記者はやけになって大声を上げた。『何人かがキャドボロ湾でシーサーペントを見た』と言ってるんですよ。こいつをトップにしませんか」[187]。ウィルズは記者のテッド・フォックスを、まず目撃者のW・H・ラングリーと、別の目撃者フレッド・W・ケンプのインタビューに派遣した[188]。翌日、一面に大見出しが踊った。「ビクトリア沖で巨大シーサーペント。複数のヨットマンが語る」[189]。これはビクトリア市民の想像力を捉え、似たような目撃談が相次ぎ、永遠の伝説の始まりとなった。

ラングリーもケンプも、自分が見たのは巨大な海の怪獣だと言い、一年以上離れた別々の目撃とされた。ラングリーによれば、本人と妻がセーリングしていると、「巨大なシューシューという音が伴う鼻を鳴らす音」が聞こえ、それから「三〇メートルほど先に巨大な物体が見えた」。その「ほんの一部が見えたのは、背中の巨大なドームのような部分だった」。ほんの何秒か見えていたが、その後潜って行ったという。現代の批判派は、すぐにその泳ぎはクジラのもので、音もクジラのようで、クジラのように見えると指摘する。ラングリーはこの解釈に反論するが[190]、クジラはこの一帯には豊富にいる。ザトウクジラ、コククジラ、マッコウクジラ等々。この一時的で、クジラらしいことが否定できない断片的な話を補強する他の証拠がないことを考えれば、ラングリーの目撃はどこまでも取るに足りない例に見える。

ケンプによる日中の長時間にわたる目撃はさらに興味深い。ケンプによれば、一九三二年のある午後、自身と家族でビクトリアのすぐ沖にある小さな島々の一つでピクニックをしていると、見慣れないことが起きたという。巨大な生物がチャットハムとストロングタイドの間の海峡を泳いで来て、ものすごい航跡を残していたという。署名入りの陳述書でケンプはこう回想した。

この位置での海峡の幅は四〇〇～五〇〇メートル。向こうの島の険しい岩壁に向かって泳ぐと、頭を水中から岩の方へ突き出し、頭をあちこち動かして、位置を確かめているようでした。それからうねった胴体の盛り上がったところが次々と水面に出ました。尻尾の方に向かってぎざぎざの、鋸の歯のようになっていて、端の方では旗竿のようなものが動いていました。動きはワニのようでした。首の周りにはたてがみのようなものが見えて、それが体の周りでケルプのように漂っていました。[191]

ケンプはこの動物の長さは二〇メートル近くと推定した。距離ははっきりしなかった。四〇〇メートル内外だったかもしれないが、これは一瞬の目撃ではなかった。ケンプによれば、本人と家族は怪獣が岩から離れて泳いで去って行くまで数分の間見ていたのだ。

それは何だったのだろう。遠くのケルプの間のアシカの群れが、見る距離が遠すぎて、ふくらみすぎた想像力で解釈されたように見える。興味深い疑問は、誰の想像力かということだ。

ケンプの記述は手がかりかもしれない。キャドボロサウルスに海馬風のシーサーペントという標準的な外見を与えた型どおりの目撃と編集側での思い込みがあるとはいえ、またケンプが伝統的な「たてがみ……ケルプのように」を入れているにもかかわらず、その記述はシーサーペントというより恐竜のようだった。怪獣が巻き起こす波は、「こんなに大量に動かすのはヘビというよりトカゲ」だという印象を与えたとケンプは言う。さらに、「現在のものの類に属しているのではなく、大昔の、世界が若かった頃のものに見えました[192]」とも言っている。

ケンプの目撃に応じて、『ビクトリア・デイリータイムズ』の編集長宛に投書があり、キャディはディプロドクスと呼ばれる竜脚類かもしれないという意見が述べられていた。投書の主はキャディの長い首と長い尻尾に注目し、「おそらく足に鰭がついていて、それで進むのだろう[193]」と言っていた。ケンプは恐竜説に大喜びでとびついた。「他の何よりも、竜脚類というのが、私たちが見たものをよく表しています。あの生物を見て最初に、先史時代へ送り返されたみたいだと思いました。恐ろしい動物だらけの」。その動物の動きは、「魚のようではなく、むしろ巨大なトカゲの動きでした[194]」と言った。ケンプは半分水没した怪獣の略図を描いた。これは竜脚類の外観、

図 5.29　フレッド・ケンプが伝える「巨大なトカゲ」(この絵は 1933 年に描かれたもので，アーチー・ウィルズの注記では「画家による」とされているが，それは Bruce S. Ingram, “The Loch Ness Monster Paralleled in Canada, ‘Cadborosaurus,’” *Illustrated London News*, January 6, 1934 で，「ケンプ氏の当初のスケッチ」とされているおおざっぱな絵によく似ている)．(画像は University of Victoria Archives 提供，Archie H. Wills fonds [AR394, 4.3]; また，“Caddy,” *Victoria Daily Times*, October 20, 1933 も参照)

長い首、丸い胴体、長い尻尾に一致している（図5・29）。その説明では、「胴体はものすごく大きかったにちがいない。動きからすると、この動物はきっと鰭か何かの脚があると思います[195]」。

この要素の組合せ、つまり泳ぐ竜脚類の恐竜と恐ろしい怪獣でいっぱいの先史時代へ運ばれたという捉え方は非常によく見られる。これは、やはり竜脚類が恐ろしい動物だらけの原始的環境を泳ぐ別のイメージを思わせる。『キングコング』の危険なドクロ島でベンチャー号の乗組員を襲うディプロドクスあるいはアパトサウルス（旧名ブロントサウルス）だ。

ネス湖の怪獣は『キングコング』公開直後に生まれ、ジョージ・スパイサーの鍵となるネッシー目撃は、その映画がきっかけだったらしいということはすでに見た。この映画がケンプによるキャドボロサウルスの話を生んだことはありうるだろうか。時系列からすると確かに成り立つ。『キングコング』がビクトリアで公開されたのは一九三三年五月二〇日で、キャドボロサウルス誕生まで五か月もない[196]。観客を呼び寄せ、怖がらせ、見た人々の記憶に焼き付いた。キャディと『キングコング』が関連するからといって動かぬ証拠とは言えないかもしれないが、確かに疑わしい。

ケンプの目撃談が嘘ではないとしても、映画に影響されている可能性は大いにある。何と言っても、ケンプはそれが起きたと言われている時点、つまりその巨大な超怪獣と接触した時点では誰にもそのことを話していないのだ。ケンプが見たものは、だいぶ前のことなのできわめて不確かだということを本人も認めている。重要な細部を明らかにできなかった。たとえば、その動物の頭はただの丸だ。目撃があったとしても、ケンプが見たのは、遠くの岩壁のところで泳いでいた海洋哺乳類のグループだった可能性は高い（この地域ではよく見られる）。ここでもハリウッドが、もう曖昧になっていた印象を汚染したかもしれない。

しかし、発表されたときに近い時点で話が完全に作られたとするなら、公開されて間もないキングコング説はもっと説明がつく（この話が捏造であったことをうかがわせる、か細いながら気になる手がかりはある。たとえば一九五〇年には、『マクリーンズ』誌がケンプのキャドボロサウルスが超高速だったと言っているのを引用した。「『そいつがどれほど速かったか言いたいんですが、みんな笑うかもしれません』。しかしケンプは確信してこうも言う。『あれほど速い動きができるのは弾丸だけでしょう』」〔197〕。ウィルズの回想もある。「私は何人かの有名な市民に、自分はその海の動物を見たと述べる話に名前を使わせてくれるよう説き伏せた」〔198〕。これはおそらく、誠実な目撃者が記録を残したがらなかったことを言っているのだろう。もっともウィルズがそう言うのは、メディアが意図して騒ぎを大きくするという脈絡でのことだ。当面、ケンプの話はおそらく嘘ではないと想定しておこう。ただ、もちろん、どこまでも断片的な話だが）。

キャドボロサウルスはどうなるだろう。伝説の構築物全体、そしてその後の目撃、本やテレビ番組、公開の場の彫像、大衆文化での位置が、映画館の煙と瞬くスクリーンに基づくと考えられるだろうか。

看板としてのキャディ

キャディの根拠とされる話に疑問があっても、ファンはこの生物がいるという立場で論じ、それを探している。つまり、北大西洋の海馬的な大シーサーペントは未確認動物学の看板の座にとどまっているということだ。読者の中には意外に思う人もいるかもしれないが、実際そうなっている。

たとえば、キャディ・スキャンと呼ばれる試みは、デジタルカメラを仕掛けて通過する野生動物を記録し、キャドボロサウルスの証拠を捉えることをねらっている。ブリティッシュコロンビア科学的未確認動物学クラブ（私も参加している）は、新たに入る目撃例を記録し、それについて報告している。正直に言うが、私はすべて見た。生涯のキャドボロサウルスファンとして、人々がまだ探していることはうれしい。人々がこの謎に説得力があると思う良い理由も悪い理由もすぐにわかる。

まず、いかにも弱い理由を一つ。怪獣を擁護する際に、ときどき、キャディがロイヤル・ブリティッシュコロンビア博物館刊の『ブリティッシュコロンビアの海洋生物ガイド』に入っていることが指摘される。G・クリフォード・カールが書いたこのガイドは、確かにキャドボロサウルスを入れているが、細かい字での扱いは、明らかにからかう口調だ（キャディの全長は「見る人の状況や事情によって様々」で、実在性は「疑問」とされている）[199]。このユーモラスな扱い方は意外なことではない。カールが大衆文化の怪獣伝説を意図的に作り出していることについてアーチー・ウィルズが言ったように、「州博物館長のクリフォード・カール博士さえ、この考えを取り上げている。世界的に取り上げられることは、ビクトリア市の観光業にとって利益になることを知ってのことだ」[200]。『マクリーンズ』誌はカールのことを、キャディというキャラクターのファンだが（頑固な不可知論者と呼んでいる）、生物学的な実在性については信じていないと記している。カール博士は言う。「私自身はキャディの味方です。それが（そいつが、あるいはそいつらが）晒されるのを見たくはありません。キャディが何かのはずみで実際に存在するとしても、それを捕獲して剝製にしてどこかの博物館で見せるのはかわいそうなことです」[201]（実は、カール自身、いたずらでキャディを捏造している。『ビクトリア・デイリータイムズ』紙が一九五一年にキャディの写真に賞金を掛けたとき、まっさきに、滑稽な偽物で応募したのはカールだった）[202]。

もっとましな論拠は、棲息地の広さと化石記録を考えあわせると海の怪獣はもともと大いにありうるとするものだ。海は実に広い——どんな大きな水棲生物でもいくらでも隠れている余地があり、たぶん、空気を呼吸する〔そのために水面に上がってくる〕脊椎動物もいるだろう。新種発見の頻度から推測して、確度はあまり高くないものの、残っている発見の数を推定することができる。たとえば、いろいろな推測の手段を、「まだ記載されていない現存する鰭脚類［アザラシの類］はいくつあるか」という問いにあてはめて、マイケル・ウッドリー、ダレン・ネイシュ、ヒュー・シャナハンは、上は一五、下はゼロという推定値に達した[203]（まだ発見されていない鰭脚類の数は、未確認動物学の主流の考えでは、未発見の首が長いアザラシがシーサーペント目撃例の多くの背後にあるという仮説が好まれているので、とくに関連度が高い）。もうひとつ、たまたま地質学的な過去にはモササウルス、プレシオサウルスなどの大型海洋爬虫類が存在していたという事実は、一八四八年の当時と同様、今も魅力がある。

キャドボロサウルスが実在するという論拠に説得力がある理由としては、目撃例が続いているというものもある。たとえば二〇一〇年、未確認動物学者のジョン・カークは、キャドボロサウルスを自ら目撃して、牛のような頭をしていて、広いフレイザー川（バンクーバー付近のジョージア海峡に川が流れ込む地点から数キロのところ）を泳いでいたことを伝えた[204]。二〇一〇年には、厳重に守られているキャドボロサウルス映像が、テレビの実録番組『アラスカ・モンスターハント』で取り上げられた[205]。懐疑派には取るに足らない話に見えるが、目撃談は増え続け、「証拠の山」を築いていて、支持派はこれを否定するのは了見が狭いと思っている（懐疑派はこうした事例をすべて、無理やり逆の方向で説明しようとするかもしれないが、そうじゃなくて、いちばん単純な説明は、やはり目撃者は自分が見たと言っているものを見たとすることじゃないか）。ここでもまた、多くの人々がありふれた現象をシーサーペントを見たと誤認するものだということに注目して、リチャード・オーウェンの「目撃者による大量の証拠はシーサーペントよりも幽霊の証拠になるのではないか[206]」という見解を繰り返さなければならないだろう。断片的な証言の山は、未確認動物学者も否定する多くの超常現象についても存在する。しかし、それによってそれぞれのお気に入りの謎を支持する断片的な話だけの証言の説得力が落ちるわけではないらしい。

しかし、キャドボロサウルスを追い求める人々にとっては、最も強力な証拠はナデン湾の死骸と呼ばれるものだ。一九三七年に、ハイダ・グワイイ（アラスカ州がカナダに食い込んでいる部分の近くにある、クイーンシャーロット諸島と呼ばれる島々）のナデン湾捕鯨基地で処理されたマッコウクジラの胃に見つかった、長い、正体不明の生物学的標本（図5・30）は、捕鯨業者には奇異に見えた。その標本は写真に撮られた。その写真のおかげで、何代もの未確認動物学者も批判派も、捕鯨業者の印象を共有せざるをえなくなっている。それは実に奇妙な外見なのだ。さらに（だからこそ、実際に大船団で調べに出かけなくても想像の翼は広げることになったのだが）、キャドボロサウルスにどこか似ている。あるいはむしろ、外見的には、仮説されるキャドボロサウルスが有していると言われる海馬の特色に似ているように見える。

一九九二年、キャドボロサウルス支持の先頭に立つ

図 5.30 1937 年，ハイダ・グワイイのナデン湾捕鯨基地でマッコウクジラの胃から取り出された正体不明の死骸．（ロイヤル BC 博物館提供の Image I-61404, BC Archives）

エドワード・バウスフィールドとポール・ルブロンはその類似に刺激され、学術論文で、ナデン湾の死骸は *Cadborosaurus willsi* と認められる新種の基準標本と考えてはどうかと、公式に唱えた〔207〕。この名称は、先のクリフォード・カールが『ブリティッシュコロンビアの海洋生物ガイド』で冗談のようにこの生物に「Cadborosaurus（Wills）」と名づけたのを踏襲しているが、バウスフィールドとルブロンが踏んだこの手順は広く批判された。古生物学者でサイエンスライターのダレン・ネイシュは、基本的には未確認動物学に対して好意的だが、この分類の飛躍は、（海）馬と荷車が逆〔「本末転倒」に相当する言い回し〕と指摘した。

まず、写真を元にして新種を確定するのは認められない。国際動物学命名規則72条(c)(v)は、絵あるいは描写ではなく、実際の標本が図解あるいは記載されて完模式標本としなければならないとしている。*Cadborosaurus willsi* は、それを表す標本ではなく写真に基づいており、したがって、正式な根拠はなく、無視されるべきである〔208〕。

もっと悪いことに、ネイシュによれば、「バウスフィールドとルブロンが論文に入れたいくつもの推測は、専門的な記載のように装う成果としては不適切だし、その推測は空想的で論理的に欠陥があるのは言うまでもない」。ネイシュは私の目にも留まったいくつかの奇妙な点に注目した。バウスフィールドとルブロンによれば、キャディの長い胴体（胴体が長いと水中を進むときには抵抗が大きく、したがって動きが遅くなるはず）は、マグロの体のような魚雷形のものが並んでひとまとまりになっているとするなら、動きが速いという目撃者の話とも両立できる。二人は、この獣の有名な（海馬に基づいた）たてがみは、水中から酸素を抽出する「鰓のような呼吸器官」かもしれないとも推測する。[209] バウスフィールドとルブロンが爬虫類と信じる動物のうまい（ただしまったくの推測による）仕掛けだ。「こうした説がばかげているとか、極度に推測によるもので根拠に欠けていると思えるなら、実際にそうだからである」と、ネイシュは結んだ。

しかし多くの未確認動物学者は、バウスフィールドとルブロンを、前向きな見方をしていると喝采した。懐疑派さえ、二人が冒した危険はそれなりの本気の根性を必要とすることを認めていると。[210] しかしそもそもなぜ推測なのか。ナデン湾の死骸が決着をつけるとすれば、その方がはるかに良い。すると……それは今、どこにあるのか。それが問題だ。ルブロンとバウスフィールドが一九九五年に明らかにしたように、「死骸がどのように処分されたか、あるいはその一部でも保存されていないかどうかはわからない」[211]。ある手がかりからは、ブリティッシュコロンビア州ナナイモの太平洋生物学観測所に送られたらしい。しかし、ルブロンとバウスフィールドは、「現地の誰もそれについては何も知らない」ことを知った。一九三七年に『ロサンゼルス・タイムズ』紙が報じていたように、ビクトリアのロイヤル・ブリティッシュコロンビア博物館に送られたという可能性もある。[212] 私が博物館に連絡してこの点を確認したとき、ジム・コスグローヴはがっかりすることを言わざるをえなかった。

実際には、ナデン湾の写真にある標本を受け取った記録はありませんし、標本を調べた記録も、そういう検死をおこなったとしたら誰かという記録もありません。もう一つ、標本が処理されたいきさつについても記録はありません。当館の年次報告は、前年の活動の注目すべきことを記録している場合が多いのですが、そのいずれにも何も出ていません。要するに、こちらにはこの標本の記録はまったくありません[213]。

それまでである。ナデン湾の死骸の件は、それですべてだ。死骸が（あるいはそこから取った試料が）なければ、その正体を確認する方法はない[214]。未確認動物学者はそれが何だったかを知りたいとしても知らない。私もいくらわかっていればと思っても、それが何であるかは知らない。写真は本当に本物のキャドボロサウルスの死骸を写しているのだろうか。もちろん。そうであってもよい。ただ残念ながら、それは歴史の闇に消えている。本当にキャドボロサウルスだったとしても、できるのは失われたチャンスを嘆き、また出て来ることを期待することだけだ。

キャドボロサウルスとは

キャドボロサウルスが一九三三年に登場したのはなぜか。地元のいくつかの因子（アーチー・ウィルズの個人的創造性、ユーモアのセンス、不況、それからもちろん海に近いこと）がそろってそれを起こしたにちがいないが、『キングコング』公開とその後のネス湖の怪獣が登場したことに刺激されていることに疑いはない。

しかしなぜキャディはあのキャディの形なのか。ごく単純なレベルでは、*Cadborosaurus willsi* の正体は明白で、偽の伝承、作られた伝説、地元メディアによって作られた娯楽作品だ（この話に関連する先住民の伝説まででっち上げられた[215]）。さらにつっこめば、キャディは本物の未確認動物になった。本物というのは、人々がそれを「見て」、それを二一世紀の大衆が信じる世界の生きた部分にしたという意味でのことだ。そして奥底では、ギリシア古典時代の海馬という美術上のモチーフの現代の末裔である。

キャディの名付け親、アーチー・ウィルズ（AP通信社は「ビクトリアの新聞人で魚記事の専門家」と呼んだ）[216]が人気の謎を考え、それを起こした。ウィルズは自身の文章では目配せするような曖昧さを維持しているが、ウィルズがサーペントの文字どおりの実在性を信じていなかったとにらむ理由は十分にある。たとえば、『ニューヨーク・サン』紙がウィルズに直接質問をぶつけたときには、ウィルズはかわした。そのこともまたすべてを物語っている。ウィルズはこう答えた。「こうした目撃者と論争したり、それを閉め出す壁を立てるのは私の役割ではありません。ニュースはニュースです。この特異なシーサーペントに関する記事は、それがどこに姿を見せようと『「ビクトリア・デイリー」タイムズ』のものです。キャディがふだんの進路を外れてこの港を訪れるとき、能う限りそれを一面の記事の材料として扱い続けます[217]」。ポール・ルブロンとジョン・サイバートが一九七〇年にウィルズに連絡してこの生物について科学的な説を立てるのを手伝うよう誘ったときには、ウィルズは礼儀正しく回答した。「最大の成功は記事を『皮肉たっぷりに』書いたときに得られます。私はずっと『キャディ』がたとえば一九三三年の大不況がひどかった頃など、人心が沈滞しているときに現れると見てきました」。ウィルズは二人に、「知識の探求がうまく行きますように」と願いつつ、こう警告もした。「事実を求め、実際にこの生物が存在することを証明しようとしているのであれば、私の協力はむしろ邪魔になるかもしれません[218]」。

ともあれ、ウィルズはキャディの名付け親という評判にふさわしい。ウィルズがキャディを広めた結果として、他の多くの人々も確かにキャドボロサウルスを信じている。そして懐疑派がよく知っているように、信じれば見える《ビリーヴィング・イズ・シーイング》のだ（Seeing is believing＝見れば信じる（百聞は一見に如かず）を逆転したもの）。「期待注目《エクスペクタント・アテンション》」は、心理学者には一九世紀から知られていて、超常現象での役割も少なくとも一八五二年から論じられてきた（ウィリアム・カーペンターが、ダウジング用ロッドの動作を説明するために、期待注目と「観念運動原理」と名づけたものとの組合せを唱えたとき)[219]。未確認動物学者はこの問題を認識している。ローレン・コールマンとパトリック・ヒューイの説明では、単純な知覚の間違いをする人間の傾向は、「心理学的感染」によって増幅される。つまり「怪獣を探していると言われれば、それを見る」[220]。キャディのデータベースには、明々白々な捏造(ジャック・ノードが、二〇センチの牙を持つ三〇数メートルのサーペントを三〇メートルちょっとの距離で撃ったという話[221])はあるが、まじめな目撃報告もたくさんある。誤認による偽の目撃例――アシカ、水鳥、海藻、航跡――もいくつか見たし、もう一つ、ゾウアザラシを加えてもよい。ビクトリア沖の海で(また海岸でも)ときどき見つかる[222]、この長さ五メートル近くの巨大動物は、めったに見られないので地元の人々にもほとんどなじみはないが、仮説上のキャドボロサウルスと興味深い類似を見せている。周囲の状況によって、黒、茶色、灰色、さらには緑にも見え、(最も興味深いことに)雄の膨らんだ鼻はラクダのような外形をもたらす。

しかしゾウアザラシも、航跡も、標準的なキャディがなぜそういう形をとるのかということは説明しない。目撃者が伝えるキャドボロサウルスは、ばらつきが大きく(「『キャディ』は頭が三つある」という説まである)[223]、これは現代の海の怪獣伝説、ハリウッド映画、自身の想像力という複数のレンズを通して様々な現象を解釈する様々な目撃者の入り交じった集団には予想されることだ。それでも、キャドボロサウルスに対する古典時代の海馬の影響ははっきりしている。

解剖学的には、標準的なキャディは海馬にきわめてよく似ている。蛇や馬のような頭、クジラのように先が分かれた尻尾、上下方向でアーチをなす尾、首の下のところに二枚の前脚の鰭。キャディのありえないたてがみは、海馬にあまりにも似ていて、この特徴を文化的な相同以外のものと見るのは難しいと私は思う――それこそが子どものときから悩んでいることをきちんと説明するのだ(海馬というひな形は、キャディに触発されたセレンディピティという名のシーサーペントが出て来る、私の世代の子どもには非常に人気だった児童書を見るとさらに明らかになる。著者のスティーヴン・コスグローヴは私に、セレンディピティの形は「大部分をキャディ」から借りたと語った。「私はセレンディピティは母親似だと思います[224]」。

しかしキャディの有名なラクダのような頭はどうだろう。ウィルズは一九五〇年のテレビ番組で、キャディは「過去のいくつかの創作にあるような馬の頭のシーサーペントではなく、ラクダのような頭をしています[225]」と語った。これはキャディを海馬から遠ざけるのではないか。実はそうではない。「ラクダのよう」というのは、「馬の頭」という伝統的な特徴の小さな変種であり、シーサーペントの頭の形はずっと、様々な陸上の大型哺乳類の頭に似ていると言われてきた。海馬に由来する「馬のような」頭が優勢だが、「牛」、「羊」もよくある変種で、「キリン」もときどき出て来る。キャドボロサウルスを見たという人々は、自分が見た怪獣を描写するために、似た動物を幅広く用いる。しかしラクダのような頭という評判に反して、キャディの頭については「馬のような」というのが図抜けて多い表し方なのだ。ダレン・ネイシュ、マイケル・ウッドリー、キャメロン・マコーミックは、ルブロンとバウスフィールドの著書『キャドボロサウルス』に記録された一七八件の目撃者報告を分析して、描写が驚くほど幅広いことを見た。たとえば体長は一・五メートルほどから一〇〇メートル近くにわたり、色は黒褐色、黒、緑と、自然にあるどんな色でもあった。しかし目撃者がキャディの頭に与える記述は、それに比べるとずっと一様だった。七五パーセントは大型動物の頭になぞらえていた。さらにそのうちの四二パーセントはキャディの頭は馬の頭のように見えたと言い、一三パーセントほどが二番人気の「ラクダのよう」と述べている。合わせると、馬とラクダとキリンと牛と羊というよく似た頭の描写が楽々優勢で、七〇パーセント近くの多数を占める[226]。

馬の頭をした海馬というひな形の影響が続いているのは明らかに見える。それでも海の怪獣報告は、海と同じくらい予測がつかないのも確かだ。それは人間の想像力と同じく、万華鏡のように変化する。

サーペントの困惑

イギリスの大生物学者、トマス・ヘンリー・ハクスリー〔科学史では「ダーウィンのブルドッグ」と言われる〕は、一八九三年の文章で、余談に大シーサーペントの謎を取り上げている。ハクスリーは当時の思想界のリーダーで〔「不可知論」という言葉を作った〔いるかいないかはわからないが、いなくても困らないという姿勢を表す〕〕、そのハクスリーがシーサーペントについて――実際には超常現象説全般について――これまで示された批判的見解の中でも重要なものを出しているのは喜ばしい。ハクスリーは、以前の懐疑派リチャード・オーウェンと同じく、「長さ一五メートル以上もある蛇のような体の爬虫類が、地質学的に言えばつい昨日の白亜紀の頃と同じように私たちの海にやって来ないとする、私が知っている先験的な〔すぐわかる明白な〕理由はまったく」ないことを認める。しかしハクスリーは目撃者の証言がサーペント信仰を支えるのに使われる様子には重大な問題があると見た。ある説得力のある目撃例を読んで、「私はほとんど納得しかけた」と書いている。ただし、その証言を別の目撃例と比べてみるまでは。「最初の供述人が出現を見た状況は、本人が証言した事実を自身にきちんと納得させることを不可能にするようなものだったことが疑問の余地なく」明らかになったという。「私たちが誰でもついやってしまうことをしたのだ。つまり観察したことと、そこから導かれる結論とを、どちらも同じ根拠に基づくかのように混ぜてしまう」〔227〕。これはわかりにくいが強力な指摘だ。シーサーペントでも他の未確認動物でも

（また幽霊でも、エルビスでも、ハシジロキツツキでも）、見たと人が言うとき、言われているのは、あるいはハクスリーの注意を心に留めるなら言われているはずのことは、自分はしかじかに見える現象を見たということと、自分はそれをシーサーペントだったと思うということだ。

未確認動物学は、観察結果と結論とを区別できないところに成り立っている。人が自分の結論について感じる不適切な確信が、直接の証拠として扱われる。未確認動物学では、「私はその場にいたんだ！見間違いなんかじゃない」と言うときほど、総毛立つような説得力を感じることはほとんどない。問題はいろいろな人が、多くの異なることを「間違いなく」見たということだ。そこで額面通りに取るなら、目撃者という証拠は、未発見の海の怪獣に数々の様々なタイプが存在するということを意味する。実際には、未確認動物学の下位分類すべてに入る多くの相反する怪獣だ（たとえば、未確認動物学者のローレン・コールマンとパトリック・ヒューイは、二足歩行する人間型未確認動物だけでも、いろいろな時代に述べた五〇種以上を伝えている[228]）。

怪獣がやたらと増殖することで、現代シーサーペント神話の「そもそもの主」、エリック・ポントピダン司教に対する異論が立てられる。聖職者のハンス・イエーデとポール・イエーデ〔デンマークの人〕が以前に述べていた海の怪獣（図5・31）の目撃例[229]を取り上げたポントピダンは、「海蛇には、他の魚と同様、いろいろな種類がある（他のいくつもの話によってどうもこういうことらしいと私は思う）」と結論」せざるをえなかった[230]。正直なところだった。ポントピダンは、イエーデの全然違う怪獣を、自身のノルウェーのたてがみのあるサーペントに引きつけて付属させるのではなく、多くの違いを列挙して、それを新しい種とした。しかしそこで止まることはできなかった。ポントピダンは同様に、他の海の怪獣の存在を認めることを余儀なくされた。直径が二キロ以上もある巨大なクラーケン——さらには人魚まで。

他にどうしようがあっただろう。自身の教区では、「何百人もの信用できる立派な人が、確固としてこの種の生物を見たと断言し」、ポントピダンはそうした確実な人魚目撃者と直接に話をしたのだ。

シーサーペントの概念が、スカンジナビアの外に広がるにつれて、「なさそう」から「無理」、「まるっきりばかげている」という範囲にわたった。そしてそれぞれの話が他の話と混じっていた。たとえば、一七八六年の新聞が二人の船乗りが知事と治安判事の前で、長さが「少なくとも五キロ」[231]の怪獣を見たと宣誓陳述したことを伝えている（その当時でも、これは少々呑み込みにくかった。競合紙はまもなく、この「おかしな魚」は殺され、それを煮るために巨大な鉛の鍋が作られたとからかった）[232]。長さ五キロもの怪獣は明らかに目撃例データベースでも極端だが、この報告には複数の目撃者による宣誓陳述がついている。未確認動物学の基準となる証拠だ。

この状況は時間の経過とともに改善されることはなかった。一八八六年にチャールズ・グールドが述べたように、「いろいろな目撃者の話は細部について不一致がひ

図 5.31 ある地図の細部．広く複製される（しばしば再録される）どこかクジラに似た海の怪獣の絵．ハンス・イエーデとその息子ポールが述べたもの．

どいので、何種類かの生物についての話だと想定する以外には、折り合いがつけにくい……いろいろな生物がまとめてそう呼ばれるが、サーペントでもなければ、実は互いに関係するものともかぎらない」[233]。

シーサーペント目撃者の話どうしには違いがありすぎて、ベルナール・ユーヴェルマンスは海の巨大動物相について、いくつかの明瞭な、未発見の種を立てる必要があると思った。「すると、大シーサーペントの伝説は、何らかの点でサーペントらしい形をした一連の大型海洋動物をたまたま見た例から、次第に生じたものである」。たとえば、「三頭のアルケオケティ、つまり非常に原始的なクジラ……それから二頭の鰭脚類……そして何等かのウナギのような魚」と来て、「最後に大きなワニのような形の海洋性爬虫類」というように[234]。それでも、この拡張した枠でも、目撃者の話の多様性はカバーしきれない。ユーヴェルマンスの「海馬（ヒポカンプス）」型サーペントを取り上げたコールマンとヒューイは、なぜ「目撃者は何通りもの大きさや形を報告する」のかを説明しようとして苦労し、雌雄の違いや地域差が「水馬タイプにある二つの明瞭に違うカテゴリーの外見におそらく関与している」とした。「一方は大きくて毛が豊か、他方は小さくてなめらかな皮膚で、小さい胴体に比して首が長いらしい」[235]。この程度の下位区分をするだけで、そこに膨大に多様なものを押し込んでしまう。たとえば、コールマンとヒューイは、仮にスコットランドの淡水に住むとされる水馬や水牛の伝承を、海馬の二つの区分にまとめるが、水馬や水牛は明らかに伝承上の生物で、超自然の、水陸両棲の四足動物として記述されるのが普通だ（ヨーロッパの水馬伝承はすべて、ある程度共通の海馬の系譜に連なるが、だからといって、複数の伝承がまったく区別できないということではない。キャドボロサウルス型のシーサーペントは、ネス湖の怪獣の話で述べられる姿を変えるケルピーとの類似はきわめて少ない）。

ユーヴェルマンスは「シーサーペントそのものはファッションのように変動するらしい」[236]と絶望し、

目撃者の報告を、自身が立てたいくつかの仮説される種の分類に収めようとするが、収まらないものも多い。多くの報告は、ユーヴェルマンスの複数の区分の特徴があったり、逆に一つもあてはまらない生物のことを言っていたりする。「問題はどんどん混乱し、別の型の怪獣がさらに増えて、ときどきもう耐えられなくなる。この七年の間に、この問題は私の能力を超えていて、自分は敗北したと認めざるをえないと何度も思った」[237]と、ユーヴェルマンスは書いている。実際のところ、おそらくそうすべきだったのだろう。シーサーペントを（あるいは他の未確認動物でも）目撃報告に基づいて分類しようとするのには、ハクスリーが一八九三年に理解していたように、根本的な問題がある。チャールズ・パクストンの見識ある論文は、そのような試みを、ロールプレイングゲームの『ダンジョンズ&ドラゴンズ』にある「モンスター・マニュアル」への執着になぞらえている。様々な報告をあらかじめ考えたカテゴリーに主観的に「押し込む」のは「間違いのもとで、妥当でない結論を生むことがある」と、パクストンは説明した。伝承や目撃報告の怪獣は「簡単には分類できない。それは非定型の定義しにくい形に考えられている。炉端の話は形態学や動物学の精密さとは無縁である。怪獣の名や特徴は、現代の未確認動物学者の厳格な精神には合致しない。スナークはブージャムに重なる」[238]（スナークもブージャムもルイス・キャロルの「スナーク狩り」に登場する架空の動物）。目撃報告の根本的な曖昧さから未確認動物学を切り離すと、怪獣探しが依拠する土台を破壊する。パクストンの非常に良い助言によれば、未確認動物に名を与えるという誘惑も避けるのが良い（ネス湖の怪獣など、地理的な場所を指すためだけに使われるもの以外は）。「未確認動物学のなまデータは、多くの未確認動物学者が信じているような『未確認動物』ではなく、報告であるべきだ」とパクストンは力説した。「つまり、未確認動物学者が特定の『未確認動物』と言っているときには、共通の出どころがあることもあり、ないこともある、いくつかの報告のことを言っているはずである」。

ばらつく報告に対応する共通の出どころを想定することについてのパクストンの警告は、シーサーペントの正体をギリシア・ローマ時代のギリシア美術にある海馬とすることに問題を課すだろうか。目撃者が「本当に」海馬のことを言っていると論じるならそうなるだろうが、それは私の立場ではない。逆に、私はパクストンと同様、神話や伝説は非定形で流動的であり、それぞれに、文化的に使えるひな形は何でもすべて、都合よく用いようとする語り手がいる（目撃者を含む。正直であろうとなかろうと、未確認動物の報告はつまるところ物語である）と言いたい。目撃者が曖昧な現象を説明しようとするとき、海馬に由来する大シーサーペントは手近のひな形の一つとなる。プレシオサウルスもまたそうだ。

たてがみや馬の頭などの海馬の特徴は、シーサーペント伝説の発端からそこに組み込まれていた。海馬がフロッシュヴァルーやハヴヘストのもとになって、そうしたスカンジナビアのシーサーペントを生み、スカンジナビアのシーサーペントがその後に登場するすべてのもとになる。この思想の進化、あるいは生物学者リチャード・ドーキンスの見立てを使えば「ミーム」の進化[239]は、海馬の関連する特徴の塊がこの動物を想像力の生態の中で成功し長生きするものにした。海馬は古典時代以後、少し進化し、新しい機能を実行し、新しい棲息地を占めることになったが、それはずっと一貫していて他に負けない形だったので、標準的なキャドボロサウルスでも明らかに踏襲されている。海馬の系統と並行して、一九世紀の絶滅した海洋爬虫類の化石発見が、主だった形質について生き残れる新しい形をもたらした。頭の小さい、鰭のある、首の長いプレシオサウルスだ。個人の想像力、大衆文化、科学的（疑似科学的）推測の中で行なわれるミームの競争では、観念は時間を経て縦方向に変化するだけでなく、特徴を競争相手と横方向に交換もする。このミームの水平伝播は、きりなく雑種生物を生み、目撃者や語り手は、海馬様式のシーサーペント、プレシオサウルス、ドラゴン、クジラなどの既知の哺乳類、さらには（ミーム進化を動かす突然変異として）間違いや想像からも形質を得て混合し、合わせる。よく言われる水中の棲息地では、サーペント型のものはプレシオサウルスに沿って報告される。プレシオサウルスが優勢になるニッチもあれば（ネス湖の怪獣の場合のように）、海馬型のサーペントが突出する怪獣として現れることもある（キャディがそう）。しかし真相は、シーサーペントは形を変えるということだ。どうしてそうなれないことがあろうか。シーサーペントは要するに、自然の産物ではなく、文化の産物なのだ。虚構、未確認動物学文献、頭の中の海といったあらゆる環境で海の怪獣は増殖し、変化し、波のように予測のつかない、特異な、それでもおなじみのタイプに戻って行く。

しめくくりの考察

ピーター・マクヒー艦長以下、ディーダラス号乗組の士官によるシーサーペント目撃報告に対するリチャード・オーウェンの有名な批判には、私自身の価値観や、未確認動物など超常的な謎に対する姿勢に訴える、ある感想が入っている。

私はよく、マクヒー艦長のシーサーペントを説明するたびに、こんなことを問われる。「なぜシーサーペントがいないというのでしょう」。しばしば、こんなことを言いたそうな口調でもある。「するとあなたは、深海にはあなたの哲学で思いつく以上の驚異はもうないと思っているのですか」。その点を認めるのはやぶさかではないが、信仰だけでなく懐疑についても理を示さなければと感じてきた。[240]

挙証責任を言うのは、懐疑論の立派な紋切り型の一つだ。懐疑派が次のような自明なことを言わなければならないことはよくある。世界には、誰かの個人的な主張や推測を受け入れる義務はない。世界中に広がる水棲巨大サーペントの集団があることを他の人に信じてもらいたいなら、そう言える証拠を示さなければならない。他の人はその主張が間違いであることを証明する必要はない。それでも懐疑派が「挙証責任」を強調するときには、深い真理を忘れていることがある。曰く、疑うは易し、見出すは難し。

信じないでいるのには訓練も知識も調査もいらない。「どんな馬鹿でもシーサーペントを信じないでいることができる」とは、アーチー・ウィルズが言ったことだ〔241〕。疑うだけでは知識はまったく進歩しない。オッカムの有名な剃刀でさえ、単なる賭けのための戦略にすぎない。簡素さはどの説明案をまず調査すべきかを教えてくれるのであって、どの説明が正しいかを教えてくれるわけではない。自然は単純で簡潔であることが多いが、そうでないこともある。

そういう理由から、オーウェンは自身の挙証責任を自発的に引き受けたことで称えられるべきだろう。何と言っても、科学の目標は奇怪な思想を邪魔することではなく、何が真実かを明らかにすることなのだ。オーウェンは自説を、シーサーペントの骨、死骸、地質学的に新しい化石が、どこの海岸からも、世界中のどの博物館にも出て来ていないという否定的証拠の上に立てた。「証拠の不在は不在の証拠ではない」とはよく言われるが、これも正しいことがあるというにすぎない。しかじかの仮説（「世界には巨大な海の怪獣がいる」）から、私たちが一定の証拠を見るはずだ（「したがって世界には海の怪獣の死骸がある」）と予測されるなら、それがないことは実際に不在の証拠となる。それが強い証拠かそうでないかは、主張の個々の内容による。とはいえそれは重要で、ものをいう。

この章では、シーサーペントの否定的証拠だけを提示するのではなく、歴史上の肯定的な説も提示しようとした。シーサーペントは、私の見るところでは、文化的産物であることが示せる。動物というより概念なのだ。それは美術から生じそれから進化し広がった。変化する様式、人気のあるメディア、化石の発見という思いがけないこととともに。ただ、そうしたことがわかった今になっても、私は認めなければならない。だからといって、シーサーペントはありえないということではないのだ。

一九三三年、ロンドンの『タイムズ』紙への投書の主は、いささか奇妙なことに、シーサーペントあるいはネッシーの存在は懐疑派には迷惑なことだと論じた。

懐疑派が宗教以上に疑うことがあるとすれば、それはシーサーペントであり、今やシーサーペントは確立した事実になりつつある。懐疑派は自らが教え、書いていることによって、この私たちの生活をくすんだわびしいものにしてきた。今や信心のある人々が反撃する時であり、シーサーペントが存在することが証明できれば、疑う人々の上にふりかかりうる挫折には果てしがない[242]。

この投書の主がほくそ笑む機会に恵まれていればよかったのだが。シーサーペントが発見されたら、私も生涯この上もなく喜ぶだろう。しかし否定的なことは証明できない。少なくとも簡単ではないし、しょっちゅうできることでもない。私たちは本当にシーサーペントが存在しないことを知っているだろうか。私たちが知っていることから引き出せる教訓があるとすれば、それはいろいろな出来事を、自分の好きな説明区分に恣意的に押し込むのは避けるということだ。それぞれの個人が目撃することは、それだけの謎であり、それに固有の事実群の上に成り立つもので、それぞれに固有の課題をつきつけ、それに固有の調査を必要とする。ほとんどは解決されないまま残る。

私の両親がキャドボロサウルスを見たという話はどうなっただろう。私が懐疑的な超常現象研究家になるきっかけになったあの事件だ。父の結論を読者に委ねよう。

そこで思いついた。五、六頭のアシカが前後に並んで泳げば自分たちが見ていたものに見えるだろう。私たちは見つめて見つめて、可能性を論じて、正体を明らかにしようとしているうちに、そいつは向きを変えて沖へ泳いで行った。そのときになっても、いくらまともに見ても、確信は持てなかった。三〇年たった今、自分が見たのは六頭か七頭のアシカが一列に並んで一緒に泳いでいるところだというのを、ほぼ確信している。

でも妻はまだ、キャドボロサウルスを見たのは一〇〇パーセント確実だと思っている。

ひょっとするとあちらが正しいのかも。[243]

6

モケーレ・ムベンベ

コンゴの恐竜

ダニエル・ロクストン画
協力ジム・W・W・スミス

モンスタークエスト事件

二〇〇八年の暮れ、私は『未確認モンスターを追え《モンスタークエスト》』という有線テレビ番組のある回に出演するよう依頼された。かつての科学番組局での新たな「リアリティ」番組の多くと同じく、この番組は疑似科学的で興味本位のジャーナリズムだった。おどろおどろしい音楽と、暗い、まがまがしいカメラ映像が、何かの伝説のモンスターを、いかがわしい「目撃」証言や雑な「証拠」とともににおわせるが、実際の死骸や骨のような具体的なものは何もない。通常、私はそのような番組は時間の無駄と無視して、本当の科学ドキュメンタリーを向上させようとする方に集中する。しかしこの回は、コンゴにいると言われる恐竜、モケーレ・ムベンベの話だった。未確認動物学者によって、生き残った竜脚類の恐竜集団の代表と考えられるモケーレ・ムベンベはブロントサウルスのこととされることが多い。巨大で、首も尻尾も長いアパトサウルスの旧名である。私は脊椎動物古生物学者であり、恐竜の化石については相当の経験があるので、この生物についてよく言われることの少なくとも一部については語る資格があった。私は自分がその番組の形だけの懐疑派になるのはわかっていたが、番組にともかく一人は懐疑派が出るべきだと思い定めた。でないと、番組はまったくの疑似科学のトンデモということになる。

二〇〇九年一月、二人のスタッフが私の出演部分を撮影しにやって来た。私は抑制された照明の静かな教室を準備したので、スタッフは邪魔されることのない撮影用セットを手に入れた。私はいくつかの本物の恐竜の標本と鋳型を選んで、小道具として使ったり、撮影の背景を埋めることにした。スタッフは私の「解説」場面を、アヒルのような嘴のある恐竜の大きな頭蓋骨の鋳型の前に用意して、テーブル上で教育用化石を動かしたり、型をカートに乗せて廊下を走らせるところを撮影した。問題のほとんどは比較的単純で、私がその問題に提示した答えは、この章のどこかにある[1]。

あの驚きの瞬間になったのは、私が包みを手渡されて、カメラが回っている中で中身を解釈するよう求められたときだった。包みの中はこぶし大の無定形の石膏の塊で、まったく何にも見えなかった。「いただきました」という瞬間を期待していたスタッフは、それをもう一度試して、私に石膏の型が取られた場所の写真を見せ、私にそれが恐竜の足跡に見えると認めさせようとした。先方は何度も何度も撮影し、そのたびに私に、その型がどこでできたかをもっと詳しく言うよう促したが、何も変わらなかった。型は地面の無作為の穴に石膏を流し込んだときにできる塊にすぎなかった。恐竜の足跡どころか、いかなる動物の足跡でもなかった。経験を積んだ脊椎動物専門の古生物学者は誰でも、恐竜の足跡の写真や石膏で取った型をいくつも見ていて（図6・1）、ほとんどの人は、テキサス州のパラクシー川など、重要な足跡

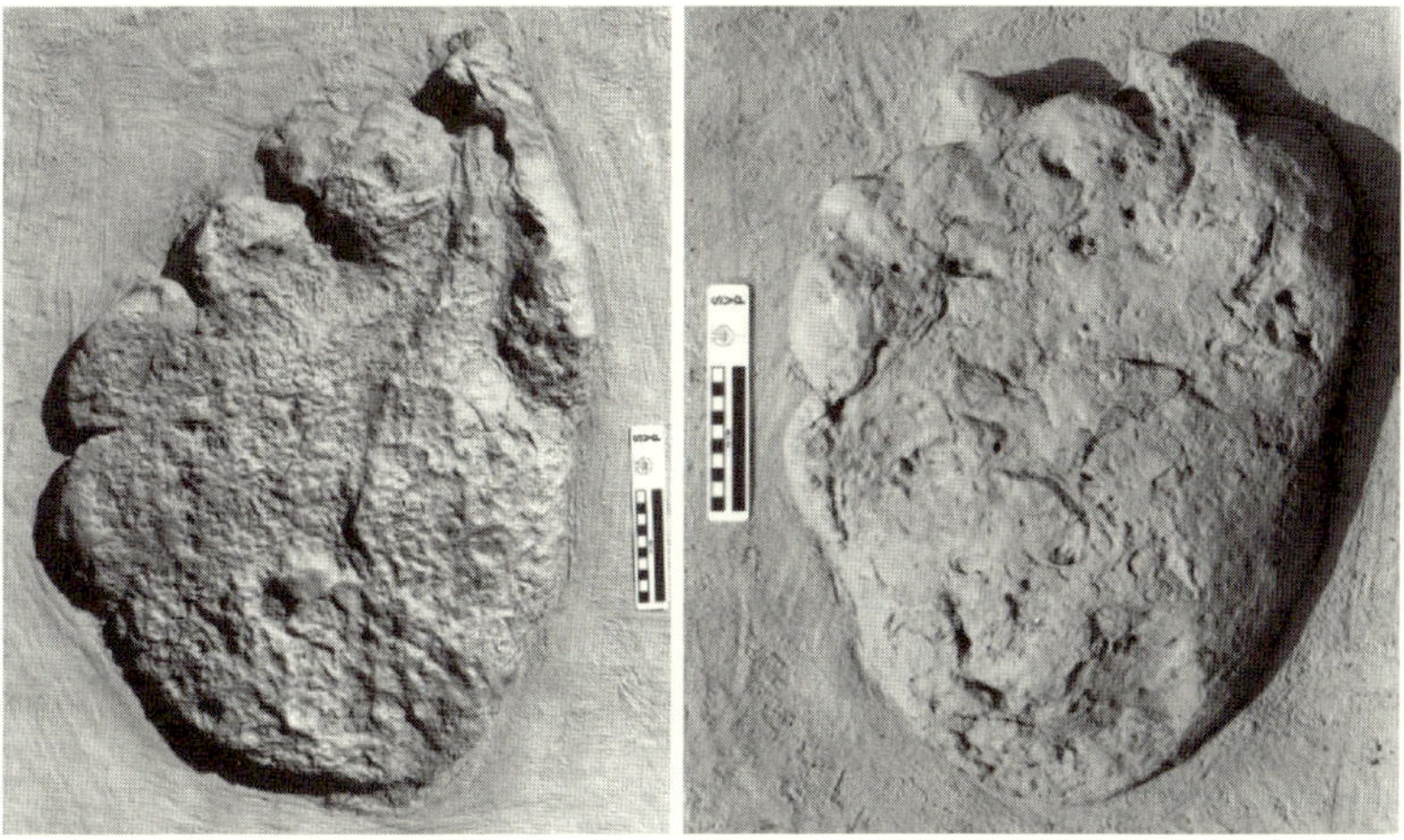

図 6.1 合衆国西部のモリソン累層から出土した典型的な竜脚類の足跡．ジュラ紀末（およそ1億5600万年～1億4700万年前）．特徴的な形状と，前足の爪の跡が見える．（左）ティドウェル層，（右）ソルトウォッシュ層．（ジョン・フォスター撮影，提供）

が見つかった現地をいくつか訪れてもいる。足跡を記録することに職業人生をかけてきた古生物学者、マーティン・ロックリーは、恐竜の足跡についての見事な本を何冊か書いている。[2] だから古生物学者は恐竜の足跡が実際にどう見えるかは知っている。モケーレ・ムベンベと言われるもののような竜脚類だけでなく、三本指の獣脚類でも、他の多くのものでも。そして石膏の塊はどんな動物の足跡とも似たところはなかった。対称性も、平らな土踏まずの跡も、明瞭な足指の刻印もなかった。それは失敗作で、撮影班はがっかりしていた。

モケーレ・ムベンベの回の初回放映は二〇〇九年六月だった。番組は総じて『モンスタークエスト』の他の回から予想される通りのものだった。不気味な音楽と「探検隊」がカメルーンのジャングルを抜けてコンゴ盆地への道を見つけようとする映像。しかし具体的な証拠は何もない。動物の映像もないし、過去の映像による古い写真さえない。死骸も骨も他の遺物も何もない。「探検隊」は地元の人々に面談を試みるが、竜脚類の写真を見せてもろにバイアスをかけ、「目撃者を誘導する」。地元民に絵を描かせれば、もっと信じられるものになっただろうが、どのみち「アフリカのブロントサウルス」という西洋人の夢の話は、一〇〇年以上前からアフリカ中に広く伝わっている。汚染された証言の亡霊は、モケーレ・ムベンベ支持派のウィリアム・ギブソン（『モンスタークエスト』の探検隊の一人）によって語られる断片的な話で立てられる。ギブソンが二〇〇一年に率いた探検隊は、カメルーンの田舎で行き当たりばったりに行った、「これという特徴のない村」に立ち寄った。そのとき、ある青年が友人の方に向かって「こいつら、恐竜を探している奴らにちがいない」[3]と言った。さらにひどかったのは、ウィリアム・ギボンズがカメルーンのラングエを訪れていた二〇〇三年に起きた取引だった（二〇〇九年に『モンスタークエスト』のスタッフを連れた行ったのと同じところ）。未確認動物学者はアフリカの村人が何枚かの動物の写真があるフリップから竜脚類の写真を選んだり、竜脚類らしい姿を描いたりすると、それには意味があると考える。なぜなら（『モンスタークエスト』のナレーターが口にしたように）、彼らは「ほとんど外部の世界とは接触していない」からだ。[4] しかし自らギボンズに売り込み、それから「直ちにディプロドクスの写真を選んだ」目撃者のことを考えよう。「『ブロントサウルス』とためらいなく彼は言った。ブライアン［・サス］と私は顔を見合わせた。ブロントサウルスだって？『なぜそう呼んだのだろう』」。目撃者は単にテレビで恐竜を見たことがあるだけだということがわかった。[5] 結局のところ、地元民が、神話、伝説、現実の区別を、西洋人が認識しているのと同じように認識するのはどういうときか、あるいはそもそも認識できているのかどうかを知ることは、なかなか難しいのである。[6]

『モンスタークエスト』のその回は、水中ソナーのぼやけた画像を何枚か見せたが、決定的なものは何もなかった。何と言っても、ワニ、カバ、巨大魚など、大型水棲動物をいろいろと養っている川なのだ。調査隊は、「足跡」の型ができた地面の穴で大騒ぎをしていた。結局、みなが不条理の頂点に達し、その回の結びは川の堤を探しまわって大きな穴を見つけ、これはモケーレ・ムベンベが掘ってその中にいるということになった。その掘られたと言っていいかどうかわからない穴（川の堤には、動物が掘ったわけではない無作為の穴がたくさんある）は、番組で探していた恐竜ほどの大きさがありそうな動物にしては、明らかに小さかった。それが掘られた穴だとしても、そのあたりに住んでいるヘビ、ワニ、あるいはオオトカゲの一種程度の大きさだったかもしれない。しかし調査隊は自分たちが想定する巨大な恐竜が川べりの洞穴だか巣穴だかに潜り込み、それから入り口を封鎖して、比較的狭い「空気穴」だけが残るのだと主張した（このように想定される冬眠用の穴は何となくサイチョウ類の鳥が作る巣穴に発想が似ている）。竜脚類の大きさだけ考えても穴ごもりという考えはばかげているが、もっと大きな問題は、この筋書きが完全にでっち上げでできているというところだろう。[7] 川べりの小さな穴が実は冬眠する恐竜のものと推測する理由はまったくない。それに恐竜を追う人々は自分の勘を実際に掘ってみて確かめようと試みてはいないらしい。まったく根拠のない憶測で、穴は海賊の宝物でも、行方不明のジミー・ホッファの遺体でもそこにあると宣言するのと同じように、何のよりどころもないところから引き出される。そのようなひどい飛躍は、調査隊の面々が、野生動物学についてはまったくの素人だということをよく表している。

「探検家」のうち誰もしかるべき生物学の教育は受けていないらしい。「主任科学者」にして、番組では最も経験あるモケーレ・ムベンベハンターだったウィリアム・ギボンズは、宗教の教育課程で学位のある創造主義者だ。[8] 仲間の「探検家」ロバート・マリンも創造主義者である。[9] ギボンズは未確認動物について創造主義者の視点から書いた本を何冊か出していて、最新刊には『モンスタークエスト』での探検の話も入っている。[10] 番組では、映像でもナレーションでも、ごく単純な野生生物学など、しかるべき経験もないことにも、創造主義に傾いていることにも触れられていない。ギボンズもマリンも正統的な科学者として扱われている。私のような、生物学でも地質学でも野外研究を何度もしたことがある者にとっては、基礎的な手順も知らないことは、その手法や結論によって苦々しくも明らかだった。この件のわざとらしい感じを増したのは、後のマリンの断言だった。「我々はこの動物がとっくの昔に滅びたことはよく知っているし、今回の探検を始めるときには、本格的な探検というより、当の動物について知ってもらうテレビ番組を作る機会であることも知っていた」。[11]

番組の私の出番は相当に短縮されていたが、私の発言の大部分はそのままで、私が言ったこととは逆になるような編集はされていなくてよかった（肝心の文言がカットされた最後の部分以外は）。奇妙なことに、番組製作者は、私が話している間、カメラに向かって事実について話している時間よりも、私がカモノハシの頭蓋骨の載ったカートを押していたり、テーブル上の化石を整理したりするところに多くの時間をとっていた。これは番組の他の部分が、モケーレ・ムベンベの存在説を支持する証拠よりも、コンゴ「探検家」の失敗で埋められていたことと整合する。

モケーレ・ムベンベの捜索

コンゴにいると言われる恐竜モケーレ・ムベンベの伝説は、ビッグフット、ネッシー、イエティほど広まってはいないが、歴史は長い。その名はリンガラ語の、ふつう「川の流れを止める者」と訳される言葉に由来するとされる。この生物はコンゴ民主共和国、赤道ギニア、コンゴ共和国、ガボン、カメルーン、中央アフリカ共和国にまたがるコンゴ盆地の上流地域で報告される場合が最も多く、コンゴ共和国のテレ湖やその周辺の地方が最も強い関心を集めている。[12]他の未確認動物の伝承と同じように、モケーレ・ムベンベの伝承や目撃者の描写は非常にばらつきがあるが、未確認動物学の文献や大衆文化に現れている標準的な姿は、ゾウほどの大きさの（あるいはそれより大きい）竜脚類で、首が長く、毛は生えておらず、長い尻尾があるというふうになる。皮膚は赤褐色、褐色、灰色と、記録によりまちまちだ。コンゴ盆地の湖の深いところや、川の切り立った岸にある深い水路に住んでいると言われている。柱のような脚があり、三本爪の足跡を残しているという記述もあるが、足跡について異なる話もある。

初期の証言

コンゴ地方に巨大な獣が隠れているという噂は少なくとも一六世紀からある。一七七六年には、フランスの宣教師リーヴァン・ボナヴァンチュール・プロワヤールの『ロアンゴ、カコンガ他、アフリカの諸王国の歴史』には、「宣教師団は森を通り抜けるときに、見たこともない動物の足跡が続いているのを見た。しかしそれは怪獣であるにちがいなく、土には爪の跡がついていたし、それに加えて周囲が一メートル弱の跡ができていた。足跡の様子、配置から見て、一行はこの足跡の部分は走ったものではなく、爪先の部分の間隔で一歩が二メートル余りと判断した」[13]。もちろん、巨大な足跡についての話は語り手が多いぶん広がっているが、プロワヤールの断片的な話（その本から引用される二文だけがこの話のすべて）と現代のモケーレ・ムベンベとのつながりを推測させるものは、たまたま地理的に近いこと以上のものは何もないらしい。未確認動物学者は、アフリカの石に描いた絵[14]にも、中東の古代美術・文学にもある——証拠として、テレ湖から約四五〇〇キロ離れた、今日のイラクに相当するバビロンのイシュタル門にある、シルシュというドラゴンさえ挙げている[15]（図6・2）——「生きた恐竜」を確認しようとしてきたが、アフリカに隠れている恐竜に似た動物という説は、中生代（二億五〇〇〇万年前〜六五〇〇万年前）の恐竜など爬虫類の化石が発見されてからのことだった。これはアフリカに怪獣物語がなかったということではない。

図 6.2　イシュタル門に描かれたドラゴン，シルシュ．紀元前 575 年頃．

もちろんそれはあった。アフリカには伝承の怪獣が豊富にいても、恐竜を記述していると明瞭に言えるものはないということだ。少なくとも二〇世紀になるまでは。

これはよくある話だ。シーサーペントやネス湖の怪獣の話でも見たように、恐竜の発見が大衆的虚構、とくにパルプフィクション、SFで怪獣の伝承（嘘話）に影響した。一八三三年には、イクチオサウルスとプレシオサウルスが海に生き残っているのではないかという話が出てきた。一八六四年には、ジュール・ヴェルヌらの作家が、現代人類が先史時代の動物の生き残りと出会うという話を文学の型に仕上げた[16]。恐竜古生物学の黄金時代は、二〇世紀の初めに熱狂の頂点に達し、何百万という人々の想像力に火をつけた。とくに、竜脚類の骨格を組み立てたものが、一九〇五年、世界で初めて、あふれる群衆と大騒ぎの報道機関

図 6.3 台に設置されたブロントサウルス（今はアパトサウルスと呼ばれる）の骨格．ニューヨーク，アメリカ自然史博物館．（W. D. Matthew, *Dinosaurs: With Special Reference to the American Museum Collections* [New York: American Museum of Natural History, 1915], fig. 19 より）

に対して世界で初めて展示された。ニューヨークにあるアメリカ自然史博物館では、ブロントサウルスが、各界の名士（科学者J・P・モーガンやニコラ・テスラもいた）の列席する昼食会でお披露目された(17)(図6・3)。大衆に向かって扉が開かれると、ピーク時には「群衆が何千と押し寄せて」博物館になだれ込んだという(18)。一方ロンドンでは、自然史博物館が同様の鳴り物入りで別の巨大な竜脚類、ディプロドクス（スコットランド系アメリカ人で企業家のアンドリュー・カーネギーからエドワード七世国王に贈られたもの）の型をとった複製の展示を公開した(19)。他の国の元首たちも、自国の国立博物館用にディプロドクスの複製を求め、カーネギーは喜んで応じた。一九〇七年、アメリカの群衆はカーネギーのオリジナルのディプロドクスが、ピッツバーグに新しく建設されたカーネギー博物館の架台に据えられているのを、恐れ敬った。さらにディプロドクスのレプリカは一九〇八年にはベルリン(20)、一九一〇年にはパリ(21)(図6・4)にも設置され、さらに他にもオーストリア、ロシア、スペイン、アルゼンチン、メキシコへと送られた(22)。

恐竜の骨格、なかでもオリジナルのアパトサウルスやディプロドクスの展示の一つにでも驚嘆したことがある人々なら、この化石動物が印象的でありかつ自分がちっぽけであると思わせる光景であることを認めるだろう。ただ、一九〇五年から一九一〇年にかけて、博物館になだれ込んで竜脚類の骨格を初めて見た群衆にとってどう見えていたか、本当に理解することは不可能かもしれない。当時の人々は、この巨大な生物を描いた玩具も映画もビデオゲームも見たことがなかった。こうした爬虫類の、梁に伸びるありえないように見える首は、想像力に対する衝撃となった。各国で驚きに満ちた問いが繰り返された。本物の恐竜に遭遇したらどんなことになっていただろう。作家たちはこの問いに答えにかかり、シャーロック・ホームズを書いたアーサー・コナン・ドイルの『失われた世界』（一九一二年）という小

図 6.4　アンドリュー・カーネギーのディプロドクスのレプリカを設置した博物館職員．パリの自然史博物館．（George Grantham Bain Collection, Prints and Photographs Division, Library of Congress, Washington, D. C）

説では、先史時代の動物だらけの遠い高地で大胆な冒険者一行が窮地に追い込まれる。エドガー・ライス・バローズの本は、この「失われた世界」ものの変種をいくつか試み、主人公は中空の地球の内部(『地底世界ペルシダー』〔一九一四年〕とそのシリーズ)や、謎の島(『時間に忘れられた国』〔一九一八年〕とそのシリーズ)や、隠れたアフリカの峡谷(『恐怖王ターザン』〔一九二一年〕)で、恐竜や原始の獣と対決する。

カーネギーのディプロドクスは、自然史の驚異として興行的に大当たりだっただけでなく、国際的な騒ぎにもなった。賞賛の記事は、他と同様、アフリカの報道にも現れた。しかしアフリカでは、鉱山技師のベルンハルト・ザトラーと古生物学者のエーベルハルト・フラースが、ドイツ領東アフリカ(今のルワンダ、ブルンジ、タンザニアのほとんどを含む植民地)で、新しい巨大な竜脚類の骨の化石を発見した一九〇七年以後、ディプロドクスやブロントサウルスのことに触れると競争で有利にもなった。[23] ヨーロッパでのセンセーショナルな竜脚類の骨格展示とアフリカでの劇的な化石竜脚類の発見を背景にして、有名なエキゾチック動物仲介業者で動物民族学的娯楽興行主、動物園の先駆者カール・ハーゲンベック[24]が進み出て、魅惑的な可能性を提示した。ブロントサウルスのような竜脚類が実は絶滅しておらず、アフリカの人里離れた沼地で生きているとしたらどうだろう。ハーゲンベックの本『獣類と人類』(一九〇九年)によれば、そう言える根拠があるという。

何年か前、私は巨大でまったく未知の動物が存在することについて報告を受けた。それはローデシアの内陸に住んでいると言われていた。ほとんど同じ話がいくつか私の許に届いた。一つは私が派遣した旅行者を通じて、もう一つは中央アフリカで大物を撃っていたイギリスのジェントルマンを通じて。……地元民は、どちらの情報源に対しても、大きな沼地の深いところに、半分ゾウで半分ドラゴンのような巨大な怪獣が住んでいると言ったらしい。私には何らかの恐竜としか思えない。どうやらブロントサウルスに似ているようだ。……そこで多大な費用をかけて、その怪獣を見つけるための探検隊を派遣したが、残念ながら、いるという証拠もいないという証拠も得られないまま帰国せざるをえなかった。……この失敗にもかかわらず、この怪獣の存在を示す異論の余地のない証拠を科学界に提示できるという希望を捨ててはいない。そしてたぶん、私がこの試みに成功したら、世界中の博物学者が他の未知の動物を熱心に探す刺激となるだろう。この何万年も前に絶滅したと考えられているものすごい恐竜がまだ生きているとなれば、他のどんな驚異でも明るみに出ないことがあろうか。[25]

この驚きの案は、ハーゲンベックの本では余談でしかなかったが、著者が新奇な異国の動物についての専門家として知られていたため（今ではおなじみの生物を多数、ヨーロッパに、さらには科学界に紹介した最初の人物だった[26]）、その主張がニューヨークからニューデリーまで新聞の見出しになるのは確実だった。[27]「今も生きているブロントサウルス」と『ワシントンポスト』紙は宣言した。[28] そうした見出しとともに、ハーゲンベックの本はモケーレ・ムベンベの現代未確認動物学の伝説となるものを打ち上げた。この報道は疑いなく本の魅力だけでなく、ハーゲンベックが翌年、ハンブルクの動物園に加えたセメントの恐竜の魅力も増した。目玉となる展示にした二〇メートルのディプロドクス（「同じ動物の骨格の正確なコピー……それに肉づけをした」）だった[29]（図6・5）。

ハーゲンベックのいわゆるアフリカの「ブロントサウルスに近いように見える恐竜」は、世界中でニュースになったが、それは伝聞の伝聞による、場所以外の詳細はないまま提示された噂にすぎなかった。

モケーレ・ムベンベの未確認動物学的伝説の始まりとなった事例によれば、この生物は「ローデシアの内陸に棲んでいると言われ」た（ローデシアはイギリスの植民地で今日のザンビアとジンバブエに相当する）。モケーレ・ムベンベが今いると思われているコンゴ盆地のテレ湖から二〇〇〇キロ近く離れた一帯だ。そして、欧米の新聞読者が、自国の博物館に新たに展示された骨格の原始的巨大生物が今も「暗黒大陸」の奥、「血に飢えた野蛮人」のそばでうろついているというのは文句なしにありうることだと思っている一方で、アフリカの植民地の報道機関の反応はそれほど熱が入っていなかったのを理解することが重要だ[30]。「物語にどんな真実があろうと、おそらくそれはいない」と『ウガンダ・ヘラルド』誌は論説で述べた[31]。ローデシア博物館の駐在動物学者、E・C・チャブは、ハーゲンベックの主張には慇懃な侮蔑以外のものは抱かなかった。ハーゲンベックの恐竜が住むと言われた領域で現地調査をして一か月を過ごしたばかりのチャブは、「残念ながら旅行中その生物には出会わなかったし、それがいるという噂も耳にしなかった」と、そのアフリカの新聞に語った。実は、この陸上版大シーサーペント話がチャブに届いたのはこのときが最初だっただけでなく、ハーゲ

図6.5 長さ66フィートのセメント製ディプロドクスは，カール・ハーゲンベックが自身の動物園の敷地に設置した中で最大の実物大先史時代動物の複製だった．（*Travel*, January 1917の写真，David Goldman提供）

ンベックとは異なる意見をもっていたので、そのような怪獣が存在することを疑うようチャブは求めた。何と言っても、それが本当なら、「地元の人々からそのことについて聞いたことがないのはおかしい」。さらに、半分ゾウ、半分ドラゴンという記述は、恐竜というよりは、生物学的にありえないキメラであることをうかがわせる。〔32〕チャブに応じて、ローデシアの同じ領域にいたときに怪物の話を聞いたことがあると書いた別の人物は、やはり懐疑的だったが、「実際にそれを見たと言った二人の地元民」と話したと言った。しかしその人物が描写した生物は竜脚類ではなく、もっとプレシオサウルスに近いもの、あるいはもっと架空のキメラに似ていた。それには「櫂あるいは鰭」があって、「それを使って進む。全体的な様子は頭はワニ、サイのような角があり、首はニシキヘビ、カバの胴体にワニの尻尾で、ものすごく大きい」。〔33〕別の人物は、チャブへの私信で、「三本角の水棲サイ」の噂を伝えている。「バンガウェオロ〔ママ〕湖のカバを殺し、その地域の湖沼地に住んでいる」という。チャブがこのことを『ブルワイヨ・クロニクル』紙に話したのはまちがいない（記事は「『ブロントサウルス』――さらなる噂」という題で掲載された）。〔34〕

一九一一年、また別の有名なドイツ人冒険家、パウル・グレーツ中尉は、ザンビアのバングウェウル地方の地元民に「ンサンガ」と呼ばれた生物についての話と、本人の言う物的証拠を集めた。グレーツは有名人で、自動車でアフリカを横断した最初の人物であり（二年かかった）、一九一一年六月、再び大陸横断に乗り出した。今度はモーターボートによるものだった。「現在は実質的に未踏のアフリカ中央部」、「とくにバングエロ〔ママ〕湖」に達するという目標について報道の誇張が出回り、その地域について知っている人々からの反発も呼んだ。〔35〕ある通信員は、「グレーツ中尉の謎のバングウェウル湖を探検する」という主張をばかにして書いている。この通信員はそこに何年も住んでいて、射撃をし、釣りをしていると言い、何百人もの白人がこのハンターの楽園を徹底探査したと言う。さらに、「クループクウェ（伝説のブロントサウルス）の話はただの伝説」であるとも言い、地元の伝承がやはり伝説的な何十もの怪獣のことを言っていて、「形はライオンだが、大きさは巨大で、堂々たるゾウさえ恐れさせるという驚異の動物」もいるという。[36] この警告にもかかわらず、グレーツは一〇月の末にバングウェウル湖に達し、人々は進んで怪獣の話をした。グレーツはこう書いた。「バングウェウル湖で見つかったワニは孤立した標本だけだった……しかし沼にはンサンガという、地元民には大いに恐れられている、退化したトカゲ類が住んでいる。その皮膚に鱗がなくて爪先にかぎ爪があるというのでなかったら、ワニと間違えられるかもしれない。私はンサンガを撃つことはできなかったが……皮膚の断片は手に入った」。[37]

一九〇九年のローデシアの恐竜という概念が、今日のコンゴという大陸半分も離れたところの恐竜伝説に変身したのはどういういきさつだったのだろう。このローデシアの怪獣の様子がどうであれ、竜脚類は欧米では大流行だった。各国の報道機関はアフリカの生きた竜脚類の話に飛びつき、離さなかった。私たちはこのアフリカの恐竜が文化の創造物、アフリカの光景に投映された想像力から生まれた生物だと推測することができる。想像力はどこにでも投映できる――コンゴも含めて（図6・6）。「この種の生物に関する噂は直径二〇〇〇キロほどの圏内で報告されている」と、ベルナール・ユーヴェルマンスは説明した。[38] これは誇張ではない。たとえば一九一〇年、チャールズ・ブルックスという人物が出て来て、サハラ砂漠の南端の「ピグミー」から巨大な恐竜が「砂漠の中央部にある大きな湖」あたりに暮らしていることを聞いたと言う。巨人の集団もいるという。[39] ブルックスはカーネギーの竜脚類の骨格から直接に思いついたことを挙げている。「今パリの自然誌博物館にある二五メートルのディプロドクスを見ると、私の頭に地元民やピグミーから聞いた今も生きている怪獣についての多くの話が甦る」[40]（たぶん特筆すべきだが、ブルックスは探検隊を結成するために政府資金を求めていた）。ブルックスが説く、モケーレ・ムベンベの地元であるテレ湖から一五〇〇キロ以上のところに棲んでいる恐竜は、それでも一九二一年に南アフリカで報告されたブロントサウルスと比べればごく近所にいた。複数の場合に複数の目撃者によってオレンジ川に潜んでいるのが見られたというこの「奇妙な巨大獣は、泳ぎが速く、背が

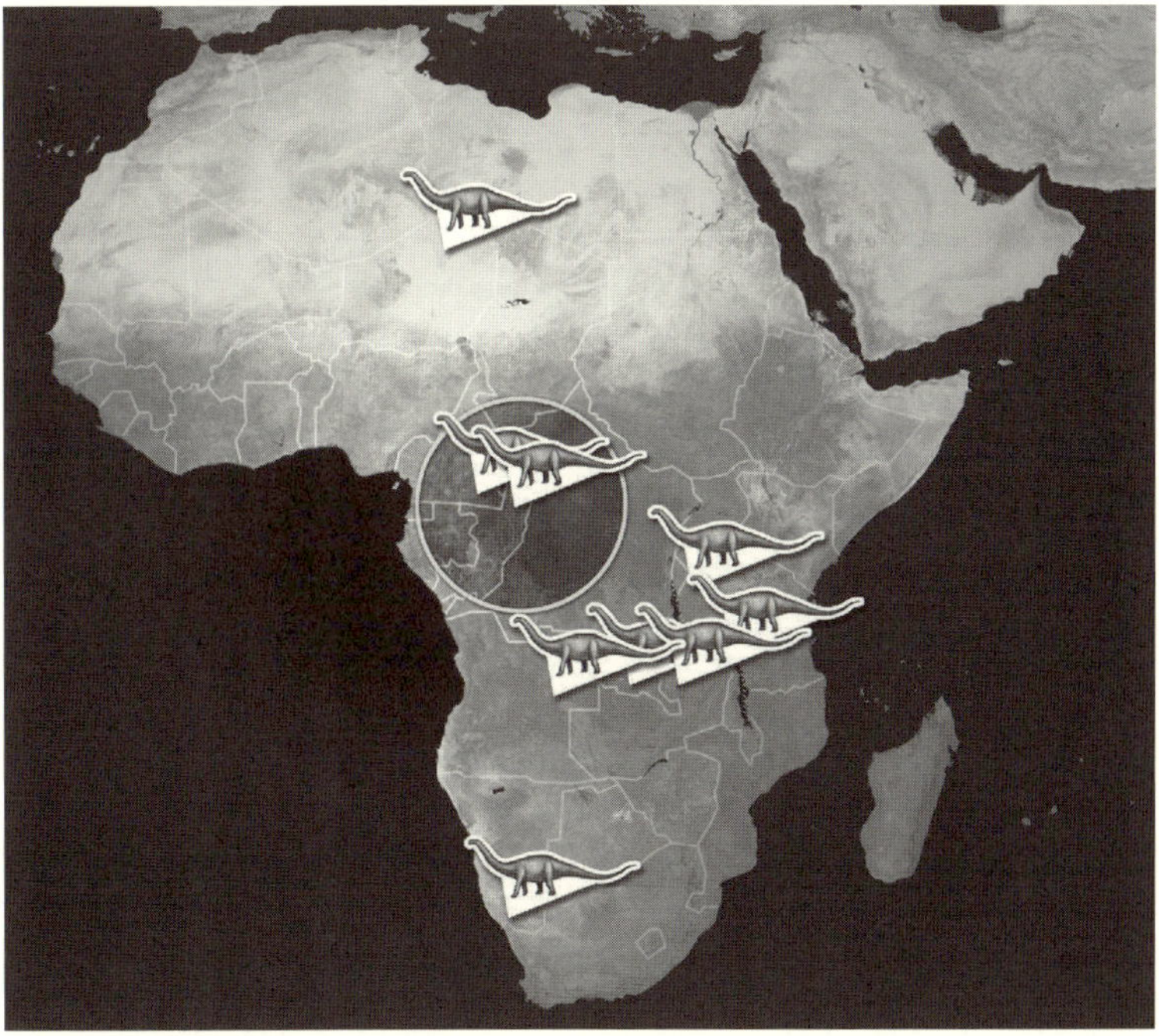

図 6.6　典型的なモケーレ・ムベンベについて言われるコンゴ盆地の棲息地を強調しているが（テレ湖はその中央付近），アフリカの恐竜の生き残りはアフリカ大陸の何千キロも離れた他の多くの地域でも報告されている．この地図はアフリカでのブロントサウルスに似た動物の初期の報告例を少し挙げただけである．（ダニエル・ロクストン画）

高く、足で立って首を樹木の中に伸ばし、そこで最も上の枝をむさぼり食う」[41]。このオレンジ川の目撃は、テレ湖からはニューヨークとロサンゼルスほども遠く離れたところで起きた。

モケーレ・ムベンベ伝承は、コンゴ盆地の動物集団についての本当の民族動物学的知識を記録するのではなく、大きく離れた地域のいろいろな創造的な物語の多くを薄めたものだ。それでも、現代のモケーレ・ムベンベ伝承の目立つ変種は一九一三年にはコンゴに存在していたという徴候はある。アフリカでの恐竜目撃例のほとんどは同じ大陸全体の他のところで起きているとしても。その年、ウィリー・レイによれば、ドイツのルートヴィヒ・フライハー・フォン・シュタイン・ツー・ラウスニッツという将校が、遠征隊を率いて当時ドイツの植民地だったカメルーンの奥地へ入った。レイによれば、フォン・シュタインは一部でモケーレ・ムベンベと呼ばれる生物に関する「地元民の話」を取り上げる詳細な手稿を書いたと伝えられる。

この動物は灰褐色の滑らかな皮膚をしていて、大きさはだいたいゾウ並みと言われる。少なくともカバの大きさはある。長く非常にしなやかな首をしていて、歯は一本だけだが非常に長く、角だという者もある。ワニのような、長い、筋肉質の尻尾について語る者も少数ながらいる。これにカヌーが近づくと危ないと言われる。この動物は複数の舟を一度に攻撃して、乗組員を殺すが食べることはない。この生物は、川の鋭い湾曲部で岸の土を浸食された洞穴に暮らし、日中でも餌を探しに岸を上ると言われ、その餌はすべて植物だけとされる。この特徴は神話にあるようなありうる説明と合致しない。好まれる植物を見せてもらった。ミルクのような樹液がありリンゴのような実がなる、大きな白い花を咲かせる蔓植物の一種である。スソンボ川では、この動物が餌を得るために作ったと言われる通り道を見せてもらった。それはできたばかりで、近隣には、先述の種類の植物があった。しかしゾウ、カバなどの大型哺乳類の通った跡がたくさんありすぎたので、特定の足跡からある程度の確実性を引き出すのは無理だった[42]。

この話は明らかにきわめて重要だ。もし正しいなら、モケーレ・ムベンベ伝説が、形式の点でも名前の点でもまずまず早い時期から発達していたことの確認になるし、今や標準となっている詳細もいくつかうかがわせてもいる（と言える）。しかし由来について重要な問題が解決されていない。ユーヴェルマンスが記すところでは、この「報告は決して公表されなかった。ドイツは一九一四年から一八年の戦争で植民地そのものを失ってカメルーンへの関心を失ったからである」[43]。シュタインの重要な報告は、未確認動物学文献では、レイが一九四〇年代に英訳した断片でしか知られておらず、その背景は、レイの短い解説から知られるのみだ。原稿が書かれたのはいつで、それはまだ存在するのか。レイの英訳は正確か。シュタインの遠征の様子はどうだったのか。他にどんな関連情報が原稿には入っているのか。こうした疑問についてレイに依存することは、モケーレ・ムベンベに関する学術研究における大きな空隙である（ロンドン動物学協会の事務局長チャルマーズ・ミッチェルの回想には、この話を部分的に補強するか否定するかもしれないところがある。一九一九年、当時のコンゴの恐竜に関する熱について、ミッチェルは元皇帝ヴィルヘルムによる見解を想起した。「ロンドン動物園を訪れたとき、皇帝は同じような先史時代の怪獣がドイツ領東アフリカにいることを述べられた[44]」。ドイツ領東アフリカは、大陸のカメルーンとは反対側にあった）。

シュタインの原稿の出どころがどうであれ、いずれにせよ世間には知られていなかった。つまり、もともとローデシアが中心だった「アフリカのブロントサウルス」伝説がいかにしてコンゴについて信じられることとして固定化されるようになったのか。ある意味で、どちらの場所も、アフリカの恐竜についての西洋のメディアの伝説にとって等しくふさわしい。どちらの地域にも、広い、満々と水をたたえた湖沼地帯や水系があって、二〇世紀初頭の聴衆には、竜脚類にとって完璧な棲息地に見えた。ハーゲンベックの恐竜説に対する一九〇九年のある反応は、こう認めている。「そうした動物は、バングウェウル湖やムウェル湖周辺の沼地に今日ある条件とはおそらくあまり違わない条件の下で暮らしていた[45]」。私たちが今知っているところでは、竜脚類は沼地に住んでいたのではないし、湖や川に浸かって過ごしていたのでもない。しかしその頃は、人々は間違ってそんなふうに想像していたのだ。世間の想像の中では、すべての竜脚類は基本的にモケーレ・ムベンベだった。

それでも、ローデシアの恐竜を「コンゴ」へもたらしたのは、ほんのちょっとしたこととはいえ、特定の事情だった。一九一九年、ロンドンの各紙は、ベルギー領コンゴ（今日のコンゴ民主共和国の南東部）にある「フングルメの村」発の驚くべき恐竜のニュースでもちきりだった。

この地の地方博物館の館長が、ベルギー領コンゴで鉄道建設に当たっていたルパージュ氏から、先月、刺激的な冒険の情報を受け取った。ルパージュ氏は十月のある日狩りをしていて、異様な怪獣に遭遇し、その怪獣が氏を襲った。氏は発砲したが逃げざるをえず、怪獣は追ってきた。まもなく動物は追跡をあきらめ、ルパージュ氏は双眼鏡でその動物を調べることができた。氏が言うには、それは長さが七メートルほど、長く尖った鼻先は角のような牙で飾られ、鼻孔の上には短い角があったという。前足は馬のようで、後ろ足はひづめが割れていた。肩には鱗のあるこぶがあった。この動物は後にフングルメの村を通り抜け、小屋を破壊し、地元民が何人か死亡した[46]。第一次世界大戦が進むにつれて、アフリカの恐竜は消えたように見えた。しかし平和が戻って来ると、世界はまた怪獣ミステリーを楽しむ気になってきた。ルパージュによる目撃のニュースが見出しになり、あからさまにこれをコナン・ドイルの『失われた世界』の遭遇になぞらえる新聞も出てきた[47]。すぐに別の人物からの報告が続いた。

ベルギーの山師で、大物ハンターの、ガペル氏という人物が、コンゴの奥地から帰って来て、二〇キロ近くにわたり奇妙な跡をたどり、最後にきっとサイの仲間の、体の下の方まで大きな鱗がついた獣を目撃したと述べる。この動物は、太いカンガルーのような尻尾と、鼻孔の上に角があり、背中にはこぶがあったという。ガペル氏はこの獣に向かって何発か発砲すると、獣は頭を上げて沼に消えた。アメリカのスミソニアン遠征隊が上記の謎の怪獣を探していて、列車の大事故に遭遇し、何人かの死者が出た[48]。

ルパージュやガペルの話は竜脚類のことは言っておらず、未確認動物学者が今モケーレ・ムベンベを探している地域からは一五〇〇キロも離れていることは言っておかなければならない。しかし傷はそれだけではなかった。話が「科学的研究に重大な傷をつけるかもしれない」と恐れた詳細のわかる通信員は、それがいたずらとして出てきた経緯を説明する手紙を書いた。「私には報告全体が伝説であると言える根拠があり、噂と同じだけ修正も広められるものと信頼している[49]」。話はすぐに、冗談の主、ダヴィッド・ルパージュを知る人々から、批判の集中砲火を受けてばらばらになった。「全部ほら話です」と、ある人はイギリスの親戚に書き送った。「フングウラメ〔ママ〕鉱山に宣教師がやって来て、南へ向かい、列車を待って鉱山にとどまり食事をした。私もよく知っているデーヴ・ルパージュが、ほら話で宣教師の足を止めた。宣教師はその話を新聞に、そこに出た通りに話した。記事はこちらでは大いに楽しまれた」[50]。この暴露は二年後、噂が出た当時フングルメにいたサイモン夫人によって追認された。夫人は各紙に、ルパージュは「南ローデシアでは奔放な想像力で有名」で、レーマー氏を騙して、レーマー氏はそのでっち上げのほらをポートエリザベス博物館の館長に知らせた。それを館長が報道機関に伝えた[51]。ウェントワース・D・グレイは、話の残った詳細に言及して、スミソニアン・アフリカ遠征隊の代表として、探検は実際には恐竜探しではなかったと言った。さらに、ガペルはルパージュのアナグラムで、「名前を巧みに考えた第二のいたずら者の想像力の中以外には存在しない」ことを指摘した[52]。それでも予想通り、ルパージュの話を暴露しても、その想像力喚起作用を弱めることはなかった。すぐに模倣目撃談（ある怪獣は「ライオンのような頭、セイウチのようなひげ、長さ五・五メートル、体は鱗で覆われ、ヒョウのような斑がある」[53]という）が出て来て、勇敢な人々が恐竜探しに出かけた。「ブロントサウルスと言われるものを探しに出かけるイギリスの大物ハンターの中には、牧羊犬と狼が半々の猟犬の『ラディ』を伴うレスター・スティーヴンス大尉がいる」と新聞は報じ、「スティーヴンス大尉は、巨大な爬虫類が地下の湖で暮らしていると信じている」とも言った[54]。

現代の証言

現代未確認動物学でのテレ湖のモケーレ・ムベンベ伝説は、ゆっくりと成長した。一九四〇年代から五〇年代にかけて、初期未確認動物学の著述家ウィリー・レイ、アイヴァン・サンダーソン、ベルナール・ユーヴェルマンスは、二〇世紀初頭の「アフリカのブロントサウルス」説を取り上げ、解説している。[55]サンダーソンはこう書く。それは「疑いなく希望的思考から生まれ、私たちは誰でもどこかで考える」問いだった。「すなわち、今でもわずかな恐竜がこの世界の辺鄙なところで生きているのではないかと」。一九六〇年代には、独立系の探検家、サンダーソン、ジェームズ・H・パウエル二世は、ユーヴェルマンスが集めた材料に（またユーヴェルマンス、サンダーソン、レイと交わした手紙に）刺激され、まさしくこの問いを取り上げた。「こうした初期の話には、［ルートヴィヒ・フライハー・］フォン・シュタイン・ツー・ラウスニッツ男爵のコンゴ北部の話ほど気になるものはなかった」とパウエルは書いた。大衆的な観念の多くがそうであるように、最初に主導権を取った人物が流れを決める。シュタインの報告に照準を定め、それを追いかけようと思い定めて、パウエルはまさしくそれをした。一九七二年には、探検家クラブ探検基金から、この地域のワニを調べる補助金を得た。パウエルは、当時のコンゴ人民共和国への入国ビザが取れず、アフリカの恐竜探し（あるいは少なくともそれについて問うこと）に対する探検家クラブの補助金を使って、一九七六年には隣接するガボンとカメルーン、一九七九年には再びガボンへ入った。[56]その間、ネス湖の怪獣の報告について調べていたロイ・マッカルのところに自分を売り込んだ。一九八〇年、二人は一緒にコンゴ共和国に出かけた。そうして完全に現代的な未確認動物学のモケーレ・ムベンベ伝説を開いた。

マッカルが詳細に述べているところでは、何年かの間に数々の目撃報告、伝統的な描写、疑わしいほら話が集まってきたが、細部はまったく違っていて、重要な身体的特徴の多くが整合していなかった。[57]ほとんどの話は地元の様々な人々によるもので、多くが伝聞によるものだった。モケーレ・ムベンベ証言のうちどれだけが実際の出来事に基づいていて、どれだけが伝わってきた伝説に基づいていて、何度も語られるうちにどれだけ歪んでいたかをはっきりさせるのは難しい。さらに悪いことに、この未確認動物の伝承のうち、どれだけが外国からの客の期待に合わせるように考えられているかも、知りようがない。カール・ハーゲンベックの植民地時代の野生動物捜索員の一人が説明するところでは、いわゆるローデシアの恐竜に関して信頼できる情報を得るのはほとんど不可能だった。「地元の人々は、白人の来訪者を喜ばせたいと思い、同時に高価な贈物を期待して、自分たちの生活圏にいる、青い皮膚、六本足、一つ眼で四本角の動物のことを知っているとすぐに断言するからだ。大きさは全面的に質問者の問い方に左右されていた。地元民は自分で白人が聞きたいのはこれだなと思うことを教えていた」[58]。この柔軟性や利害関係は、植民地支配が終わっても消えなかった。柔軟性の例として、ガボンでのパウエルの情報提供者の一人が、一九七六年、自分は怪獣を見たことがないと語り、結局はその話を三年後に大きく変えたことを考えてみよう。この人物は、一九七九年、何十年も前に小屋を建てて、そこから何日何夜も怪獣を見張り、とうとうそれが水中から姿を現すのを見たと主張した。この情報源はこのとき、親切にもパウエルをその動物が川からよじ登ってくるのを自分で見た当の場所へ連れて行くことができたが、パウエルが深さを測ろうとしたときは、見るからに恐れて反対した。パウエルは、同じ人物がかつてその動物を見たことがないと言ったことを、どうやら気にもしていないように書いている。「私は人がこれほど恐れるのを見たことがなかった。この人が演技をしているとしたら、ハリウッドでアカデミー賞候補になるはずだ」（パウエルはこの地域のほとんどの人々がディプロドクスの写真を見てもそれと認識しないことにも困ったようには見えなかった。あるいはある村人がはっきりと、パウエルに、地元の名称「ンヤマラ」は架空の動物のことだと教えたことにも）[59]。

モケーレ・ムベンベを探すウィリアム・ギボンズは「こうした人々は、話をすることでどんな得もない。私たちは何も支払わないし、話すことで私たちから何の報酬ももらわないからだ[60]」と主張したが、外国からの怪獣ハンターと、たとえばテレ湖付近のボハ村の住民との金銭的なやりとりや、金をめぐる争いについても述べている。ギボンズは、ハーマンとキア・レガスターズによって率いられた一九八一年の遠征隊が、「贈物と金の約束」を実行しなかったことに村人が怒っていて、ある遠征隊が一九八七年にガイドに約束の価格以上に払うことを断ってから、そのガイドによって湖で迷わされたことを伝えている。ギボンズ自身の一九八五年の遠征では、ボハの長老にテレ湖に近づくために金を払った[61]。同様に、一九八八年の日本からのテレ湖遠征隊のあるメンバーは、「ボハ村の長老」に会うと、隊がテレ湖に近づくために相当額の料金を求めた」と述べている[62]。ギボンズは、ボハ村の長老と一九九二年の日本隊との交渉のとき、長老は「すぐに隊を人質に取り、その解放を確保するために合計一万二〇〇〇ドル（米ドル）が送られた」とさえ断言した（この話を確認することはできなかったが[63]）。明らかに、地元の情報源にとって、さらに調査をしてもらってテレビ番組にその地域を訪れてもらいたいという、もっともな金銭的誘因がある。さらに、モケーレ・ムベンベ文献のほとんどすべての目撃者の証言は、少数の地元ガイドによって促され、翻訳されている。そうしたガイドは、何年も同じ村へ何度も未確認動物学調査を案内し、既存の関係を利用して雇われている場合が多い[64]。特筆すべきことに、カメルーンなど、ガイド付きの観光産業がある国々では（実際には世界中のどこにでもあるどんなサービス業でも）、サービスの連鎖で添乗員が密かに予算を他へ回しているのは珍しいことではない。さらに、モケーレ・ムベンベ支持者自身も、裕福な出資者やテレビ会社が調査隊に何万ドルも出してくれれば利益を得ることになる。

地元の証言を引き出すときの問題点を調べるために、一九五九年の、モケーレ・ムベンベが、当時は近づくのが難しかったテレ湖で殺され食べられたという有名な話を考えよう（図6・7）。この大仰で謎の物語によれば、この動物の肉を食べた人々がみな、病気になって死んだという。これはこの未確認動物についての伝承の定番となり、ハリウッドのモケーレ・ムベンベ映画『恐竜伝説ベイビー』（一九八五年）でも筋立ての一部として登場している。しかしこの話はどこから出て来たのだろう。マッカルとパウエルは、一九八〇年のコンゴへの一か月にわたる事実調査旅行の間に、モケーレ・ムベンベがテレ湖で殺されたという話を聞いた（食べられたという話はなかった）。最初は「曖昧な噂」として、それから名前が残っていない兵士が妻から聞いた断片的な話として、[65] さらには典拠が明らかではない、アントワーヌ・メオンブとかミオーブ・アントワーヌとかいろいろな呼び方がある地元の役人によって伝えられた話として。[66] マッカルとパウエルはこの噂を追って、エペーナという

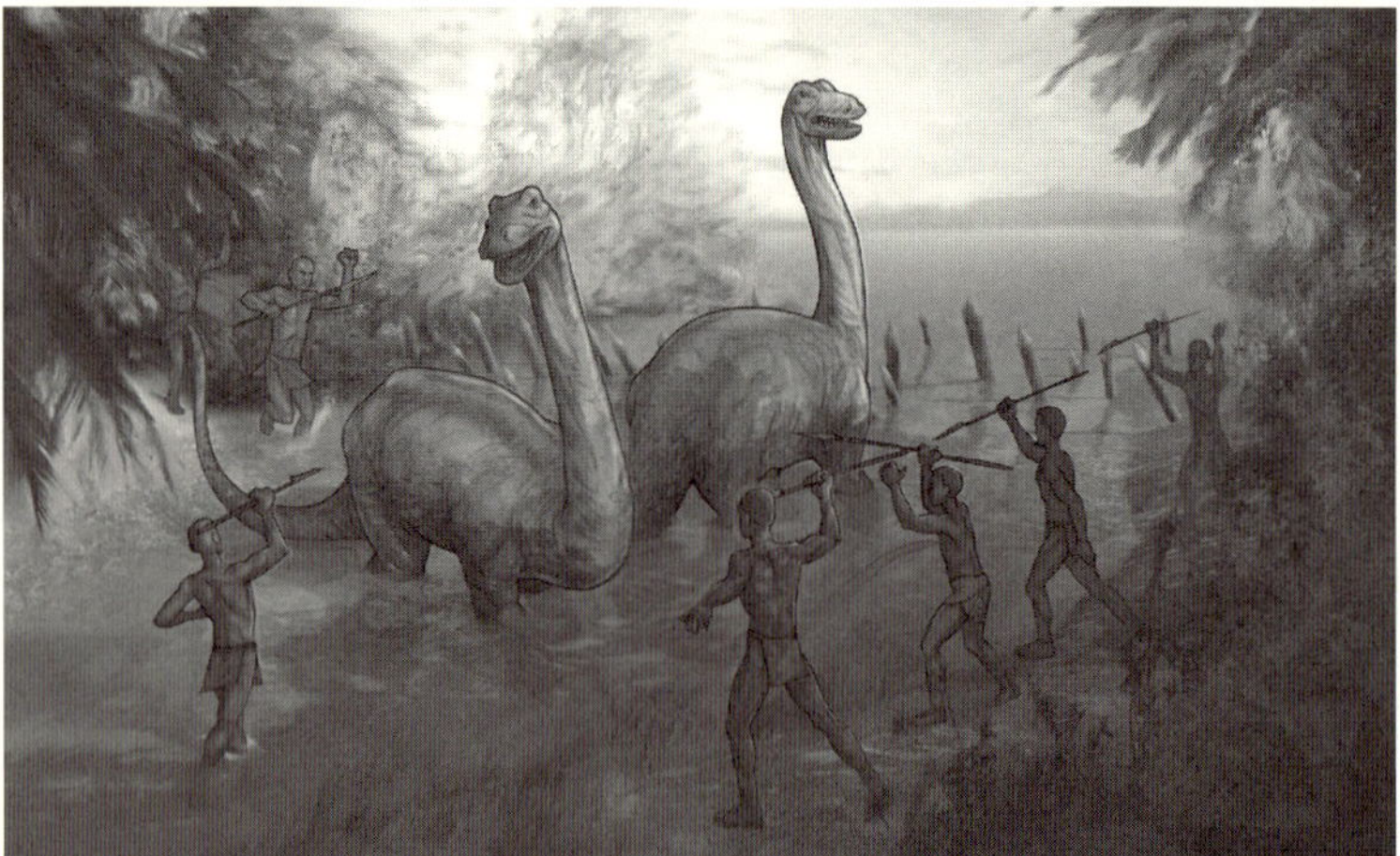

図 6.7 根拠薄弱ながら，何度も繰り返される話によれば，1950 年代には，ハンターがモケーレ・ムベンベを殺して食べたという．そうしてこれを食べた人々は謎の病気になって死んだという話になる．（ダニエル・ロクストンおよびジム・W・W・スミス画）

県まで行き、そこでリクアラ州エペーナ県のコロンガ（あるいはコランゴ）県長《プレジデント》に質問をぶつけた。二人が驚いたことに、コロンガは「モケーレ・ムベンベという言葉に笑みを浮かべ、その言葉はただの『虹』という意味でしかないと断言した[67]」。マッカルはコロンガと言い合った。そしてコロンガにその物語のことを伝えた。「私たちは何度も何度もモケーレ・ムベンベが過去に何度かテレ湖で殺されたという話を聞きました。このモケーレ・ムベンベは純粋に草食でマロンボ〔地元産の木の実〕が好物だとはいえ、とても危険だとも聞いています。こちらの人々かテレ湖のピグミー族かが槍で虹を殺せて虹がマロンボの実を食べるのなら、非常に興味があります[68]」。これは要するにできあいのひな形だ。「それこそ私たちの聞きたい話なのです」（これはマッカルが自分たちでそうしたと私たちに語れる程度の誘導にすぎない点にも留意）。もちろん、コロンガは翌日、「モケーレ・ムベンベについての真実を提供する」気があることを告知した。パウエルはどうやらこれがどれほど疑わしいか気づかなかったらしく、これがどうなったかを説明している。

徐々に信頼を得て、向こうも我々が本気で、現地の人々の伝承を笑おうというのではないことを認めるようになると、協力的になって、我々のためにテレ湖近くに住んでいた情報提供者や、「その動物が見られる奥地」について情報が出せる人々を集めると約束してくれた。

コロンガ氏がそれを実行して、みながコロンガ宅に集まると、氏は集まった情報提供者に少しばかり演説をして、私とマッカルが遠くからこの地へモケーレ・ムベンベについての情報を得にやってきたこと、二人がその動物の存在を本気にしていてその伝承を笑おうとしているのではなく、何ものも付け加えず、隠さず、真実のみを語ることを求めていることを説明した[69]。

はたして、二人の情報提供者がコロンガによって紹介され、下地を与えられて、二人のアメリカ人がすでに聞きたいと伝えている話を喜んで語った。最初の語り手（マテカ・パスカルとされる）と第二の語り手（「漁師」）はともに、自分が噂をそのまま伝えたことを認めている

こちら（マテカ）は、その頃はまだほんの子どもだったので、自分でその動物を見ていなかった。その話によれば、モケーレ・ムベンベは、それが住んでいた川《モリバ》からテレ湖へ、西岸で湖に流れ込む水路の一つを通って入っていた。この動物が湖に入った後、ピグミー族が杭を並べた堰を作って水路を塞いだ。モケーレ・ムベンベがモリバに帰ろうとすると、堰にひっかかり、槍で殺された。仕掛けを作るのに使われた杭の一部は巨木の幹で、まだそこにある。そのピグミー族の人々はこの動物を切り分けて食べた。それを食べた人々は全員が死んだ。殺されたのは二頭いたうちの一頭と言われた。残ったたぶんつがいの一方は今もテレ湖にいると言われるが、用心深くなっていて、なかなか近寄れない[70]。

もう一人の、名前が伝わっていない漁師は、伝聞のほら話を単に自分が聞いたことがあると認めただけで、唯一の生き残りという飾りを加えただけだった。「その肉を食べた人々は死んだ。一人は肉を食べずに生き残って、一〇年ほど経って死んだ」。マッカル自身、情報提供者どうしが話に影響し合っている可能性について心配していた。「この情報交換会について否定的なところがあるとすれば、目撃者のすべてであるいはほとんどが同じ部屋にいて、言われていることをすべて聞いていたということだ」とマッカルは回想している。

「それを食べた人々は全員が死んだ」という話をどう解すればいいだろう。それはせいぜい噂であり、話が注文に応じてでっち上げられた可能性が大いにある。「それを食べた人はみな死んだ」という話は独立した一回の語りだけが記録されている。しかもその事件が起きたときにまだ生まれていないと認めている人物によって。また、「パスカルはまだ殺戮がおこなわれた当のモリバへ漁をしに行っているので、杭がまだあって、話が本当であることを確認できる」という気になる説はあるが、補強する証拠は何もない。マッカルとパウエルのビザは期限が切れかかっていたので、二人はテレ湖には行くことなく帰国した。パウエルの説明では、「ロイと私はそこで、テレ湖と一九五九年にモケーレ・ムベンベの殺戮があったと言われる現地へ行きたかった。そこで骨などの遺骸が見つかって、もしかすると生き残った動物を目撃して撮影できるかもしれないと期待した。しかしそれはできなかった」[71]（マッカルは翌年この地方を再び訪れたが、噂の「それを食べた人はみんな死んだ」話のすぐに確かめられる部分を確認することはなかったらしい）。

実にあやふやな話だが、さらにひどくなる。マッカルは、地元のアフリカ人が何度か、モケーレ・ムベンベについて何か知っていることを否定したり、その動物は存在しないことを断言したりしたことを伝えている。そうしてマッカルは、そのような否定的証言は受け入れられないと言う。たとえば、ムーングーマ・バイの村では、地元の人々が、「父親たちからモケーレ・ムベンベのことを聞いた」ことがあるが、自分では「見たことはない」と明かした。マッカルは、「私は驚いた。そのときいたのは、モケーレ・ムベンベが殺されたテレ湖からほんの数キロのところだというのに、村人はそれについて何も知らないと主張したのだ」と書いている。この証言に対するマッカルの否定的な反応は、開いた口がふさがらない（とくに、マッカル隊が、迎合した証言を提供せよという圧力でビールをばら撒き、ＡＫ４７で武装したコンゴ人護衛もいたことを考えると)。

ジーンとマルスランを通訳にして私は返答し、私たちがテレ湖の話について、外見の様子や習性、何を食べているか、どこで誰によって目撃されたかについて、広く知っていることを明らかにした。そのような情報に責め立てられ、向こうは明らかに困惑しており、その混乱の中で、もっとよく知っていることを認める者もあった……ムーングーマ・バイの人々が情報を隠していて、モケーレ・ムベンベについて多くのことを知っているが、それを我々に教えようとしないのだということが明らかになった。ジョージは熱烈な協力要請をした。最初はなだめるように、それから脅すように。[72]

こうした圧力があれば、村人の中に、アメリカ人が与えていた話に合う証言をし始める人がいても意外ではない。それでもマッカルは村人のモケーレ・ムベンベ話に熱意がないことに不満を残していた。一行は、村を訪れていた赤十字の医者に、必死に求められていた医薬品をいくらか残したが、「ここの人々に医療を提供しても割に合わない」という見解を述べた。

モケーレ・ムベンベに関する地元の証言は、目撃者と言われる人々からの伝聞と明らかな誘導の(さらに圧力の)負荷がひどくかかっていた。さらに、地域の情報提供者は、追加の、別の怪獣群の様子も提供した。「巨大な亀、巨大なワニ、巨大なヘビのような生き物、大きな角があるが長い鼻はない水棲ゾウ、木板のような構造物が背中から延びる動物、さらにはもちろん、モケーレ・ムベンベそのもの[73]」。

少数の西洋人(ほとんどは宣教師)は、モケーレ・ムベンベをちらっと見たと主張するが、その話はやはり一貫せず、解釈が難しい。この伝説の動物について、信頼できる写真、動画、足跡の型を手に入れようとする試みはすべて失敗している。動物学者のマルスラン・アニャーニャが一九八三年に撮影した映像も使えない。アニャーニャはまず、レンズキャップを外すのを忘れていて、それからカメラは望遠ではなく接写モードになっていたと言った（状況はやはり疑わしい。ギボンズは三年後に同じボハ村を訪れて、「我々はマルスランの話を確認できる一九八三年当時の目撃者を誰も見つけられなかった」[74]と言っている。アニャーニャの説にとってさらに打撃になるのは、イギリスの旅行作家、レドモンド・オハンロンとボハ村の長老の息子とのやりとりで、これは一九八九年のことだった。「私は穏やかに言った。『するとドゥブラ君、マルスランはなぜ恐竜を見たと誓ったんだろう』。ドゥブラは初めて本当の笑顔を見せて答えた。『わからないんですか。あなたのような馬鹿をここに呼び寄せるためですよ。それに稼げるしね』」[75]）。一九八五年にローリー・ヌージェントが撮影した写真は有効な解釈ができない。ある批判派がそれについてこう言っている。「一つは湖面に浮かぶ材木のように見えるものを非常に遠くから撮ったもので、もう一つはピンぼけの結婚式の花束を投げたようなものがシーツの前を通過中と言われてもおかしくない」[76]（未確認動物学者さえ、この画像には注目しない。ギボンズによれば、「ローリー・ヌージェントのモケーレ・ムベンベの写真と言われるものはどうとでも言える」[77]）。

さらになるほどと思えるのは、モケーレ・ムベンベを探してコンゴ盆地を旅して回ってもその動物の納得のいく証拠が得られなかった遠征隊がどれほど多いかということだ（あるいはいくつかの場合には、その存在を肯定しようという地元民を見つけることもできなかった）。ギボンズは、一九八〇年から二〇〇〇年にかけて、「二〇近くの遠征隊がモケーレ・ムベンベを見つけようと捜索して成果がなかった」[78]と述べた。一例を簡単に取り上げてみよう。一九八一年、レガスターズ夫妻の遠征がマッカルが率いる調査隊と競うようにテレ湖へ向かった（二つの遠征隊はもともと一つだったが、マッカルとレガスターズ夫妻との諍いの結果、分裂した)[79]。帰国後、夫妻は記者会見を開き、何度もモケーレ・ムベンベを見たと誓って断言した。写真も撮ったがまだ現像していないという。「私たちが世界で最高の写真を得たとしても、それを信じない人がいるでしょう[80]」とレガスターズは言った。しかしそのことは問題ではないことがわかった。二人が撮った何千枚もの写真には、恐竜を示す証拠は写っていなかったからだ[81]。一九八五年から八六年にかけて、創造主義者で未確認動物学者のギボンズは、アニャーニャの案内でテレ湖周辺で過ごしたが、「モケーレ・ムベンベが存在する証拠も存在しない証拠もはっきりしたものは見つからなかった[82]」。遠征が終わると、ギボンズらのチームは、アニャーニャと対立した。アニャーニャがモケーレ・ムベンベの居場所を意図的に隠したと言われた(争いの内容は他にもあった)[83]。一九八八年、日本の調査隊と撮影隊がテレ湖地域を三五日にわたって捜索したが、「その地域にモケーレ・ムベンベの存在を示す証拠は見つからなかった[84]」。オハンロンは一九八九年にこの地域を回り、地元民と面談した。住民の多くはその動物は精霊であって、この世の存在ではないと語った[85]。一九九二年、日本隊がテレ湖に大きくてぼやけたものの空中映像を撮った[86]。結局は、物体は遠すぎて明瞭な特定ができず、使い物にならなかったが、この日本チームはカヌーを撮ったのではないかと言われている。未確認動物学者のジョン・カークはこう説明した。「この動物の頭と首と見られたものは、舟の先頭に立って湖を渡ろうと漕いでいる人でもありうるし、後ろに別の人が座っていれば、背中のこぶと間違われることもあるだろう[87]」。一九九二年のギボンズの第二次調査は(どうやら奇妙なことにミック・ジャガー、リンゴ・スターなどのロックミュージシャンが資金を出したらしい)[88]、実際には伝道と観光のためのもので、チームが現地に短期間滞在したときは、医療を施し、福音を広めることで忙しかった[89]。ハイライトには、ギボンズが藁葺き屋根の教会で信仰表明したことが述べられる。「私は話し始め、私の救済とジャングルにキリストを見た話をした……話を終えると、セーラが祭壇から呼びかけ、三人が進み出てキリストを受け入れた……サタンの力は断たれた。まさしく栄光の日だった」[90]。この霊的勝利にもかかわらず、モケーレ・ムベンベのはっきりとした徴候はつきとめられなかった。一九九九年、J・マイケル・フェイが、この地域を徒歩で行程三〇〇〇キロ以上、四五六日間の生物学的横断旅行して、モケーレ・ムベンベに関連するものはなかったことを報告した[91]。ギボンズは二〇〇〇年一一月の大半をかけて、カメルーンでモケーレ・ムベンベを探し[92]、二〇〇一年には潤沢な資金の、全員クリスチャンによるカメルーン捜索を率いた。これには、BBCとディスカバリー・チャンネルの撮影隊が同行した[93]。このときは何度か怪獣の話が入ってきた。中には、ヨーロッパ人のハンターグループによって、灰色の毛のビッグフットのような生物がジャングルから運び出され、柱にくくりつけられているのを見たという話もあった。遠征隊のメンバーは、次々とUFOも見たと言われるが（その中の一つは「四五度の角度で、地球のどんな乗り物もかなわないような速さで宇宙へ「飛び立った」という）、モケーレ・ムベンベのはっきりした証拠は見つからなかった[94]（成果に失望したディスカバリーチャンネルは、「映像素材が不十分なせいで」ドキュメンタリー番組をボツにした。一行が契約を確保するのを助け、その創造主義者遠征隊に資金援助したキリスト教徒実業家は、一行を「アマチュア」と断じ、袂を分かった）[95]。

このトラブルにもかかわらず、アメリカの保険代理店業者で創造主義者のミルト・マーシーなる人物がギボンズのその次の遠征の費用を援助すると申し出て、隊は二〇〇三年にカメルーンのラングーを訪れた[96]。この旅行は別種の怪物を発表したことでも知られる。巨大クモだ。あるイギリス女性が、自分の両親が「長さが少なくとも一・二～一・五メートル」のクモを見たと主張するのを聞いたことがあったギボンズは、村人に「そのような巨大クモについて知っているかどうか」尋ねたところ、「確かに知っていた」という。見事なほどの「たまたま」だが、この「人間を凌駕して殺せるほど強い」怪物は当の村のあたりに住んでいたのだ。それまで二回訪れていたのに巨大クモのことをギボンズに言った者はいなかったのは、聞かれなかったからだという。ひどい話だ。当時の情報提供者の一人が住むキャンプのすぐ背後に巨大クモがいたことになる。ギボンズの書いているところでは、「そのときは、川で溺れているような感じがした。まったく未分類の種の珍しい巨大クモを捕らえる黄金のチャンスを逃してしまった」[97]（このようなB級映画に出て来るような巨大クモは、物理的にはありえない。外骨格に制限されて、それ自身の重さを支えられないし、空気中から生きられるだけの酸素を引き出せない）。一行は何日かつつきまわり、説教をおこない、一行のカメルーン人牧師ニニは「悪魔払いさえ」した。[98] それから、最後の日、川で、「ニニ牧師は大胆にも、今日は我々がラキラベンベ［モケーレ・ムベンベと同義と言われる］に遭遇する日となるであろうと唱えた。主が牧師に、今日が実にその日であると確約された」。そして予定通りにそうなった。水面を漂っているとき、ガイドがカヌーで立ち上がり、「すぐ前で巨大な動物が川を渡っている」のが見えると断言した。未確認動物学者には何も見えず、映像にも何も捉えていないが、ガイドによる、赤茶色の生物で「典型的な爬虫類の」眼がついているという細かい描写が頭に刻まれた。[99]
そうして一行は帰国した。

二〇〇四年、マーシーはラングーへの再探検に資金を出した。今回の隊長は創造主義者のピーター・ビーチとブライアン・サスだった。[100] 一行は、とくに何の根拠もないまま恐竜の爪の跡と見てとった何かの跡を石膏で型どりした。私が『モンスタークエスト』製作時に調べ、それは竜脚類の足跡ではないと判定したのがこれだ。しかしビーチとサスは、今最先端のモケーレ・ムベンベ信仰を構成するある概念を考えた。伝説の恐竜は、長期間川の堤に隠れているというのだ。おそらく、この動物はまず穴に潜り込み、掘り進めて、それから内側から洞穴に壁を造ってふさぎ、最上部付近に小さな空気穴を残すという。この行動のどの部分も目撃されたことはないし、言われたことさえないので、この大胆な推測は根拠のない奇説と言うしかない。自分で空気穴と想定した川の堤の小さな穴を検証するあいだ、「何かが封鎖した部屋から出ようと爪でほじくっているような、明瞭なひっかき音」を聞いた。ほんの一メートルほど離れたところにモケーレ・ムベンベがいて出て来ようとしているなんて、ありうるだろうか。ビーチとサスは恐れてすぐにその場を去ったので、決してわからないだろう。[101] 二〇〇六年には、マーシー自身が同じ地域へロバート・マリンとビーチとともに出かけて行った。一行は、モケーレ・ムベンベが閉じこもっている洞穴と想像されたもの、つまり、川の堤にある小さな孔を見つけた。それはまさしくそのとおりのものだった。マリンはそれを、「モケーレ・ムベンベに関しては空砲」と述べている。[102]

二〇〇八年、『デスティネーション・トゥルース』のある回が、モケーレ・ムベンベ映像かもしれないものを、ザンビアのバングウェウル湖があるあたりで撮影した。アフリカのブロントサウルスにとっては、元のローデシアの故郷だが、この長距離での映像は一部が水中にある二頭のカバであることがわかった。司会者は、「この湖の人々がこの神話を知っていて、このようなものを見る。私たちには確かに何だかわからない。そうして伝説がますます熱を帯びて、人々が本当にただそれを信じているだけになるということじゃないかと思う」と言い、最後には「モケーレは安らかに眠らせていいと思う」と言った。[103]

そうして二〇〇九年の、欠陥だらけの『モンスタークエスト』による探検に戻る。たぶん最もばかばかしい場面で、川堤の小さな穴が見せられ、隠れて冬眠するモケーレ・ムベンベの空気穴と解釈される。ギボンズはカメラごしに小さなシャベルで堤をいいかげんにほじくり、断言する。「ここに隠れてしまうと、引き出すのは難しい。この土の壁の向こうにあるものが何かつきとめる方法が他にないのが残念だ」。「残念」というよりばかげている。アフリカまでわざわざ出かけて川堤の穴を調べ、（隊長の自信に満ちた断言によれば）冬眠するモケーレ・ムベンベからほんの一メートルばかりのところに無為に立っておしゃべりするのは、これで三度目なのだ——それで一度たりともそこにいる恐竜を掘り出す準備をして来ようとも思っていないとは。あるいは空気穴と言われる穴の中にカメラを入れてみようともしないとは。『モンスタークエスト』のための「洞穴」調査は、文字どおりの隔靴掻痒をしただけのことだった[104]。それからギボンズは説明する。「午後三時頃、私たちはみな焼け付くような暑さにうんざりして、ラングーに戻り、早めの夕食にした[105]」。この調査の弱点はあまりに明らかなので、マリンは「こうした調査旅行の時にもうちょっとましな装備を持って行かなかったのはなぜかと疑問に思う人もいました」と認める。その説明では、「私たちは自分たちで買えるものを持って行きました。遠征隊がみな裕福なわけではなく、自腹を切って、自分の生活を犠牲にしてできることをすることも多いのです[106]」。あるいはそうかもしれないが、行って帰ってくるだけとほとんど変わらず、何千ドルもの費用を無駄にしている遠征が多い。ギボンズが率いたBBC遠征だけでも、少なくとも六万五〇〇〇ドルの予算をもらっていた。二〇〇六年には、マーシーが自分の旅行用にゴムボートと船外モーターをアフリカへ送った[107]。

この三〇年、遠征のたびごとに、高度なテクノロジーが使いやすくなっているのに、得られる証拠は少なくなっている。モケーレ・ムベンベの記述は一貫性がなさすぎて、長い首があると聞いた一方の西洋人の一隊はそれは竜脚類の恐竜だと思い、角があると聞いた別の一隊はそれが角竜類の恐竜だと思うといったことも目を引く。結局のところ、手がかりの多くが結局は水中のカバかワニだということになっている（サイを見間違えたのではないかという場合もいくつかある。そうした動物はサバンナ、低木地、草地に住んでいるもので、コンゴのジャングルではないので、場違いなところでサイを見れば、恐竜のような変わった動物に見えるだろう）。

現実との照合

竜脚類の生物学

モケーレ・ムベンベの記述について、さらに実情がわかるのは、それが沼地に住み、水棲植物を食べ、泥の中で尻尾を引きずる動きの鈍い動物という竜脚類の恐竜に関する古くさいイメージに基づいているということだ（図６・８）。これは二〇世紀初頭にコンゴ盆地へ行った探検家が目撃談を解釈したときには、まだ標準的な竜脚類の描き方だった――ロイ・マッカルのような支持派が印象を形成した頃の一九七〇年代になってもそうだった。しかし近年の科学研究から、竜脚類はこのような一〇〇年も前からあるイメージとは異なることがわかっている。ジ

図 6.8　伝説のモケーレ・ムベンベは，チャールズ・R・ナイトが描いた，尻尾を引きずり，巨大な体を水中で支えているように描かれたブロントサウルス（今はアパトサウルスと呼ばれる）に似ていた．ナイトの再現は 1897 年には最先端だったが，現代の竜脚類の理解はまったく違っている．

ュラ紀（二億八〇〇〇万年前〜一億四四〇〇万年前）の実際の竜脚類が遺したいくつかの足跡の列からは、この恐竜が動きが遅いわけでも、尻尾をひきずっていたわけでもないことがわかる。そうではなく、映画の『ジュラシックパーク』（一九九三年）に描かれていたように、乾燥した陸地をかなり素早く効率的に歩いていて、まっすぐの脚で比較的姿勢よく立ち、尻尾は後ろにまっすぐ伸ばしていた（図6・9）。また、合衆国とカナダの西部にある、後期ジュラ紀（一億五〇〇〇万年前〜一億四四〇〇万年前）のモリソン層に埋もれていた有名な竜脚類の再解釈から、ほとんどの竜脚類の化石は沼地の堆積物から出ているのではないことが明らかになった。この恐竜は、溜まった水のほとんどない、乾期の森に暮らしていたのだ[108]。歯から考えると、竜脚類はモケーレ・ムベンベがそうだと言われるような水棲植物を食べていたのではなく、針葉樹やソテツ類、モミの木の類を食べていた[109]。つまり、一〇〇年前の竜脚類のイメージが今も、モケーレ・ムベンベの存在を信じる未確認動物学者の観念に影響していて、地元民の

図6.9　現代の竜脚類の再現図では，まっすぐの脚で陸上で暮らし，水平に尻尾を延ばした形で描かれる．一部の種では，イグアナのような背中の棘の飾りがある．（ダニエル・ロクストン画，ジュリー・ロバーツ協力）

一貫しない話を時代遅れの概念に押し込もうとしてるということだ。

恐竜の生き残り？

しかしモケーレ・ムベンベの存在を証明する上での最大の障害は、堅固な証拠がないことではない。未確認動物学者が生物学や古生物学の基本原理をほとんど、あるいはまったく取り上げないところだ。

•集団の制約　ビッグフットやネッシーについて述べたように、モケーレ・ムベンベは一頭だけとか、ほんの数頭の集団ということはありえない。恐竜がコンゴで六五〇〇万年にわたって生き延びるには、相応の規模の集団がなければならないだろう。もしいたとすれば、わずかな一貫性のない話だけで直接の証拠がないということにはならず、西洋人の探検がおこなわれた一五〇〇年の間にも、何百という遺骸や何千という骨格の一部がコンゴ盆地のあちこちで見つかっているはずだ。コンゴの湖沼地帯は骨格を保存するのには理想的な棲息地とは言えないが、ゾウ、カバなど、動物の骨格はいつの時代にも見つかっている。モケーレ・ムベンベについて信じられているほどの大きさの動物の個体群があるなら、今までにその存在を示す堅固な証拠がきっと見つかっているはずだ。

•空中査察　空気を呼吸する竜脚類の大規模な個体群がいれば、いつまでも水中に隠れていることはできない。とくに竜脚類が乾いて開けた棲息地を好み、針葉樹を食べているのであればなおさらだ。毎年コンゴ盆地を横断して調査している多くの動物学調査隊の誰かによって見られているだろう。とくに大型動物の個体群を数えるために用いられることの多い、空中からの調査によって。たとえば、グーグルアースに10.903497, 19.93229と座標を入力すれば、明瞭なゾウの群れを、鼻、耳、牙、尻尾などの細部も含めて見ることができる。実は、査察衛星なら、地上の一メートルもない物体でも特定できるし、グーグルアースはあなたの家の庭の細部まで捉える解像度があり、竜脚類の恐竜の個体群があれば、そのような査察で捉えられているはずだ。

•化石記録　コンゴ盆地のジャングルは化石の保存には理想的な棲息地ではないが、アフリカのあちこちには、過去二億年の見事な化石記録がある。南アフリカでは、ペルム紀（二億八六〇〇万年前～二億五〇〇〇万年前）、三畳紀（二億五〇〇〇万年前～二億八〇〇〇万年前）の化石層から、単弓類《シナプシド》（かつては間違って「哺乳類型爬虫類」と呼ばれていた）など、最古の恐竜の立派な標本が出ている。タンザニアのテンダグル地層はジュラ紀のものだが、ここでは、ベルリンのフンボルト博物館にある、竜脚類のほぼ完全な骨格としては最大の巨大なブラキオサウルスなど、有名な竜脚類がいくつか見つかっている。アフリカのあちこちに、ポール・セレーノがサハラ西部で発見した顕著なディプロドクス類の竜脚類など、白亜紀（九八〇〇万年前～六五〇〇万年前）の竜脚類（ほとんどはティタノサウルス）の化石もある[110]（図6・10）。それから、アフリカでは世界中の他のどことも同じく、非鳥類型恐竜は六五〇〇万年前に消え、白亜紀の終わりの大量絶滅を生き延びたことを示す骨は一つも見つかっていない。過去六五〇〇万年のいわゆる哺乳類時代のアフリカの化石記録については、マストドンやサイに似たアルシノイテリウムのような大型哺乳類を保存する多くの場所があって、見事なものだ――ところが恐竜の類は一つもない[111]。

図 6.10 古生物学者エナス・アフメドが化石の大腿骨の前でポーズしている．北アフリカで出土した白亜紀のティタノサウルス類の竜脚類，パラリティタンのもの．カイロ，エジプト地質学博物館にて．（写真提供ジェイソン・ロクストン）

隠れた意図——創造主義

モケーレ・ムベンベを探す能動的な探検家のほとんどは、非科学的な意図を持っている。創造主義がとる「若い地球創造説」だ（地球は聖書の創世記に書かれているとおり、およそ六〇〇〇年前に創造されたとする福音派キリスト教徒の信仰）。たとえば、ロイ・マッカルの遠征は、通訳にしてガイドのユージン・トーマス牧師というアメリカ人伝道師によって方向づけられている。マッカルは事実として、この人物について「私たちと共にいて、通訳するだけでなく、キリスト教を広めた」[112]と述べている。トーマスはさらに一九八六年、自らコンゴのウィリアム・ギボンズを改宗させ、洗礼を授けている。[113]ギボンズが、インプフォンドにあるトーマスの伝道所に滞在しているときに経験した苦しい超自然的な発作の後のことだった。ギボンズはこの経験を、まさしく入眠時麻痺の典型的な症状に合う言葉で述べた（部屋に何かがいて、体が麻痺し、恐ろしく、上半身が圧迫される感じがする）。それは、これに陥った人が超常的な、超自然的な表し方（金縛りとか幽体離脱とか）で解釈することが多い、よくあるし、よく理解されている睡眠の中断である。

私が徐々に眠りに落ちているとき、何かが突然私を摑んで目を覚まさせた。部屋には私とともに何かがあった。……一分か、もっと短いかの間、暗くとことん邪悪な存在が、部屋を満たし始めた。声を上げようとしたが喉で消えてしまった。起き上がろうとしたが、体がまったく麻痺していた。着実に悪の存在が私の寝床に迫っていた。私の目はすっかり覚めていて、それでも全然動けず、汗だくになり、恐怖で気を失い始めた。……耐えがたい圧力が突然私の胸、肩、腕を押しつぶし始めた。

この経験をする前の日々には、ギボンズは自分がかつて「オカルトに半端にはまったこと」に不快になっていて（本人は、心霊主義とタロットカードのことを挙げた）、トーマスにこの行動を打ち明けていた。ベッドでの麻痺を体験したとき、ギボンズはこう書いている。「ユージン・トーマスの言葉が頭の中に飛び込んできた。『キリストだけがあなたを解放できます』。意識ある意思の最後の一滴をふりしぼって、私は頭の中で救い主に、キリスト者は崇められると声を上げた。『イエス様、私を助けてください』……。部屋にいた、息をつまらせる悪の存在は後退し、消えた」。たぶん意外なことではないだろうが、この経験が突然の劇的改宗のきっかけとなった[114]。

ギボンズはモケーレ・ムベンベ支持の先頭に立つようになった。明らかに布教の熱意をもって引き受けた仕事だった。ギボンズが率いたコンゴ遠征はすべて、若い地球創造説が真実であることを証明することを目的としており、モケーレ・ムベンベを推進する人々のほとんどは、姿勢の点で創造主義者でもある[115]。

ギボンズはある未確認動物学の本で、共著者（やはり華々しい創造主義活動家）のケント・ホヴィンドと、二人の未確認動物学の成果が「新しい世代の神に従うキリスト教徒探検家」の刺激となり、「この天地創造の驚異の謎をあえて発見して信仰なき世界に提示しようとする」という「希望と祈り」を共有していた[116]。しかしなぜ創造主義者は、聖書の字義通りの解釈の根拠として伝説の怪獣を参照しようとするのだろう。

モケーレ・ムベンベはとくに、ギボンズのような「若い地球」創造主義者が自然で魅力あると思う考え方だ。「聖書を信じるキリスト教徒にとって、過去において、あるいは今でも恐竜と人間がともに生きているという考え方は科学的にありうる。キリスト教徒は、神が恐竜も含めたすべての動物を六〇〇〇年前に作ったことを知っている」[117]。しかし創造主義者がモケーレ・ムベンベに魅了されるのは、単にその存在が創造主義者の世界観の中で成り立つらしいということではなく、その存在には、思想的あるいは教義的に重要な結果があるということだ。何らかの理由で、創造主義者はアフリカで恐竜が発見されれば、進化論がすべて成り立たなくなると信じている。その信じ方の根拠は乏しい。進化の現実は化石記録から得られる厖大な量の証拠に基づいていて[118]、何かの種が一つ生き残っていたことがわかったからといって、その厖大なデータが覆るわけではない。

創造主義者は一九三八年のシーラカンス発見を、進化論を覆すものとして指摘するが、その発見が本当にもたらしたのは、新生代(六五〇〇万年前から現代)の初期から後期の化石層ではほとんど知られていない種の生息範囲が広がったということだ。ギボンズは創造主義者に典型的な思考様式を示している。

シーラカンスは、二億年前に絶滅したと言われた後の一九三八年に生きているのが発見された。進化論者にとって困るのは、シーラカンスが魚類から両棲類への変容のための要となる種と考えられていたことであり、この類の種は子孫を遺し続けることはないと考えられているので、絶滅しているはずなのだ。シーラカンスはこうした科学者の都合は考えず、現在に至るまでただひたすら「生き続けて」いた[119]。

この発言にある多くの誤りが、創造主義者の化石記録についての無知を示している。シーラカンスは二億年前に絶滅したと考えられていたわけではない。二〇〇〇万年前から五〇〇〇万年前という時代的に新しい化石があったからだ[120]。創造主義者の進化概念とは違い、シーラカンスは「魚類から両棲類への変容のための要となる種」ではなく、原始的な総鰭類の魚の一種であり、デヴォン紀末（四億年前）に最古の両棲類に属する親戚や最古の肺魚（やはり総鰭類）とともに現れた。シーラカンスは進化生物学者や古生物学者によって両棲類の先祖と考えられたことはない。さらにはっきりわかるのは、ギボンズが進化概念について、子孫が生まれると祖先は絶滅しなければならないという、時代遅れの「創造の階梯」に従っていることだ。この説はまったくの誤りで、あなたのおじいさんは、あなたのお父さんが生まれたら死ななければならず、お父さんはあなたが生まれると死ななければならないと言っているようなものだ[121]。進化は入り乱れ、枝分かれしていて、先祖の集団も生き延びて子孫の集団とともに生きていることも多い。

創造主義者の一般的な議論からは十分明らかではないかもしれないが、彼らの動機は次に示すギボンズの呪文にはっきりとつづられている。

この仕事についての我々の動機に疑念があってはいけないので言っておくと、我々はこうした生物のいずれが発見されても、根拠を揺るがす事態だと思う。聖書が信用できないというよくある異論を排除し、聖書の歴史的・科学的正確さを明らかにすることは、当然に人々をして次のような論理的思考段階に導くというのが我々の信じるところである。すなわち聖書が他の点で正しいのであれば、そこからどんな霊的な帰結を教えてくれるだろう、と。

進化仮説が一五〇年前に唱えられたとき、それには教会とキリスト教を破壊する意図があった。この種の歪曲を進化の仕組みに投げ込むことができるのなら、人々を本当の真実、つまり神の言葉に向かわせるのは長い道のりになるだろう[122]。

この発言には多くの歪みがあるが、実に確固としている点は、進化がキリスト教を破壊することをあからさまに意図して唱えられたということだ。進化は生命に見られるパターンを説明するためだけに唱えられた。多くの進化論生物学者は熱心に信仰して、それが進化論と対立するとは思っていない[123]。進化が崩すのは、創世記は一字一句その通りでなければならずそうでない証拠が山ほどあっても正しいと主張する根本主義者の信仰だけだ[124]。

つまり、モケーレ・ムベンベ探しはただ未確認動物を探すことではなく、創造主義者が進化論を覆し、科学の教えを可能などんな手段によっても崩そうという試みの一部である。そうであるなら、それを捨てたり軽く扱ったりはできず、科学の世界の精査にかけなければならない。

7

人はなぜモンスターを信じるのか

未確認動物学の複雑さ

ダニエル・ロクストン画
協力ジム・W・W・スミス

「私は信じたい」──『Xファイル』より

未確認動物学サブカルチャー

ビッグフットだの、ネッシーだの、未確認動物について考えることに、相当量の時間、費用などの資源を費やしているのはどんな人たちなのだろう。何が動機なのか。そうした人々は科学者か、それとも疑似科学者か。本当の科学を実践していないのなら、未確認動物学が本当の科学になることはありうるのだろうか。未確認動物学はこれといった成果のないただの趣味なのか、それとも本当に役に立つ貢献をするのか。それとももしかして害をもたらすことがあるのか。

いずれであれ、未確認動物学に向かう衝動は最近のものではない。モンスターはずっと、想像力の暗がりも、それを理解しようとする真剣な取り組みもかき立ててきた。伝説の獣についての諸説を記述し、分類し、調べる研究は、近代を通り越して中世、さらには大プリニウスのようなギリシア・ローマ時代の著述家にまでさかのぼる。

ジャーナリストのエリザベス・ランドーはこんなふうに書いている。

各地の人間の社会全般に、何千年も前から、ビッグフットの話のような神話的生物譚の変種が生き続けていて、そうした生物を見たとか噂を聞いたとかの話も今なお豊富にある。こうした空想物語には、文化に根ざす何らかの基本的な必要性があるのかもしれないと、ニューヨーク大学の人類学教授トッド・ディソテルは言う。

モンスターは私たちの無意識世界の暗い面を表していて、人生の難関を表すメタファーかもしれないと、ニューヨークの心理療法士カレン・シャーフは言う。「怖いモンスターもいれば、優しいモンスターもいる。映画や神話のどこかで、私たちはモンスターと友達になる。人間の内面世界でもまったく同じことで、モンスターがいる。自分が直面せざるをえない暗い面がある」とシャーフは言う。

人間は自分が属する種と動物との区別にも取り憑かれていて、ビッグフットはその境を埋めるとは、ウィスコンシン大学マディソン校の人類学者、ジョン・ホークスが言ったことだ。

そうした動物を信じ、森にその足跡を追うのは、遊園地のアトラクションに似て、安全に恐怖を感じる方法なのだと、テキサス大学オースティン校の心理学教授ジャクリーン・ウーリーは言う[1]。

本書で探ってきたように、謎の動物の報告は、何世紀も前から博物学者、大衆作家、探検家の関心を捉え、大衆をも魅了してきた。その魅力は今日も続いている。ベイラー大学の「ベイラー宗教調査」によれば、アメリカ人の五人に一人は「ビッグフットやネス湖の怪獣のような、謎の動物」のことを、本で読んだり、ウェブで検索するなどして調べたことがある[2]。そうした人々の多くが、未確認動物はいると思ってそれに関心を抱いている。また、未確認動物を信じない人々の約一三パーセントは、こうした仮説上の生物についての情報を探す手間をかけたことがある[3]。本書の著者の一人ダニエル・ロクストンは、そうした関心の両面に連なる。最初は未確認動物はいると信じて未確認動物学の本を読みあさる気になり、結局後にはこの方面の懐疑派・批判派としての役割で長年の怪獣ミステリーへの傾倒を維持している。そういう人はロクストン一人ではない。多くの人々が、未確認動物の文字どおりの存在については懐疑的でも、未確認動物のいろいろな概念の魅力を感じている。信じていない人々も、ジョシュア・ブルー・ブーズが「ビッグフッターが共有する」超越的な関心、「ビッグフッターを統合し、その活動、遠征、読書、通信のすべての根底にある感覚……」と呼んだ感覚を免れない。「その超越的な関心は愛だった。ビッグフッターはモンスターを愛していた[4]」。言語学者で懐疑的未確認動物学の「モンスタートーク」というポッドキャストを共同主宰しているカレン・ストルツナウは、この愛情の源泉についてこう述べた。「私は子どもの頃、近所の人の庭にはジャングルがあって、兄が話していた変な動物のほら話は本当で、地元の伝説に出て来るコアラやウォンバットのモンスターは本当にいて、本に出て来るモンスターは本当だと思っていた。私の中の子どもは今でもそう思っている」。もう一人の共同主宰者で鋭敏な懐疑派研究者のブレイク・スミスも、未確認動物学に、また疑う方に対してさえ妙味をもたらす、ひょっとしたらいるのではという感じについて語る。「太平洋岸北西部に霊長類が本当にいることがわかったらどうなるだろう。あるいは何かの変わった潮流がたてがみを生やしたシーサーペントをもたらすとしたらどうか。絶滅したと思われている鳥や哺乳類がどこかの辺鄙なエキゾチックなところで見つかったらどうなるだろう。私はそうしたモンスターあるいは未確認動物が本当にいることを疑っている。しかし、私を刺激しつづけるのはその『もしいたらどうだろう』ということだ[5]」。

他のサブカルチャーと同様、未確認動物学は知識や関与の度合いによって層別される。未確認動物学界を形成する人々の区分として信じる方と信じない方がいて、いずれも趣味あるいは一定の研究領域として未確認動物学を追い続けている。ブーズは初期のビッグフット界にあった、活発にビッグフットを調べてやろうという意欲のある人々という区分について、興味深い肖像を提供した。それは、熱心なファンの内輪の集まりだが、今の私たちが「プロの」未確認動物学的コンテンツ製作者や研究者と思うような、いかにもばりばりの人々とはかぎらない。ブーズはジョージ・ハースという、一九六九年から『ビッグフット・ブレティン』を発行する人物のことを取り上げた。この初期の未確認動物学雑誌には、「かつては個人的で気まぐれだった情報交換を公式にし、ばらばらだったビッグフットファンをコミュニティにまとめる」という「魔法の効果」があった。同誌はハースを、目撃談や資料を送ってくる数百人の活動的な通信員による活発なアナログネットワークの中心に置いた。

しかしハースが受け取ったもの、新聞が報道したものは、たいてい、ビッグフットについての本や記事を参照していた。サスクワッチファンとは徹頭徹尾読む人々であり、目録を作り、資料を収集する人々だった。その目の向け方は、多くのビッグフッターが、怪奇現象畑の出身だったことによる。『ビッグフット・ブレティン』の購読者は、古い新聞をあさり、文献表、たとえば『フェイト』〔怪奇現象誌〕に載った野人に関するすべての記事を並べたものなどを編纂し、読むよう言ってきた。それを「宿題」とハースは呼んだ。引用や記事の交換は、コミュニティの結束には役立ったが、実際の森ではなく書庫での技能を見せつける方法でもあった。ファンは気合いを入れてかび臭い本を探し出し、新聞社の資料室に飛び込み、マイクロフィルムリーダーと格闘した。かつてチャールズ・フォート〔超常現象研究家〕がしたように。[6]

今日では、「目録を作り、資料を収集する」レベルの活動は、オンラインの未確認動物関連掲示板やブログで追求される。そうした活発な参加者の一部に、ビッグフット学会のような未確認動物学のイベントに出かけるという次の段階に進むグループがあり、さらに進んで現地調査にまで進む小さい集団がある。ブーズは、太平洋岸北西部の森林でビッグフットを探すアマチュア未確認動物学者の中核は、ほとんどが白人の労働者階層の男性と見た。この人々にとってビッグフットは野生の男らしさの象徴であり、科学的エリートに反抗する人民主義者であり、プラスチックだらけの、イメージを気にする、なよなよした消費者社会に対する最後の「本物」の体現だった（皮肉なことに、ビッグフットが広告用のマスコットやタブロイド紙の素材に使われる、消費者社会御用達になったこともある）。ブーズは、ビッグフットを追い回す多くの人々がこの現地調査レベルに加わるのは、それが他の種類の狩猟と同じ魅力があるからであることを示す。自然に戻り、なかなか捕まらない獲物を探して森林を歩き回り、原野に対して自分の男らしさを試すということだ。ブーズはトム・パウエルを引用する。「自分がビッグフットの類に関心を抱くようになったのは、それが野外に出て原野での技能を使う理由になってくれたからだと思う。私は生涯、原野を探検するのが好きで、それには単にそこへ行って帰ってくること以上の目的がある」。それはハンターだけにおなじみの誘因ではなく、ハイキング、カヌー、キャンプ、バードウォッチング、写真などをする無数の人々にとってもそうだった。ブーズは建設業者のトム・モリスの似たような感覚を引用する。モリスが思い起こすところでは、「たぶん自分は山へ行くのを研究と称して正当化しようとしているだけなのだろう。私は野生の世界が好きで、見ることができるものは何でも見たい。行けば行くほど野生の世界がどれほど捉えにくいかに驚かされる。ただそこにいて、動物が動き回るのを見るだけで楽しい。できるだけいい写真を撮って帰りたい。その最たるものがビッグフットの写真なのだろう[7]」。

森に出かける以上に広く、大衆にアピールする魅力のある活動はほとんどない。この親しみやすい大衆主義にも、アマチュア未確認動物ハンターとプロの科学者の対立という、未確認動物学全体に共通する基調がもたらされる（とくにビッグフット研究には）。アマチュアはたいてい、自分たちに対する学者の扱い方に不満を抱いている。科学者が否定する、なかなか捕まらない生物を自分たちが見つけられれば、何十年も自分たちを無視し、ばかにしてきた連中に勝てると信じている。ビッグフット支持派の学者にさえ業を煮やしていたことで有名なサスクワッチのパイオニア、ルネ・ダーヒンデンは、象牙の塔でばかにしている人々に与える当然の報いを想像した。「私は連中をまとめて首根っこを押さえて忌々しい顔をひんむいてやりたい。実際、口をあんぐり開けて間抜けで無知なことを言って、仕事を首になる奴ら、つまり科学者を見たいんだ」とダーヒンデンは思っていた。「連中は全面的に、絶対に、その場ですぐに年金もなしに、何もなしに、玄関から放り出されるべきだ。その場ですぐに[8]」。ブーズの説明では、未確認動物を発見する夢がいつか実現することがあれば、「前から真実を知っていた人々、懸命に仕事をし、技量を発揮することによって正しい結論に達していた人々は、見つからない間は認められなかった立派な扱いを受け取るだろう[9]」。

科学史家のブライアン・リーガルは、プロの科学者とおおむねアマチュアの未確認動物学者との本当の対立を論じているが、対立説話は、未確認動物学者の中に何人か学者が存在することと、未確認動物ハンターの提示する証拠を評価しようという科学者がいることによってもややこしくなることを明らかにした[10]。学者は、同業者からの侮蔑、傷つく評判、職が不安定になる恐れなどによって行動を抑制され、慣習に合わない見方や勝ち目のない可能性を追い求めることに共感の声を上げられないかもしれない。しかし、科学がどのように動くかを知らず、目撃談や足跡など、断片的で痕跡的な証拠にとらわれることがプロの科学者を納得させない理由が理解できないアマチュアの姿勢にも問題がある。二つの社会には大きなコミュニケーションギャップがあるだけでなく、学歴の低いビッグフットファンと、そのファンをばかにして軽視していると思われている「学界のエリート」との対照によって激しくなる文化ギャップもある。

怪獣支持派は前々から、自分たちの考えを学者は公平に扱わず、証拠を調べもしないと不満を言っている。科学解説のジェラルド・ダレルが、ベルナール・ユーヴェルマンスによる未確認動物学の古典『未知の動物を求めて』の序文で表明したこの不満を考えてみよう。「もちろん、科学者はこうした『神話的』生物の皮膚や頭蓋骨といった存在を示す明瞭な証拠を求めている」とダレルは認める。「しかし学者は、私たちが手にしているわずかな証拠の断片を否定しようと必死になって自分の時間を無駄にするよりも、そうした証拠を探すことにエネルギーを使ったほうがずっと良いだろう[11]」。この昔ながらの決まり文句は、超常現象の世界全体で繰り返される。とはいえ、少なくとも未確認動物学に関しては、それは大きく的を外した言いがかりだ。何と言っても、ユーヴェルマンスもダレルも、自身が動物学の相当の権威であり、そういう人はこの二人だけというのでもない。

怪獣は学界の中からわずかながらも支持者を引き寄せてきたし、今もそうだ[12]。傑出した地質学者だったルイ・アガシーや、ロケット工学の先駆者ウィリー・レイのような科学者が未確認動物を後押ししているとなれば、「科学者は証拠を見ない」という議論は一世紀以上前から的外れだったことははっきりしている[13]。もっと近年では、グローヴァー・クランツとジェフ・メルドラムというともに名の通った大学の人類学教授が、ビッグフット探しをしながら職を保持している。もっと重要なことに、この不満は、未確認動物の証拠を、結局は誠実にそれは不適切と結論することになったとしても、そう評価するために相当の時間を費やしてきた相当の数の学者を貶めることになる。たとえば、アイヴァン・サンダーソンとユーヴェルマンス（未確認動物を現代的な運動にした創始者）が、ミネソタのアイスマン、つまり氷漬けになったビッグフットの死骸と思われたものを受け入れて、付随的な呼び物として展示したとき、[14] スミソニアン研究所にいた古生物学者のジョン・ネイピアや、所長のS・ディロン・リプリー（イエティ探しでは古株）のような科学者は、その発見を調べようとしないどころか、むしろ熱心に調べたがった。この場合の問題は、証拠に対する制度の側にあるバイアスではなく、提示された、あるいはむしろ提示されなかった証拠の疑わしくなるほどのいい加減さだった。科学者が死骸を見る許可を求めたとき、謎の出品者は突然見解を変えて、標本の実物ではなく模型に置き換えたと言い出した。スミソニアンの科学者は、ミネソタのアイスマンはおそらくハリウッドの模型製作者が作った捏造だということを知った。標本を調べる機会を断られた後のその段階になって初めて、科学者は関心を引っ込めたのだ。[15]

科学者は、ビッグフットが川を歩いて渡ってカメラの方を振り返ったところと思われているロジャー・パターソンとボブ・ギムリンが撮影した映像を検討しようとしないのではない。未確認動物学者がそのフィルムを一九六七年にニューヨークにあるアメリカ自然史博物館に持ち込んで、同館の経験を積んだ人類学者や哺乳類学者に承認の印綬を求めたとき、忙しい科学者は、研究時間をこの予定外のことに割いて調べた。映像を見て、未確認動物学者に穏やかに来館のお礼を述べたが、再びこれを見ようという関心は示さなかった。専門家としての哺乳類や類人猿に関する理解では、その生物は明らかに捏造だったからだ。科学者は同様に、ブリティッシュコロンビア大学でも、スミソニアン研究所でも、他の研究所でも、フィルムを調べようとしていた。[16] 未確認動物学の証拠は学者から考慮もされずに凍結されているというモンスターハンターの間で広く信じられていることとは違い、このパターンは実に典型的だ。もっともらしい証拠が出され、科学者は一般にそれを調べて誠実に評価しようとする。ところが未確認動物学者は、科学者が言わなければならないことが気に入るとは限らない。科学者の評価が未確認動物学者の期待と異なると、その不一致が、証拠を審査しようとする科学者の心が狭い「証拠」となるのだ。たとえば、パターソン＝ギムリン映像に出て来る生物は捏造であるという専門家の間での広い合意は、ビッグフット支持者からすれば、そのフィルムがサスクワッチ説では信用できないいたずらだと納得させるものではなく、科学者は合理的でない、あるいは誠実さに欠けるということになった。たとえばダーヒンデンは「いやはや、連中がこれをまともに取るようになるには、何を見せなければならないのでしょう」と応じた[17]。

専門家の見解に対するそのような不信に満ちた、否定的な反応は、結果的に科学者の広い心をくじくことになり、科学者の方はすぐに、自分たちの評価は無視され、時間が無駄になるだけだということを知る。アメリカ自然史博物館の哺乳類学者、シドニー・アンダーソンのような一部の人々は、結局、明らかな捏造をいやというほど見せられるだけでなく、貴重な研究時間を自説のために使うよう求めたり、勧めている研究所がアマチュアの遠征に資金を出すよう要望したりする未確認動物学者からの手紙を次々と受け取ることにもなった。アンダーソンなど博物館の職員が何分かでも未確認動物学者に時間を割いたために、その後の何年も、きりのないメディアからの未確認動物関連の要請の標的にされた。要求があまりに多いので、アンダーソンはそっけなく断ることにした。「私は［未確認動物が］存在するとは思いません。私の執筆料は一語あたり一〇セントです」[18]。せっかく時間を割いた科学者が陰謀説で責められることになるという話もよくある。たとえば、ネイピアとスミソニアン研究所がミネソタのアイスマンに対する当初の関心を引っ込めたときには、それによって隠蔽だという非難が起きた。ネイピアの回想では、「この問題にどんな関心を抱いたのかわからないが、関心を向けたマフィアが、私がスミソニアンを代表してそれ以上の科学的調査をおこなうのを止めるために相当の影響力を行使したのではないか」と言う記事まであったという[19]。

未確認動物学の重要人物

ロイ・マッカル

未確認動物学の心理学にさらに立ち入る前に、未確認動物学の現代的な考え方、レトリック、運動を形成するのに重要な役割を演じた何人かの人々について取り上げておこう。とりわけ、最初は主流の科学者として研究を始め、その後未確認動物学者となった人々である。古典的な例がロイ・マッカル（一九二五年〜）で、この人は最初、微生物学を研究していて、そこで立派な評価を得て、シカゴ大学で定年まで勤める権利を得た。その経歴に基づけば、微生物学研究の資格はある。系統分類学、野生生物学、生態学といった、変わった生物探しの資格になりそうな分野では正式な訓練は受けていない。マッカルは一九六五年にロンドンを訪れた際、スコットランドにも寄って、ネス湖へ行き、ネス湖調査局を創立していた地元のネッシー研究家にも会った。マッカルはまもなく多くの時間をネス湖で過ごすようになり、監視を手伝い、新しい探知手段を考えようとし、結局この研究を率いるようになった。一九八一年に受けたインタビューでは、一九七〇年のある晩、とうとう報われたという。三〇メートル弱の距離で、「動物の背中が水中から二一メートル半ほど上に出て、体を傾けたりひねったりした。それが魚なら、ものすごく巨大な魚だと私は思った。近頃は、誰かに『ネス湖に怪獣がいると信じていますか』と尋ねられるとむっとする。自分で見たものが何か、私は知っている[20]」。目で見たものは、その場でも後になってからでもそれほど説得力がないことを教える手がかりはあるというのに。また、自分でも「何日か、自分の眼で見たものがネス湖の未知の動物であることを認めようとしなかった」[21]と言っているのに。それでもこの目撃によって、マッカルはネス湖の怪獣について本を書くことになった。[22]また未確認動物学一般とのかかわりも固めることになった。「そのときからずっと、私はネス湖の怪獣が実在することを知っている。この心の状態は、ずっと私と共にあり、確実に他の未確認動物についての報告も受け入れやすい傾向になっている」とマッカルは回想した。モケーレ・ムベンベの報告をつきつけられたときも、「私はすぐに耳を傾けた」[23]という。マッカルはコンゴへ二次の遠征をおこない（何も見つからなかった）、恐竜と言われるその動物探しについて本を書いた。その後、マッカルはほぼ未確認動物からは身を引き、あまり活動的ではないが、若い頃にネッシーやモケーレ・ムベンベについて語る古いフィルムが、未確認動物学を紹介するテレビ番組では繰り返し登場する。

未確認動物学者は、自分たちの先頭に立ち、また生物学で正統的な博士号を持つ数少ない人物として、「博士ロイ・マッカル教授」を全面に出してきた。しかしめったに言われないことだが、マッカルは変わった動物について有能な研究ができるだけの資格になるような訓練は受けていない。これは「資格印象操作」という亡霊を呼び出す。個人や団体が人の学位を、問題の分野とはとくに関連がなくても、その人の専門性の証明としてひけらかすことだ。この戦略は、創造主義者によって不誠実に用いられていて、流体力学や生化学の学位を正当な科学者であることの証拠としてひけらかすが、古生物学や進化生物学といったまったく訓練を受けていない分野について論じると、すぐに能力のなさを露呈してしまう。マッカルの微生物に関する知識は、それでは車の修理やら、ライオンの調教やら、ハープシコードの演奏やらの専門分野の資格証明にはならないのと同じで、必ずしも、歩き回る大型動物について専門知識があることにはならない。未確認動物学界の領域知識と同等になるわけでもない。怪獣学で取れる学位はないかもしれないが、私たちは自分で苦労した経験から、その分野には、知っておかなければならないことがたくさんあることは請け合える。ベルナール・ユーヴェルマンスほどの未確認動物学の重鎮が、まさにこの点を、マッカルの著書『ネス湖の怪獣』についての仮借のない書評で指摘した。ユーヴェルマンスは、ネス湖の怪獣に関する「広範な文献」を適切に記しながら、マッカルのことを「自分はこの問題の専門家だとする（実際、最高の資格のある専門家だ）が、こうした先行研究については知らない、あるいはまるで知らないかのようにふるまう人物」と述べた。ユーヴェルマンスの見方では、マッカルは自身の学術的な資格証明を「最初から長く待たれていた救世主」、つまりネス湖の怪獣研究に科学的厳密さをもたらす資格のある初めての人物として自分を見せるために使った（ユーヴェルマンスは皮肉のそぶりもなく、以前はマッカルが「自分の弟子の一人」であるかのように感じたとも言っている）[24]。

ベルナール・ユーヴェルマンス

現代未確認動物運動の創始者にして、フランスに生まれベルギーで育った動物学者のベルナール・ユーヴェルマンス（一九一六〜二〇〇一年）は、一九三九年、フランスでツチブタの歯を研究して、動物学の学位を得た。セルゲイ・フレチコプという、二足歩行の始まりについての否定された理論（哺乳類は当初はすべて二足歩行だと論じていた）[25]を支持したことで名声を得た奇人動物学者についた学生だった。ユーヴェルマンスはどうやら、当時はまだ生まれたばかりの領域で、未確認動物探しの資格になったかもしれない野生生物学や生態学の正式な訓練を受けたことはなかったらしい。ジャズミュージシャンやコメディアンとしても演奏・演技をし、物書きの仕事もした。第二次世界大戦のときには、ナチに捕らえられた後、脱走し、戦争中はゲシュタポから逃げ回って過ごした（皮肉なことに、ユーヴェルマンスはベルギーの画家で漫画家のジョルジュ・ルミの親友であり相談相手だった。ルミはエルジェと呼ばれ、『タンタンの冒険』シリーズの著者であり、同時にナチのシンパだった）。ユーヴェルマンスは草創期の未確認動物学に関心を抱き、アイヴァン・サンダーソンによる雑誌記事のおかげで未知の動物に対する関心を刺激されたとしている[26]。現役時代のほとんどを、フリーの研究者、ライターとして活動し、生活や遠征の費用は著書の売上げや雑誌記事の執筆で得ていた。最も有名な著作『未知の動物を求めて』によって、ユーヴェルマンスは「未確認動物学の父[27]」としての地位を確立し、一九八二年には、（ロイ・マッカルやリチャード・グリーンウェルとともに）国際未確認動物学会（ＩＳＣ）を設立した。

リチャード・グリーンウェル

リチャード・グリーンウェル（一九四二〜二〇〇五）は、未確認動物に関連する分野で博士号は取っていなかったが（晩年に名誉学位は受けた）、現存の哺乳類について研究し、審査ありの学術誌に哺乳類学についての論文を発表した。アリゾナ大学砂漠研究室の調査調整係という地位にいた。しかしほとんどの時間は未確認動物学についての著述とそれを探すための遠征に加わって費やした。ＩＳＣ創設者の一人としては、主として一九八二年から、刊行が終わる一九九六年まで、ＩＳＣ会報や『未確認動物学』誌の運営に当たった。他のどの有名な未確認動物学者よりも、未確認動物学の勝手な憶測などの非科学的な面を抑制しようとした。何本かの論文で、未確認動物研究について厳格な基準を立てることも唱えた。その努力にもかかわらず、ＩＳＣは資金面に問題があり、一九九八年につぶれた。

アイヴァン・サンダーソン

未確認動物学者を切り開いた中でもう一人の大物は、スコットランドの動物学者、アイヴァン・サンダーソン（一九一一～一九七三年）で、「未確認動物学《クリプトゾーオロジー》」という言葉を作ったのはこの人とされることが多い。ケンブリッジ大学で、動物学の学士号と、植物学と地質学の修士号を取り、実績ある野生動物学者になり、サンダーソンのものとされる多くの発見もしている。サンダーソンは、自分には資格証明があるのに、その仕事をまともに取らない博士号を持った学界の動物学者に怒っていた。また、第二次世界大戦中は、野生動物学者という隠れ蓑を使って連合国側のスパイも務め、英国諜報部のために情報を収集していたらしい。自身は経歴の多くをマスメディア上の人として過ごし、野生生物、野生動物学に関するインタビューを受けた。最初はラジオだったが、初期のテレビのトーク番組にも出た。また一般向けの雑誌に記事を書き、自身の業績について本を出したりした。しかし初期には、未確認動物が実在することを論じただけでなく、イエティ、UFO、アトランティス、バミューダトライアングルなどの「魔の領域《ヴァイル・ヴォーティス》」〔字義どおりには「邪悪な渦」〕など、様々な超常現象についても本や論文を書いた。[28] 未確認動物学者は、サンダーソンが本物の野生生物学者で未確認動物を信じていることを言いたがるが、サンダーソンによる野外調査はほとんどが一九二〇年代（十代の頃）と一九三〇年代で、世界にはよく知られていないところがたくさんあり、辺鄙な領域の大がかりな生物学的調査はほとんどおこなわれていなかった頃の話だ。

グローヴァー・クランツ

歴史家のブライアン・リーガルは、未確認動物学研究での他の主要な人物何人かの話を詳細に述べる。

そのうちの何人かは未確認動物学での研究に関連がある分野で正式の教育を受けている。[29] そこには、実績のある人類学者で人の手や足の機械学が専門のグローヴァー・クランツ（一九三一～二〇〇二年）がいる。しかしクランツは、ビッグフットに執着してそのほとんどの時間を過ごしていて、そのことで（リーガルが詳細に記録するように）教授を務めていたワシントン州立大学ではいろいろと問題になった。しかしそのトラブルの一部は自ら招いたものだった。クランツは、周囲の学者とだけでなく、ビッグフット研究者とも論争することで知られていて、書いたものは、自説を支持する証拠を挙げていないために問題があった。また後の著作は、ビッグフットが存在する可能性をどんどん下げる遺伝学や化石霊長類の発見を考慮しておらず、時代遅れだということで否定された。ジョシュア・ブルー・ブーズが明らかにしたように、クランツはビッグフットにのめり込むほど、どんどん信じやすくなり、だめな証拠について批判的に疑うことをしなくなった。その後にある情報源が送った「足跡」を本物と判定したが、その情報源は、それは巧妙な捏造だが、作るのにほとんど技能も要らなかったと明かした。[30] ブーズやリーガルが述べるように、クランツは、科学界でのビッグフットの信憑性も、科学者としての自身の立場も地に落ちて、不満だらけで一九九八年にワシントン州立大学を退職した。[31] 亡くなるときも、ビッグフットが本物であることを示す間違いのない方法を得たと言っていた。噂では、サスクワッチの足跡にある指紋のような「皮膚のしわ」（掌紋）だという。[32] が、その秘密を明らかにすることは断った。

リーガルの言う、「未確認動物学の黄金時代」を築き、支えた「古参」[33] のほとんどは、もう亡くなったか活動していないかで、ＩＳＣの運営に名を連ねた科学者も亡くなったか高齢になっている。一九九三年にはすでに、未確認動物学者は「絶滅危惧種」と言われていた。[34] ＩＳＣが雑誌、会報、ウェブサイトとともに滅びたのは恒常的な資金難に陥ったからで、ジャーナルの刊行はしばしば何年か遅れ、この分野は、専門的な学界ならそうならなければならないような、会員を増やして広がることはなかった。ＩＳＣの終焉とともに、未確認動物学はもう、本格的な学者世界の外見を伴う正式な専門家の団体ではなくなった。ローレン・コールマンは今もウェブサイトを更新しているし[35]、他にも多くのサイトがビッグフットやネッシーのファンによって維持されている。アイダホ州立大学でビッグフットを唱えるジェフ・メルドラムのような、学界の主だった地位にいる未確認動物学者はわずかにいるが、ブーズやリーガルが指摘するように、ＩＳＣやその支援者の学問的エネルギーや学者の力は大半が失われ、この分野はあらためてアマチュアの世界になった[36]。

創造主義者

同時に、未確認動物学の企ての中核は変化しつつあるのかもしれない。学界による懐疑的な未確認動物学研究者、たとえば民俗学者のミシェル・ムルジェ、古典の民俗学者エイドリアン・メイヤー、古生物学者のダレン・ネイシュなどの登場は、ある意味で「未確認動物以後の未確認動物学」、つまり動物を主題にした謎を、とくに新種の発見を期待することなく調べる民俗学的な未確認動物学に向かう道があることを示している[37]。一方、他の境界科学の各分野と同様、アマチュア未確認動物学者の世界の価値とエネルギーは、プロの学者による無視によっているのかもしれない。その意味で、主流の学界からの関心が大きくなることを求めるのは、未確認動物学にとっては自滅的なことかもしれない。人気のある人々も未確認動物学界を統一してきた作業仮説も排除してしまう、本職の人々がやってくるからだ。

未確認動物学運動には、学界に目が向いた研究者の未確認動物学をもっと科学的にしたいという動機とはまったく正反対の動機があるという面もある。未確認動物学を科学を倒すために使いたいという創造主義者たちだ[38]。ある未確認動物学のウェブサイトは、何人かの有名な未確認動物学者の伝記の中に、ウィリアム・ギボンズやケント・ホヴィンドのような創造主義者の伝記を挙げている[39]。創造主義者は、モケーレ・ムベンベなど、先史時代の爬虫類に似ていると言われるの未確認動物探しでは主役級で、それは自然に対する好奇心によるのではなく、そのような未確認動物が発見されれば進化論生物学がひっくりかえるという間違った信念による。ギボンズはこう言う。

恐竜《ダイナソー》、つまり「恐ろしいトカゲ」が今もこの世界の隠里に生きているという思想そのものが、現代古生物学者からの哄笑を引き起こす恐れがある。……それでも科学者社会内部にも、隅に追いやられることが多いとはいえ、意見を異にする声もわずかながらある。それには立派な理由もある。従来の進化論の学識によれば、最後の恐竜は六五〇〇万年以上前の「大絶滅」と呼ばれる時期に絶滅した。……ダーウィン以後の世代の思考を形成してきた色とりどりの本や科学刊行物がそう教える。

しかし本当にそうなのだろうか。

歴史全体で、世界中の二〇〇以上の文化が私たちに「ドラゴン」と呼ばれる巨大な生物の豊富で詳細な記録を残している。ヨブ記のベヘモスやら、一六世紀イングランドの史料やら、現代の目撃談やらの証拠から、私は恐竜、少なくともそれに著しく似た動物が、今も私たちとともに、現代のあわただしい世界から遠く離れた暗がりで多数生きていてることを唱える[40]。

この確信はばかげていて、科学をまったく理解していないことを示している。まず、今日まで生き残っている恐竜を見つけるのは難しいことではない。今、お宅の庭先にもいるかもしれない。それは鳥だ。恐竜の生き残りの（あるいは未確認動物学者にとって関心がある、プレシオサウルスやプテロサウルスのような、他の先史時代の爬虫類の）他のグループがネス湖やコンゴ盆地で発見されても、それはただ、化石で知られている種類の末裔が他にも生き残っていたということにすぎない。そのような「生きた化石」は、シーラカンス、肺魚の三つの属、カブトガニ、単板類、トリゴニア二枚貝、シャミセンガイなど、多数いて[41]、サメ、ワニ、カメもそうだ。さらにそのような発見があっても、古生物学者は、そのような生物がもっと完全な化石記録を残さなかった理由を考え直しはしても、進化があった（今も進行中）という厖大な量の証拠を捨てたりはしないだろう。創造主義者は公然と反科学的で、進化生物学だけでなく、古生物学も天文学も、人類学も、創世記の字義通りの読み方に反するどんな分野でも覆そうとする。[42]

創造主義未確認動物学者という肩書は、野生生物学では、アマチュア未確認動物ハンターの肩書よりもさらに信用されない。ギボンズは神学校から宗教教育の学位を得て、ホヴィンドはフロリダ州ペンサコラの説教台から化石記録と進化について真実ではないことを広めている。ホヴィンドは厚かましくも「恐竜博士」と自称しているが、古生物学については何も知らず、自身が得ている「博士号」も純然たる宗教学校からのもので、そこは世俗の学術的な学位を出せるようなふりさえしていない。[43] 博士論文は、独創的な研究は何もないが、綴り、引用、推論の間違いはたくさんある短い文章だ。[44] 恐竜博士の手口は、結局自分にもふりかかる。脱税で起訴され、一〇年の刑の判決を受けた。[45] 未確認動物学界にそのような創造主義者が存在することは、この学界が正当な学術分野としてまともに考えられるチャンスを損なう。

！人はなぜモンスターを信じるのか

ロイ・マッカル、ベルナール・ユーヴェルマンス、リチャード・グリーンウェル、アイヴァン・サンダーソン、グローヴァー・クランツ、カール・シューカーは、未確認動物学者の中の例外的存在で、未確認動物学ととくに関連がある分野ではないとはいえ、正式の科学教育と訓練を受けた数少ない人々だ。未確認動物を信じる他の人々はどうだろう。本章の冒頭で見たビッグフットサブカルチャーの断片的な記述以上に何が言えるだろう。

未確認動物学の心理学をさらに見る前に、簡単に超常現象というもっと広い範囲で考えておこう。「超常《パラノーマル》」とは未確認動物学も典型的なものとして収まる傘のような意味である（これは広く採用されており、便利な規約だと思うが、「パラノーマル」という言葉が「現行の科学では説明できない、あるいはそれと両立しない」といったこと、要するに「超自然」あるいは「物理法則の外にある」を意味する標準的な定義とは合わない。その基準からすると、たとえばホメオパシーは超常的と考えられるが、もっと古典的なビッグフット、アトランティス、ＵＦＯといった「超常的」対象はそうならない。社会学者は超常現象を、「二重に拒否される、つまり科学によって受け入れられないし、主流の宗教ともふつうは対応しない」信条、経験、あるいは「従来の科学がその存在や妥当性を可能性がきわめて低いあるいはほとんどありえないと見る」[46]特色によって統一される観念と定義する傾向にある。この定義によれば、あるいはもっと単純な「『Ｘファイル』で見たことがあるようなこと」という概略によれば、未確認動物学は超常的なテーマである）。

合衆国民が全体として、また個々にはどんな人々が、何を超常的なものと考えているかを明らかにするために、厳密で大規模な調査がいくつか実施された。有名な例には、ギャラップ社が一九九〇年以来おこなってきた超常的なものを信じることについての一連の世論調査と、ベイラー宗教調査がある。ベイラーの方は、二〇〇五年以降に収集された、宗教や超常現象について信じることだけでなく、その背後にある人口動態的データも見た、多肢選択式の質問に対する回答による厖大なデータセットである。こうした幅広い調査は、心理学者のスーザン・クランシーによる、宇宙から来たエイリアンに誘拐されたと信じる人々についての実験的研究などの、超常現象を信じる特定の集団についてのつっこんだ調査で補完される。[47] 全体にわたって、超常現象を信じるのは例外的だとする、よく言われる説は間違っていることが示される。超常的信仰はまったく例外的なことではなく、社会的に周辺にいる人々に限られるものでもなく、知的水準が低いしるしでも、心の健康が衰えているしるしでもない。

科学者が、証明されていない、ありそうにない、間違っていることが証明できると考える対象を、基本的にすべての人が信じていることを理解しなければならない。懐疑派の文献で批判されている超常現象や疑似科学の概念は何百とあり、そこから一〇個かそこらを抜き出してごく短いリストにして調査してさえ、大多数の人々が、一つや二つの超常的なことを信じていることをすぐに認める。二〇〇五年、ギャラップの調査でわかったことは、アメリカの成人のうち七三パーセントが、一〇項目のうち少なくとも一つを信じていることを認め、四三パーセントが三つ以上信じているということだった。[48] こうした数は異例のことではなく、他でわかったことと整合している。社会学者のクリストファー・ベイダー、F・カーソン・メンケン、ジョセフ・ベイカーは、ベイラー宗教調査のデータに基づく『パラノーマル・アメリカ』という本で、ほとんどのアメリカ人が、信じられている超常的なことのうち少数を挙げた中の、いくつかの項目に合意しているという同様の発見を論じている。

学問の世界の外では、超常現象を信じている人々にあてはめられる固定観念はもっと漠然としている。超常現象を信じたり、それを経験したことがあったりする人々は「違う」のだと。超常現象を信じない人々は正常と認識され、超常的なものを信じる人々は変わった、慣習に沿わない、奇妙な、逸脱した人々と考えられる。

この単純化した評価には大きな問題がある。超常的なものを信じることは、私たちの社会であたりまえのことになっているのだ。念力、運勢占い、占星術、死者との交信、お化け屋敷、幽霊、アトランティス、UFO、モンスターという、九つの超常的なことの実在を信じるかと問われれば、三分の二以上のアメリカ人（六八パーセント）が少なくとも一つは信じている。厳密に数から言えば、超常現象を何も信じない人の方が、アメリカ人の社会では、「変わり者の少数派」なのだ。九項目すべてを否定するのは三分の一にも満たない（三二パーセント）。これが意味することは、超常的なことを信じたり経験したりするか、しないかで人々を区別するのは、ますます無益になっているということだ。むしろ、人々は超常現象をいくつ信じられると思うかによるほうが区別しやすい[49]。

超常的なこと一般を信じるかどうか、特定のことを信じるかどうかは、人口動態学的に言って、年齢、性別、学歴、宗教、支持政党、収入などによって当然異なる。直感に反する例として、ベイラーでの調査で自分を「無宗教」とした回答者は、福音派のプロテスタントよりも、お化け屋敷を信じていると認める割合が相当に大きかった[50]。結婚歴や同棲のようなもっと意外に思われそうな因子もある。結婚していると超常現象への関心が少なくなり、同棲だと増える。結婚した人々は未婚の人々よりも超常的な信仰が少なく、五つの超常的経験（超能力者に相談する、こっくりさんをして霊と接触する、UFOを見るなど）のうちいずれかを経験したことがあるかと問われたとき、未婚の回答者はそのような経験のうちおよそ二つを認めたが、結婚している回答者は平均して一個に満たなかった。しかし、同棲している人々はそうでない人々のほぼ二倍の数の超常的なことを信じていた[51]。

男女差については、女性は男性よりも一般に、ベイラーでの調査に入っていた超常的な項目を信じていると認める率が高く、霊媒による死者との交霊、超能力、占星術は受け入れやすさが二倍だった。男性の方が高かったのは一項目だけ、「UFOの一部は他の惑星からの宇宙船である」という説だった[52]。なぜこれが相当の議論と推測の対象になるのか。「女性は自分を向上させたい、もっと良い人になりたいと思う傾向がある」と、宗教データアーカイブ連合の会長であるベイダーは言う。「男性は外へ出て何かを捉え、それが本当だと証明したがる傾向がある」[53]。しかしベイラーでの調査の女性回答者は、僅差とはいえ、男性よりも未確認動物の存在を受け入れる率が高かった。この発見は未確認動物に関する固定観念には反している（アトランティスを信じるかどうかも同様）。超常的信仰での男女差の役割については結論に飛びつかないことを薦める。男女差の影響は、調査の年や回答者の年齢によって違うし、未確認動物学の場合のように、超常的な各項目の中での人口動態は、見かけよりも複雑だ。

大衆文化の固定観念も、ベイラーのデータには存在しなかった相関をいくつか間違って予想するよう導くかもしれない。ベイラーの研究者は、超常的なことを信じる人が主流の活動から孤立することを予測するのではなく（あるいはその逆ではなく）、「慣習に沿う活動にかかわることが超常的なものを信じないようにするとする証拠はない」と見た。いくつかの文化団体、友愛組織、労働組合、スポーツ団体、奉仕活動グループにかかわることは、回答者が抱く超常的信仰の数、あるいはその人が報告する超常的な経験の数に、識別可能な影響を及ぼしていなかった。コミュニティに参加していても、調査で問われた超常的な項目のうち、平均的におよそ二つを信じていることを認めた。[54]
ベイダー、メンケン、ベイカーによれば、年齢と所得が増えると、エイリアンの来訪、幽霊、超能力などの超常現象を信じる率は顕著に下がる（どの年齢、どの所得層でも必ず何かの超常現象は信じられているが）。政党支持とも関係がある。無所属が最も超常現象を信じていて、次いで民主党員、共和党員となる。[55]三人は、組合せを考察すると、慣習に沿った生活様式の外被（大学教育、結婚、主流の宗教）は超常的なものを信じないようにする傾向がある。こうした関係は何通りにももっともらしく記述することができる。ありうる説明として、ベイダー、メンケン、ベイカーが選ぶ仮説は、人は慣習に沿った生活様式をまとっていないときに新しい考えを調べやすくなるということだ。「画一性の利益が増すにつれて、超常的なことを信じたり経験したりすることは着実に、顕著に減る。画一性の利益が最大の人は、信じる超常的な項目は、平均して二つだけだった。これは画一性の利益が最小の人々が示す信じる度合いと比べると半分以下だ。[56]それでも、どんなに慣習に沿った人でも、一般に何かの超常的なことを信じている。メンケンはこのように言う。

人はみな啓蒙と発見を求めている。新しい情報は生活の中でのリスクを減らし、情報に基づく判断がうまくなる。多くの超常的な営み（超能力者、霊媒、死者との交信、占星術など）は、人に未来を見せるということにかかわる。既成宗教の体系に拘束されない人々の集団は、自分の生活を良くしてくれるかもしれない情報を得るために、既成とは違う体系を探りやすい。

教育水準が低く貧しい人々も、高学歴の文化エリートも、何らかの形で新しいことを試す自由を感じる。

あるいはむしろ、現状に拘束されていないのかもしれない。「既成宗教は慣習に沿う人々のためのものであり、そういう人々によって運営されていて、そういう集団には多くの経験的報酬をもたらす。だから、社会経済的地位が低い集団が既成宗教に参加することから得られる霊的あるいは慣習的な報いは、あまり多くない。既成ではない信仰体系のほうが力を与えてくれるものとなりうる」とメンケンは言う。一方で、「高学歴の、あるいは文化的なエリートは、既成の行動規範をあまりにブルジョワ的と言って非難することがある[57]」。

どういう切り口で見ても、超常的なものはどの区分、社会階層でも栄えている。社会学研究の相当量の文献が、これほど多くの人が多くの超常的な説を受け入れる理由を理解しようと試みてきた。いくつかの仮説を挙げておこう。

・逸脱 超常的観念を強く受け入れる人々は、社会の規範の外にいると考えられ、したがって、社会学者によって「逸脱している」と定義される。社会学では逸脱論は主として犯罪者など、社会のルールに違反した人、とくに極端な場合（大量殺人など）に向けられる。ベイダー、メンケン、ベイカーは、一般に犯罪学者トラヴィス・ハーシュが唱えた方式を支持し、逸脱した行動、あるいは非慣習的行動は、協調にあまり手をかけていない人々にとっては、費用がかからず、したがって、選びやすい選択肢であるとする[58]。この推論によれば、教育水準、収入、結婚への愛着、教会への参加、地域社会活動への参加が低い人は、信じている超常現象の数が多くなるはずだ。ベイラーのデータはこの見方をいくらか支持するが、いくつかの但書がある。たとえば教会へ通うことは、超常的なものを信じることと相関するが、関係は単純ではない（月に一度教会へ行く人は、教会へ行かない人よりも超常的な概念を信じるし、月に複数回教会へ行く人よりも信じる)[59]。地域社会活動への参加は超常的なことを信じるかどうかとまったく関係がない。さらに、超常的なことに大きく入れ込んでいる人々のいくつかのグループは非常に慣習的でもある。たとえばビッグフット探しのグループに属している人々は、いろいろな点で慣習的で、ベイダー、メンケン、ベイカーなら「超慣習的とでも呼びそうな」[60]ほどだ。さらに、いくつかの超常現象の実在性を信じることが私たちの社会であたりまえなら、通常の概念を抱いている人々の方が逸脱と考えられるのではないか。

• **掌握願望** ますます複雑になる世界は、ほとんどの人にとって理解不可能だ。巨大な政府、すぐに変わる世界経済、技術的に複雑な電子機器というように。新興宗教やその他のカルト集団を調べた研究者が明らかにしたように、人類は心の底でわかりやすい単純な世界の希望がもはや現実的ではなくてもそういう世界を求めている。たとえば、正統的ではない世界観を奉じる人々は、自分の生活に意味を得て、掌握しやすく感じるという主観的な利益を得るかも知れない。

• **「小さな一歩」仮説** このモデルによれば、すでに一種類の超自然的信念体系(宗教など)を受け入れている人々は、他の体系(超常概念など)を受け入れやすい。一つを受け入れるところから多くを受け入れるまではほんの小さな一歩だからだ。一筋縄ではいかないところは、超常現象を信じる人々からなる部分集合で最大のものは、信じている超常的なものが一つだけという点だ。第二位は二つだけ、以下同様となる(この場合、ビッグフットの存在以外の超常的なものを信じることに積極的に反対するビッグフット研究家というのは、超常現象を信じる人々の中の典型である)。二〇〇五年のベイラー宗教調査では、回答者のうち一九パーセントが一つの超常的なことを信じていて、一六パーセントが二つ、一〇パーセントが三つだった――残りは同様のパターンでだんだん数が減り、九つの項目すべてを肯定したのは回答者のうち二パーセントだけだった。ギャラップの同じ年の調査でも同様のパターンが見られ、回答者の一六パーセントが超常的なことを一つだけ信じていて、一〇項目すべてを肯定したのは一パーセントだけだった。[61]「小さな一歩」仮説は、超常的な概念がばらばらで、信じ方の単位が同じではなく、信じることどうしの距離は必ずしも同じ難しさではないという事実によって、ますますややこしくなる。他の超常的なことを含意あるいは示唆するもの、あるいは少なくとも他と両立しやすいものもあれば、対立するものもある（たとえば、予知夢は、概念的にはエイリアンによる誘拐よりも、運勢占いの方に近い）。

どんな範囲の因子が作用していようと、超常的なものを信じることの心理学や社会学は、人間の経験を覗く他のどんな窓にも劣らず、万華鏡のように色とりどりである。超常現象を信じる人々の特定の下位区分やコミュニティに焦点を絞っても、この見通しをさらに複雑にするばかりだ。それに、単純な固定観念を拒否する。自分がエイリアン（もちろん、ハリウッドお気に入りの現実離れした眼の、アルミホイルでできたような帽子をかぶった奇妙な声の主たち）に誘拐されたと信じている人々を考えよう。二〇〇三年、ベイダーはエイリアンに誘拐された人々の調査結果を報告した。これは、以前の新興宗教運動についての研究と整合して、誘拐された人々は一般の集団と比べて学歴が高かっただけでなく、ホワイトカラーの職業に就いている率も高かった。[62]『パラノーマル・アメリカ』を書いたベイダーらは、この研究と、ベイラー宗教調査のデータについて言及し、次のように書いた。

エイリアンに誘拐されたとか、ビッグフットを探しているとかのことを言っているという理由だけで、そう言っている人を社会の周辺にある人と定義するのでなければ、誘拐されたからといって、そうした人々が周辺にあることはない。私が会ったこうした人々の多くはむしろエリートと言ってもいいだろう。

エリートが超常的なものに引かれる理由を理解する一つの方法は、超常的なものを信じ、体験することが、「先端」にあると考えることだろう。新しいテクノロジーが市場に入ってくるたびに、直ちにそれを取り入れ、新しいものに興奮し、リスクを受け入れられる人々がいる。商売をする人々はこうした人々のことを「早期採用者《アーリーアダプター》」と呼ぶ。そしてそれ以外に、新しい考えやテクノロジーが十分に力を証明されるまで待ってから乗りたいという人々がいる。アーリーアダプターは、高水準の教育と他の高学歴の人々との接触を通じて、生活全体の中で常に新しいアイデアにさらされている人々である傾向がある。新しいことを試すための資源もある[63]。

この、調べにくいエイリアンに誘拐された人々の集団から取った一例についての社会学的評価は、クランシーによる別の誘拐された人々の集団についての研究によって補完される。「これがとくに心理病理的集団である証拠はほとんどない[64]」ことにクランシーは気づいた。誘拐された人々には、「ファンタジー傾向」のスコアが高い傾向があるし（通常タイプの人格で、生き生きとした想像力を持ち催眠術にかかりやすい点が特徴）、興味深いことに、クランシーの研究は、一般的な集団よりも、実験室での条件下のほうが、偽記憶を生み出しやすいことを明らかにした。しかしこれは通常の機能の変動である[65]。「誘拐された人々のばらけた集団について、どんな決定的なことが言えるだろう」とクランシーは問うた。

「結局あまり言えることはない。このテーマについての研究は明らかにまだ生まれたばかりで、自信を持って言えることは、こうした人々は頭がおかしいわけではないということである」。

未確認動物学に戻ると、この世界が誘拐された人々の世界よりも整理しやすいわけではないのは明らかだ。ベイラー宗教調査はアメリカの成人が未確認動物に対して抱く幅広い関心について意味を与えてくれる。二〇〇五年には、「ビッグフットあるいはネッシーなどの謎の動物のような話題について、本を読んだり、ウェブサイトを参照したり、研究したりしたことはありますか」という質問がなされた。アメリカ人の二〇パーセントは「したことがある」を指した。男性の方が、何らかの形で未確認動物を調べたことがあると答える割合が約二四パーセントで、やや関心が高かったが、女性も一七パーセントが調べたことがあると答えた。関心の高さはどの年齢集団（一八歳から三〇歳が最高で三二パーセント）、政党所属（無所属が最大）、宗教区分（無宗教という人々の間で高い）でも同様に高かった。どの収入区分でも、関心は一八パーセントから二四パーセントの範囲、高校以後の教育水準では一九パーセントから二三・五パーセントあった[66]。

多くの人々が信じていてもいなくても、怪獣のことを詮索する。しかし結局は信じている人が多い。「ビッグフットやネス湖の怪獣のような生物がいつか科学によって発見されるか」と尋ねられると、標本集団の約一七パーセントがこの言明に賛成（一四・二パーセント）か強く賛成（二・七パーセント）だった（アメリカのこの何千万という信じている人々は、少なくとも一部の予備調査にとって心をそそる標的だった。たとえば、心理学者のマシュー・シャープス、ジャスティン・マシューズ、ジャネット・アステンは、未確認動物を信じることと、注意欠陥・多動性障害［ADHD］の特徴を示す傾向とを繋げようと試みた。三人は、多動性あるいは一人でいるとそわそわする成分の尺度の間に一定の相関を見出したものの、ADHD全体の傾向と未確認動物を信じることの間に有意な関係はなかった[67]。

このレベルの未確認動物学との関わり方、つまり未確認動物というテーマで研究しようと思うのではなく、未確認動物はおそらくいると信じるというレベルでは、ベイラー宗教調査のデータには興味深い人口動態的な逆転が生じた。男性より女性の方が未確認動物はいつか発見されることに同意するのだ。差は小さい(女性のうち一七・六パーセンとが賛成または強く賛成で、男性は一五・九パーセントだった)が、回答者は未確認動物学を本気で信じていると考えてもよさそうな「強く賛成」の範囲では差がはっきりしていた。さらに、女性はどちらでもないも優勢で、男性よりも未確認生物が存在しないと断定する率が小さい。女性のうち、未確認動物がいつか発見されることについて、「そう思わない」、「強くそう思わない」とした人は、男性が六一パーセントに対し、女性は五三パーセント未満だった[68]。

二〇〇七年のベイラー宗教調査では、もっと直接的な「あなたの考えでは、次のものは存在しますか――ビッグフット」という質問については、やはり女性が上回った。女性の一七・五パーセントがビッグフットは「絶対に存在する」(三・二パーセント)か「おそらく存在する」(一四・三パーセント)だった。いずれの確信度でも信じる男性はこれより少なく、ビッグフットは「絶対いる」は二・九パーセント、「おそらくいる」は一一・七パーセントだった(合わせて一四・六パーセントがビッグフットを認めていたことになる)[69]。

二〇一二年に行なわれたアンガス・リード世論調査によるもっと新しい調査では、ビッグフットを信じる率は、カナダで二一パーセント、合衆国で二九パーセントと、二〇〇七年に比べて高くなっていて、どちらの国でも「ビッグフット(あるいはサスクワッチとも呼ばれる)は実在すると思いますか」という質問に対してイエスと答えたのは、男性が女性よりもわずかに高かった。カナダでは、女性のうち三パーセント、男性のうち二パーセントが、ビッグフットは「絶対実在する」と言い、女性の一五パーセント、男性の二一パーセントが「おそらく実在する」と言った。合衆国では、女性の八パーセント、男性の六パーセントがビッグフットは「絶対実在する」と言い、女性の一九パーセント、男性の二五パーセントが「おそらく実在する」と言った。どちらの国でも、サスクワッチが存在するのは確かと思う答えだけでなく、「どちらとも言えない」と答えた回答者でも女性が上回っていた。アンガス・リードの質問と似たような問い、「ネス湖の怪獣は実在すると思いますか」に肯定的に答えた一七パーセントのイギリス人のうち、女性の方が男性よりも、ネッシーは「絶対実在する」（女性三パーセントに対し男性二パーセント）、あるいは「おそらく実在する」（女性一五パーセントに対し男性一三パーセント）と答えた人の率、あるいは「どちらとも言えない」と答えた人の率が高かった[70]。

おおざっぱに言って、女性が男性と同じくらい未確認動物を信じやすいなら（あるいはもしかすると、もっと信じやすいなら。差はしかるべき調査では誤差の範囲ぎりぎりに収まる傾向にある）、なぜ未確認動物学はかくも強固に「男の話題」という評判になるのだろう。答えは未確認動物を信じることと未確認動物学に参加することとの違いにかかっているらしい。それは宗教などの他の信じる分野にも言える区別だ。宗教と一体化したりその宗教の信仰箇条を維持したりするのは、教会へ行くなどの、その宗教の儀式や慣習に参加するのと同じではない。社会学者は、信仰と実践に加えて、宗教との関わりの、たとえば話題についての知識、個人的体験（ビッグフットを見た目撃者など）、関与の結果として陥る結果（侮蔑など）といった、他の次元を区別しており、これが超常現象を信じる世界に適用すれば役に立つかもしれない。未確認動物学に関しては、女性は信じやすく見えるが、男性は（理由はともかく）実践しやすい。この男性のほうが参加しやすい傾向は、未確認動物学への参加の最も基礎的な水準（本を読むとかウェブサイトで調べるとか）で始まり、参加のもっと能動的な水準に進むたびに増す。

未確認動物学サブカルチャーを調べるために、社会学者のベイダー、メンケン、ベイカーは、テキサス州東部のビッグフット社会と知り合いになり、熱心なビッグフットハンターの深夜探索に同行したりさえした。[71] 社会学者はすぐに、みんな「ごく普通の人々で、ただ話題が変わっている」のだと見た。[72] ビッグフッターは、ビッグフットの実在を強固に信じ、相当の時間と資源をかけてビッグフットを調べて探し、ビッグフット社会そのものの中でのしきたりに従う人々からなる、独自のサブカルチャーを形成している。自分たちの集団をなし、仲間内の言葉で話し、独自に受け入れた知識を共有し、世界について独自の明瞭な見方をする。ビッグフットを信じる人々は、こうした特徴の中に、他の熱心な未確認動物学者や幽霊ハンターや他の話のファンなど、自動車レースであれ吸血鬼であれ、オペラであれ科学的懐疑主義であれ、どんなサブカルチャーにも見られる典型的なパターンを見せている。

二〇〇九年、ベイダー、メンケン、ベイカーは、テキサス州タイラーで開かれたテキサス州ビッグフット研究学会の年会に出席し、そこで出席者に匿名のアンケートをおこなう許可を得た。[73] 他の関心グループのどんな学会ともよく似ていると思われるその学会には、四〇〇人近くのビッグフットファンがいた。ローレン・コールマン、ボブ・ギムリン、スモーキー・クラブツリー（自身のビッグフット体験を映画化した『ボギークリークの伝説』で有名）など、未確認動物学の有名人は、多くの時間を廊下や講堂で過ごしてカメラに収まったり本にサインをしたりしていた。本やDVDやTシャツなど、ありとあらゆるビッグフット関連グッズを売る展示販売員が廊下に溢れていた。出席者のほとんどはビッグフットの伝説や支持・否定どちらの証拠も知っていて、「スクークムの型」、「PG［パターソン＝ギムリン］映像」、「オハイオのいたずら」、「撃つか／撃たないか」論争（ビッグフットハンターはビッグフットを見たら実際に撃つか撃たないか）について略語で話していた。[74] 社会学者は前々から、あるサブカルチャーの隠語、つまり独自の言葉を覚えることは、そのサブカルチャーの一員になる過程をなし、独特の用語を使って仲間内とよそ者とを区別する方法とし、初心者がそれをマスターすると受け入れのしるしとなることを指摘してきた。

いないことで目立つのは、Comic-Con や DragonCon のような典型的な漫画やＳＦの大会ならいそうな派手なキャラクタのような人々だ。研究者はこの頃にはビッグフットのサブカルチャーに慣れているが、「学会の落ち着いた様子や、出席している人々の大半が常識的であることにはやはり驚いた」。会議出席者はほとんどが控えめな服装の、中年、中流、白人で、一日中発表用のパネルにつきっきりだった。男性が多数——六七パーセント——を占めた。[75] テキサス州ビッグフット研究会の参加者もふつうに見えた。主要な尺度からすれば、実際そうだった。平均的なアメリカ人より、高学歴、高給取りで、結婚している率も高い。[76]

こうしたことは、同じ年に学会に参加した経験を書いたジャーナリストのマイク・レゲットにとってはがっかりすることだった。

ビッグフットは退屈だ。
もとい、ビッグフット学会は退屈だ……
二〇〇九年のテキサス州ビッグフット学会に行ってきた。いかれた、タトゥーの入った、分厚い胸をはだけた半分おかしな面々の間をゴリラの着ぐるみをまとった人々が歩き回っているのを期待していた。ところがいたのは礼儀正しい、半分眠っている、『モンスタークエスト』のようなテレビ番組や

『ボギークリークの伝説』のような映画の話になって初めて目をさます、本物の信者による年配の集団だった。私は昼休みにはきっと誰かがBLTサンド（ビッグフット、レタス、トマト〔本来は「ベーコン、レタス、トマト」〕）や雪男ソフトクリームを売っていると思っていたが、あったのはコカコーラとサブウェイのサンドイッチだけだった[77]〔サブウェイのメニューには本来の「BLT」がある〕。

ベイダー、メンケン、ベイカーは、出席者はさらに常識的で、しかも八八パーセントが男性だと見た。自分たちの焦点を、ビッグフット現地調査専門の団体に属することによって「ビッグフットハンター」と考えることのできる人々のグループに絞っていたからだ。このビッグフットハンター団は、高収入、高学歴が目立つだけでなく、やはり伝統的に教会に通う率も結婚率も高いことでも目立っていた（既婚者は七七パーセントで、アメリカ人の平均は二〇〇九年で五七パーセント）[78]。

心理学者と社会学者は、人々が未確認動物学のような伝統的ではないことを信じるようになる複雑な動機を全て理解しているわけではないが、幾つかの問いは引き出し始めている。

未確認動物学は科学か、科学的になりうるか

未確認動物学は、疑似科学の一部であると一般に言われる。超常的なものを信じる一面をもつからだ。ビッグフッターの平凡な外見と、自分たちをビッグフットを霊長類の新種として突き止めようとする真面目な科学研究者と見せようとするところからすると、この面々がふつう、自分たちが非科学的なものとしてばかにする他の超常的なものを信じることと一緒にされないようにしているのは意外ではないは

ずだ。そういう感覚があるにもかかわらず、未確認動物学と超常的なものとの境界線は明瞭ではない――またある程度は作為的である。

未確認動物学はどんな定義から見ても「超常的」と考える必要はないが（未確認動物はふつう、現実の生物と考えられるのであって、既知の物理法則の外にある現象と考えられるのではない）、未確認動物学のアイヴァン・サンダーソンやジョン＝エリック・ベックジョードのような目立つ人物が、他のいろいろな超常現象も支持しているとなると、一緒にされるのは避けがたい。もっと重要なことに、未確認動物学にかかわる証言が超常的あるいは超自然的な成分を含んでいるのもよくあることだ。たいていの未確認動物学者が認めるより、はるかに多い。「超常的な伝承にある存在は、幽霊でも吸血鬼でも狼男でも未確認動物ではない」〔79〕と、未確認動物学でのマイクロフィルム出版を行なうチャド・アーメントは主張するが、ローレン・コールマンは、現代アメリカでの「古典的な狼男の外見」を持つ生物の目撃例を取り上げ、それをモスマンという、UFOやメン・イン・ブラックとつながる、赤く輝く眼をした空飛ぶ人間型未確認動物に関する著書に入れている〔80〕。ビッグフットはモスマンと同様、燃えるような赤い眼をしていると言われることが多く、他の、発光する球を手に持っているとか、森のビッグフットが隠れているところから立ち上がり、空へ翔け上がる輝く赤っぽい光のような、さらに不可解な光と結びつくことがある〔81〕。

ビッグフットとUFOとのつながりはとくに強い。たとえば、クリストファー・ベイダー、F・カーソン・メンケン、ジョセフ・ベイカーは、一九七三年にペンシルベニア州ユニオンタウンの近くで起きた有名な事件のことを取り上げる。二頭の輝く緑の眼をした巨大な類人猿のような生物が、直径約三〇メートルの輝く白いドームのそばに現れたと言われる〔82〕。これはとくに変わった報告ではない。一九七四年の例では、二人の目撃者が、パトカーの赤ランプのように回転する空中の赤い明るい光のそばに数頭のサスクワッチを見たという[83]。一九七六年には、モンタナ州である男がビッグフットを見て、一キロ足らずのところに灰色のＵＦＯが浮いているのも見たという[84]。一九八三年、材木業者のスタン・ジョンソンが、ビッグフット族に属するルロウェ一家のビッグフット・アルローンなるものが現れて、ビッグフット族は第五次元の出身で、そこにあるセンチュリスという惑星でかつては暮らしていたと教えてくれたと言った。センチュリスが破壊されようとしたとき、ビッグフット族は近くの惑星アライスの生物によって救出されたという。アライスで幸せに暮らしていたが、悪い支配者が台頭して一族の一部が先頃の氷河期に地球へ来ることになり、そこで恐竜や乱暴な穴居人と争ったという（この話は、『フリントストーン』のような大衆文化の娯楽や創造主義の年譜に見られる、先史時代の出来事をすべてごちゃ混ぜにした例だ。たぶん意外ではないだろうが、ジョンソンは、ビッグフット族が「神とイエスキリストに」祈りを捧げることも主張している）。地球上では善のビッグフットと悪のビッグフットの間で戦争があり、どちらのビッグフットも地球の辺鄙な地域で暮らしている[85]。

ビッグフット支持者の中には、サスクワッチがどこへともなく姿を消すことができるとか[86]、変身するとか、さらには「肉体を超え、次元をまたぐ性質の民で、根本的に超能力者である」[87]とか、その類のことを主張する人々がいる。故ジョン＝エリック・ベックジョード（体制順応的なビッグフット研究者の間では歓迎されない人物）は、定期的に、『トゥデイ』や『デーヴィッド・レターマンのレイトナイト』などのラジオのトーク番組に出演した。公の場に何度も登場する間に、ビッグフットは変身して捕まえたり撃ったりできず、「自分がいる光のスペクトルを操作して人から見えなくすることができる」と説いた。ビッグフットはテレパシーの力を使って人間の存在を感知し、「ＵＦＯと時空起源と接続が共通で、ワームホールによって別の宇宙から来た[88]」という。

（超自然の要素はビッグフットだけの関連事項ではなく、多くの未確認動物の伝承、証言、現代の探索とも絡み合っている。たとえば、二〇〇七年に世界的にメディアを騒がせたネス湖の怪獣と言われたものの動画は、妖精を撮影したと主張したのと同じ人物によって撮影された[89]。ネス湖の怪獣の写真トップテンくらいに入る一枚は、超能力者のチームを使ってネッシーを呼び出すことができたと称する人物が撮影したものだった[90]。ネッシー界での有名度の点で「外科医の写真」に次ぐロバート・ラインズの「鰭」映像は、地元のダウザーの超能力の助けを借りて捉えられたらしい[91]。吸血チュパカブラは未確認動物学にもＵＦＯ学にも属している。運勢を教える人魚から、登場すると王朝の盛衰を予言するスカンジナビアの人魚まで、怪獣と超自然の存在はかならず手を携えている。）

多くの未確認動物学者は、自分たちの関心領域と他の超常的サブカルチャーの境目が非常に薄く、しばしば交わることに不満を抱いている。目立った未確認動物学のポータルの中には、超常的なものへの言及を、適切な比較の目的でも認めないところもある[92]。怪獣文献世界の超自然の要素をぬぐい去ろうという衝動は古くからある。ギリシア・ローマ時代の著述家さえ、途方もない動物の伝承から神話的なところを取り除こうとしていた。逆にそうした選択のふるいをかけることで、そもそも未確認動物学が拠って立つ証言の「ひどい歪曲」がもたらされることがあると、民俗学者のミシェル・ムルジェは警告する[93]。しかし、「そのような動物の性質や起源を論じるときには、超常的で、オカルト的で、超自然的なばかげた見方をいっさい」受け入れるのを拒否する未確認動物学者に共感することはたやすい。みな、「半分科学的なナンセンスを相手にしないことには、［未確認動物を］現実の生物学的存在として主張するのは難しいこともよく知っている[94]」のだ。状況は難しい。懐疑派は、未確認動物学者が未確認動物証言の超自然的な面を敷物の下に隠すときには正当にも不満を述べるが、未確認動物学が十分に科学的でないことにも、やはり正当にも不満を述べる（後でまたこの点に戻って来る）。未確認動物学者は、幽霊やアトランティスやエイリアンによる誘拐を信じている人々と一緒くたにされている中で、どうすればまともにとってもらえるのか。あるいは何らかの科学的厳密さを願えるのか。アーロン・バウアーとアンソニー・ラッセルの言い方では、「科学としての未確認動物学はイメージの問題に陥っている。多くの批判派は、未確認動物学を、トンデモ分子の領域、個人としては信用できても科学研究者として本物の資格証明がない領域と見なす。確かにこの分野は、怪異なもの、超自然なものへ向かう関心を抱くファンを、不釣り合いなほど多く引き寄せている」[95]。

未確認動物学者の問題は、広報が貧弱という問題に限られるものでもない。実際には、未確認動物学が抱え続けている根深い障害は、焦点の問題と品質管理の問題である。こうした障害は当の未確認動物学者に効き目がないわけではないのは、ジョン・カークの鋭い論説にも見られる。

他の科学の分野には、未確認動物学が生み出しているらしい不用意な、疑似科学的な駄弁は見られない。科学を投棄してしまえば、未確認動物の分野全体が崩壊して、憶測と推測のごみためになってしまう。我々は、異論の余地のない証拠の現物を徹底的に調べ上げたときにゴールに達する。数学だろうと生物学だろうと物理学だろうと化学だろうと生物学だろうと、他の科学の分野にはこの基準が適用される。他のことは認められない。そこでどうか……あなたの「懐疑的なところ」を眠らせないでいただきたい[96]。

リチャード・グリーンウェルも未確認動物学者に対して、科学的基準を立て、証拠を批判的に見るよう促した人々の一人だ。たとえば、シャンプレーン湖の怪獣と言われるものの写真については懐疑的で、そもそも生物を映したものだとも納得していない。[97] プエルト・ペナスコの黒猫についての記事では、メキシコにいる巨大な一・五メートルもあるブラックパンサーに関する話をめぐって成長した神話の正体を暴露する。[98]『ISCニュースレター』全体には、科学と科学哲学の重要性に関する引用がちりばめられている。

一九八五年、グリーンウェルは、毎年発見されて命名される従来型の動物から、科学がたいてい否定する極端な未確認動物まで、未知の動物についての分類方式を唱える重要な論文を発表した。その分類方式には、七つの区分がある。Ⅰ～Ⅳは既知の記載済みの動物が入る。Ⅴ～Ⅶには通例に収まらない生物が入る。たとえば、カテゴリーⅣに入る動物は、有史時代で絶滅したと考えられるが、もしかしたら生き残っているかもしれない既知の動物である。例として、ミナミシロハラミズナギドリやフクロオオカミ（「タスマニアオオカミ」とか「タスマニアタイガー」とも呼ばれ、タスマニアの紋章に見られる）が挙げられている。[99] ミナミシロハラミズナギドリは絶滅したと考えられたが再発見された。知られる中で最後のフクロオオカミは一九三六年に動物園で死に、野生のフクロオオカミはそれ以後見られたことがない。こうした動物は、鳥本体や動物園にいた最後のフクロオオカミなど、それが存在した物的証拠があるのでたいして興味を引かず、たいていの科学者は、フクロオオカミが生き残っていたとしても、意外だとは思うだろうが、衝撃は受けないだろう。

しかしそこでグリーンウェルはカテゴリーどうしの間違った同等性という誤りを冒した。カテゴリーⅤには、化石で知られているが有史時代まで生き残ったかもしれないものが入る。実例としてグリーンウェルはシーラカンスを挙げ、それからプレシオサウルスもここに収まると論じた。この推論では、恐竜と言われるモケーレ・ムベンベや、ギガントピテクスの生き残りと言われるビッグフットやイエティも入ることになるかもしれない。しかしどんな分類体系でも、「生きた化石」が一つあるからといって、それが他にもあることにはならない。シーラカンスはインド洋（南アフリカからインドネシアに至る）周辺部のわずかな海域の非常に深いところに住んでいる。稀少で、海面近くに出て来ることもめったにないとなると、それが一九三八年まで見つからなかったのも意外ではない。しかしプレシオサウルスは水面近くで暮らす、空気呼吸をする爬虫類で、大陸周辺の海の熱帯性の海域で暮らしていた。白亜紀（一億四四〇〇万年前から六五〇〇万年前）にあったテチス海と呼ばれるところだ。したがって生き残っている可能性はきわめて低い。ネス湖のような湖に隠れているというのは地質学的にありえないだけでなく、アザラシ、クジラなど、あらゆるサイズの海洋哺乳類の見事な化石記録があるのに、六五〇〇万年よりも若い岩石のどこにもプレシオサウルスの化石は一つもない。グリーンウェルは、シーラカンスが最初は化石で知られていたからというだけで、どんな絶滅生物も現在まで生き延びていると考えられると拡大して、重大な誤りを犯した。先史時代から生き残ったタイプの未確認動物なら、暮らしている世界か化石記録のいずれかで他よりも目につきやすいものがあるだろう。

グリーンウェルが未確認動物学に科学的基準を立てようと試みたにもかかわらず、そのやり方は相変わらずで、その方法には足りないところがたくさん残っている。証拠ならほとんど何でも、どんなに薄弱で信頼性がなくてもまともに取り上げ、目撃者の話は現代心理学研究によってふさわしいとされる重みをはるかに超えて重視する。[100] 地質学者で未確認動物学批判派のシャロン・ヒルはこう説明した。

私はアマチュアの調査グループが科学の高い水準に達することができない理由について調べ、発表したことがある。こうしたグループは、私が「偽の調査」と呼ぶようなことをおこなっている。科学っぽいことをしていて科学っぽく見えて、多くの人々が科学的なんだと騙されることがあるが、そうではないと言える明瞭な理由がある。「偽の調査」はそういう過程のことであり、そこで得られる結果が科学的調査より劣っている理由である。

第一の問題点は、未確認動物学者はおおむね、自分たちが見つける謎の生物がそこにいると想定している。最初からバイアスで始まっているのだ。……仮説を検証するのではなく、自分の立場を支持する証拠を求めている。……最初に立てる問いも間違っている。「どういうことか」ではなく、「これは未確認動物か」と問う。……

もちろん程度の差もある。私は多くのいわゆる未確認動物学者をたたえる……たたえないのは、科学の基本理念が無視されている場合だ。研究での優れた学識、高品位のデータ収集と文書化、適切な発表、懐疑的姿勢、自由な批判といったことである。ところが人気の未確認動物の大部分は、昔ながらの貧弱な証拠、大量の誇張、でたらめな憶測と根拠のない仮定、さらには陰謀説、そしてしばしば超常的説明が入り交じっている。

二つの点を明確にしたい。まず、アマチュアでも科学者でない人でも科学はできる。そして未確認動物学は科学でありうる。しかし現時点では、そういう場合は多くない。科学をするためには多大な努力がいるし、平均的なファンでは得られないような資源もいる。現時点では、未確認動物学を科学と呼ぶには欠けているものが多すぎる。[101]

未確認動物学支持者が、それを疑似科学や「偽の調査」ではなく、本物の科学としてまともに取り上げてもらうのを望むなら、本当の科学の規則に従って動くところから始める必要がある。最低限でも次のようなことをしなければならない。

・**自分の根本的前提を再考すること**　ヒルが指摘したように、変わったことがあったり目撃されたら、未確認動物学者はまず「それは未確認動物か？」と考える。あるいは、悪くすると、「それは未確認動物Xか？」となる。しかし何歩か戻って、もっと基礎的な科学の問い、「何が起きたのか」を考えるべきだろう。科学でも強力な規則の一つが、「オッカムの剃刀」である。単純な説明ほど飛躍や仮定が少ないので、たいてい最善の説明だという考え方だ。一般的に言って、証拠によって余儀なくされるまで、余計な力、因子、生物が「もし～だったら」とはしないのが良い。本当の科学者は無理にデータを予想やバイアスに合わせようとせず、状況を説明するすべての仮説を考え、一つ一つ消して行く。これは医学の世界で昔から好まれてきた別の格言できれいに捉えられる。「夜中にひづめの音を聞いたら、まずシマウマかと考えるのではなく、馬かと考えよ」〔症状についていきなり珍しい病気を考えるのではなく、まずはよくある病気を考えるということ〕。ほとんどの未確認動物学の「観察」あるいは「証拠」は、実際にあることがわかっている動物や現象、熊、船の航跡、いたずらなどによるという単純な説明で話をすませられる。未確認動物学者はそうした単純な説明を、自分の好みで拙速に捨てて、見たことを支持する、自分が望む、簡素ではない仮定の方を優先する。

・**帰無仮説を検証すること**　この点に関係するのが、統計学に由来する科学の考え方だ。「帰無仮説」

という。たいていの統計学的検定は、まず帰無仮説のほうが正しいと仮定し、それを合理的に否定する証拠が十分にあるかどうかを示す。検証可能な科学的な説（たとえばプレシオサウルスがネス湖に住んでいる）にあてはめると、「研究者によって立てられた仮説が真ではない」、あるいは「仮説される作用、動物、関係が存在しない」というのが帰無仮説だ。実験では、研究者が互いに異なる被験者のグループにある処置をして、その処置が両グループに異なる結果をもたらすかを明らかにしたりする。たとえば、二枚のパンを、一方だけラップにくるみ、何時間か日光に当てて、それぞれに生じたカビの量を比べたりする。ラップは増えるカビの量に影響しないというのが帰無仮説となる。ところが、影響すると考えるだけの理由が得られて、ラップでくるんだパンの方のカビが、そうでないパンのカビよりも無視できないほど多ければ、研究者は合理的に帰無仮説を捨てることができる。

もっと一般的に言えば、帰無仮説を立てるとは、私たちが世界についてすでに知っていることが正しいとすることだ。その仮説を捨てて別の仮説の方を採用するに足る十分な証拠が得られるまでは、元の仮説を受け入れる。つまり、科学の当初の仮定は、どんなに変わった観察結果でも、既知の自然な原因で説明できるとする。そうではなさそうな、未確認動物の活動とか超常現象とかによる説明は、すべての自然な原因が排除できてはじめて認められるべきだとする。

●挙証責任を満たす　科学では、従来の説はそれが妥当であることを示すにはわずかな証拠でよい。しかし説が極端になるほど、重い挙証責任が求められる。マルセロ・トゥルッツィは「並外れた主張には並外れた証明が必要」と言い、カール・セーガンは「並外れた主張には並外れた証拠が必要」と繰り返す[102]。未確認動物学者の主張を支持するために必要な証拠は、たとえば病気の病原体説をひっくり返すのに必要なほど「並外れた」ものでなくてもよいが、未確認動物やその一部なりとも見つけようと組織的に試みられたことがすべて失敗してきた長い歴史を克服するだけの力と堅固さがなければならない。目撃者がいて何度も未確認動物を見たという主張からは、そうした未確認動物の死骸や骨も同じくらい何度も見られていてしかるべきだという帰結が導かれるが、そうはなっていない。物理的な遺骸がないというのは、単に未確認動物の証拠がないということではなく、仮説される未確認動物が存在しないことの有力で明白な証拠でもある。未確認動物を否定するこの証拠は、存在することを示す強力な証拠があれば上回ることができるが、そのためには、簡単に偽造できる足跡、つじつまの合わない「目撃談」、曖昧な写真や動画以上のものが必要となる。

・高品質のデータを集める　未確認動物が存在するという主張を支持する、死骸、骨、毛などの生物学的標本という形の信用できる物的証拠はまだない。科学者が何らかの未確認動物（あるいは動物の新種）の存在を確認するためには、最低でもそうしたものを求める。明瞭な、高解像度の写真や動画でも、単に示唆するものでしかない（そういうものがあったとして）。遠くからの、ぼやけた「ぶれぶれ《ブロブ》スクワッチ」という決まり文句が出て来るような分野では、まずないことだが）。未確認動物学者は、誤りに陥りやすい目撃証言をあまりにもまともに取り上げすぎるが、同時に一方では、その証言の集め方についてはまともな扱いになっていない。話が明らかにおかしいときでも、その話に十分な注意を払って疑問を抱くことをしない傾向がある。既知の捏造を連想させる目立った証拠を検疫にかけたり、証拠がいつそんなに汚染されたかを明らかにしたりすることができない。また編纂するときに話を誇張したり誤って伝えたりすることも多い。未確認動物学者が、一次資料に当たったり、目撃者と面談してその話のつじつまが合うか、ベンジャミン・ラドフォードとジョー・ニッケルがいくつかの未確認動物と言われる例を調べていて発見したような文化的バイアスがないか、あらためて確認したりといった、必要な手間をかけていないことが多すぎる。[103] 目撃者と面談するときには、望ましい証言に向かって目撃者を誘導することも多い。

・科学的基準にかなう成果を発表する　ダレン・ネイシュ、リー・ヴァン・ヴェーレン、クリスティン・ジャニス、コリン・グローヴズ、エイドリアン・メイヤーといった学者、研究者は、恒常的に主流の学術論文を発表しているだけでなく、ときには未確認動物学者が関心を抱くテーマで（たとえば先史時代の動物が有史時代の過去まで生き延びて人類の神話に影響した可能性というような）、あるいは絶滅したと考えられるフクロオオカミなどが人里離れたところで残っている可能性について、記事を書いている。こうした科学者は論文をピアレビューのある学術誌で発表し、その著作はしかるべき懐疑や警告も明らかにしている。ところが未確認動物学者はたいてい、同好の士だけを相手に書いていて、自分たちで作った雑誌や、自分で作ったウェブサイトで発表し、主流の学術誌に受け入れられるような適切な資料のそろった高品位の論文を書こうという努力をしない。

・批判を受け入れる　科学者はすべて、ピアレビューが自我をずたずたにする過酷な手順で、ときにはバイアスがかかって不公平になることもあるのを認識しなければならない。しかしまっとうな科学者は面の皮が厚く、自分の研究の長所をしっかりとわかっていて、自分の方法を改善したい、あるいはもっと良い研究方法を探したいという欲求、最善の成果が発表できるよう辛抱する意思を持っている。

そのような同業者からの批判が不可欠なのは、結局、それによって最善の科学的成果だけが発表されることが保証されるからだ。未確認動物学者は、批判をつきつけられると、自分たちの考えに対して科学者は心が狭いと言って、自分たちの安全地帯に引きこもり、自分の損になることをしている。批判を、自分たちの研究を確かな証拠の上に立て、科学研究の他の基準に合わせよという要求として受け入れれば、科学者社会が従来の考えに合わない説を発表することに著しく寛容であることがわかるだろう。

・自身のデータに懐疑的になる　優れた科学者は、他人の成果だけでなく、自分自身の成果に懐疑的でなければならない。自分の仮説を支持するだけのものでなければ、データも結果も捨ててしまう気がなければならない。リチャード・ファインマンはこう述べた。「第一の原則。自分を騙してはいけない――しかも自分がいちばん騙されやすい」。未確認動物学者がまともに扱ってほしいと思うなら、未確認動物についての疑問の余地のある目撃例やはっきりしない写真・動画を排除するという、辛い作業を引き受けなければならない。自分たちの学識として、目撃者が実際に言っていることについてもっと気を配らなければならない。自分が求める説が事実によって支持されていないとき、誠実でなければならない。

なぜ未確認動物学が大事なのか

本書で述べた未確認動物はいずれも、存在することを示す堅固な証拠はなく、存在しない可能性がきわめて高いことを示す証拠は多い。それでも、多くの人々が、未確認動物は実在すると信じている。そうでない証拠がどれほど積み上げられようと、目撃談の真相が何度明らかになろうと。

信じたいことを何でも信じる権利は誰にもある。マイケル・シャーマーが明らかにしたところでは、そうやって信じることが人間の心理の中である機能を果たすことができ、人に不思議なもの、魔術的なものを感じられるようにして、平凡な現実から脱出できるようにする。[104] 科学以前の時代には、怪獣についての神話は、共通に信じられることや価値観の集合によって、社会の構成員を拘束していた。同様に、ビッグフットハンターは、森をさまようことから、満足、共同体、目的といった感覚を引き出す。未確認動物を見つけようとして、すべて失敗したとしてもかまわない。他のサブカルチャーの構成員のように(本書の著者が加わっている懐疑派サブカルチャーも含む)、ビッグフッターは、ビッグフット学会に参加してビッグフットグッズを買って仲間意識を享受する。

しかし科学者には、信じるということだけを根拠に何かを認めるという選択肢はない。逆に、証拠に従って、データの出どころを、被験者であれ、自分自身にかかるバイアスであれ、批判的に調べなければならない。ダニエル・コーエンは、科学と超常的なもの両方について書いているが、科学の営みの厳しい現実を取り上げてこう言う。「幽霊や空飛ぶ円盤や雪男や失われたアトランティス大陸を信じるのは本当にわくわくする。実際の科学は、どれほどうまく紹介されようと、それほどわくわくするものではない。厳密で論理的な証拠への迫り方は難しく拘束がきつい。好まれるロマンチックな神話を破壊して嫌われる。サンタクロースが存在しないことを知れば、子どもにとってはつらいことだろうし、大人にとっても大差はない[105]」。

こんなことが問われるかもしれない。未確認動物学者が考えることをどうして気にするのか。社会に何か害をなしているのだろうか。未確認動物学に対する個人的な感情がどうあれ、また未確認動物を示す証拠の評価がどうあれ、この「害」の問いに対する答えは、見かけよりもわかりにくいかもしれない。一方では、たとえ未確認動物が何種類かいるとしても、未確認動物学には、未確認動物学ファンは小さいと見るが、社会的コストが伴いうる（たぶん科学の方法に対する信頼を崩したり、自分の評判を落とすような信条に引き込むことによる）。他方では、未確認動物を信じることがすべて一様に間違っていたとしても、この分野の社会的なコストはほとんどない。あるいは正味では利益にさえなるかもしれない（アウトドアでの活動を奨励することによって、あるいは動物学への関心を刺激することによって）。あわてて結論を導く前に、以下に引く、心理学者のレイ・ハイマンの警告の言葉を考えておかなければならない。

なぜ気にしなければならないのだろう。この問いは、いろいろな形で、記者会見や懐疑派による講演で顔を出さざるをえない。私はCSICOP〔超常現象の科学的調査のための委員会〕がまだ発足して間もない頃のある会見のときのことをありありと思い出す。一人の記者が、なぜこのグループは、超常的なものが信じられることをそんなに懸念するのかと尋ねた。ユリ・ゲラーが念力でスプーンを曲げられると信じたからと言って、それにどんな害があるというのか。さらに、他に心配すべき重要な問題があるのではないか？　人口爆発、飢餓、ホームレス、麻薬、酸性雨、核拡散などのように、と。

私の同僚の何人かは直ちにこの使命の重要性を擁護しにかかった。ある人はガイアナのジム・ジョーンズの悲劇〔新興宗教の教組が、多くの信徒とともに自殺した〕に言及した。超常的なものを信じることがヒトラーやナチズムを成り立たせたと指摘する人もいた。懐疑派の一人が立ち上がって、自分の鞄には、死んでもっとましな生に生まれ変わると信じた学生による遺書が何通かあると仰々しく告知した。

私からすると、そのような反射的な反応は、信じている人々がポルターガイストや予知夢や幽霊の類の存在への支持を熱烈に論じるのと大差ない。そうした懐疑派の主張のどれも、科学的証拠と言えるもので裏づけることができるものはなかった。

私は、自分たちの懸念を正当とする方法についてはもっと注意を払うべきだと思っている。拙速な主張をしたり、可能性だけで不安をあおる必要性を感じたりすべきではない[106]。

未確認動物学の妥当な対価や影響は何かあるだろうか。あるいは問い方が間違っているのだろうか。ハイマンは続けて「私自身は、超常的なものを信じることによる害の量をどう測ればいいかわからないと認める側に傾く」と言うが、学者が超常的なテーマの研究にかかわる理由をいくつか提示した。超常的な説の中には正しかったということになるものがあるかもしれない。その場合には、そういう説は重要になるだろう。それが真であろうとなかろうと、超常現象を信じることの研究は、人間の心や信じることと一般について、重要な見通しをもたらすことができる。また、「説得力はあっても錯覚の信じる内容を誘発することが知られている、直感などの非科学的方法」に基づく超常的な見方は、批判的思考の技能の弱さや科学リテラシーの欠如によってもたらされる危険一般に照明を当てる。要するに、ハイマンが警告するように、「私たちの社会を構成する、将軍や会社の重役や政治的指導者を含めた人々が、そんな錯覚の基礎に基づく超常的なものについて信じる気持ちを育てるなら、世界の状態に影響するようなことをどう判断するか、わかったものではない[107]」。

本書の著者二人は、未確認動物を信じること、その熱意の正味の影響の評価については立場が分かれている。ダニエル・ロクストンは未確認動物学に対してかなり共感しており、ドナルド・プロセロはそれよりずっと批判的だ。

ロクストンは自身が未確認動物学畑の出で、モンスターハンティングを、本物の未確認動物がずっと見つからなくても、『銀河ヒッチハイク・ガイド』の地球の描写と同じ言葉を使って、「ほとんど無害」と見る側に傾いている。懐疑派が批判する超常的なテーマの多くとは違い、未確認動物学は信者に物理学の法則を否定したり、証明されていない、あるいは否定された療法を用いたり、エイリアンの侵略者を恐れて暮らしたり、世界の終わりを予感して財産を売ったりすることを求めはしない。未確認動物学はほとんどの人々にとってはひどく高価なものではなく、きっと狩猟や釣りとほとんど変わらないので、文字どおりの趣味やファンの交流というわかりやすい利益ももたらす。それは読書や歴史的探求の技能を育てることを奨励し、ファンを連帯させる。この点で未確認動物学は、著者二人が属する懐疑派のサブカルチャーとそんなに違うだろうか。ロクストンが採ったことのある言い方では、コミュニティがビッグフットへの愛情を中心にできようと、懐疑論を中心にしていようと、鉄道模型を中心にしていようと、「他の人々との共通性を見いだすことはそれ自体が良いことであり、それ自体が目的だ。実際、この特定の目的について言えば、懐疑派界の『懐疑的』という部分は、ほとんどどうでもよい」[108]。モンスターのファンが、自分たちが共有する古いマイクロフィルムやキャンプの愛好で同様の共通性を見いだすとして、それが本当にひどいことなのだろうか。さらに、ロクストンは未確認動物学の謎への愛情が、科学が支持し、促すのと同じ教育的利益をいくらか提供するかもしれないと論じる。自然界に対する愛情と、科学的証拠の本質を把握する経験だ。ロクストンは、自身の体験の延長線上で、未確認動物学文献は、科学への抵抗の姿勢のためとはいえ、科学リテラシーに対する「入門ドラッグ」になりやすいし、しばしばそうなるかもしれないと見ている。

科学的懐疑論は超常科学や境界科学の主張に批判的な目を向け、たいてい、緊張や対立の物語で構成される（『Xファイル』を見たことがあれば思い当たるだろう）。頑固で還元的な懐疑派と、開けた心の直感的な信者というわけだ。あるいは責任ある、科学に基づいて考える人と愚かな変わり者か。

しかし私はどちらでもあったことがあり、私の経験は対立の物語には収まらない。

私は何でも信じていた（フォックス・マルダー〔『Xファイル』の主人公で、何でも超常現象として解釈する〕がいたとすれば、それが私だ）が、その後「プロの懐疑派」になった。それでも、懐疑的研究者としての生活は、超常ファンだった頃のものと切れ目なくつながっている。変わった謎に熱心な詮索好きのおたくから、変わった謎に熱心な詮索好きなおたくになった。何も変わっていない。依拠する情報が変わっただけだ[109]。

ロクストンは、科学指向の懐疑派が、個々の未確認動物学の研究を強硬に批判していても、原理的にはそれを（あるいはそのような研究を続ける自由を）支持したいと思う理由を三つ挙げる。

- ハイマンと同じく、未確認動物学者が正しいという可能性もないわけではないこと。何と言っても、ビッグフット仮説が正しいためには物理学の法則を覆さなければならないわけではない。ビッグフットを見つけなければならないだけだ。私たちの見方ではきわめて可能性は低いとしても、そのこと自体はありうる。

・人気がある不可思議なこと、信じられている超常的なことを研究すれば、幅広い人々の関心の対象を調べて検証したいという欲求が満たされるという公共の利益になる。こうした辺縁のテーマはふつう、学界の主流からは無視されている。深く関与する著述家なればこそ、超常的なことを調べて記録することによって、貴重な公共の仕事をおこなう。実際、批判的な学者が超常的なテーマの研究をするときには、必然的にその研究を、辺縁で積み上げられたそれまでの研究の上に立てざるをえない。そのため、ジェラルド・ダレルが力説するように、未確認動物学の足で集めた成果には、本物の未確認動物がまったく存在しなくても価値がある。

今まで、ほとんどの動物学者は、シーサーペント、雪男などに類する生物という対象全体を、好ましくないものとして扱ってきた。この世に存在するものとしないものについての自分たちの考え方を危うくする巨大な陰謀が進行していると思っているかのように。この姿勢のせいで、こうした仮説の動物についての報告の背後にある事実に迫ることがきわめて難しい。そうした生物が存在しても しなくても、誰かがあらゆる報告を集めて精査し、発表することが必須だった。そうした動物が存在して発見されるなら、本書は貴重な研究成果ということになるだろう。逆に存在しないことがはっきりしても、本書の価値は失われない。動物学的神話についての重要な貢献となるからである。[110]

・ビッグフットの存在など、通常とは異なるテーマの研究は、学問の自由が健全に機能しているかどうかのバロメーターとなる。実際、学問の自由は、そのような研究を守るようにできているものだ。未確認動物学や超常現象に好意的な学者は、非正統的なことを調べる自由を用いることによって、学界が独断に陥ることに対するある程度の保険となる。その研究の質と健全さが強固であるかぎり、科学者などの学者が既存の合意された見方を見直したり、未解決の謎をもっと深く追究したり、遠い目標を追いかけたりする自由を得たり、さらには科学の辺縁をつつき回って時間を無駄にする自由さえあったりすることで、私たちはみな恩恵を受ける。

しかし未確認動物学はロクストンが信じるように「ほとんどは無害」だろうか。この点について、プロセロは確信できない。モンスターの謎にどんなロマンチックな魅力があろうと、現実に存在する未確認動物学は、疑問の余地なく疑似科学である。未確認動物学が調べるべきだと主張する未確認動物で存在することが明らかになっているものはまったくない。ほとんどの実在性はきわめて可能性が低い。人気の伝説にあるネス湖の怪獣のように、明瞭に真実ではないと言えるものもある。

確かに、未確認動物学は、他の疑似科学的な説、たとえば、信用できなくても猛烈に宣伝されている、定例のワクチン接種が自閉症を起こすという憶測や、ＨＩＶはエイズを起こさないという主張（そう信じることによって、南アフリカだけでも三六万五〇〇〇人が死ななくてもいいのに死亡したと計算されている）[11]よりも明らかに危険というわけではない。しかしこうしたトンデモテーマは疑似科学的思考に共通のパターンでひとまとめにならないのだろうか。未確認動物が実在すると広く受け入れるのは、単に時間と資源を無駄にするというより、無知、疑似科学、反科学という一般的な文化の火に油を注ぐことになるかもしれない。科学的方法の過酷な精査、批判的思考の厳密さ、本物の証拠の要求にかけられないままに、超常的なものが受け入れ可能で科学的に信用できるとメディアによって喧伝されるほど、人々は詐欺師、グル、教祖たちのねらいにかかりやすくなる。創造主義的未確認動物学者が科学の理解を害するほど、私たちみんなの状況がますますひどくなる。[112]

　このことは、批判的思考が乏しく、基礎的な科学リテラシーがほとんどない文化では深刻な問題だ。何年にもわたる調査に次ぐ調査で、アメリカの人々はこの世界の仕組みについての理解がどん底と言えるほど貧弱だということが明らかになっている。たとえば、カリフォルニア州科学アカデミーが二〇〇八年に委嘱した全国調査では、次のようなことがわかった。

- 成人のうち、地球が太陽のまわりを一周するのにかかる時間を知っているのは五三パーセントだけ。
- 成人のうち、最古の人類と恐竜とが同じ時代を生きていないのを知っているのは五九パーセントだけ。
- 成人のうち、地球表面のうち水で覆われている部分のおよその比率を言えるのは四七パーセントだけ。
- 成人のうち、上記の三問すべてに正しく答えられたのは二一パーセントだけ。[113]

　この理解の水準はひどすぎて信じられないかもしれないが、他の多くの調査でわかったことと整合している。合衆国では、電子が原子よりも小さいことを知っているのは成人のうち五〇パーセントいるかいないかだ。[114]ほとんどの成人は、細胞、分子、ＤＮＡのような概念を定義できない。人間とマウスは半分以上の遺伝子が共通であることに同意する成人は三三パーセントほど、人間とチンパンジーは半分以上の遺伝子が共通であることに同意する成人は三八パーセントだけ。[115]一六パーセント以外は地球の中心が熱いことを認めるが、ビッグバンが宇宙の初期のことを述べていることを知っているのはわずか三八パーセント。[116]さらに、驚くほど多くのアメリカの成人が、今でも太陽は地球のまわりを回っていると思っている。こうした人々は、宗教的な理由で地球中心主義を能動的に説く少数の熱心な信者だけではなく、[117] 合衆国の人口全体のうち一八パーセントもの人々を含んでいる（同じ間違った理解はドイツでもイギリスでも同様の率で抱かれている）。[118] 何人のアメリカ成人が大地は平らであることをそのとおり信じているかは誰も知らないが、そこには聖書を理由に平坦な大地説を広める創造主義者のグループが含まれている。[119]

こんな問題の立て方もある。アメリカは他の国々と比べてどうか。科学リテラシーのなさは世界的な問題だが、合衆国には、たとえば生物学で言う進化の事実に対する抵抗など、ほとんどアメリカ人だけの公衆的理解に対する障害がいくつかある。この特異な苦境は、未確認動物学の影響という脈絡ではとくに関連が深い。これまでに見たように、未確認動物学はしばしば創造主義者が進化の確かさを崩すために用いているからだ。『サイエンス』誌が三四か国の工業国について発表した二〇〇五年のランキングでは、合衆国はほとんど最下位で、進化を受け入れている国民はわずか四〇パーセントだった。比較すると、アイスランド、デンマーク、スウェーデン、フランスでは、進化が正しいと認める国民の率はまる二倍だった。トルコだけが合衆国より下で、イタリア、ハンガリー、チェコといった国々が合衆国をはるかに引き離している。[120] 近いところでは、カナダ人はアメリカ人よりも進化を受け入れる率がはるかに高い。カナダでは、進化教育の質と進化の公衆の理解水準の両方が州ごとに異なるが、それでも人口全体のうち五八パーセントが進化を受け入れていて、創造主義を唱えるのは二二パーセントだけだった。[121] 加えて、カナダ人は一般に、アメリカ人よりも教会と国の分離を尊重する。カナダの政治制度では、根本主義者は数も力もさほどではないからだ。合衆国では対照的に、共和党が今、政治的基盤としておおむね根本主義者が唱えるプラットフォームに沿っていて、中絶や幹細胞研究を禁止し、地球温暖化を否定し、人口増加に直面して地球の資源に限界があることを無視している。

合衆国の学生が科学リテラシーの点で他の多くの工業国に大きく遅れをとっているというのは、アメリカ人にとってはとくに心配になる事項である。たとえば二〇〇九年、経済協力開発機構（OECD）による生徒の学習到達度調査（PISA）は、一五歳どうしで比べると、科学リテラシーの得点では二一か国が合衆国を上回っていた。最上位には中国とフィンランドがいて、その後に日本、ニュージーランド、カナダ、オーストラリア、オランダ、ドイツ、イギリスといったところが続く[122]。近年の他のランキングでも似たような結果になっている。上位の国の順位には多少の入れ替わりはあるかもしれないが、合衆国の科学リテラシーは慢性的に他の多くの国々より下回っていて、二〇〇六年のPISAのランキングでは二九位という結果に終わっている[123]。合衆国の学生は、エストニアやスロヴェニアという、国富という点では小国の学生よりも下である。それだけでもアメリカ社会にとって不名誉なことだ。私たちは子ども一人あたりにたいそうな金額をかけていて、それでもそんなつまらない結果に終わっているのだ。合衆国が科学の理解のような重大な因子で中国などの競争相手に負けているとしたら、この国の将来の経済的安寧にどういう意味があるだろう。イノベーションや科学的な生産力は、社会や経済の糸を織り上げてできる複雑な問題だが、科学の公共の理解もその織物の一部だ。

CNNが最近流したニュースの見出しには、「中国が科学力ランキングで急上昇。調査結果から[124]」とある。このニュースがまとめるところでは、世界で最古の学術団体である英国王立協会がおこなった調査で、科学力は、科学での発表という点では合衆国が優勢だが、中国は科学の発表や新しい研究で「急上昇」しているという[125]。二〇〇三年には、中国で発表された科学論文は全体の五パーセント未満だったが、二〇〇八年には二〇パーセントになって、アメリカに次ぐ二位となった。他方、科学の発表でアメリカの占める率は二六%から二一パーセントに下がっている。この調査の顧問団長を務めるサー・クリス・ルウェリン・スミスによれば、

科学の世界は変化しつつあり、新しい役者が急速に登場しつつある。中国の台頭だけでなく、東南アジアや中東、北アフリカなどの諸国も伸びている。科学研究と共同研究の増加は、直面する世界的な課題に対する答えを見つけるための補助になりうるので歓迎される。しかし歴史的には、優勢だった国が、科学の先頭に立つことでもたらされる競争力のある経済的優位を保持したくても、その地位に留まりつづけたことはない[126]。

中国は多くのランキングで急上昇しつつあり、世界第二の経済大国になっている。見たところ、地球温暖化否定派、幹細胞研究反対論者、科学政策に介入する創造主義者によって邪魔されることもなく、地球温暖化や限られた石油資源のもたらす影響に立ち向かう世界のための新しい技術に巨額を投資しているが[127]、合衆国やイギリスの方は、環境テクノロジーに対する投資の点で順位を下げつつある[128]。ドイツやスカンジナビア諸国は環境テクノロジーへの投資やエネルギー消費や温室効果ガス排出削減の取り組みの点で前々から世界をリードしている。それでもその経済力はアメリカや南ヨーロッパ諸国の大半よりも強い[129]。

ドイツのヒトラーによる反ユダヤ主義に堕した実験の影響と、第二次大戦による科学者のドイツからアメリカなどへの「頭脳流出」が起きて、科学でのドイツの優位が終わった一九五六年以来、アメリカ人はまだ、科学関連のノーベル賞では、最大を占めている[130]。しかし、創造主義、超常現象信仰、熱心な

反科学圧力団体が科学の土壌を浸食している中で、アメリカの科学での優位がどこまで続くだろう。

一部の人々は、合衆国という一九四五年来の世界の主要な勢力がその地位を別の国に譲るなどということを否認している。しかし優位はイノベーションと結びついており、それは科学と結びついている。何人かの歴史家が指摘するように、経済的な影響力が巨大で、かつて芸術や科学が栄えた他の多くの強力な社会の多くが衰退している。ほんの一五〇年前には、ビクトリア女王の大英帝国が地球全体に広がっていたが、今やイギリスは、二度の世界大戦の後、経済的な支配や植民地による帝国の大半を失うにつれて、国際的な大国の中では比較的小さな国になっている。かつては強大だったソ連は一九九〇年代に入ってまもなく、それが支配していた国々の体制とともに崩壊した。一〇年の間、合衆国は何兆ドルもの費用を、何万人ものアメリカ人の生命を犠牲にした戦争で無駄にし、一方では経済的後退の時期に巨大な財政赤字を重ねた。アメリカ人は自国を例外的なものと考えたがるが、それは歴史が教えるところではない。

広まっている超常的思考、疑似科学的思考は、楽しくも変わったものとして軽視すべきではないし、モンスターメディアの果てしのないコンベアベルトは単なる無邪気な娯楽でもない。超常的なものの誇張はそれを調達する者にとっては金になるが、その安易な利益は、反科学的・反理性的思考を奨励するという共通の対価によって得られる。そのような思考は直接に有害で、とくに公衆衛生と交差するときにはそうだ。さらに、科学的理解の風化は、私たちから自分たちの子どもに願う成功や理解の機会を奪う。そうした理由によって、アメリカの先頭に立つ科学者たちは、何十年も前から、もっと高い水準に達することを求め、私たちにもっと深い真実をほしがるよう求めている。そのことが肝心だ。宇宙物理学者ニール・ドグラス・タイソンが説明するところでは、あなたが科学的なことを知っていたら世界は全く別の見え方をする。あまりたくさんの不可解なことが起きているわけではない。そこでは多くのことがわかっている。そしてその理解は、まずあなたが、それを理解しない他の人々によってつけ込まれない力を与える。次に、社会に立ちはだかる、科学を土台にしている問題がある。あなたが科学的なことを知らなければ、ある意味で、民主的な過程から自らの権利を奪うことになるし、そうであることを知りもしないだろう[131]。

カール・セーガンはもっと端的に言う。「私たちは世界文明を、その成否を左右する要素が根本的に科学とテクノロジーであるように仕立ててきた。私たちはものごとを、ほとんど誰も科学やテクノロジーを理解しないようにも仕立ててきた。これは災厄への処方箋である[132]」。

訳者あとがき

本書は、Daniel Loxton and Donald R. Prothero, *Abominable Science!: Origins of the Yeti, Nessie, and Other Famous Cryptids*（Columbia University Press, 2013）を翻訳したものです（文中で〔 〕にくくった部分は訳者による補足。また原書では脚注となっていたものを巻末註にまとめたため、番号が原書とは異なるところがあります）。原題の Abominable Science とは、かつてヒマラヤのイエティ（雪男）が「Abominable Snowman」＝「汚れた雪男」と呼ばれていたことを踏まえ（なぜそう呼ばれるようになったかも本書に述べられています）、この分野の科学としての未熟さを表した言葉というところでしょう。著者は、ロクストンの方がこの分野を懐疑派《スケプティック》として愛するライター、プロセロは本職の古生物学者で、この分野のあり方に批判的な人物という立場にあります。その二人がそれぞれの立場から、いくつかのトピックを取り上げて、研究者として精密に検討してみせたのが本書です。

さて、後回しになった「この分野」とは「未確認動物学《クリプトゾーオロジー》」で、これは、いると言われても確認ができていない、ヒマラヤのイエティ、アメリカのビッグフット、イギリスのネッシー、アフリカのモケーレ・ムベンベといった「クリプティド」（未確認動物）と呼ばれる対象を愛好し、探し、「研究」する分野です。クリプティドは、日本では、「謎の未確認動物」という意味の「Unidentified Mysterious Animals」の頭文字によってＵＭＡと呼ばれるのが一般的ですが、本書では「未確認動物」という呼び方にしました。確かにあのUMAの話だけれど、あのUMAのイメージをちょっと脇に置いて見直してもらいたいというのが訳者の意図であり、それは著者の意図にもかなうと思います。

本書は先に挙げたようないくつかの未確認動物を取り上げ、個々の例についての資料を、懐疑派の立場で詳細に分析しています。「懐疑派の立場で」というのはすでに偏見ではないかと思われるかもしれませんが、ここでいう「懐疑」の対象は、（科学の）常識や定説に反するデータや説であり、懐疑するとは、定説や常識とは違うという認識を疑うということです。つまり、一見すると常識や定説に反しているようなデータ群も、実は常識で扱えるのではないかと疑うのです。そして常識的な説明がつき、それが幅広い範囲のデータを説明するなら、わざわざ新説を取る必要はないと考えます。この意味での懐疑的とは、科学という仕事の姿勢そのものであって、そうでなかったら科学ではないとさえ言えるような部分です。そうした姿勢で本書で取り上げられるそれぞれの未確認動物も、簡単に言ってしまえば、信じている人々が信じているような動物がいると考える必要はないという判定になります（過去のデータについてそう言っているのであって、この先も見つからないと言っているわけではありませんが、可能性は低いということにはなるでしょう）。

毀誉褒貶の多い科学ですが、科学的であることは正しさの保証であると（間違って）受け取られることも確かに多く、そのために自分たちの愛好する対象の正統性のあかしであるかのように「科学」を名乗ることも多いのですが、本書の一貫したテーマは、科学的とはどういうことかというところにあります。科学的ではないから、標榜されるような学問として成り立っていないと否定的に見るか、科学的ではないけれど、科学である必要はなく、それとは別のところに価値を見ることは可能とするか、著者の間にも考え方の違いはありますが、科学的であるかどうかについては、本書の二人は考え方をともにしています。つまり、常識に反することを言おうとするには、常識を崩せるだけの証拠が必要で、証拠を徹底して批判的に（懐疑的に）検証しなければならないということです。そのことを、個々の事例について実際におこなっているのが本書だと言えます。

それにしてもあらためて感じるのは、何かを言うためにはこれだけのデータや情報を集め、それをひとまずは「常識的に」あるいは合理的に説明できる可能性をとことん考え、常識や定説に反することが確かに起きていると言えるかどうかを判断しなければならないということです。科学者でない人々は往々にして、そのようなことを重箱の隅と称して、結論の重大さやおもしろさの方を優先してしまいます。いたほうが、あったほうがおもしろいから、それはいる／あるという結論のほうをまず受け入れてしまうということです。いるかいないかどうかわからないのだから、いると思ってもいいではないか、というのが人情ですが、科学はその考え方はとりません。いないとは言えないとしても、それだけで「いる」という意味にはなりません。いるのならいると言えるだけの証拠を、それが証拠と言えるかどうかも含めてはっきりさせろと求めます。

科学者でなければ、信じる／信じないで片づけてしまうところを、実際のところはどうなのかと、厖大なデータに当たり、確かめるのが科学者です。想像の翼はどこまでも広がりますが、実際に確かめてみると常識を破る関門は高く、確かに未知のことが起きていると認められることはそう多くはありません。よく、科学には「夢がない」と否定的に言われることもありますが、科学の仕事は夢ではなく現実が相手のことなので、「夢がない」とは、仕事をきちんとしているということでもあります（それに夢をきちんと壊すことは夢見るに値する仕事であるとも思います）。その上に、いるか、いないか、確認できないものについてであっても、本書が述べ、資料として挙げるような蓄積があります。ある意味で、本書の分厚さが科学のあり方を示しているとも言えるでしょう。肯定か否定か、要するにどっち？　というのが要点なのではなく、否定するにせよ肯定するにせよ、そこにかかる（かけるべき）手間を見ることが本書の要ではないかと思います。

夢や願望を抱くのは人間の本性ですから、未確認動物が科学の対象外になったとしても、未確認動物を夢見ることとの人間世界での（プラスマイナス両面の）価値がなくなるわけではありません。本書でも、未確認動物の文化史的な（場合によっては経済的な）背景・由来が取り上げられたり、学問としての未確認動物学は、ねらいが野生生物学的なものから民俗学的なものへとシフトしつつあることが言われたりしています。未確認動物がいるかどうかはわからなくても、未確認動物やその証拠を目撃した、発見したと言う人がいて、代々伝わる話があるのは確かで、そういう人や話についての科学的な扱いというのはできるでしょうし、本書がしているのは実はそういうことでもあります。その意味でも、本書はまさしく未確認動物（学）を科学しているということになります。

たとえばイエティはいるかいないか、信じるか信じないかということよりも、人がそのような話をするとはどういうことかというふうに見るのがこの問題にはふさわしいのだろうと思います。そういうものとして、本書を読んでいただければと、訳者は思っています。

本書の翻訳は、化学同人編集部の後藤南氏のお誘いと励ましによって担当することになりました。本として実現するまでの作業も同氏に統括していただきました。このような機会を与えていただいたことにお礼申します。また装幀は上野かおる氏に担当していただきました。記して感謝します。

二〇一六年三月

訳者識

索　引

ア　行

カ　行

サ　行

タ　行

ナ 行

ハ 行

マ 行

ヤ 行

ラ 行

ワ行／ン

註

〔参照されている文献に邦訳がある場合はその旨を補足したが，本書で用いた訳文は，とくに断りのないかぎり，本書訳者による私訳である.〕

第1章　未確認動物学

1　"Americans 'Find Body of Bigfoot,'" August 15, 2008, BBC News, http://news.bbc.co.uk/2/hi/americas/7564635.stm; "CNN-Has Bigfoot Been Found?" August 17, 2008, YouTube, http://www.youtube.com/watch?v=OMrKrphWAEk&feature=related; Ki Mae Heussner, "Legend of Bigfoot: Discovery?Try Hoax," August 15, 2008, ABC News, http://abcnews.go.com/Technology/story?id=5583488&page=1; "Bigfoot Body Found in Georgia!!!!" August 14, 2008, YouTube, http://www.youtube.com/watch?v=4NzB5xfTSDY（すべて 2011 年 10 月 10 日閲覧).

2　"Georgia Bigfoot Tracker," August 14, 2008, YouTube, http://www.youtube.com/watch?v=e_zFoCo_Tnc（2011 年 10 月 10 日閲覧).

3　「早口のトム・ビスカーディ」とビッグフット捏造のアイヴァン・マークスの協同について書いた記者のリチャード・ハリスは，1973 年にはすでに，この営利団体が「山師あるいは詐欺師」によって構成されているのではないかと問うていた（"The Bigfoot: Fact, Fiction, or Flim-Flam?" *Eureka*〔*Calif.*〕*Times-Standard*, June 8, 1973, 13).

4　Matthew Moneymaker, "The 2008 Dead Bigfoot Hoax from Georgia," Bigfoot Field Researchers Organization, http://www.bfro.net/hoax.asp#biscardi（2011 年 10 月 10 日閲覧).

5　"HOAX! Georgia Bigfoot Body Press Conference," August 15, 2008, YouTube, http://www.youtube.com/watch?v=pEinriwAPnQ（2011 年 10 月 10 日閲覧).

6　画像は "Georgia Gorilla: Bigfoot Body's First Photo," August 12, 2008, CryptoMundo, http://www.cryptomundo.com/cryptozoo-news/ga-gorilla-pic/で閲覧可能（2011 年 10 月 10 日閲覧).

7　"Alleged 'Bigfoot' Finders: Costume Was Filled with Roadkill," August 20, 2008, WSBTV, http://www.wsbtv.com/news/news/alleged-bigfoot-finders-costume-was-filled-with-ro/nFBhF/(2012 年 2 月 7 日閲覧).

8　Paul Wagenseil, "Bigfoot Body Revealed to Be Halloween Costume," August 20, 2008, Fox News, http://www.foxnews.com/story/0,2933,406101,00.html に引用されたもの（2011 年 10 月 10 日閲覧).

9　"Bigfoot Hoaxers Say It Was Just 'a Big Joke,'" August 21, 2008, CNN, http://edition.cnn.com/2008/US/08/21/bigfoot.hoax/(2012 年 2 月 7 日閲覧).

10　Steve Bass, "NGCSU Prof Shed Light on Bigfoot Hoax," November 6, 2008, *The*

Saint: The Online Student Newspaper for North Georgia College and State University, http://www.ngcsuthesaint.com/2008/11/ngcsu-prof-shed-light-on-bigfoot-hoax/に引用されたもの（2011年10月10日閲覧）．〔翻訳時点では開けない〕

11 科学の進め方と創造主義者がその手順を誤っていることについての優れた文章として，Stephen Jay Gould, "An Essay on a Pig Roast," *Natural History*, January 1989, 14-25を参照．*Bully for Brontosaurus: Reflections in Natural History* (New York: Norton, 1991), 432-447に再録．〔グールド『がんばれカミナリ竜』廣野喜幸ほか訳，早川書房（上下，1995）〕

12 Carl Sagan, *The Demon-Haunted World: Science as a Candle in the Darkness* (New York: Ballantine, 1996), 30.〔セーガン『悪霊にさいなまれる世界』青木薫訳，ハヤカワ文庫NF（上下，2009）〕

13 Michael Shermer, *The Believing Brain: From Ghosts and Gods to Politics and Conspiracies: How We Construct Beliefs and Reinforce Them as Truths* (New York: Holt, 2011).

14 Michael Shermer, *Why People Believe Weird Things: Pseudoscience, Superstition, and Other Confusions of Our Time* (New York: Freeman, 1997), 48〔シャーマー『なぜ人はニセ科学を信じるのか』岡田靖史訳，ハヤカワ文庫NF（全2巻，2003）〕; Sagan, *Demon-Haunted World*, 10.〔註12参照〕

15 "Carl Sagan on Alien Abduction," *Nova*, February 27, 1996, http://www.pbs.org/wgbh/nova/space/sagan-alien-abduction.html（2011年12月22日閲覧）; Marcello Truzzi, "On the Extraordinary: An Attempt at Clarification," *Zetetic Scholar* 1 (1978): 11.

16 National Center for Science Education, "Project Steve," October 17, 2008, http://ncse.com/taking-action/project-steve（2011年10月10日閲覧）．

17 Cryptozoological Realms, "Cryptozoology Biographies," http://www.cryptozoology.net/english/biographies/biographies_index.html（2011年10月10日閲覧）〔翻訳時点では開けない〕．

18 たとえば，John Bindernagel, *North America's Great Ape: The Sasquatch* (Courtenay, B. C.: Beachcomber Books, 1998), xを参照．

19 Loren Coleman and Jerome Clark, *Cryptozoology A to Z: The Encyclopedia of Loch Monsters, Sasquatch, Chupacabras, and Other Authentic Mysteries of Nature* (New York: Simon and Schuster / Fireside, 1999), 102.

20 たとえば，British Columbia Scientific Cryptozoology Club, " Mokele Mbembe," http://bcscc.ca/mokele.htm（2012年1月28日閲覧）．〔翻訳時点では開けない〕

21 ダニエル・ロクストンは南部大学学校教会大学委員会（SACSCOC，ジョージア州など南部諸州の高等教育機関の学位認定評価機関）に，イマヌエル・バプティスト大学はジョージア州で学位を授与できると評価されているかどうかを問い合わせた．代表者の回答は，「イマヌエル・バプティスト大学はSACSCOCによって評価を受

けたことはない」だった（Terri Latimer, e-mail to Daniel Loxton, February 15, 2012）.

22 In the Matter of Warnborough College, Docket Nos. 95-164-ST および 96-60-SF, United States Department of Education, August 9, 1996, http://oha.ed.gov/cases/1995-164st.html（2012 年 2 月 5 日閲覧）.

23 Sarah Lyall, "Americans Say a College Near Oxford Duped Them," *New York Times*, October 2, 1995, http://query.nytimes.com/gst/fullpage.html?res=990CE1D91531F931A35753C1A963958260（2012 年 2 月 5 日閲覧）.

24 Ben S. Roesch and John L. Moore, "Cryptozoology," in *The Skeptic Encyclopedia of Pseudoscience*, ed. Michael Shermer（New York: ABC-Clio, 2002）, 1: 71-78.

25 Darren Naish, e-mail to Daniel Loxton, February 5, 2012.

26 Matt Cartmill による, David J. Daegling, *Bigfoot Exposed: An Anthropologist Examines America's Enduring Legend*, および Jeff Meldrum, *Sasquatch: Legend Meets Science* の書評（*American Journal of Physical Anthropology* 135, no. 1（2008）: 117-118）; David J. Daegling, *Bigfoot Exposed: An Anthropologist Examines America's Enduring Legend*（Lanham, Md.: Altamira Press, 2004）.

27 Thomas Henry Huxley, "Biogenesis and Abiogenesis"（1870）, in *Critiques and Addresses*（London: Macmillan, 1873）, 229.

28 Michael Shermer, "Show Me the Body," *Scientific American*, May 2003, http://www.michaelshermer.com/2003/05/show-me-the-body/（2011 年 10 月 10 日閲覧）に引用されたもの.

29 Elizabeth F. Loftus and Katherine Ketcham, *Witness for the Defense: The Accused, the Eyewitness, and the Expert Who Put Memory on Trial*（New York: St. Martin's Press, 1991）〔ロフタス，ケッチャム『目撃証言』厳島行雄訳，岩波書店（2000）〕; Austin Cline, "Eyewitness Testimony and Memory," About.com, http://atheism.about.com/od/parapsychology/a/eyewitness.htm（2011 年 10 月 10 日閲覧）.

30 Daniel Simons, "Selective Attention Test," March 10, 2010, YouTube, http://www.youtube.com/watch?v=vJG698U2Mvo（accessed October 10, 2011）.

31 A. Leo Levin and Harold Kramer, *Trial Advocacy Problems and Materials*（Mineola, N. Y.: Foundation Press, 1968）, 269.

32 Elizabeth F. Loftus, *Memory: Surprising New Insights into How We Remember and Why We Forget*（New York: Addison-Wesley, 1980）, 37.

33 Benjamin Radford and Joe Nickell, *Lake Monster Mysteries: Investigating the World's Most Elusive Creatures*（Lexington: University Press of Kentucky, 2006）, 160-163.

34 Elsbeth Bothe, "Facing the Beltway Snipers, Profilers Were Dead Wrong," *Baltimore Sun*, December 15, 2002, http://articles.baltimoresun.com/2002-12-15/

entertainment/0212160297_1_van-zandt-serial-killers-snipers（2011 年 10 月 10 日閲覧）.

35 David Rennie, "Sniper Police Deny "White Man in White Van" Theory Hampered Search," *Telegraph*, October 28, 2002, http://www.telegraph.co.uk/news/worldnews/northamerica/usa/1411536/Sniper-police-deny-white-man-in-white-van-theory-hampered-search.html（2012 年 11 月 21 日閲覧）.

36 Shermer, *Why People Believe Weird Things*, 88–89.

37 同前，89–91.

38 Susan A. Clancy, *Abducted: How People Come to Believe They Were Kidnapped by Aliens*（Cambridge, Mass.: Harvard University Press, 2005）, 33.〔クランシー『人はなぜエイリアンに誘拐されたと思うのか』林雅代訳，ハヤカワ文庫 NF（2006）〕

39 未確認動物のモケーレ・ムベンベ探しが鮮やかな例となる．1981 年，ロイ・マッカルの武装した調査隊によるコンゴの村人に対する質問のことだ．地元の情報提供者がその生物について知っていることを否定したとき，マッカルは情報提供者に「情報の雨霰を突きつけ」，「提供者は見るからに乱され，混乱する中で何人かがもっと多くのことを知っていると認めだした」（*A Living Dinosaur? In Search of Mokele-Mbembe* [Leiden: Brill, 1987], 160〔マッカル『幻の恐竜を見た』南山宏訳，二見書房（1989）〕）.

40 たとえば，Loren Coleman, "The Meaning of Cryptozoology: Who Invented the Term Cryptozoology?" 2003, The Cryptozoologist, http://www.lorencoleman.com/cryptozoology_faq.html（2011 年 2 月 12 日閲覧），および，"Cryptozoology's Fathers," June 19, 2010, CryptoMundo, http://www.cryptomundo.com/cryptozoo-news/czfather/（2012 年 5 月 5 日閲覧）.

41 Bernard Heuvelmans, *Sur la piste des bêtes ignorées*（Paris: Librarie Plon, 1955）〔ユーヴェルマンス『未知の動物を求めて』今井幸彦訳，講談社（1981）〕; Lucien Blancou, *Géographie cynégétique du monde*（Paris: Presses Universitaires de France, 1959）.

42 Bernard Heuvelmans, *In the Wake of the Sea Serpents*, trans. Richard Garnett（New York: Hill and Wang, 1968）, 508.

43 「cryptozoological」という単語が行の切れ目に出て来ると，ハイフンでつながれ，「crypto-zoological」となる．評者が意図してこの単語にハイフンを入れたかどうかはわからないが，今日この言葉を使う人々も同じように使う．Ralph Thompson による，Willy Ley, *The Lungfish and the Unicorn* の書評（*New York Times*, April 22, 1941, 19）; および Willy Ley, *The Lungfish and the Unicorn: An Excursion into Romantic Zoology*（New York: Modern Age Books, 1941）〔レイ『動物奇譚』池辺明子訳，図書出版社（1979）〕を参照.

44 A. C. Oudemans, *The Great Sea-serpent: An Historical and Critical Treatise. With*

the Reports of 187 Appearances ... the Suppositions and Suggestions of Scientific and Non-scientific Persons, and the Author's Conclusions (Leiden: Brill, 1892).

45 Coleman and Clark, *Cryptozoology A to Z.*

46 Darren Naish, "Monster Hunting? Well, No. No," October 10, 2007, Tetrapod Zoology, http://scienceblogs.com/tetrapodzoology/2007/10/monster-hunting-well-no-no/（2011 年 10 月 10 日閲覧）.

47 Bernard Heuvelmans, "How Many Animal Species Remain to Be Discovered?" *Cryptozoology* 2 (1983): 5.

48 Bernard Heuvelmans, "Annotated Checklist of Apparently Unknown Animals with Which Cryptozoology Is Concerned," *Cryptozoology* 5 (1986): 1-26.

49 Naish, "Monster Hunting?"（註 46 参照）

50 Darren Naish, "Multiple New Species of Large Living Mammal," June 1, 2007, Tetrapod Zoology, http://scienceblogs.com/tetrapodzoology/2007/06/multiple-new-species-of-large/（2011 年 10 月 10 日閲覧）.

51 Ralph M. Wetzel, Robert E. Dubos, Robert L. Martin, and Philip Myers, "Catagonus, an 'Extinct' Peccary, Alive in Paraguay," *Science* 189 (1975): 379-381.

52 N. F. Goldsmith and I. Yanai-Inbar, "Coelacanthid in Israel's Early Miocene? Latimeria Tests Schaeffer's Theory," *Journal of Vertebrate Paleontology* 17, supplement 3 (1997): 49A; T. Ørvig, "A Vertebrate Bone from the Swedish Paleocene," *Geologiska Föreningens i Stockholm Förhandlingar* 108 (1986): 139-141.

53 Michael A. Woodley, Darren Naish, and Hugh P. Shanahan, "How Many Extant Pinniped Species Remain to Be Described?" *Historical Biology* 20 (2008): 225-235.

54 Darren Naish, e-mail to Daniel Loxton, April 30, 2012.

55 Andrew R. Solow and Woollcott K. Smith, "On Estimating the Number of Species from the Discovery Record," *Proceedings of the Royal Society* B 272 (2005): 285-287.

56 新しい地球温暖化の気候の中でこの虫による感染がひどくなって，ブリティッシュコロンビア州の林業は今，5 年か 10 年前にこの虫によって枯れた木の伐採搬出に依存している．緊急の伐採，火災，腐食の結果として，この枯れた木立も伐採しつくしそうになり，同州は樹木が壊滅的に不足して，州政府は残った森林の保護区域を伐採搬出用に開放することを検討した．業界を救うためではなく，予測される 1 万 1000 人分の職が失われる事態を遅らせるためだけである．たとえば，"Confidential Pine Beetle Report Warns of 'Economic and Social' Havoc," April 18, 2012, CBC News, http://www.cbc.ca/news/canada/british-columbia/story/2012/04/18/bc-timber-supply-mpb.html（2012 年 4 月 28 日閲覧）.

57 James H. Brown and Brian A. Maurer, "Macroecology: The Division of Food and

Space Among Species on Continents," *Science* 243 (1989): 1145-1150. 他の重要な刊行物には以下がある. James H. Brown, Pablo A. Marquet, and Mark L. Taper, "Evolution of Body Size: Consequences of an Energetic Definition of Fitness," *American Naturalist* 142 (1993): 573-584; James H. Brown and Brian A. Maurer, "Evolution of Species Assemblages: Effects of Energetic Constraints and Species Dynamics on the Diversification of the North American Avifauna," *American Naturalist* 130 (1987): 1-17; James H. Brown and Paul F. Nicoletto, "Spatial Scaling of Species Composition: Body Masses of North American Land Mammals," *American Naturalist* 138 (1991): 1478-1512; William A. Calder III, *Size, Function, and Life History* (Cambridge, Mass.: Harvard University Press, 1984); John Damuth, "Home Range, Home Range Overlap, and Species Energy Use Among Herbivorous Mammals," *Biological Journal of the Linnean Society* 15 (1981): 185-193; A. S. Harestad and F. L. Bunnell, "Home Range and Body Weight-A Reevaluation," *Ecology* 60 (1979): 389-402; Stan L. Linstedt, Brian J. Miller, and Steven W. Buskirk, "Home Range, Time, and Body Size in Mammals," *Ecology* 67 (1986): 413-418; Brian K. McNab, "Bioenergetics and the Determination of Home Range Size," *American Naturalist* 47 (1963): 133-140; Robert Henry Peters, *The Ecological Implications of Body Size* (New York: Cambridge University Press, 1983); Michael Reiss, "Scaling of Home Range Size: Body Size, Metabolic Needs and Ecology," *Trends in Ecology and Evolution* 3 (1988): 85-86; Marina Silva and John A. Downing, "The Allometric Scaling of Density and Body Mass: A Nonlinear Relationship for Terrestrial Mammals," *American Naturalist* 145 (1995): 704-727; and Robert K. Swihart, Norman A. Slade, and Bradley J. Bergstrom, "Relating Body Size to the Rate of Home Range Use in Mammals," *Ecology* 69 (1988): 393-399.

58 Johan T. du Toit, "Home Range-Body Mass Relations: A Field Study on African Browsing Ruminants," *Oecologia* 85 (1990): 301-303.

59 Robert H. MacArthur and Edward O. Wilson, *Theory of Island Biogeography* (Princeton, N. J.: Princeton University Press, 1967).

60 Donald R. Prothero and Robert H. Dott Jr., *Evolution of the Earth*, 7th. ed. (Dubuque, Iowa: McGraw-Hill, 2004), 第1章.

61 Lars Werdelin and William Joseph Sanders, eds., *Cenozoic Mammals of Africa* (Berkeley: University of California Press, 2010).

第2章　ビッグフット

1 John Napier, *Bigfoot: The Yeti and Sasquatch in Myth and Reality* (New York: Dutton, 1973), 202-203.

2 Loren Coleman and Patrick Huyghe, *The Field Guide to Bigfoot and Other Mystery*

Primates (San Antonio, Tex.: Anomalist Books, 2006), 88-89.

3 Loren Coleman, *Bigfoot! The True Story of Apes in America* (New York: Paraview, 2003), 27.

4 "Mythology of the Two Americas: Iroquois and Hurons," *Larousse Encyclopedia of Mythology* (New York: Prometheus, 1959), 437-438.

5 Anthony Wonderley, *Oneida Iroquois Folklore, Myth, and History: New York Oral Narrative from the Notes of H. E. Allen and Others* (Syracuse, N. Y.: Syracuse University Press, 2004), 98-99; Raymond Fogelson, "Stoneclad Among the Cherokees," in *Manlike Monsters on Trial: Early Records and Modern Evidence*, ed. Marjorie Halpin and Michael M. Ames (Vancouver: University of British Columbia Press, 1980), 134.

6 Grover Krantz, *Bigfoot Sasquatch Evidence* (Surrey, B. C.: Hancock House, 1999), 143.

7 Wayne Suttles, *Coast Salish Essays* (Vancouver: Talonbooks, 1987), 90.

8 同前，91 に引用されたもの.

9 Royal British Columbia Museum, "Thunderbird Park: Present Park: Kwakwaka'wakw Heraldic Pole, 1953," Thunderbird Park: Place of Cultural Sharing, http://www.royalbcmuseum.bc.ca/exhibits/tbird-park/main.htm?lang=eng (2012 年 4 月 16 日閲覧).

10 王立ブリティッシュコロンビア博物館のズヌキワの姿は，たとえば，John Green, *Sasquatch: The Apes Among Us* (Surrey, B. C.: Hancock House, 2006) の表紙，Christopher L. Murphy, *Meet the Sasquatch* (Surrey, B. C.: Hancock House, 2004), 17 の中，Jeff Meldrum, *Sasquatch: Legend Meets Science* (New York: Forge, 2006), 75 の中にある.

11 Suttles, *Coast Salish Essays*, 78-79.

12 Coleman, *Bigfoot!*, 27.

13 Suttles, *Coast Salish Essays*, 74.

14 J. W. Burns, "Introducing B. C.'s Hairy Giants," *Maclean's*, April 1, 1929, John Green, *The Sasquatch File* (Agassiz, B. C.: Cheam, 1973), 10-11 に転載されたもの.

15 John Green, *On the Track of the Sasquatch* (Agassiz, B. C.: Cheam, 1968), 3.

16 Burns, "Introducing B. C.'s Hairy Giants," 10-11 に引用されたもの.

17 John Burns が，Charles Tench, "My Search for B. C.'s Giant Indians," *Liberty Magazine*, 1954 に語ったもの．Murphy, *Meet the Sasquatch*, 32 に転載.

18 同前.

19 同前，31.

20 Green, *On the Track of the Sasquatch*, 3.

21 同前.

22 "Let's Not Forget the Sasquatchewan Trade," *Vancouver Sun*, May 7, 1957, 5.

23 "Wanted: Sasquatch-$5000 Reward," *Vancouver Sun*, May 4, 1957, 25.

24 "Sasquatch Hunt Delayed by Intrepid Lillooet Band," *Vancouver Sun*, May 10, 1957, 3.

25 Jack Brooks, "Sasquatch-Hunters Get Sasquatched," *Vancouver Sun*, May 24, 1957, 3, 最終版.

26 Don Hunter, with René Dahinden, *Sasquatch: The Search for North America's Incredible Creature* (New York: Signet, 1975), 83.

27 " 'Nothing Monstrous About Sasquatch,' Says Their Pal," *Vancouver Sun*, May 25, 1957, 14.

28 ロー以前にも，チンパンジーやゴリラに似たモンスター話はあるが，そういう話は二つの点で異なっている．まずサスクワッチ伝承の直接の系譜からはずれていること．それから記述がいくつかの重要な点で，ビッグフット描写の現代的構成とは異なること．たとえば，1924年のエイプキャニオンの話に出て来る動物は，後になってビッグフット伝承に加えられたが，その様子はずいぶん違っている．「その耳は長さが約10センチで，まっすぐ上に突き出ている．足の指は4本である」(*Oregonian* [Portland], July 3, 1924, John Green, *The Best of Sasquatch Bigfoot* [Surrey, B. C.: Hancock House, 2004], 61に再録されたもの).

29 Green, *On the Track of the Sasquatch*, 10.

30 同前，3.

31 同前，11-12に引用されたもの.

32 同前.

33 Daniel Loxton, "Junior Skeptic 20: Bigfoot Part One: Dawn of the Sasquatch," *Skeptic* 11, no. 2 (2004): 96-105.

34 John Green to Daniel Loxton, August 10, 2004.

35 同前.

36 Green, *On the Track of the Sasquatch*, 10.

37 同前.

38 John Green to Daniel Loxton, August 20, 2004.

39 John Kirk to Daniel Loxton, July 21, 2004.

40 Roger Patterson and Christopher Murphy, *The Bigfoot Film Controversy* (Surrey, B. C.: Hancock House, 2005), 98に引用されたもの.

41 何人かのビッグフッターが，ローが亡くなった後にその写真を見た可能性はあるが(たぶん娘に提供されて)，私は公表されたローの写真があることを知らない.

42 Coleman, *Bigfoot!*, 68-69.

43 John Green, "The Ape and the IM Index," July 11, 2009, Southeast Sasquatch Association Archive, http://southeastsasquatchassociationarchive.blogspot.com/2009/07/work-of-john-green.html (2010年2月28日閲覧).

44 Ivan T. Sanderson, *Abominable Snowmen: Legend Come to Life* (New York: Pyramid Books, 1968), 153.

45 "This Yeti Has Big Feet: Abominable Snowman on Klamath," *Independent Press-Telegram* (Long Beach, Calif.), October 5, 1958, 19 に引用されたもの.

46 "Promised Hoax Exposé of Mysterious Footprints Fails to Materialize," *Humboldt Standard* (Eureka, Calif.), October 14, 1958, 11.

47 Coleman, *Bigfoot!*, 80.

48 Loren Coleman, "The Ray Wallace Debate: Part I," February 12, 2006, CryptoMundo, http://www.cryptomundo.com/cryptozoo-news/ray-wallace-1/ (2010 年 4 月 1 日閲覧).

49 Joshua Blu Buhs, *Bigfoot: The Life and Times of a Legend* (Chicago: University of Chicago Press, 2009), 105.

50 Green, *Best of Sasquatch Bigfoot*, 12 に引用されたもの.

51 "Eye-Witnesses See Bigfoot: Humboldt Sheriff's Office Has No Jurisdiction in Footprint Case; Scene of Activity in Del Norte," *Humboldt Standard*, October 15, 1958, 1.

52 Michael McLeod, *Anatomy of a Beast: Obsession and Myth on the Trail of Bigfoot* (Berkeley: University of California Press, 2009), 179.

53 David J. Daegling, *Bigfoot Exposed: An Anthropologist Examines America's Enduring Legend* (Walnut Creek, Calif.: Altamira Press, 2004), 212.

54 同前, 211.

55 Mark Chorvinsky, "New Bigfoot Photo Investigation," *Strange Magazine*, no. 13 (1994), http://www.bigfootencounters.com/articles/strange14.htm (2010 年 4 月 1 日閲覧).

56 Daegling, *Bigfoot Exposed*, 180.

57 同前.

58 Loren Coleman to Daniel Loxton, August 24, 2004.

59 Loren Coleman, "Bad Bigfoot Data Is Still Bad Bigfoot Data," March 30, 2012, CryptoMundo, http://www.cryptomundo.com/cryptozoo-news/bad-bf-data/ (2012 年 3 月 30 日閲覧).

60 Murphy, *Meet the Sasquatch*, 109.

61 Green, *Best of Sasquatch Bigfoot*, 15.

62 Loren Coleman, discussion comment following "Bad Bigfoot Data Is Still Bad Bigfoot Data," March 30, 2012, CryptoMundo の後のコメント, http://www.cryptomundo.com/cryptozoo-news/bad-bf-data/#comment-78426 (2012 年 3 月 30 日閲覧).

63 2012 年の初め，キタカゼという名で投稿したネット上のビッグフット批判派の一人は，パターソン＝ギムリン映像の事例調査で「着ぐるみであることがはっきりわ

かり，それが今も存在すること」がわかったと主張した（“Bob Heironimus on Pax TV's Lie Detector,” Bigfoot Forums, http://bigfootforums.com/index.php?/topic/7624-bob-heironimus-on-pax-tvs-lie-detector/page_view_findpost_p_576952 [2012年4月21日閲覧]〔翻訳時点では開けない]）．キタカゼによれば，今なお秘密とされる着ぐるみの所在や状況は，近く，「1年から2年後，あるいはもうちょっとの時期」に発表予定の独立したドキュメンタリーで明らかになるという．（“Kitakaze's Patty Suit Bombshell,” Bigfoot Forums, http://bigfootforums.com/index.php?/topic/30016-kitakazes-patty-suit-bombshell/page_view_findpost_p_577280 [2012年4月21日閲覧]〔翻訳時点では開けない]）．

64 Greg Long, *The Making of Bigfoot: The Inside Story* (New York: Prometheus Books, 2004), 192に引用されたもの．

65 Green to Loxton, August 10, 2004.

66 Napier, *Bigfoot*, 95.

67 Krantz, *Bigfoot Sasquatch Evidence*, 122.

68 Meldrum, *Sasquatch*, 135.

69 Napier, *Bigfoot*, 91-92.

70 Daegling, *Bigfoot Exposed*, 126に引用されたもの．

71 Sanderson, *Abominable Snowmen*, 150.

72 John KirkへのDaniel Loxtonによるインタビュー．ブリティッシュコロンビア州キッツィラーノにて，2004年3月27日．

73 John Green, Long, *Making of Bigfoot*, 179に引用されたもの．

74 同前，123.

75 同前，47, 430.

76 同前，192に引用されたもの．

77 同前，430.

78 Benjamin Radford, “Bigfoot at 50: Evaluating a Half-Century of Bigfoot Evidence,” *Skeptical Inquirer* 26, no. 2 (2002): 31.

79 Patterson and Murphy, *Bigfoot Film Controversy*, 30.

80 Daegling, *Bigfoot Exposed*, 116.

81 Krantz, *Bigfoot Sasquatch Evidence*, 32.

82 Long, *Making of Bigfoot*, 39, 109-110.

83 John Green（投書）．*Skeptical Inquirer*, July 25, 2004 [2004年8月9日，GreenよりDaniel Loxtonに転送]．

84 Long, *Making of Bigfoot*, 47, 364.

85 同前，385.

86 Roger Patterson, *Do Abominable Snowmen of America Really Exist?* (Yakima, Wash.: Franklin Press, 1966); Matt Crowley, “Roger Patterson's Plagiarism,” January 11, 2012, Orgone Research, http://orgoneresearch.com/2012/01/11/

roger-patterson's-plagiarism/comment-page-1/（2012年3月8日閲覧）.

87 Long, *Making of Bigfoot*, 70に引用されたもの.

88 同前，249に引用されたもの.

89 Daegling, *Bigfoot Exposed*, 47.

90 Coleman, *Bigfoot!*, 127.

91 最近の資料はほとんどが地元の肉屋，ジョー・ローズを足跡の発見者として挙げている．たぶん，マークスが捏造したという評判によるものだろう．しかし，当時の新聞報道は，マークスが実際の発見者だと特定している．「ローズは，マークスがハンティングのときにビッグフットの足跡かもしれないものを探していて，秋の初めにマークスがゴミ捨て場でいくつかの足跡を見つけたのではないかと言った」（"Cold Freezes Hounds off Humanoid's Trail," *Montana Standard* [Butte], December 7, 1969, 20）.

92 Hunter, with Dahinden, *Sasquatch*, 151.

93 同前，153.

94 クランツは「足跡はグランドクーリー・ダムの背後のルーズヴェルト湖から出てまたそこへ戻る険しい崖で始まり終わっている」と言う（*Bigfoot Sasquatch Evidence*, 43）；ジョン・グリーンは「足跡は水から出てそこへ戻った」ことを認める（*Year of the Sasquatch* [Agassiz, B.C.: Cheam, 1970], 50）.

95 Hunter, with Dahinden, *Sasquatch*, 154–157.

96 同前，156.

97 "Searchers Seek Big-footed Sasquatch," *Idaho State Journal*（Pocatello）, February 1, 1970.

98 Hunter, with Dahinden, *Sasquatch*, 159–165にあるルネ・ダーヒンデンのメトロウ事件の話は詳細で魅力がある.

99 同前，165–166.

100 "Legendary Big Foot Is Captured on Film," *Fairbanks Daily News-Miner*, November 14, 1970, 3.

101 Hunter, with Dahinden, *Sasquatch*, 168で伝えられるところでは，トム・ページはフィルムのコピーに25,000ドルを約束した.

102 Peter Byrne, "The Hoaxed Ivan Marx Footage, as Told by Peter Byrne, Former Head of 'The Bigfoot Project,'" September 2003, Bigfoot Encounters, http://www.bigfootencounters.com/hoaxes/marx_footage.htm（2010年4月5日閲覧）.

103 "Footprints Add to Tale of Giant Creature Living in Washington," *Idaho State Journal*, February 17, 1971; "Tourtists Flock to See Sasquatch's Foot Prints," *Lebanon*（*Pa.*）*Daily News*, February 18, 1971.

104 Byrne, "Hoaxed Ivan Marx Footage".

105 "Sasquatch Quashed Again?" *Walla Walla*（*Wash.*）*Union Bulletin*, April 9, 1971, 1に引用されたもの.

106 Hunter, with Dahinden, *Sasquatch*, 169-170.

107 "Sasquatch Tracks Were Made by Man," *Centralia* (*Wash.*) *Daily Chronicle*, April 1, 1971, 4 に引用されたもの.

108 Byrne, "Hoaxed Ivan Marx Footage".

109 Murphy, *Meet the Sasquatch*, 109.

110 Grover Krantz, John Yager によるインタビュー, KXLY-TV, 1992, Michael Dennett, "Bigfoot Evidence: Are These Tracks Real?" *Skeptical Inquirer* 18, no. 5 (1994): 499-500 に引用されたもの.

111 Daegling, *Bigfoot Exposed*, 84.

112 Napier, *Bigfoot*, 125.

113 同前, 124.

114 McLeod, *Anatomy of a Beast*, 126.

115 Green, *Year of the Sasquatch*, 66.

116 「scoftic（スコフティック）」はロジャー・ナイツが2003年に造語した悪い意味の専門用語. この言葉は今, 未確認動物学ファンによって, 自分たちが, 理屈に合わない, 独断的な懐疑派（スケプティック）と見る人々を表すために用いられる. ナイツによれば,「スコフティック」は「イデオロギー的な根拠に立って, 目撃者の証言にまったく重きを置かず, 報告の数には意味がないなどの, 理に合わない独断の数々を説く」人々を指す.「つまりスコフティズム〔見下し姿勢〕は, 合理性のポーズの背後にある狂信である」(Loren Coleman, "Is 'Scoftic' a Useful Term?" April 28, 2007, CryptoMundo, http://www.cryptomundo.com/cryptozoo-news/scoftic/に引用されたもの［2010年3月19日閲覧］).

117 Green, *Year of the Sasquatch*, 66.

118 Green, *Best of Sasquatch Bigfoot*, 9.

119 Krantz, *Bigfoot Sasquatch Evidence*, 41.

120 Green, *Year of the Sasquatch*, 55.

121 Krantz, *Bigfoot Sasquatch Evidence*, 250.

122 たとえば, "Phantom Bigfeet and UFOs," in Janet Bord and Colin Bord, *Bigfoot Casebook Updated: Sightings and Encounters from 1818 to 2004* (Enumclaw, Wash.: Pine Winds Press, 2006), 第7章を参照.

123 Napier, *Bigfoot*, 198.

124 同前.

125 Krantz, *Bigfoot Sasquatch Evidence*, 5.

126 Jeffrey D. Lozier, P. Aniello and Michael J. Hickerson, "Predicting the Distribution of Sasquatch in Western North America: Anything Goes with Ecological Niche Modeling," *Journal of Biogeography* 36 (2009): 1623-1627.

127 Murphy, *Meet the Sasquatch*, 123.

128 John A. Bindernagel, *North America's Great Ape: The Sasquatch* (Courtenay, B. C.:

Beachcomber Books, 1998), 28-29.

129 "Three-Legged Bear Walking Upright," February 11, 2010, CoolestOne.com., http://www.coolestone.com/media/1102/3_Legged_Bear_Walking_Upright/ (2010 年 3 月 4 日閲覧)〔この頁は開けないが，同じタイトルの，熊が直立して歩く動画は YouTube に掲載されている〕.

130 Green, *On the Track of the Sasquatch*, 30.

131 Green, *Sasquatch File*, 48.

132 同前.

133 Radford, "Bigfoot at 50," 31.

134 Murphy, *Meet the Sasquatch*, 124-125.

135 Krantz, *Bigfoot Sasquatch Evidence*, 36.

136 Daegling, *Bigfoot Exposed*, 175.

137 同前.

138 Green, *On the Track of the Sasquatch*, 71.

139 Krantz, *Bigfoot Sasquatch Evidence*, 125-126.

140 Meldrum, *Sasquatch*, 261-262.

141 Daegling, *Bigfoot Exposed*, 207.

142 Benjamin Radford, "Science Looks for Bigfoot," September 3, 2005, Committee for Skeptical Inquiry, http://www.csicop.org/specialarticles/show/science_looks_for_bigfoot (2010 年 3 月 25 日閲覧).

143 Doug Haijcek, dir., *Sasquatch: Legend Meets Science* (Minneapolis: Whitewolf Entertainment, 2003).

144 Meldrum, *Sasquatch*, 270.

145 第一著者のメルバ・ケチャムのビッグフットの存在を証明する DNA の証拠を得たという主張は，少なくとも 2011 年以来，主要報道機関を駆け巡っている（ブログ界の未確認動物学方面ではそれ以前から）．たとえば，Monisha Martins, "Sasquatch: Is It Out There?" August 16, 2011, Maple Ridge News, http://www.mapleridgenews.com/news/127905518.html を参照（2013 年 2 月 14 日閲覧）.

146 M. S. Ketchum, P. W. Wojtkiewicz, A. B. Watts, D. W. Spence, A. K. Holzenburg, D. G. Toler, T. M. Prychitko, F. Zhang, S. Bollinger, R. Shoulders, and R. Smith, "Novel North American Hominins: Next Generation Sequencing of Three Whole Genomes and Associated Studies," special issue, *DeNovo Scientific Journal* (2013): 1-15.

147 Sharon Hill, "Ketchum Bigfoot DNA Paper Released: Problems with Questionable Publication," February 13, 2013, Doubtful News, http://doubtfulnews.com/2013/02/ketchum-bigfoot-dna-paper-released-problems-with-questionable-publication/ に引用されたもの（2013 年 2 月 14 日閲覧）.

148 Craig Woolheater, "Ketchum Sasquatch DNA Study Update: Questions Answered ...,"

February 13, 2013, CryptoMundo, http://www.cryptomundo.com/bigfoot-report/ketchum-sasquatch-dna-study-update/(2013 年 2 月 14 日閲覧).

149 Benjamin Radford, "Bigfoot DNA Discovered? Not So Fast," February 14, 2013, LiveScience, http://www.livescience.com/27140-bigfoot-dna-study-questioned.html (2013 年 2 月 14 日閲覧).

150 Zen Faulkes, "Sasquatch DNA: New Journal or Vanity Press?" February 13, 2013, NeuroDojo, http://neurodojo.blogspot.ca/2013/02/sasquatch-dna-new-journal-or-vanity.html (2013 年 2 月 14 日閲覧).

151 Ketchum et al., "Novel North American Hominins," 1, 11.

152 "Dr Melba Ketchum's Press Release About Bigfoot DNA," November 24, 2012, Before It's News, http://beforeitsnews.com/paranormal/2012/11/dr-melba-ketchums-press-release-about-bigfoot-dna-2445438.html (2013 年 2 月 14 日閲覧).

153 Steven Novella, "Bigfoot DNA," November 26, 2012, Skepticblog, http://www.skepticblog.org/2012/11/26/bigfoot-dna/(2013 年 2 月 14 日閲覧).

154 John Timmer, "Bigfoot Genome Paper 'Conclusively Proves' That Sasquatch Is Real–And It Only Took Founding a New Journal to Get the Results Published," February 13, 2013, Ars Technica, http://arstechnica.com/science/2013/02/bigfoot-genome-paper-conclusively-proves-that-sasquatch-is-real/(2013 年 2 月 14 日閲覧).

155 Green, *Year of the Sasquatch*, 51.

156 Hunter, with Dahinden, *Sasquatch*, 169–171.

157 Michael Dennett, "Evidence for Bigfoot? An Investigation of the Mill Creek 'Sasquatch Prints,'" *Skeptical Inquirer* 13, no. 3 (1989): 272.

158 Meldrum, *Sasquatch*, 110–112, 237–240.

159 Coleman, *Bigfoot!*, 40–42.

160 同前, 42.

161 Loren Coleman to Daniel Loxton, August 11, 2004.

162 Krantz, *Bigfoot Sasquatch Evidence*, 34.

163 Daegling, *Bigfoot Exposed*, 75.

164 Krantz, *Bigfoot Sasquatch Evidence*, 42.

165 Robert Carroll, *The Skeptic's Dictionary* (New York: Wiley, 2003), 65.

166 Tim Mendham, "The Carlos Hoax," in *The Second Coming: All the Best from the Skeptic, 1986–1990*, ed. Barry Williams and Richard Saunders (Sydney: Australian Skeptics, 2001), 26–28.

167 この話をややこしくすることに，カルロスを演じたベネズエラ生まれの大道芸人，デイビ・ペナは，2011 年，アメリカ合衆国でホセ・ルイス・アルバレスの名で暮らしていたところを発見され，連邦当局に逮捕された．ペナは 2012 年の初め，パスポート偽造で有罪の答弁をした．Jon Burstein, "Artist Pleads Guilty to

Passport Fraud," *Orlando* (*Fla.*) *Sun Sentinel*, March 14, 2012 を参照 , http://articles.orlandosentinel.com/2012-03-14/news/fl-jose-alvarez-amazing-randi-plea-20120314_1_pasport-fraud-sentencing-identity（2012 年 4 月 17 日閲覧）.

168 "Sasquatch Tracks Were Made by Man".

169 Daegling, *Bigfoot Exposed*, 257.

170 John Rael to Daniel Loxton, March 21, 2010. 私は早くに捏造のことを知らされ，何らかの解説をするよう求められた．その話のばかにするような調子が不快で，私は断った．捏造についてのさらなる情報は以下にある．"Bigfoot Gets Kicked in the Nuts," February 7, 2010, Skepticallypwnd, http://skepticallypwnd.com/?p=79（2010 年 3 月 22 日閲覧）〔翻訳時点では，https://www.youtube.com/watch?v=eno1JUio5NA〕.

171 Green, *Year of the Sasquatch*, 73.

172 "Sasquatch Wanted," *Washington Post*, March 2, 1970, A9.

173 Daegling, *Bigfoot Exposed*, 190.

174 同前，193 に引用されたもの．

175 Coleman, *Bigfoot!*, 236.

176 Krantz, *Bigfoot Sasquatch Evidence*, 10.

177 The James Randi Educational Foundation は，そのような主張を 2007 年に検証した．ローズマリー・ハンターは「JREF の 100 万ドル課題に，自分は精神力で人に放尿させることができるという変わった主張で応募した」が，一次審査に合格しなかった（Alison Smith, "Rosemary Hunter's Challenge Test," November 11, 2007, James Randi Educational Foundation, http://www.randi.org/site/index.php/jref-news/108-rosemary-hunters-challenge-test.html［2010 年 3 月 18 日閲覧］）.

178 John Bindernagel to Daniel Loxton, November 29, 2004.

179 Daegling, *Bigfoot Exposed*, 194.

180 Jason Loxton to Daniel Loxton, March 19, 2010.

181 Coleman, *Bigfoot!*, 236.

182 Bindernagel to Loxton, November 29, 2004.

183 Green, *Sasquatch*, 409-410.

184 リチャード・デーヴィスが 1975 年に回転式銃でビッグフットの胸を，至近距離から撃ったという話など，そのような事例がいくつか，Janet Bord and Colin Bord によって述べられている．デーヴィスの話によれば，本人は弾が当たって貫通したのを見たという（この事例には超常現象の面もある．デーヴィスは残りの弾丸を相手の胸に撃ち込むのを超能力で妨げられたという）．Bord and Bord, *Bigfoot Casebook Updated*, 140-141.

185 Daegling, *Bigfoot Exposed*, 194.

186 私はどの陣営も，超常現象の主張のあらゆるカテゴリーが完全にでっちあげである可能性はあるのを認めることができるて当然だと論じたことがある．支持する証言

が何百，何千あろうと，要するに間違いや捏造であるかもしれない．そのことをほとんどの人が納得するまで明らかにするために必要なことは，ビッグフット，妖精，幽霊，エイリアンによる誘拐，人魚など，同様の説のリストをすべて見ることだ．Daniel Loxton, "An Argument That Should Never Be Made Again," February 1, 2010, Skepticblog 参照，http://skepticblog.org/2010/02/02/an-argument-that-should-never-be-made-again/（2010 年 2 月 28 日閲覧）．

187 "Bizarre Encounters in Wahiawa, Hawaii," and "State by State Sightings List," Bigfoot Encounters, http://www.bigfootencounters.com/sbs/aikanaka.htm（2012 年 3 月 8 日閲覧）．

188 Green, *Sasquatch*, 233.

189 Krantz, *Bigfoot Sasquatch Evidence*, 236.

第3章　イエティ

1 Simon Welfare and John Fairley, *Arthur C. Clarke's Mysterious World* (New York: A&W Visual Library, 1980), 14.

2 Brian Regal, *Searching for Sasquatch: Crackpots, Eggheads, and Cryptozoology* (New York: Palgrave Macmillan, 2011), 31.

3 Reinhold Messner, *My Quest for the Yeti: Confronting the Himalayas' Deepest Mystery* (New York: Pan, 1998), viii.

4 Colonel [Charles K.], Howard-Bury, "The Attempt on Everest," *Times* (London), October 21, 1921, 11.

5 C. K. Howard-Bury, *Mount Everest: The Reconnaissance* (New York: Longmans, Green, 1922), 141.

6 同前．

7 Howard-Bury, "Attempt on Everest".

8 Howard-Bury, *Mount Everest*, 141.

9 Henry Newman, "On Everest: The 'Wild Men' Myth," *Leader* (Allahabad, India), November 6, 1921, 9.

10 Henry Newman, "The 'Abominable Snowmen'" [投書], *Times*, July 29, 1937, 15.

11 イエティを表す様々な語彙についての有益な紹介は，たとえば，Edmund Hillary and Desmond Doig, *High in the Thin Cold Air* (Garden City, N. Y.: Doubleday, 1962) 32; および，Messner, *My Quest for the Yeti*, viii にある．

12 William L. Straus Jr., "Abominable Snowman," *Science* 123 (1956): 1024–1025. プラナヴァナンダは，いろいろな立場での解釈を明らかにした．たとえば，Swami Pranavananda, "Abominable Stories About the Snowman," *Times of India* (Mumbai [Bombay]), May 22, 1955, 5. スリマット・スワミ・プラナヴァナンダは，"The 'Abominable Snowman' Unmasked: The Red Bear Believed Guilty of a Himalayan Fraud," *Times*, July 3, 1956, 7 では，「スリーマット・スワミ・プラ

ナヴァナンダ，インド宗教界の著名人」とされている．

13 Regal, *Searching for Sasquatch*, 32.

14 B. H. Hodgson, "On the Mammalia of Nepal," *Journal of the Asiatic Society of Bengal* 1 (1832): 339n.

15 John Napier, *Bigfoot: The Yeti and Sasquatch in Myth and Reality* (New York: Dutton, 1973), 36.

16 Ivan T. Sanderson, *Abominable Snowmen: Legend Comes to Life* (New York: Pyramid, 1968), 43–45. サンダーソンはまず，軽く導入の頁を設け，それから 19 世紀の役人＝探検家とその「知恵の豊かさ」や「それについての世界についてのきわめて鋭い関心」を懐かしんでみせ，それからひどく不正確で敷衍したローレンズ・ワデルの話を示す．どちらもそれを原典にはない作られた詳細の中に埋め込まれ（「二本脚の裸足で歩く生物によってつけられた足跡は，少佐に従った山育ちのポーターたちから賞賛の声をもたらした」），重要な細部は省略している．ワデルが足跡を熊によると判断したところである．どんなに優しく見ても，サンダーソンは証拠を意図して不正確に伝えたというより，引用するふりをしていて，単純にオリジナルを読んでいない（サンダーソンは後の頁で，「どこかの資料に紛れ込んだか，本当に永遠に失われたか」の一次資料を突き止めようとすることの「時間がかかり結果も出ない」難しさについて不満を述べている）．ベルナール・ユーヴェルマンスは少なくともワデルを引用しているが，同様に，ワデルがこの足跡を熊のものと考えたという重要な事実を省略し，毛むくじゃらの野人という説を「迷信の雰囲気がある」と責めている（*On the Track of Unknown Animals, trans. Richard Garnett* [New York: Hill and Wang, 1959], 128〔ユーヴェルマンス『未知の動物を求めて』今井幸彦訳，講談社（1981）〕）．

17 L. A. Waddell, *Among the Himalayas* (1899; rept., Delhi: Pilgrims Book House, 1998), 223–224.

18 Napier, *Bigfoot*, 36–37.

19 William Woodville Rockhill, *The Land of the Lamas: Notes of a Journey Through China, Mongolia and Tibet* (New York: Century, 1891), 150–151.

20 Napier, *Bigfoot*, 35.

21 同前，36.

22 同前，39–40 に引用されたもの．

23 Joe Nickell, *Tracking the Man-Beasts: Sasquatch, Vampires, Zombies, and More* (Amherst, N. Y.: Prometheus Books, 2011), 56.

24 マン・バハドゥルという，35 歳のネパール人巡礼者でエドマンド・ヒラリーの高地医療チームと長期にともに過ごした（1960/1961）人物の例を考えよう．チームの一員で医師のマイケル・ウォードが述べるように，バハドゥルは，高度約 4,660 m 以上の地点に 14 日間滞在し，その間，靴も手袋も着けず，雪や岩の中を裸足で歩いていたが，凍傷になった様子もなかった．着るものも最少限で，寝袋もな

ければ，羊毛の上着以外の保護用の装備もなかった．高度5000メートルから5300メートルの間，夜間は−13℃から−15℃，昼間でも0℃を超えることはないところで，シェルターもなく4日間過ごす間，継続的に診察を受けた．結局，本人には爪先の皮膚に深い裂け目ができ，それが感染し，そのため低地へ帰った．一行のヨーロッパ人がこのようなことをしたら，重度の凍傷と低体温症になっていたことは疑いない（“The Yeti Footprints: Myth and Reality,” *Alpine Journal*［1999］: 86）．バハドゥルとその足の写真については，“The Highest Livers,” *Life*, May 12, 1961, 92を参照．

25 Napier, *Bigfoot*, 61.

26 Ernst Schäfer, *Dach der Erde: Durch das Wunderland Hochtibet Tibetexpedition 1934/1936*（Berlin: Parey, 1938）.

27 Christopher Hale, *Himmler's Crusade: The Nazi Expedition to Find the Origins of the Aryan Race*（Edison, N. J.: Castle Books, 2006）, 53.

28 同前，180.

29 Schäfer, *Dach der Erde*, 81-87（Hans-Dieter Sues 英訳）.

30 Messner, *My Quest for the Yeti*, 108に引用されたもの．

31 同前に引用されたもの．

32 “A Himalayan ‘Snowman’? Alleged Signs. Strange Imprints at 16,000 Ft.,” *Times of India*, December 9, 1936, 11.

33 F. S. Smythe, “Abominable Snowman. Pursuit in the Himalayas,” *Times*, November 10, 1937, 15-16.

34 Balu［H. W. Tilman］, “Are the ‘Snowmen’ Bears?” *Times*, November 13, 1937, 13. ティルマンの登山でのパートナー，エリック・シプトンは，同じ年，1936年にはこの人たち［マナのポーター］がティルマンに，ティルマンが険しい森の地面を速く移動するので，「バル・サヒブ」（バルは熊のこと）とあだ名をつけてくれたことを喜んだと説明している（“Survey Work in the Nanda Devi Region,” *Himalayan Journal* 9［1937］, http://www.himalayanclub.org/journal/survey-work-in-the-nanda-devi-region/［2012年5月17日閲覧］）〔翻訳時点では，https://www.himalayanclub.org/hj/09/7/survey-work-in-the-nanda-devi-region/〕．フランク・スマイズは明瞭に，ティルマンがバルだということを知っていた．“Mr Smythe's Reply,” *Times*, November 16, 1937, 17. ティルマンはわざとらしく自分がバルであることを否定した．「スマイズ氏の2と2を足して5にする能力は，バルをあなたの忠実な僕H・W・ティルマンのことだというところに表れています」（“Abominable Snowman”［投書］, *Times*, December 1, 1937, 12）．この否定にもかかわらず，ティルマンは，1938年のバルの論旨を自身のイエティ擁護論の中心的眼目にしている．H. W. Tilman, “Notes on the Abominable Snowman,” in *Men and Mountaineering: An Anthology of Writings by Climbers, ed Showell Styles*（New York: White, 1968）, 105を参照（*Mount Everest, 1938*［Cambridge:

Cambridge University Press, 1948〕からの抜粋）.
35 Tilman, "Abominable Snowman," 12.
36 Ralph Izzard, *The Abominable Snowman Adventure* (London: Hodder and Stoughton, 1955), 14.〔イザード『雪男探検記』村木潤次郎訳，恒文社（1995）など〕
37 Tilman, "Notes on the Abominable Snowman," 105.
38 Izzard, *Abominable Snowman Adventure*, 44.
39 Hale, *Himmler's Crusade*, 58.
40 同前，128 に引用されたもの.
41 Messner, *My Quest for the Yeti*, 107-122.
42 Napier, *Bigfoot*, 46-47.
43 Sanderson, *Abominable Snowmen*, 269.
44 Napier, *Bigfoot*, 47.
45 Edmund Hillary, "Abominable-and Improbable?" *New York Times Magazine*, January 24, 1960, 13; Ward, "Yeti Footprints," 81.
46 Napier, *Bigfoot*, 141.
47 Eric Shipton, "A Mystery of Everest: Footprints of the 'Abominable Snowman,'" *Times*, December 6, 1951, 5.
48 "Gigantopithecus: The Jury-Rigged Giant Bigfoot," Pacific Northwest and Siberia Expedition, http://www.bermuda-triangle.org/html/gigantopithecus--_the_jury-rig.html（2011 年 10 月 22 日閲覧）.
49 Peter Gillman, "The Most Abominable Hoaxer?" *Sunday Times Magazine* (London), December 10, 1989, 39-44, および "The Yeti Footprints," *Alpine Journal* (2001): 143-151.
50 写真は番号のない図版として登場し，キャプションにはこうある.「汚れた雪男の足跡, 1951 年，エリック・シプマン撮影，（はめ込み）一個の足跡……」. Heuvelmans, *On the Track of Unknown Animals*, facing 136 に所収.
51 シプマンは 1977 年 3 月 28 日に亡くなった. "Obituary: Mr Eric Shipton: Mountaineer, Explorer and Writer," *Times*, March 30, 1977, 19; ギルマンはシェルパのサン・テンジンが 1989 年頃に亡くなったことを伝えている. "Most Abominable Hoaxer?" 44; ウォードが亡くなったのは 2005 年. Jim Perrin, "Obituary: Michael Ward," *Guardian*, October 27, 2005, http://www.guardian.co.uk/news/2005/oct/27/guardianobituaries.everest（2012 年 5 月 21 日閲覧）. 1999 年には，ウォードはギルマンに対する反論を書いた. "Yeti Footprints," 81-83.
52 Ward, "Yeti Footprints," 81-83.
53 Gillman, "Most Abominable Hoaxer?" 44 に引用されたもの.
54 たとえば，"The Abominable Snowmen," *New York Times*, December 27, 1951,

18; "Abominable Himalayan," *Life*, December 1951, 88; Wladimir Tschernezky, "A Reconstruction of the Foot of the 'Abominable Snowman,'" *Nature* 186, no. 4723 (1960): 496-497.

55 Ward, "Yeti Footprints," 83.

56 Gillman, "Yeti Footprints," 145.

57 同前, 146.

58 Ward, "Yeti Footprints," 85.

59 Gillman, "Yeti Footprints," 150.

60 同前, 149-150.

61 Gillman, "Most Abominable Hoaxer?" 42.

62 Gillman, "Yeti Footprints," 145.

63 同前, 150 に引用されているもの.

64 John Napier, *Bigfoot: The Yeti and Sasquatch in Myth and Reality* (New York: Dutton, 1973), 205.

65 Michael Ward, "The Yeti Footprints: Myth and Reality," *Alpine Journal* (1999): 85.

66 Stone Age Institute, "New Pliocene Hominids from Gona, Afar, Ethiopia," January 10, 2005, http://web.archive.org/web/20080624005441/http://www.stoneageinstitute.org/news/gona_nature_paper.shtml (2011 年 10 月 22 日閲覧).

67 David A. Raichlen, Adam D. Gordon, William E. H. Harcourt-Smith, Adam D. Foster, and Wm. Randall Haas Jr., "Laetoli Footprints Preserve Earliest Direct Evidence of Human-Like Bipedal Biomechanics," *PLoS ONE* 5, no. 3 (2010): e9769.

68 Edouard Wyss-Dunant, "The Himalayan Footprints: New Traces Seen by Swiss Expedition," *Times*, June 6, 1952, 5.

69 Edouard Wyss-Dunant, "The Yeti: Biped or Quadroped?" *The Mountain World*, 1960/61, ed. Malcolm Branes (Chicago: Rand-McNally, 1961), 252-259.

70 "Abominable Snowman: Hairy Beast Seized Him, Says Porter," *Globe and Mail* (Toronto), December 30, 1952, 11, 第 2 版.

71 Joshua Blu Buhs, *Bigfoot: The Life and Times of a Legend* (Chicago: University of Chicago Press, 2009), 36.

72 "Everest Climbers Given Medal by Ike," *Joplin (Mo.) Globe*, February 12, 1954, 20, 最終版.

73 "Now Seek Abominable Snowman Says Col Hunt," *Daily Express* (London), June 16, 1953, 2.

74 "Tenzing Saved His Life, Hillary Says in London," *Globe and Mail* (Toronto), July 4, 1953, 8 に引用されたもの.

75 P. McL., "A Man of the Mountains," *Winnipeg Free Press*, August 13, 1955, 28.

76 Richard Crichfield, "In the Land of the Abominable Snowman," *Sunday Herald Magazine* (Chicago), May 20, 1979, 10.
77 イザードは「300 人近くの人夫」に加えて，供給の問題の結果として，「本隊に従う 70 人による第 2 クーリーチーム」を雇ったことを述べている．
78 同前，108-109 に引用されたもの．
79 Charles Stonor, *The Sherpa and the Snowman* (London: Hollis & Carter, 1955), 118.
80 Izzard, *Abominable Snowman Adventure.*
81 同前，137-145.
82 同前，198-201.
83 同前，199 に引用されたもの．
84 Stonor, *Sherpa and the Snowman*, 38.
85 Izzard, *Abominable Snowman Adventure*, 103 に引用されたもの．
86 Stonor, *Sherpa and the Snowman*, 78.
87 " 'Abominable Snowman' in Tibetan Zoo," *Times of India*, November 15, 1953, 1.
88 Stonor, *Sherpa and the Snowman*, 30.
89 同前，65-65.
90 同前，204-205.
91 Loren Coleman, *Tom Slick: True Life Encounters in Cryptozoology* (Fresno, Calif.: Craven Street Books, 2002), 74, 36-37, 186, 45.
92 Regal, *Searching for Sasquatch*, 37-40.
93 Loren Coleman, *Tom Slick and the Search for the Yeti* (London: Faber and Faber, 1989), 178-203.
94 Regal, *Searching for Sasquatch*, 37-41.
95 Buhs, *Bigfoot*, 42. トム・スリックはカトマンドゥを 3 月 14 日頃に発って山に向かい，4 月 19 日にカトマンドゥに戻って来たと伝えられる．"Texan to Hunt Asian 'Snowman,'" *Lawton* (*Okla.*) *Constitution*, March 14, 1957, 13; "Slick About Convinced Giant 'Snowman' Exists," *Miami* (*Okla.*) *Daily News Herald*, April 19, 1957, 9; "Texan Finds Footprints of 'Snowman,'" *Pacific Stars and Stripes* (Tokyo), April 20, 1957, 5 を参照．しかしバーンは後に，1957 年の遠征の際，一行は「山地で 3 か月過ごした」と書いている（*The Search for Bigfoot: Monster, Myth or Man?* [Washington, D. C.: Acropolis Books, 1975], 117）.
96 "Slick About Convinced Giant 'Snowman' Exists," 9. しかしバーンは，二組の跡にしか言及していない．「私はチュホヤン・クホラの 3000 メートル余りの地点で一組を発見し，トム［スリック］は別の地域で別の一行にいて，もう一組発見した」（*Search for Bigfoot*, 117）.
97 Regal, *Searching for Sasquatch*, 42-43.
98 Tom Slick, "Abominable Snowman-No Longer a Legend," *Daily Boston Globe*,

May 18, 1958, B22.

99 Buhs, *Bigfoot*, 43.

100 Peter Byrne, "Hope to Take Him Alive with Drug-Bullet Gun," *Daily Boston Globe*, May 19, 1958, 8.

101 Peter Byrne, "We Dress Up as Natives to Fool Wary Animals," *Daily Boston Globe*, May 20, 1958, 10.

102 Buhs, *Bigfoot*, 43-45. しかしバーンが伝えるところでは，終了した日はそれほど明確ではない.「一人また一人といろいろな隊員が去らなければならなくなり，4か月経過する前に，私と弟を除いて全員が発った．私と弟はさらに5か月とどまり，全部で9か月となった」(*Search for Bigfoot*, 118).

103 "Snowman Reported Seen Eating Himalayan Frogs," *Washington Post*, June 17, 1958, A3.

104 "Americans Find Cave of Abominable Snowman," *Daily Boston Globe*, April 30, 1958, 9.

105 Buhs, *Bigfoot*, 45.

106 同前，49.

107 Regal, *Searching for Sasquatch*, 43.

108 "Tracing the Origins of a 'Yeti's Finger,'" December 27, 2011, BBC News, http://www.bbc.co.uk/news/science-environment-16264752 (2012年5月19日閲覧).

109 Loren Coleman, "Jimmy Stewart and the Yeti," The Anomalist, http://www.anomalist.com/milestones/stewart.html (2011年10月22日閲覧); Byrne, *Search for Bigfoot*, 120.

110 "Abominable Snowman" [season 3, episode 59], *MonsterQuest*, History Channel, October 25, 2009, "MonsterQuest: Abominable Snowman, Pt 4," YouTube, http://www.youtube.com/watch?v=syLd4zx1BWU&feature=related (2011年10月22日閲覧).

111 Regal, *Searching for Sasquatch*, 47.

112 "Yeti Finger Mystery Solved by Edinburgh Scientists," December 27, 2011, BBC Newsに引用されたもの，http://www.bbc.co.uk/news/uk-scotland-edinburgh-east-fife-16316397 (2012年5月19日閲覧).

113 Tom Slick, "Expedition a Success, Proves Yeti Exists," *Daily Boston Globe*, July 26, 1958, 4.

114 Buhs, *Bigfoot*, 46.

115 Regal, *Searching for Sasquatch*, 46-47.

116 Napier, *Bigfoot*, 52.

117 Buhs, *Bigfoot*, 112.

118 科学チームについての解説は，Michael Ward, "Himalayan Scientific Expedition, 1960-61," *Alpine Journal* (1961): 343を参照．チームの150人のポーターのことは，

Buhs, Bigfoot, 112 に記されている.

119 Edmund Hillary and Desmond Doig, *High in the Thin Cold Air* (Garden City, N. Y.: Doubleday, 1962) 130-131.〔ヒラリー『雲の中の九カ月』丹部節雄訳, ベースボール・マガジン社 (1965)〕

120 同前, 82-83.

121 同前, 103.

122 同前, 131.

123 同前, 131-132.

124 同前, 88.

125 頭皮の貸出協定は,「サー・エドマンド・ヒラリーおよび遠征隊員は, 遠征後援者, 登山家協会, 一般公衆に対して, クンデおよびクムジュン各村の人々のために学校を設立・支援するよう訴える」と明記した. 世界大百科事典社, インド・アルミニウム会社, 国際赤十字社それぞれからの支援と, 遠征隊のヒラリーや仲間, 地元の村の労働力で, 学校はまもなく実現した. Hillary and Doig, *High in the Thin Cold Air*, 88 を参照. その学校は始まりにすぎなかった. ヒラリーは 2003 年,「シェルパをしている住民の求めで, 我々は 27 の学校, 二つの病院, 十余りの診療所, 加えて流れの激しい川にわずかな橋を作る手助けをした. いくつかの飛行場を建設し, 仏教の修道院と文化センターの再建もした. サガルマタ国立公園に苗木を何万本と植え, 山火事で破壊されたり観光産業の成長とともに登場した小さなホテルを建設するために使われた厖大な樹木と入れ替えた」と回想している (“My Story,” *National Geographic*, May 2003, 40).

126 Napier, *Bigfoot*, 59.

127 同前, 61-62.

128 同前, pl. 3.

129 “British Climber Says He Saw Abominable Snowman,” *Stars and Stripes* (Darmstadt), June 13, 1970, 4 に引用されたもの.

130 “Names and Faces,” *Boston Globe*, June 8, 1970, 2 に引用されたもの.

131 Zhou Guoxing, “The Status of the Wildman Research in China,” Bigfoot Encounters, http://www.bigfootencounters.com/biology/zhou.htm (2012 年 5 月 19 日閲覧).

132 “Yeti Is Just a Plain, Old Brown Bear, Says Chinese Expert,” World Tibet Network News, January 13, 1998, http://www.tibet.ca/en/newsroom/wtn/archive/old?y=1998&m=1&p=13_4 (2012 年 5 月 19 日閲覧).

133 “Dogs from US Will Hunt the Yeti in Nepal: Search for Snowman Opens This Month,” *Chicago Daily Tribune*, January 4, 1958, A8 に引用されたもの.

134 Regal, *Searching for Sasquatch*, 144-147.

135 同前, 151-156.

136 G. H. R. von Koenigswald, “Gigantopithecus blacki von Koenigswald, a Giant Fossil

Hominoid from the Pleistocene of Southern China," *Anthropological Papers of the American Museum of Natural History* 43 (1952): 295-325.

137 Russell L. Ciochon, John Olsen, and Jamie James, *Other Origins: The Search for the Giant Ape in Human Prehistory* (New York: Bantam Books, 1990); Elwyn L. Simons and Peter C. Ettel, "Gigantopithecus," *Scientific American*, January 1970, 77-85.

138 Russell L. Ciochon, Dolores R. Piperno, and Robert G. Thompson, "Opal Phytoliths Found on the Teeth of the Extinct Ape *Gigantopithecus blacki*: Implications for Paleodietary Studies," *Proceedings of the National Academy of Science* 87 (1990): 8120-8124; Russell L. Ciochon, "The Ape That Was," *Natural History*, November 1991, 54-62.

139 R. Ciochon, V. T. Long, R. Larick, L. González, R. Grün, J. de Vos, C. Yonge, L. Taylor, H. Yoshida, and M. Reagan, "Dated Co-Occurrence of Homo erectus and Gigantopithecus from Tham Khuyen Cave, Vietnam," *Proceedings of the National Academy of Sciences of the United States of America* 93, no 7 (1996): 3016-3020.

140 Brian Regal, *Searching for Sasquatch: Crackpots, Eggheads, and Cryptozoology* (New York: Palgrave Macmillan, 2011), 64-72.

141 Spencer Wells, *The Journey of Man: A Genetic Odyssey* (Princeton, N. J.: Princeton University Press, 2002).〔スペンサー・ウェルズ『アダムの旅』和泉裕子訳，バジリコ（2007）〕

142 "The Bigfoot-Giganto Theory," Bigfoot Field Researchers Organization, http://www.bfro.net/ref/theories/mjm/whatrtha.asp (2011年10月22日閲覧).

143 同前.

144 Björn Kurtén and Elaine Anderson, *Pleistocene Mammlals of North America* (New York: Columbia University Press, 1980).

145 Anthony B. Wooldridge, "First Photos of the Yeti: An Encounter in North India," *Cryptozoology* 5 (1986): 63-76, and "An Encounter in Northern India," Bigfoot Encounters, http://www.bigfootencounters.com/articles/wooldridge.htm (2011年10月22日閲覧).

146 Michael Dennett, "Abominable Snowman Photo Comes to Rocky End," *Skeptical Inquirer* 13, no. 2 (1989): 118-119に引用されたもの; Jerome Clark, *Unexplained! Strange Sightings, Incredible Occurrences, and Puzzling Physical Phenomena* (Farmington Hills, Mich.: Visible Ink Press, 1999), 599-600.

147 "The Snow Walker Film Footage," Bigfoot Encounters, http://www.bigfootencounters.com/films/snowwalker.htm (2011年10月22日閲覧).

148 Messner, *My Quest for the Yeti*, 7-8.

149 同前，98-100.

150 同前，129-130, 142.

151 同前，146.

152 同前，154, 156.

153 Ted Chamberlain, "Reinhold Messner: Climbing Legend, Yeti Hunter," National Geographic Adventure, http://www.nationalgeographic.com/adventure/0005/q_n_a.html（2011年10月22日閲覧）.

154 Messner, *My Quest for the Yeti*, 156.

155 Charles Haviland, " 'Yeti Prints' Found Near Everest," December 1, 2007, BBC News, http://news.bbc.co.uk/2/hi/south_asia/7122705.stm（2011年10月22日閲覧）.

156 Alastair Lawson, " 'Yeti Hairs' Belong to a Goat," October 13, 2008, BBC News, http://news.bbc.co.uk/2/hi/south_asia/7666900.stm（2011年10月22日閲覧）.

157 "Abominable Snowman"［season 3, episode 59］, *MonsterQuest*, History Channel, October 25, 2009, "MonsterQuest: Abominable Snowman, Pt 1," YouTube http://www.youtube.com/watch?v=TYwO_k7vDmg（2011年10月22日閲覧）.

158 Messner, *My Quest for the Yeti*, 157.

第4章　ネッシー

1 ロナルド・ビンズの説明では，「実は，ネス湖の北岸沿いには18世紀の末から道路があった．観光客や自動車は，そこを1933年よりずっと前から通行していた……1933年には，北岸道路のあちこちが改修された．道路は全体が舗装し直され，何か所かが修繕された」（*The Loch Ness Mystery Solved*［London: Open Books, 1983］, 63）.

2 Tony Shiels, *Monstrum! A Wizard's Tale*（London: Fortean Times, 1990）, 69.

3 "The Quaternary（the last two million years）," Scottish Geology, http://www.scottishgeology.com/geology/geological_time_scale/timeline/quaternary.htm（2010年6月29日閲覧）〔翻訳時点では，http://www.scottishgeology.com/geo/geological-time-scale/quaternary/〕.

4 もっと特定して言うと，ネス川とカレドニア運河は，マレー湾の最も奥の部分，ビューリー・ファースと呼ばれる部分に流れ込んでいる．その部分があるために，どこを数えるかによって，ネス川の長さは変動する．ネス湖は，まずロック・ドックフォーと呼ばれる人工の水域に入る（カレドニア運河建設の際，ネス湖の水面が上昇したときに造られた）．全体では，ネス湖本体からネス川のビューリー・ファースへの開口部までの経路は約13キロである．ネス湖の長さを10～11キロとする資料は，ロック・ドックフォーの長さを除外している．

5 Binns, *Loch Ness Mystery Solved*, 72.

6 同前，63-65に引用されたもの．

7 "The Sea Serpent in the Highlands," *Times*（London）, March 6, 1856, 12, the

Inverness Courier から転載したもの.

8 Lewis Spence, "Mythical Beasts in Scottish Folklore," *Scotsman* (Edinburgh), March 4, 1933, 15.

9 Carol Rose, *Giants, Monsters, and Dragons: An Encyclopedia of Folklore, Legend, and Myth* (New York: Norton, 2000), 109, 205, 388. 〔ローズ『世界の怪物・神獣事典』松村一男訳, 原書房 (2014)〕

10 Thomas Hannan, "Each Usage: The Water Horse," *Scotsman*, October 25, 1933, 10.

11 Spence, "Mythical Beasts in Scottish Folklore," 15.

12 Hannan, "Each Usage," 10.

13 John Graham Dalyell, *The Darker Superstitions of Scotland, Illustrated from History and Practice* (Edinburgh: Waugh and Innes, 1834), 543-544, 682.

14 W. M. Parker and S. M. Young (投書), *Scotsman*, October 24, 1933, 17.

15 John Noble Wilford, "Legends of the Lochs: Quests by Saints and Science," *New York Times*, June 5, 1976, 8.

16 Michel Meurger, with Claude Gagnon, *Lake Monster Traditions: A Cross-Cultural Analysis* (London: Fortean Times, 1988), 122-123, 126.

17 同前, 122.

18 同前, 212 に引用されたもの.

19 "Sea Serpent Hoax of 1904 Is Bared," *New York Times*, April 25, 1934, 17.

20 *Inverness Courier*, October 8, 1868. ついでながら, これはネス湖のものについて「怪獣《モンスター》」という言葉が使われた古い例で, 1933 年にアレックス・キャンベルがネッシーに当てたという通説には反している. しかしキャンベルがこの言葉を使ったことが, ネス湖の「モンスター」という現代の伝説を創造する補助になった.

21 Adrian Shine, *Loch Ness* (Drumnadrochit: Loch Ness Project, 2006), 7.

22 Reuters, "Travel Bargain Hoax-and So Is 'Monster,'" *Los Angeles Times*, April 2, 1972, 2; "Operation Cleansweep 2001," Loch Ness and Morar Project, http://www.lochnessproject.org/loch_ness_sundberg.htm (2010 年 7 月 5 日閲覧)〔翻訳時点では, http://www.lochnessproject.org/loch_ness_reflections_news_links/loch_ness_sundberg.htm〕.

23 "A Scene at Lochend," *Inverness Courier*, July 1, 1852.

24 同紙はその言葉を「Dia mu'n cuairt duian, 'a iad na h-eich-uisg' tk'enn!」として引用している. カトリオナ・パーソンズは本書のためにこれの英訳に取り組んでくれた.「この書き込みはゲール語の 'Dia mu'n cuairt dhuinn, 's iad na h-eich uisg' a' tighinn!' がごちゃごちゃになったものだとパーソンズは判断した. 文字どおりには,「神が近くにいてくれて, 水馬 [ケルピー] が来ますように」ということ. ノバスコシア州のゲール協会に感謝する.

25 3 人は, イアン・ミルン, R. C. M. マクドガル, G. D. ガロンで, 全員インバネスの

地元民．Rupert T. Gould, *The Loch Ness Monster* (1934; repr., Secaucus, N. J.: Citadel Press, 1976), 36 を参照．

26 "What Was It? A Strange Experience on Loch Ness," *Northern Chronicle* (Inverness), August 27, 1930 で引用されたもの．

27 管理人の話は，それ自体が「記録されている中で最初のネッシー目撃」を争うもので，ほとんど知られていないらしいが，重要な事例である．この無名の「管理人」は，Gould, *Loch Ness Monster*, 35 で述べられているウィリアム・ミラーと同人物だろうか．ミラーは「管理人」と言われていて，1923 年の目撃と言われるものは，7 年後に "What Was It?" で言われた管理人の目撃と様子や時期が一致する．

28 Piscator による投書，*Inverness Courier*, August 29, 1930.

29 "Lake Mystery in Scotland," *Kokomo* (*Ind.*) *Tribune*, October 8, 1933, 12.

30 ほとんどの本は夫人を「マッケイ夫人」あるいは「ジョン・マッケイ夫人」としているが，主たる目撃者はこの夫人の方だ．私は夫人の名を，1986 年に夫人にインタビューしたトニー・ハームズワースの Harmsworth, *Loch Ness, Nessie and Me: The Truth Revealed* (Drumnadrochit: Harmasworth, 2010), 91-93 から得た．

31 今日では，この建物はネス湖展示センターと，関連する研究活動（ネス湖・モーラー湖プロジェクト）の施設となっている．

32 Alex Campbell, "Strange Spectacle on Loch Ness: What Was It?" *Inverness Courier*, May 2, 1933.

33 Gould, *Loch Ness Monster*, 39-40.

34 "Loch Ness 'Monster': Ship Captain's Views on Occurrence," *Inverness Courier*, May 12, 1933.

35 Dick Raynor, "A Brief Overview of 'Nessie' History," Loch Ness Investigation, http://www.lochnessinvestigation.org/history.html (2010 年 6 月 25 日閲覧).

36 Binns, *Loch Ness Mystery Solved*, 208.

37 この日付には不確かなところがある．ほとんどの出典は，マッケイによる目撃を 1933 年 4 月 14 日とする（これはグールドが 1934 年に示した日付）．しかし，キャンベルによる最初のニュース記事では，目撃は「先週の金曜日」となっていて，そうなると，1933 年 4 月 28 日となる．Gould, *Loch Ness Monster*, 39 と，Campbell "Strange Spectacle on Loch Ness" を比較のこと．

38 Dennis Dunn, "*King Kong* Caps the Lot," *Daily Express* (London), April 19, 1933, 3.

39 "*King Kong* and the Schoolboy," *Scotsman*, May 9, 1933, 6.

40 George Spicer, letter to the editor, *Inverness Courier*, August 4, 1933.

41 Tim Dinsdale, *The Loch Ness Monster* (London: Routledge and Kegan Paul, 1961), 41.

42 Shine, *Loch Ness*, 9.

43 F. W. Holiday, *The Great Orm of Loch Ness: A Practical Inquiry into the Nature

and Habits of Water-Monsters (New York: Norton, 1969), 30–31 に引用されたもの.
44 Gould, *Loch Ness Monster*, 44 に引用されたもの.
45 Holiday, *Great Orm of Loch Ness*, 31 に引用されたもの. しかし, スパイサーの最初の『インバネス・クーリア』紙への投書は, この動物の長さを「6～8フィート」〔2メートル前後〕と言っていたことにも留意のこと. スパイサーはすぐにその長さを上方修正し,「25～30 フィート」〔7.5～9メートル〕という標準的な記述にした. 1934 年, スパイサーはグールドに「道幅を確認し, 問題にあらゆる成熟した考察を加えた後で, 私は後に自分が見た動物は少なくとも長さが 25 フィートなければばならないという結論に達した」と言った (Gould, *Loch Ness Monster*, 46 に引用されたもの).
46 Holiday, *Great Orm of Loch Ness*, 30–31 に引用されたもの.
47 Spicer, 投書.
48 Gould, *Loch Ness Monster*, 46.
49 Shine, *Loch Ness*, 7.
50 Adrian Shine, James Loxton (*Junior Skeptic* 誌調査助手) 宛のメール, 2006 年 6 月 22 日付.
51 Gould, *Loch Ness Monster*, 26.
52 Denis Lyell, 投書, *Scotsman*, April 30, 1938, 17.
53 "Loch Ness Monster: The Plesiosaurus Theory," *Scotsman*, October 17, 1933, 9.
54 "Loch Ness 'Monster': Ship Captain's Views on Occurrence".
55 Duke of Portland, letter to the editor, *Scotsman*, October 20, 1933, 11.
56 Gould, *Loch Ness Monster*, 30.
57 Amy Willis, "Loch Ness Monster: The Strangest Theories and Sightings," August 26, 2009, *Telegraph* (London), http://www.telegraph.co.uk/news/newstopics/howaboutthat/6095673/Loch-Ness-Monster-the-strangest-theories-and-sightings.html (2010 年 6 月 28 日閲覧).
58 たとえば, Henry Bauer, *The Enigma of Loch Ness: Making Sense of a Mystery* (Urbana: University of Illinois Press, 1986), 51; および, Binns, *Loch Ness Mystery Solved*, 50–51 を参照. さらに, 2010 年, 私自身, 検索可能な「ProQuest Historical Newspapers」のアーカイブなど, 新聞のアーカイブを使って記事のありかを特定しようとしたができなかった.
59 Bauer, *Enigma of Loch Ness*, 159.
60 Charles Thomas, "The 'Monster' Episode in Adomnan's Life of St Columba," *Cryptozoology* 7 (1988): 40–41. 出典にあるラテン語は省略した.
61 同前, 40.
62 同前, 43.
63 同前, 44.

64 Robert Bakewell, *Introduction to Geology* (New Haven, Conn.: Howe, 1833), 213.
65 Philip Henry Gosse, *The Romance of Natural History* (London: Nisbet, 1861), 357-360. ゴスでいちばん知られているのは，*Omphalos: An Attempt to Untie the Geological Knot* (London: Van Voorst, 1857) という，今日に至るまで創造主義の思考の根底にある本であることは記しておくべきだろう．
66 エラスモサウルスはプレシオサウルスの一種で，首が異様に長く，白亜紀後期（9800万年前～6500万年前）にいた．主人公は，斧でエラスモサウルスの頭のてっぺんを切り落とすと，奇妙なことに，若い同行者の脳を恐竜に移植し，しかも成功する．結局，人間的な知性は消え，動物（「エラスモサウレンシュタイン」と思ってしまう）は主人公を襲って食べる．Wardon Allan Curtis, "The Monster of Lake LaMetrie" (1899), Gutenberg Consortia Center, http://ebooks.gutenberg.us/WorldeBookLibrary.com/lametrie.htm (2011年9月12日閲覧).〔翻訳時点では，http://gutenberg.net.au/ebooks06/0605351h.html で閲覧可能〕
67 Arthur Conan Doyle, *The Lost World* (1912), Gutenberg Consortia Center, http://www.gutenberg.org/files/139/139-h/139-h.htm (2011年9月12日閲覧).〔ドイル『失われた世界』加島祥造訳，ハヤカワ文庫SF（1996）など〕
68 Rupert T. Gould, *The Case for the Sea-Serpent* (London: Allan, 1930; New York: Putnam, 1934).
69 Binns, *Loch Ness Mystery Solved*, 25-26に引用されたもの．
70 同前，24.
71 Philip Stalker, "Loch Ness Monster: A Puzzled Highland Community," *Scotsman*, October 16, 1933, 11.
72 Philip Stalker, "Loch Ness Monster: The Plesiosaurus Theory," *Scotsman*, October 17, 1933, 9.
73 Alex Campbell to Ness Fishery Board, October 28, 1933. Gould, *Loch Ness Monster*, 110-112に引用されたもの．
74 Dinsdale, *Loch Ness Monster*, 126に引用されたもの．
75 Binns, *Loch Ness Mystery Solved*, 79-80.
76 Stalker, "Loch Ness Monster: The Plesiosaurus Theory," 9.
77 F. W. Memory, "The Monster Is a Seal: Conclusions of the 'Daily Mail' Mission," *Daily Mail* (London), ca. December 18, 1933-January 19, 1934, 日付のない切り抜き，Loch Ness and Morar Project Archive, http://www.lochnessproject.org/adrian_shine_archiveroom/paperspdfs/LOCH_NESS_1933damail.pdf (2011年10月10日閲覧).
78 Rupert Gould, "The Loch Ness 'Monster': A Survey of the Evidence," *Times*, December 9, 1933, 13.
79 "The Monster of Loch Ness: New Accounts from Eye-witnesses," *Times*, December 18, 1933, 9.

80 Douglas Russell, letter to the editor, *Scotsman*, October 20, 1933, 15.

81 Nicholas Witchell, *The Loch Ness Story* (Harmondsworth: Penguin, 1975), 72.

82 *Daily Express* (Glasgow), December 16, 1933, 8.

83 *Daily Express*, May 10, 1934, 6; "Trips to See the 'Monster,'" *Scotsman*, October 31, 1933.

84 "Buses to the 'Monster,'" *Scotsman*, March 10, 1934, 11.

85 "I'm the Monster of Loch Ness" (sung by Leslie Holmes in a British Pathé film released on January 25, 1934), British Pathé, http://www.britishpathe.com/record.php?id=28215 (2010 年 6 月 1 日閲覧).

86 "Loch Ness in the Films," *Scotsman*, December 11, 1934, 8.

87 *Daily Express*, November 13, 1933, 10; September 3, 1934, 20; January 25, 1934, 7.

88 "Sandy, the Loch Ness Monster," *Times*, January 30, 1934, 12.

89 *Daily Express*, January 9, 1934, 11.

90 *Scotsman*, February 28, 1934, 14.

91 Dennis Dunn, "Monster Bobs Up Again ... Hotels Doing Fine," *Daily Express*, April 24, 1934, 3.

92 *Scotsman*, December 16, 1950, 6.

93 Steuart Campbell, *The Loch Ness Monster: The Evidence* (Amherst, N. Y.: Prometheus, 1997), 37-38.

94 Gould, *Loch Ness Monster*, 23.

95 Elwood Baumann, *The Loch Ness Monster* (New York: Franklin Watts, 1972), 12. 〔バウマン『怪獣ネッシーを見た!?』長谷川善和訳，日本交通公社出版部（1976)〕

96 Roy P. Mackal, *The Monsters of Loch Ness* (Chicago: Swallow Press, 1976), 95-96.

97 Campbell, *Loch Ness Monster*, 38.

98 Mackal, *Monsters of Loch Ness*, 95.

99 Holiday, *Great Orm of Loch Ness*, 26.

100 Mike Dash, "Frank Searle's Lost Second Book," December 27, 2009, *Dry as Dust: A Fortean in the Archives*, Charles Fort Institute, Blogs.forteana.org/node/95 (2010 年 7 月 4 日閲覧).

101 Holiday, *Great Orm of Loch Ness*, 26-27 に引用されたもの.

102 Mackal, *Monsters of Loch Ness*, 95.

103 "Mr. Wetherell and a Broadcast," *Daily Express*, December 23, 1933 に引用されたもの.

104 Binns, *Loch Ness Mystery Solved*, 28.

105 "Hunter's Story of Finding of Spoor," *Scotsman*, December 26, 1933, 10 に引用されたもの.

106 Strix [Peter Fleming], *Spectator*, April 5, 1957, Binns, *Loch Ness Mystery Solved*, 28-29 に引用されたもの.

107 David Martin and Alastair Boyd, *Nessie: The Surgeon's Photograph Exposed* (London: Thorne, 1999), 34.
108 "Monster Mystery Deepens," *Daily Mail*, January 4, 1934.
109 Martin and Boyd, *Nessie*, 27.
110 「外科医の写真」は，有名な画像と，この生物が潜っているところを示すと言われるあまりぱっとしない画像の2枚がある．未確認動物学者は懐疑派を，有名な画像ばかり見ていてもう1枚は無視していると批判するが，私もそのパターンに従う．私の考えでは，第二の写真は追加の情報をほとんど，あるいはまったくもたらさない．それは同じ模型を沈めたりひっくり返したりしたのと整合する．あるいは他のものでもよい．しかし画像は貧弱すぎてそれだけでは答えにならない．
111 Mackal, *Monsters of Loch Ness*, 98.
112 Roy Chapman Andrews, *This Business of Exploring* (New York: Putnam, 1935), 59-60.
113 "The Making of a Monster," *Sunday Telegraph* (London), December 7, 1975, 6, Martin and Boyd, *Nessie*, 14 に引用されたもの．
114 Martin and Boyd, *Nessie*, 17.
115 同前，20 に引用されたもの．
116 Robert Kenneth Wilson to Constance Whyte, 1955, 同前，62 に引用されたもの．
117 Robert Kenneth Wilson to Maurice Burton, April 27, 1962, 同前，57 に引用されたもの．
118 Major Egginton to Nicholas Witchell, November 3, 1970, 同前，68-69 に引用されたもの．
119 同前，50.
120 Nicholas Witchell, *The Loch Ness Story: Revised and Updated Edition* (London: Corgi, 1991), 47.
121 Martin and Boyd, *Nessie*, 77.
122 Major Egginton to Nicholas Witchell, November 9, 1970, 同前，72 に引用されたもの．
123 同前，70 に引用されたもの．
124 Denise Wilson to Tim Dinsdale, 1979, 同前，58 に引用されたもの．
125 同前，49 に引用されたもの．
126 同前，77-78 に引用されたもの．
127 同前，83; Paul H. LeBlond and M. J. Collins, "The Wilson Nessie Photograph: A Size Determination Based on Physical Principles," *Scottish Naturalist* 100 (1988): 95-108.
128 Benjamin Radford and Joe Nickell, *Lake Monster Mysteries: Investigating the World's Most Elusive Creatures* (Lexington: University Press of Kentucky, 2006), 17 に引用されたもの．

129 Witchell, *Loch Ness Story*, 75-77.

130 同前に引用されたもの.

131 Witchell, *Loch Ness Story: Revised*, 82-83. スチュアートが小道具を見せた人物は，ウィッチェルによって，「別のネス湖の住民で，私も知っているし，私はこの人とともに以下の詳細を確かめた」と言われている．その名は Campbell, *Loch Ness Monster*, 44 でリチャード・フレアと明かされている.

132 Mackal, *Monsters of Loch Ness*, 102.

133 Radford and Nickell, *Lake Monster Mysteries*, 19 に引用されたもの.

134 Mackal, *Monsters of Loch Ness*, 13.

135 Dinsdale, *LochNessMonster*, 5-6.

136 同前，81.

137 同前，82.

138 同前，95-96.

139 同前，100.

140 同前，104.

141 同前，110.

142 同前.

143 Mavis Cole, "Summer's Here and Britain Sees Loch Ness Monster," *Chicago Daily Tribune*, June 14, 1960, B6.

144 Donald White, "The Great Monster Hunt," *Boston Globe*, December 6, 1970, G57.

145 Tim Dinsdale, *Project Water Horse* (London: Routledge and Kegan Paul, 1975), 159-160.

146 White, "Great Monster Hunt".

147 Dinsdale, *Project Water Horse*, 11.

148 フィルムの分析についての詳細な解説は，Binns, *Loch Ness Mystery Solved*, 107-125 にある．また "Photographic Interpretation Report: Loch Ness," in "Did Tim Dinsdale Film Nessie?" Cryptozoo-oscity, http://cryptozoo-oscity.blogspot.com/2010/05/did-tim-dinsdale-film-nessie.html も参照（2010 年 9 月 14 日閲覧).

149 "The Dinsdale Film," http://henryhbauer.homestead.com/DinsdaleFilm.html (2010 年 9 月 14 日閲覧).

150 Shine, *Loch Ness*, 12.

151 Binns, *Loch Ness Mystery Solved*, 121.

152 同前，108.

153 Henry Allen, "On the Monster Trail," *Washington Post*, April 16, 1972, E9 に引用されたもの.

154 Dinsdale, *Project Water Horse*, 154-155.

155 同前，6-7.

156 Allen, "On the Monster Trail" に引用されたもの.

157 Tony Harmsworth, "Tim Dinsdale's Loch Ness Monster Film," Loch Ness Information, http://www.loch-ness.org/filmandvideo.html（2010年9月16日閲覧）．
158 Loren Coleman and Patrick Huyghe, *The Field Guide to Lake Monsters, Sea Serpents, and Other Mystery Denizens of the Deep*（New York: Penguin / Tarcher, 2003）, 21.
159 Dunn, "Monster Bobs Up Again".
160 Dinsdale, *Loch Ness Monster*, 13.
161 Loren Coleman, "Why Do Plesiosaurs Have Long Necks?" September 2, 2009, Cryptomundo, http://www.cryptomundo.com/cryptozoo-news/plesiosaurs-necks/（2010年6月23日閲覧）．
162 Loren Coleman and Jerome Clark, *Cryptozoology A to Z: The Encyclopedia of Loch Monsters, Sasquatch, Chupacabras, and Other Authentic Mysteries of Nature*（New York: Simon and Schuster / Fireside, 1999）, 140.
163 Michael Thompson-Noel, "The Day I Saw Five Loch Ness Monsters," *Financial Times*（London）, September 13, 1997, 17.
164 Bernard Heuvelmans, "Review of the Monsters of Loch Ness," *Skeptical Inquirer* 2, no. 1（1977）: 110.
165 Karl Shuker, *The Beasts That Hide from Man: Seeking the World's Last Undiscovered Animals*（New York: Paraview Press, 2003）, 187.
166 Dinsdale, *Loch Ness Monster*, 232-233.
167 Shine, *Loch Ness*, 26.
168 Adrian J. Shine, "Postscript: Surgeon or Sturgeon?" *Scottish Naturalist* 105（1993）: 271-282.
169 Bauer, *Enigma of Loch Ness*, 56.
170 Mackal, *Monsters of Loch Ness*, 200-201.
171 Dinsdale, *Loch Ness Monster*, 81-82.
172 John Kirk, *In the Domain of the Lake Monsters*（Toronto: Key Porter Books, 1998）, 115, 119.
173 Mackal, *Monsters of Loch Ness*, 29.
174 Bentley Murray, 投書, *Scotsman*, October 30, 1933, 13.
175 A. T. C., 投書, *Scotsman*, November 4, 1933, 15.
176 "Loch Ness Monster Theory," *Inverness Courier*, September 5, 1933.
177 "The Loch Ness 'Monster': Is It a Giant Eel?" *Inverness Courier*, September 15, 1933.
178 W. P., letter to the editor, *Scotsman*, November 2, 1933, 11.
179 Alan MacLean, 投書, *Scotsman*, November 16, 1933, 11.
180 John Moir, 投書, *Scotsman*, November 6, 1933, 13.
181 Holiday, *Great Orm of Loch Ness*.

182 Joe Nickell, “Lake Monster Lookalikes,” June 2007, Committee for Skeptical Inquiry, http://www.csicop.org/sb/show/lake_monster_lookalikes/(2010 年 9 月 10 日閲覧).

183 この影響は，未確認動物ファンによって何度も反論されたが，確かにそういうことはある．たとえば，Loren Coleman, “Real Otter Sense,” June 16, 2007, Crypto-Mundo, http://www.cryptomundo.com/cryptozoo-news/real-otter-sense/を参照(2010 年 9 月 10 日閲覧).

184 長年のネッシー研究家ディック・レイナーが，“Otters in Loch Ness,” Loch Ness Investigation, http://www.lochnessinvestigation.com/otters.htm（2012 年 4 月 10 日閲覧）で報告するように，たとえばカワウソが湖で撮影されたことがある．

185 Mackal, *Monsters of Loch Ness*, 136.

186 Gould, *LochNessMonster*, 74.

187 ビンズは *Loch Ness Mystery Solved*, 20 で『インバネス・クーリア』の記事を挙げるが，引用文は載せていない．

188 Campbell, “Strange Spectacle on Loch Ness”.

189 “Loch Ness ‘Monster’ Again,” *Inverness Courier*, June 9, 1933.

190 Gould, *Loch Ness Monster*, 142.

191 「イルカ《ポーパス》」という言葉には，公式の意味と非公式の意味があるので，この記事でどんな動物のことが言われているかは明らかではない〔porpoise は公式には「ネズミイルカ」（くちばしがないイルカ）を意味して，dolphin《ドルフィン》（くちばしのあるイルカ）と区別される．訳語としては，公式でない場合は「イルカ」とまとめている〕．本当のネズミイルカだったのかもしれないし，単純にイルカのことだったのかもしれない．“Captured by Nature,” *Daily Mail*, September 16, 1914, 3 参照．

192 Gordon Williamson, “Seals in Loch Ness,” *Scientific Reports of the Whales Research Institute*, no. 39（1988）: 151–157.

193 Dick Raynor, “Seal in Urquhart Bay, 1999,” Loch Ness Investigation, http://www.lochnessinvestigation.com/Seals.html（2010 年 6 月 25 日閲覧）.

194 Dick Raynor, “What do you think of Dr Rines and his ideas of tracking and filming a moving object in the loch?” Loch Ness Investigation, http://www.lochnessinvestigation.com/cyberspace.html（2010 年 6 月 25 日閲覧）.

195 “The ‘Monster’–Scientists’ Views After Seeing Film,” *Scotsman*, October 5, 1934, 9.

196 “Film That ‘Removes Doubt’ to Be Shown in Scotland,” *Scotsman*, November 3, 1936, 10. これはアーヴァインの，出典は明らかではないが，この生物は「巨大な胴体……長さ 30 フィート以上」あったという引用とは矛盾するように見える(Witchell, *Loch Ness Story*, 52–53 に引用されたもの).

197 “The Monster of Loch Ness: New Accounts from Eye-witnesses,” *Times*, December 18, 1933, 9.

198 F. W. Memory, "The 'Monster' Again: New Support for Seal Theory," *Daily Mail*, December 18, 1933-January 19, 1934 頃，日付のない切り抜き，Loch Ness and Morar Project Archive, http://www.lochnessproject.org/adrian_shine_archiveroom/paperspdfs/LOCH_NESS_1933damail.pdf（2012 年 1 月 13 日閲覧）.

199 F. W. Memory, "There Is a Seal in Loch Ness," *Daily Mail*, December 18, 1933-January 19, 1934 頃，日付のない切り抜き，Loch Ness and Morar Project Archive, http://www.lochnessproject.org/adrian_shine_archiveroom/paperspdfs/LOCH_NESS_1933damail.pdf（2012 年 1 月 13 日閲覧）.

200 "What Was It? A Strange Experience on Loch Ness," *Northern Chronicle*, August 27, 1930 と，Gould, *Loch Ness Monster*, 37-38 を比較対照のこと．

201 Witchell, *Loch Ness Story*, 29-30 に引用されたもの．

202 しかし興味深いことに，エイリアンに誘拐されたと主張する人々は，対照群よりも，実験室で偽記憶を作りやすい．Susan A. Clancy, Richard J. McNally, Daniel L. Schacter, Mark F. Lenzenweger, and Roger K. Pitman, "Memory Distortion in People Reporting Abduction by Aliens," *Journal of Abnormal Psychology* 111 (2002): 455-461 参照．未確認動物を見たと主張する人々についての同様の研究は知らないが，この集団も偽記憶に陥りやすいことを示すと推測したいところだ．いずれにせよ，偽記憶が相当にあることは，誰にも共通している．

203 "Sea Serpent in the Highlands".

204 Mackal, *Monsters of Loch Ness*, 99. 21 枚の写真という主張は当時の報道と矛盾する．"Five Photographs Secured by Searchers-Seen 21 Times," *Scotsman*, August 9, 1934, 9 など（記事の題は，「5 枚の写真を捜索者が確保――21 回見られた」）．しかし，マッカルはマウンテンの遠征のときの 21 枚の写真を全部調べたと主張する．

205 Binns, *Loch Ness Mystery Solved*, 37-38.

206 ネス湖現象調査局（Loch Ness Phenomena Investigation Bureau=LNPIB．現ネス湖調査局［LNIB］は，1962 年の設立で，エイドリアン・シャインは，カメラによる監視は同じ年に始まったと言う．"Loch Ness Timeline," Loch Ness and Morar Project, http://www.lochnessproject.org/adrian_shine_archiveroom/loch_ness_archive_timeline.htm（2010 年 7 月 5 日閲覧）．ホリデイは，カメラ架台は 1964 年のシーズン用に設けられたと言い，LNPIB による以前の作業に言及する．*Great Orm of Loch Ness*, 64-65.

207 Holiday, *Great Orm of Loch Ness*, 65-67.

208 Mackal, *Monsters of Loch Ness*, 200.

209 同前., 45-48.

210 Dick Raynor, "Submarine Investigations," Loch Ness Investigation, http://www.lochnessinvestigation.org/Subs.html（2010 年 7 月 3 日閲覧）.

211 Rikki Razdan and Alan Kielar, "Sonar and Photographic Searches for the Loch

Ness Monster: A Reassessment," *Skeptical Inquirer* 9, no. 2 (1984–1985): 153–154. 著名な博物学者でネス湖現象調査局の設立にも加わったサー・ピーター・スコットは，この動物は絶滅危惧種に指定できるように，鰭の形状に基づいて，この生物に *Nessiteras rhombopteryx* という学名を与えた（「菱形の鰭を持つネス湖の怪獣」の意）．Peter Scott and Robert Rines, "Naming the Loch Ness Monster," *Nature* 258, no. 5535 (1975): 466–468 参照．しかしまもなく，この名は「monster hoax by Sir Peter S」〔サー・ピーター・Sによる怪獣捏造〕のアナグラムではないかと指摘された．"Loch Ness Monster Shown a Hoax by Another Name," *New York Times*, December 19, 1975, 78 に報じられた．ラインズは，この誹謗に別のアナグラムで反論しようと，「対抗案を考えた――『Yes, both pix are monsters-R』〔確かに両写真はモンスターRである〕」(Dinsdale, *Loch Ness Monster*, 171).

212 *Mysteries of the Unknown: Mysterious Creatures* (Alexandria, Va.: Time-Life Books, 1988), 73.

213 Campbell, *Loch Ness Monster*, 67.

214 Harmsworth, *Loch Ness, Nessie and Me*, 181.

215 Witchell, *Loch Ness Story: Revised*, 165.

216 Campbell, *Loch Ness Monster*, 72–74.

217 Witchell, *Loch Ness Story: Revised*, 168.

218 Gould, *Loch Ness Monster*, 120.

219 Binns, *Loch Ness Mystery Solved*, 35.

220 David S. Martin, Adrian J. Shine, and Annie Duncan, "The Profundal Fauna of Loch Ness and Loch Morar," *Scottish Naturalist* 105 (1993): 119.

221 "Nessie Dead or Alive," Loch Ness and Morar Project, http://www.lochnessproject.org/loch_ness_reflections_news_links/loch_ness_traps.htm (2010年7月5日閲覧).

222 Holiday, *Great Orm of Loch Ness*, 201 に引用されたもの．

223 Binns, *Loch Ness Mystery Solved*, 148–149.

224 Shine, "Loch Ness Timeline".

225 "BBC 'Proves' Nessie Does Not Exist," July 27, 2003, BBC News に引用されたもの．http://news.bbc.co.uk/2/hi/science/nature/3096839.stm (2010年7月5日閲覧).

226 Karen DeYoung, "Sonar Search for 'Nessie' Reveals 3 Wobbly Scratches," *Washington Post*, October 12, 1987, A1.

227 詳しい解説については，Adrian J. Shine and David S. Martin, "Loch Ness Habitats Observed by Sonar and Underwater Television," *Scottish Naturalist* 100 (1988): 111–199 を参照．

228 同前．

229 Dick Raynor, "The River Ness-From Loch Ness to the Sea," Loch Ness

Investigation, http://www.lochnessinvestigation.org/RiverNessJourney.html (2010年9月19日閲覧).

230 "Commander Gould to Investigate," *Scotsman*, November 10, 1933, 11に引用されたもの.

231 Meurger and Gagnon, *Lake Monster Traditions*, 135-139.

232 Mackal, *Monsters of Loch Ness*, 25.

233 Shine and Martin, "Loch Ness Habitats Observed by Sonar and Underwater Television".

第5章　シーサーペントの進化

1 Benjamin Radford, *Tracking the Chupacabra: The Vampire Beast in Fact, Fiction, and Folklore* (Albuquerque: University of New Mexico Press, 2011).

2 Sherrie Lynne Lyons, *Species, Serpents, Spirits, and Skulls: Science in the Margins in the Victorian Age* (Albany: State University of New York Press, 2009).

3 Ray Bradbury, "The Fog Horn," in *The Golden Apples of the Sun* (New York: Morrow, 1997), 1-9, members.fortunecity.com/ymir1/beastfro9.html (2012年2月2日閲覧).〔ブラッドベリ「霧笛」, 小笠原豊樹訳『太陽の黄金の林檎』ハヤカワ文庫SF (1976/2012) などに所収〕

4 Dennis Loxton to Daniel Loxton, April 8, 2005.

5 映画によって, ゴジラの高さは下は50メートルから上は100メートル余りとされる. Robert Biondi, "So Just How Big Is Godzilla? A Model Builder's Guide to Godzilla's Size Changes," *Kaiju Review*, no. 4 (1993) による.

6 Emily Vermeule, *Aspects of Death in Early Greek Art and Poetry* (Berkeley: University of California Press, 1979), 183.

7 The Holy Bible, Revised Standard Version (Glasgow: Collins, 1952).

8 概論については, J. V. Kinnier Wilson, "A Return to the Problems of Behemoth and Leviathan," *Vetus Testamentum* 25, fasc. 1 (1975): 1-14を参照.

9 John K. Papadopoulos and Deborah Ruscillo, "A Ketos in Early Athens: An Archaeology of Whales and Sea Monsters in the Greek World," *American Journal of Archaeology* 106, no. 2 (2002): 213.

10 同前, 216.

11 同前, 187-227.

12 Katharine Shepard, *The Fish-Tailed Monster in Greek and Etruscan Art* (New York: Privately printed, 1940; repr., Landisville, Pa.: Coachwhip, 2011), 78.

13 Papadopoulos and Ruscillo, "*Ketos* in Early Athens," 216-219.

14 John Boardman, " 'Very Like a Whale': Classical Sea Monsters," in *Monsters and Demons in the Ancient and Medieval Worlds: Papers Presented in Honor of Edith Porada*, ed. Anne E. Farkas, Prudence O. Harper, and Evelyn B. Harrison

(Mainz: Zabern, 1987), 73-84.

15 Diego Cuoghi, "The Art of Imagining UFOs," ed. Daniel Loxton, trans. Daniela Cisi and Leonardo Serna, *Skeptic* 11, no. 1. (2004): 43-51.

16 Bernard Heuvelmans, *In the Wake of the Sea-Serpents* (New York: Hill and Wang, 1968), 508. さらなる解説については，Loren Coleman, "The Meaning of Cryptozoology: Who Invented the Term Cryptozoology?" 2003 を参照．http://www.lorencoleman.com/cryptozoology_faq.html (2011 年 2 月 12 日閲覧).

17 Heuvelmans, *In the Wake of the Sea-Serpents*, 96-99.

18 Boardman, "Very Like a Whale," 78.

19 A. C. Oudemans, *The Great Sea-Serpent* (1892; repr., Landisville, Pa.: Coachwhip, 2007), 89.

20 Adrienne Mayor, "Paleocryptozoology: A Call for Collaboration Between Classicists and Cryptozoologists," *Cryptozoology* 8 (1989): 12-26.

21 *Pausanias Description of Greece*, trans. W. H. S. Jones (London: Heinemann, 1918), Paus. 1.44.8.〔パウサニアス『ギリシア案内記』馬場恵二訳，岩波文庫（上下，1991/1992)〕

22 Pliny the Elder, *The Natural History*, trans. H. Rackham, Loeb Classical Library 353 (Cambridge, Mass.: Harvard University Press, 1940), 3: bk 9.5, 173.〔プリニウス『プリニウスの博物誌』中野定雄ほか訳，雄山閣出版（全 3 巻，1986/1995)〕

23 Richard B. Stothers, "Ancient Scientific Basis of the 'Great Serpent' from Historical Evidence, " *Isis* 95, no. 2 (2004): 223-226.

24 Aristotle, *History of Animals*, trans. D'Arcy Wentworth Thompson (Sioux Falls, S. Dak.: NuVision, 2004), bk. 4, chap. 8.〔アリストテレース『動物誌』島崎三郎訳，岩波文庫（上下，1999)〕

25 同前，bk. 8, chap. 28.

26 Heuvelmans, *In the Wake of the Sea-Serpents*, 82.

27 Apollonius of Rhodes, *Jason and the Golden Fleece*, trans. Richard Hunter (New York: Oxford University Press, 1995), 102.〔アポロニオス『アルゴナウティカ』岡道男訳，講談社文芸文庫（1997)〕

28 W. R. Branch and W. D. Hacke, "A Fatal Attack on a Young Boy by an African Rock Python Python sebae," *Journal of Herpetology* 14, no. 3 (1980): 305-307.

29 Richard Stothers, "Ancient Scientific Basis of the 'Great Serpent' from Historical Evidence," *Isis* 95, no. 2 (2004): 228-229.

30 プリニウスは Dracones という言葉を使っている．John Bosdock による『博物誌』の英訳（1855）は，それを「dragons」としているが，H. Rackam の英訳（1940）は「serpents」に置き換えている．

31 Pliny the Elder, *Natural History*, 3: bk 8.11, 25-27.

32 Edward Topsell, *The Historie of Serpents; or, the Second Booke of Living Creatures*

（1608; LaVergue: ECCO Print Editions, 2011）, 168.

33 Heuvelmans, *In the Wake of the Sea-Serpents*, 82.

34 実は，調査の際，ときどきこのつながりがつけられることに気がついた．たとえば，2006 年の未確認動物学フォーラムのスレッドにこの疑問が立てられ，そこでポストしたフェル・ファラレイがこう問うている．「これは遠くからの撮影ですが，そこから私はキャディについて，海馬の描写とよく合うことがわかりました．それが少し美しくないだけで実在していて，馬がキャディだとしたらどうでしょう」（http://www.cryptozoology.com/forum/topic_view_thread.php?tid=5&pid=372181［2011 年 5 月 28 日閲覧］）〔翻訳時点では開けない〕．

35 私の絵は目撃者のスケッチと，Paul H. LeBlond and Edward L. Bousfield, *Cadborosaurus: Survivor from the Deep*（Victoria, B. C.: Horsdal & Schubart, 1995）の合成画に基づいている．さらに，David John と Darren Naish などの未確認動物ファンによるキャドボロサウルスの絵も参照した．

36 Helen Scales, *Poseidon's Steed: The Story of Seahorses, from Myth to Reality*（New York: Gotham Books, 2009）, 20–22.

37 Shepard, *Fish-Tailed Monster in Greek and Etruscan Art*, 26.

38 Scales, *Poseidon's Steed*, 31–33.

39 Publius Vergilius Maro, *Fourth Georgic of Virgil*, trans. R. M. Millington（London: Longmans, Green, Reader, and Dyer, 1870）, 59.

40 Michael J. Curley, trans., *Physiologus: A Medieval Book of Nature Lore*（Chicago: University of Chicago Press, 2009）, xvi–xix.

41 同前，xxi–xxvi.

42 James Carlill, trans., *Physiologus, in The Epic of the Beast, ed William Rose*（London: Routledge, 1900）, 189, 199–200, 231, reprinted in *The Book of Fabulous Beasts: A Treasury of Writings from Ancient Times to the Present*, ed. Joseph Nigg（New York: Oxford University Press, 1999）, 116.

43 Curley, trans., *Physiologus*, xxvi–xxxiii.

44 *The Etymologies of Isidore of Seville*, trans. Stephen A. Barney（Cambridge: Cambridge University Press, 2006）, 260.

45 Richard Barber, trans., *Bestiary: Being an English Version of the Bodleian Library, Oxford M. S. Bodley 764 with All the Original Miniatures Reproduced in Facsimile*（London: Folio Society, 1992）, 10.

46 Ian Whitaker, "North Atlantic Sea-Creatures in the King's Mirror（*Konungs Skuggsjá*）," *Polar Record* 23（1986）: 3–13.

47 Peter Gilliver, "J. R. R. Tolkien and the *OED*," Oxford English Dictionary, http://www.oed.com/public/tolkien/（2011 年 5 月 25 日閲覧）.

48 Paul Henri Mallet, *Northern antiquities: or, An historical account of the manners, customs, religion and laws, maritime expeditions and discoveries, language and*

literature of the ancient Scandinavians, trans. Thomas Percy, rev. I. A. Blackwell (London: Henry G. Bohn, 1847), 514.

49 George Ripley and Charles A. Dana, eds., *The New American Cyclopedia: A Popular Dictionary of General Knowledge* (New York: Appleton, 1869), 14: 470-471.

50 サミュエル・ヒバートによれば，「エッダでのトールが釣った大サーペントという信仰が，パーシー博士が考えるように海蛇のイメージを生んだのではなく，実際の海蛇がこの伝説の元になった」(*A Description of the Shetland Islands: Comprising an Account of Their Geology, Scenery, Antiquities, and Superstitions* [Edinburgh: Constable, 1822], 565).

51 Oudemans, *Great Sea-Serpent*, 298.

52 Snorri Sturluson, *The Prose Edda*, trans. Arthur Gilchrist Brodeeur (New York: American-Scandinavian Foundation, 1916) に対するプロローグ.

53 Charles Mackay, *Memoirs of Extraordinary Popular Delusions and the Madness of Crowds* (1841; New York: Barnes and Noble, 2002), 105. 〔マッケイ『狂気とバブル』塩野未佳ほか訳，パンローリング (2004)〕

54 アルベルトゥスは占星術や錬金術とも関係していたとされる．この二つは当時，知的探求の領域として重んじられていた．それでも，アルベルトゥスの錬金術への関心はおそらく誇張されていただろう．マッケイが記すところでは，多くの魔法の物語がアルベルトゥスやアクイナスのしたこととされ，中にはアルベルトゥスが天候を操ることができたという噂もある．「そのような話はこの時代の精神を示している．自然の秘密を調べようとした偉大な人物は誰しも魔法使いと考えられていた」(同前，第4章).

55 Albert the Great, *Man and the Beasts: De animalibus*, Books 22-26, trans. James J. Scanlan (Binghamton, N. Y.: Medieval and Renaissance Texts and Studies, 1987), 350.

56 Olaus Magnus, *A Description of the Northern Peoples: Rome* 1555, ed. Peter Foote, trans. Peter Fisher and Humphrey Higgens (London: Hakluyt Society, 1998), 1124.

57 Ray Gibson "Nemertean Genera and Species of the World: An Annotated Checklist of Original Names and Description Citations, Synonyms, Current Taxonomic Status, Habitats and Recorded Zoogeographic Distribution," *Journal of Natural History* 29, no. 2 (1995): 271-561; Adriaan Gittenberger and Cor Schipper, "Long Live Linnaeus, Lineus longissimus (Gunnerus, 1770) (Vermes: Nemertea: Anopla: Heteronemertea: Lineidae), the Longest Animal Worldwide and Its Relatives Occurring in the Netherlands," *Zoologische Mededelingen* 82, no. 7 (2008): 59-63.

58 Olaus, *Description of the Northern Peoples*, 1128.

59 Oudemans, *Great Sea-Serpent*, 91.

60 “Recreations in Natural History ... Ancient Flying Dragons, Pterosaurians, &c.,” *New Monthly Magazine and Humorist*, Pt. 3 (1843): 38–39.

61 たとえば，未確認動物学者は，超常的あるいは説明のつかない成分（赤く光る眼，テレパシー，UFO など）が伴うビッグフットの事例を決まって棄却する．一部の未確認動物学ウェブサイトは，目撃者の記録をひどく歪め，そうして未確認動物学の土台を崩すことがある，超常的なものを取り上げることを禁じるという方針をとっている．この点についての詳細は，Daniel Loxton, “An Argument That Should Never Be Made Again,” February 2, 2010, Skepticblog, http://www.skepticblog.org/2010/02/02/an-argument-that-should-never-be-made-again/（2011 年 10 月 4 日閲覧）.

62 Erich Pontoppidan, *The Natural History of Norway: Part II* (London: Printed for A. Linde, 1755), 207–208.

63 Michel Meurger, with Claude Gagnon, *Lake Monster Traditions: A Cross-Cultural Analysis* (London: Fortean Times, 1988), 24.

64 同前，28.

65 Pierre Belon, *De aquatilibus* (Paris: Charles Estienne, 1553), bk. 1: 26–27.

66 Conrad Gesner, *Historiae animalium*, bk. 4, *Qui est de piscium & aquatilium animantium natura* (Zurich, 1558), 433 (translated by Donald Prothero and Doug Henning).

67 Conrad Gesner, *Nomenclator aquafilium animantium* (1560). Oudemans, *Great Sea-Serpent*, 92 に引用されたもの.

68 Heuvelmans, *In the Wake of the Sea-Serpents*, 99–100.

69 Ambroise Paré, *On Monsters and Marvels*, trans. Janis L. Pallister (Chicago: University of Chicago Press, 1982), 112.

70 歴史家は過去の姿を現代の動きに属するものとして分類することの歪曲効果について警告している．たとえば，レベッカ・ヒギット（英国グリニッジ天文台海洋博物館の学芸員で科学史家）による最初の警告を取り上げよう．「科学者（サイエンティスト）という言葉を認識していなかったはずの人を科学者とは決して呼ばないこと．この言葉は実際には 1870 年代まで使われなかった．このときより前の人を科学者と呼ぶと，その見方，地位，経歴，野心，成果について，それ以前には存在しない連想をおっかぶせる危険を冒す」（“Dos and Don'ts in History of Science,” April 17, 2011, Teleskopos, http://teleskopos.wordpress.com/2011/04/17/dos-and-donts-in-history-of-science/〔2011 年 9 月 7 日閲覧〕）．現代の科学的懐疑論の伝統は，20 世紀からのものだ．しかし，何世紀も前の思想家が同様の真相探しの仕事を試みている．私の仕事に近しさは感じなかったかもしれないが，私はそうした人々の仕事につながりを感じる．

71 Sir Thomas Browne, *Pseudodoxia Epidemica: Or, Enquiries into Commonly Presumed Truths* (Oxford: Benediction Classics, 2009), 242.

72 『カナダ手稿』の書き手については若干の異論がある．ここで私は，ゲイル・アンド・スティーヴン・A・ジャリスロウスキー記念カナダ美術研究所のフランソワ=マルク・ガニョンに依拠した．これはこう結ばれている．「逆の証拠が出るまでは，この人物がカナダ手稿の著者と考えてよい」（"About Louis Nicolas: Biographical Notes on Louis Nicolas, Presumed Author of the Codex canadensis," Library and Archives Canada, http://www.collectionscanada.gc.ca/codex/026014-1200-e.html [2011年5月2日閲覧]）．

73 Meurger, with Gagnon, *Lake Monster Traditions*, 212に引用されたもの．

74 Heuvelmans, *In the Wake of the Sea-Serpents*, 95.

75 Hans H. Lilienskiold, The Northern Lights Route, http://www.ub.uit.no/northernlights/eng/lillienskiold.htm（2011年5月25日閲覧）．

76 Hans Lilienskiold, *Speculum boreale eller den finmarchiske beschrifwelsis*（1698），Ole Lindquist, "Whales, Dolphins and Porpoises in the Economy and Culture of Peasant Fishermen in Norway, Orkney, Shetland, Faeroe Islands and Iceland, ca 900–1900 a. d., and Norse Greenland, ca 1000–1500 A. D" に引用されたもの（博士論文，University of St Andrews, 1994），2: sec A.18, 1003–1006, http://www.fishernet.is/is/hvalveidar/19/35（2011年5月25日閲覧）．

77 Heuvelmans, *In the Wake of the Sea-Serpents*, 114.

78 Pontoppidan, *Natural History of Norway*, iv.

79 同前., 196.

80 同前.

81 同前.

82 同前.

83 同前，196–197.

84 Henry Lee, *Sea Monsters Unmasked*（London: Clowes, 1883），63.

85 Meurger, with Gagnon, *Lake Monster Traditions*, 17.

86 Heuvelmans, *In the Wake of the Sea-Serpents*, 112.

87 Lee, *Sea Monsters Unmasked*, 2–3.

88 Daniel Loxton, "Bishop Pontoppidan Versus the Tree Geese," February 8, 2011, Skepticblog, http://www.skepticblog.org/2011/02/08/bishop-pontoppidan-versus-the-tree-geese/（2011年2月12日閲覧）．

89 Pontoppidan, *Natural History of Norway*, 208.

90 Heuvelmans, *In the Wake of the Sea-Serpents*, 34.

91 Pliny the Elder, *Natural History*, 3: bk. 9.4, 171.

92 *A True and Perfect Account of the Miraculous Sea-Monster or Wonderful Fish Lately Taken in Ireland*（London: Printed for P. Brooksby and W. Whitwood, 1674）．

93 "Wernerian Natural History Society," *Philosophical Magazine* 33（1809）: 90–91.

94 Rupert T. Gould, *The Case for the Sea-Serpent* (London: Allan, 1930; New York: Putnam, 1934), 239.

95 James Ritchie, "More About Monsters: The Sea-Serpent of Stronsay," *Times* (London), December 16, 1933, 15.

96 "Here's First Genuine Sea Monster Captured: Odd Fish Stumps Scientist," *Los Angeles Times*, March 3, 1934, 3; "France Has Sea Monster and the Body to Prove It," *New York Times*, March 1, 1934, 1.

97 "Sea 'Monster' Is Declared a Basking Shark: French Scientists Say It Is Not an Odd Fish," *New York Times*, March 16, 1934, 18.

98 Associated Press, " 'Sea Serpent' Body Is Found in Pacific," *New York Times*, November 23, 1934, 21.

99 Associated Press, "Canada's 'Sea Serpent' Found to Be Only Shark," *New York Times*, November 27, 1934, 23.

100 John Saar, "Fishermen Made a Monstrous Mistake," *Washington Post*, July 21, 1977, 2.

101 John Saar, " 'Plesiosaurus' Find: Monster Mystery Surfaces in Japan," *Los Angeles Times*, July 21, 1977, B6.

102 Ellis, *Monsters of the Sea* (New York: Lyons Press, 2001), 69.

103 John Goertzen, "New *Zuiyo Maru* Cryptid Observations: Strong Indications It Was a Marine Tetrapod," *CRS Quarterly* 38, no. 1 (2001): 19-29, http://www.creationresearch.org/crsq/articles/38/38_1/Cryptid.htm（2011 年 10 月 6 日閲覧）.

104 Christopher McGowan, *The Dragon Seekers: How an Extraordinary Circle of Fossilists Discovered the Dinosaurs and Paved the Way for Darwin* (New York: Basic Books, 2001), ix.〔マガウワン『恐竜を追った人びと』高柳洋吉訳，古今書院（2004）〕

105 たとえば，トマス・ジェファーソンは，マンモスあるいはマストドンが北米西部の奥地に当時も生きているのではないかとにらんでいた．ジェファーソンは化石に大いに関心をそそられたが，絶滅は信じず，先住民の仮説伝承に基づいて，ルイスとクラークによる探検隊が生きた現物に遭遇することを期待した（今日なら，ジェファーソンの推測を未確認動物学のお手本と呼んでも良いだろう）．ジェファーソンの考えについては，Adrienne Mayor, *Fossil Legends of the First Americans* (Princeton, N. J.: Princeton University Press, 2005), 55-61 を参照．

106 William D. Conybeare, "On the Discovery of an Almost Complete Skeleton of the Plesiosaurus," *Philosophical Transactions of the Geological Society of London*, 2nd. ser., 1 (1824): 381-389; McGowan, *Dragon Seekers*, 78-84.

107 William Hooker, "Additional Testimony Respecting the Sea-Serpent of the American Seas," *Edinburgh Journal of Science* 6 (1827): 126-133.

108 Robert Bakewell, *Introduction to Geology* (New Haven, Conn.: Howe, 1833), 213.

109 Benjamin Silliman, 同前, 214 脚注にあるもの.

110 John Ruggles Cotting, *A Synopsis of Lectures on Geology, Comprising the Principles of the Science* (Taunton, Mass.: 私家版, 1835), 58–59.

111 Heuvelmans, *In the Wake of the Sea-Serpents*, 276.

112 Lyons, *Species, Serpents, Spirits, and Skulls*, 19.

113 Gould, *Case for the Sea-Serpent*, 96, 99.

114 この報告の要求は, 海軍省記録に記録された. 同前, 96 による.

115 Peter M'Quhae, "The Great Sea Serpent" [letter to the editor], *Times*, October 14, 1848, 3.

116 Gould, *Case for the Sea-Serpent*, 97–101.

117 同前, 107.

118 同前, 105–106.

119 F. G. S., "To the Editor of the Times," *Times*, November 2, 1848, 3.

120 Philip Henry Gosse, *The Romance of Natural History* (London: Nisbet, 1863), 347.

121 [Richard Owen], *On the Origin of Species*, by Charles Darwin の書評, *Edinburgh Review* 111 (1860): 487–532.

122 Charles Darwin to Joseph Dalton Hooker, August 4, 1872, Darwin Correspondence Project, http://www.darwinproject.ac.uk/entry-8449 (2012 年 2 月 19 日閲覧).

123 Oudemans, *Great Sea-Serpent*, 219 に引用されたもの.

124 Richard Owen, "The Sea Serpent," *Times*, November 14, 1848, 8.

125 Louis Agassiz, "Extract from the Thirteenth Lecture of Professor Agassiz, Delivered in Philadelphia, Tuesday Evening, March 20, 1849," in Eugene Batchelder, *A Romance of the Fashionable World* (Boston: French, 1857), 153–157.

126 Louis Agassiz, "Eugene Batchelder, Esq.–," 同前, 152–153 にあるもの.

127 Edward Newman, in *Zoologist* 7 (1849): 2356.

128 Willy Ley, *Willy Ley's Exotic Zoology* (1959; New York: Bonanza Books, 1987), 224.

129 Newman, in *Zoologist*, x–xi.

130 Gould, *Case for the Sea Serpent*, 84–85. これを見ても私は驚かなかった. グールドは, 20 世紀初頭にシーサーペントとネス湖の怪獣の両方を徹底して, かつ責任ある形で支持した一人だった.

131 Gosse, *Romance of Natural History*, 368.

132 瞬間的に造られた川でも直前に雨が降ったようになる. 砂があれば長い間の浸蝕があったようになっている. 樹木に年輪があるのは過去に四季の経過があったことになる. 動物の体があれば, そこまでの消化, 成長, 呼吸があったことになる, 等々のこと. 毛皮を考えよう. 神がたとえば子兎を造られたのなら, そのすべすべの皮膚には以前に毛が生えていた時期があったようになっている. フィリップ・ヘンリ

ー・ゴスの言い方では，我々は自分の目の前で有機的世界全体を再検討した．そして結果は一様である．創造の瞬間にそれ以前の歴史を示す疑いようのない証拠を提示しないような例は，広大な植物界からも広大な動物界からも選びとれない．これは仮説として提示されるのではなく，必然性として提示される．おそらくそうだとは私は言わない．確かにそうだったと言う．そうだったかもしれないではなく，他ではありえなかったと言う（*Omphalos: An Attempt to Untie the Geological Knot* [London: Van Voorst, 1857], 335).

133 Stephen Jay Gould, "Adam's Navel," in *The Flamingo's Smile: Reflections in Natural History* (New York: Norton, 1985), 100.〔グールド『フラミンゴの微笑』新妻昭夫訳，ハヤカワ文庫 NF（上下，2002)〕

134 Philip Henry Gosse, *The Aquarium: An Unveiling of the Wonders of the Deep Sea* (London: Van Voorst, 1856).

135 Gosse, *Romance of Natural History*, 298.

136 ゴスとダーウィンは社交上も知り合いで，ランの栽培と変異などの話題で親しく手紙のやりとりをしていた．ダーウィンはとくにゴスによる海洋アクァリウムの実験に感心していた．「私は他日，ゴス氏に会って，同じ人工的に作られた海水で 13 か月間生活し，交配するいくつかの海洋動物と藻類を見た．これはそそられないか？私は海の飼育ケースをしつらえんばかりになった」(Charles Darwin to J. S. Henslow, March 26, 1855, Darwin Correspondence Project, http://www.darwinproject.ac.uk/entry-1655 [2011 年 9 月 10 日閲覧]).

137 Gosse, *Romance of Natural History*, 364.

138 同前，358-359.

139 Jules Verne, *Journey to the Center of the Earth*, trans. Willis T. Bradley (New York: Ace Books, 1956), 187-188.〔ヴェルヌ『地底旅行』高野優訳，光文社古典新訳文庫（2013)〕

140 Edgar Rice Burroughs, *The Land That Time Forgot*, 第 4 章と第 5 章，http://www.literature.org/authors/burroughs-edgar-rice/the-land-that-time-forgot/chapter-04.html（2011 年 9 月 12 日閲覧).〔バローズ『時間に忘れられた国』厚木淳訳，創元 SF 文庫（1993)〕

141 Gould, *Case for the Sea Serpent*, 277.

142 "The Hydrargos sillimanii, or Great Sea Serpent," *New York Daily Tribune*, August 29, 1845, 1.

143 "Orange County Milk," *New York Observer and Chronicle*, January 25, 1845, 14.

144 "Hydrargos sillimanii, or Great Sea Serpent".

145 Douglas E. Jones, "Doctor Koch and His 'Immense Antediluvian Monsters,'" *Alabama Heritage* 12 (1989): 2-19.

146 同前．

147 Jeffries Wyman, "Hydrarchos sillimani," *Proceedings of the Boston Society of*

Natural History 2 (1848): 65-68.

148 Jones, "Doctor Koch and his 'Immense Antediluvian Monsters.'"

149 James D. Dana, "On Dr. Koch's Evidence with Regard to the Contemporaneity of Man and Mastodon in Missouri," *American Journal of Science and Arts* 9 (1875): 335-346.

150 同前.

151 George E. Gifford Jr., "Twelve Letters from Jeffries Wyman, M. D.: Hampden-Sydney Medical College, Richmond, Virginia, 1843-1848," *Journal of the History of Medicine and Allied Sciences* 20, no. 4 (1965): 320-322 に引用されたもの.

152 Dr. Lister, in *Proceedings of the Boston Society of Natural History* 2 (1848): 94-96.

153 Albert Koch, *Journey Through a Part of the United States in the Years 1844 to 1846,* trans Ernst A. Stadler (Carbondale: Southern Illinois University Press, 1972), 104.

154 同前, 32.

155 奇妙なことに, 分類学上の一番乗り規則のおかげで, 学名としてはバシロサウルスの方が残っている. オーウェンの分析については, Richard Owen, "On the Teeth of the Zeuglodon (Basilosaurus of Dr Harlan)," *Proceedings of the Geological Society of London* 3 (1842): 23-28 を参照.

156 Jones, "Doctor Koch and his 'Immense Antediluvian Monsters.'"

157 Brian Switek, *Written in Stone: Evolution, the Fossil Record, and Our Place in Nature* (New York: Bellevue Literary Press, 2010), 152, 277. 〔スウィーテク『移行化石の発見』野中香方子訳, 文春文庫 (2014)〕

158 Robert Silverberg, *Scientists and Scoundrels: A Book of Hoaxes* (New York: Crowell, 1965), 67.

159 Google Books: Ngram Viewer, http://goo.gl/uxsjN (2011 年 9 月 22 日閲覧).

160 Owen, "Sea Serpent," 8.

161 George R. Price, "Science and the Supernatural," *Science* 122 (1955): 363.

162 "The Great Sea Serpent," *Eclectic Magazine of Foreign Literature* 17, no. 2 (1849): 234.

163 Michael Shermer, "Miracle on Probability Street," August 2004, http://www.michaelshermer.com/2004/08/miracle-on-probability-street/(2011 年 8 月 3 日閲覧).

164 Captain Elkanah Finney, 1815 年の目撃の記述. 1817 年記録. Oudemans, *Great Sea-Serpent*, 128 に引用されたもの.

165 Edward Newman, "Notes on the Zoology of Spitsbergen," *Zoologist* 24 (1864): 202-203.

166 *Province* [Vancouver], March 9, 1943, 1, LeBlond and Bousfield, *Cadborosaurus*, 70 に引用されたもの.

167 Ley, *Willy Ley's Exotic Zoology*, 213.

168 Oudemans, *Great Sea-Serpent*, 53.
169 Loren Coleman, "Otter Nonsense," June 5, 2007, CryptoMundo, http://www.cryptomundo.com/cryptozoo-news/otter-nonsense/（2011 年 9 月 24 日閲覧）.
170 Tony Markle 撮影. Loren Coleman, "Real Otter Sense," June 16, 2011, CryptoMundo に転載されたもの. http://www.cryptomundo.com/cryptozoo-news/real-otter-sense/（2011 年 9 月 24 日撮影）.
171 Alex Campbell から Ness Fishery Board 宛, October 28, 1933, Rupert Gould, *The Loch Ness Monster*（1934; Secaucus, N. J.: Citadel Press, 1976）, 110–112 に引用されたもの.
172 マクタガート＝コーワンはその後，ブリティッシュコロンビア大学動物学科長を務め，その後大学院の研究科長となった. "Ian McTaggart-Cowan, Part 2," Heritage Conservation Trust Foundation, http://www.hctf.ca/AboutUs/mctaggart2.html（2011 年 9 月 26 日閲覧）.
173 Ray Gardner, "Caddy, King of the Coast," *Maclean's*, June 15, 1950, 43 に引用されたもの.
174 Oudemans, *Great Sea-Serpent*, 345.
175 Gosse, *Romance of Natural History*, 338–340.
176 実際，こうした事例はよく似ていて，捏造の可能性を指摘する人々も少しいる. グールドは，「スミスとヘリマンによる話は特異的に似ているので，これは一方から他方がコピーされたと考えても許されるだろう」と書いた（*Case for the Sea-Serpent*, 138–139）が，この「非常に顕著にたまたまつながること」はたまたまという欠点以上にひどいことはなさそうだと思っている. ユーヴェルマンスはもっと疑い深く，スミス船長がペキン号での冒険について語った話は，「船長の身の上に起きたものとは言えそうにない」と言う（*Wake of the Sea Searpents*, 201–202）.
177 Oudemans, *Great Sea-Serpent*, 342 に引用されたもの.
178 "Notes," *Nature*, October 13, 1881, 565 に引用されたもの, http://books.google.ca/books?id=TMMKAAAAYAAJ（2011 年 9 月 24 日閲覧）.
179 Pontoppidan, *Natural History of Norway*, 201.
180 Oudemans, *Great Sea-Serpent*, 396.
181 Archie H. Wills, "All in a Lifetime"（ca. 1985）, 61–62（手で綴じたタイプ原稿）, Central Branch, Greater Victoria Public Library, Victoria, B. C.
182 同前，62.
183『ビクトリア・デイリータイムズ』は一時解雇に訴えずにすんだが，それは職員が二度の大幅な賃金カットを受け入れたからにすぎない. 同前，61 を参照.
184 "A Cure for the Sea Serpent," *Critic*, July–December 1885, 153.
185 Gardner, "Caddy, King of the Coast," 24 に引用されたもの.
186 たとえば以下を参照. Bruce S. Ingram, "The Loch Ness Monster Paralleled in Canada, 'Cadborosaurus,'" *Illustrated London News*, January 6, 1934, 8;

"Animals: Cup & Saucer," *Time*, October 16, 1933; Bert Stoll, "Sea Serpent Appears Off Vancouver Island," *New York Times*, February 11, 1934.

187 Archie Wills, in *Victoria Daily Times*, June 8, 1959, 12, 切り抜き, Archie H. Wills Fonds, University of Victoria Archives, Victoria, B. C.

188 Gardner, "Caddy, King of the Coast," 43.

189 "Yachtsmen Tell of Huge Serpent Seen off Victoria," *Victoria Daily Times*, October 5, 1933, 切り抜き, Archie H. Wills Fonds.

190 "Not Humpback Says Langley," *Victoria Daily Times*, October 18, 1933.

191 Ingram, "Loch Ness Monster Paralleled in Canada" に引用されたもの.

192 同前.

193 R. G. Rhodes, "The Diplodocus" [投書], *Victoria Daily Times*, October 16, 1933.

194 "Says Serpent Not Conger Eel," *Victoria Daily Times*, October 17, 1933 に引用されたもの.

195 "Caddy," *Victoria Daily Times*, October 20, 1933 に引用されたもの.

196 「世界の8番めの驚異！　本日より3日間. 想像力の限界をはるかに超えて飛躍する冒険！　他にはない！　はらはらどきどき！　驚き！」と, *Victoria Daily Times*, May 20, 1933, 9 に載った広告は謳った.

197 Gardner, "Caddy, King of the Coast," 42 に引用されたもの.

198 Wills, "All in a Lifetime," 62-63.

199 G. Clifford Carl, *Guide to Marine Life of British Columbia* (Victoria: Royal British Columbia Museum, 1963), 134.

200 Wills, "All in a Lifetime," 62.

201 Gardner, "Caddy, King of the Coast," 24 に引用されたもの.

202 Jim McKeachie, "$200 Offered for Caddy Photo," *Victoria Daily Times*, March 31, 1951, および "Doctor Carl Enters First 'Photograph' of Caddy in Times's $200 Competition," *Victoria Daily Times*, April 16, 1951, 切り抜き, Archie H. Wills Fonds.

203 Michael A. Woodley, Darren Naish, and Hugh P. Shanahan, "How Many Extant Pinniped Species Remain to Be Described?" *Historical Biology* 20, no. 4 (2008): 225-235.

204 John Kirk, "BCSCC Member Sights Cadborosaurus-like Animal in Fraser River," *BCSCC Quarterly*, September 2010, 6. カークは日光が残っているときに20メートル近くのサーペントのようなオゴポゴを何度か見て――「私は11回見たことがある (John Kirk, e-mail to Daniel Loxton, April 21, 2012) ――その目撃に関連していくつかの動画も撮影したことを伝えている. カークは芝居がかった報告で, 2頭のオゴポゴが「アーチの列のよう」に一緒に移動しているのを見たと主張した.「こぶの下側と水面の間の隙間ごしに反対側の岸が見えた. アーチ状のこぶの下が見えることで, 私ははっきりと, 船の航跡あるいは尋常ではない波の作用を見てい

るのではなく，オゴポゴの類の2頭の巨大な水棲動物であることがわかった」（*In the Domain of the Lake Monsters* [Tronto: Key Porter Books, 1998], 18-20; また24-26, 52-53, 69-74, 80も参照）.

205 本書執筆段階では，他の懐疑派研究者と私は，『アラスカン・モンスター・ハント』のプレビューに登場したビデオの一部しか見ていない．映像の「動物」は一目でキャディの類よりも船の航跡のように見えるが，動画全体を詳細に見る機会を得るまでは判断は差し控えよう．

206 Owen, "Sea Serpent," 8.

207 Edward L. Bousfield and Paul H. LeBlond, "Preliminary Studies on the Biology of a Large Marine Cryptid in Coastal Waters of British Columbia," *American Zoologist* 32 (1992): 2A, および "An Account of Cadborosaurus willsi, New Genus, New Species, a Large Aquatic Reptile from the Pacific Coast of North America," *Amphipacifica*, suppl. 1 (1995): 3-25. バウスフィールドはロイヤルオンタリオ博物館の准研究員で，ルブロンはブリティッシュコロンビア大学の海洋学教授だった．

208 Darren Naish, "*Cadborosaurus* and the Naden Harbour Carcass: Extant Mesozoic Marine Reptiles, or Just Bad Bad Science?" September 2, 2006, Tetrapod Zoology, http://darrennaish.blogspot.com/2006/09/cadborosaurus-and-naden-harbour_02.html（2011年9月26日閲覧）.

209 LeBlond and Bousfield, *Cadborosaurus*, 79.

210 ダレン・ネイシュはこう書いている．「私は二人の結論には同意しないが，こうした説を発表する根性と決断には敬意を抱く」（"A Baby Sea-Serpent No More: Reinterpreting Hagelund's Juvenile Cadborosaurus," September 26, 2011, Tetrapod Zoology, http://blogs.scientificamerican.com/tetrapod-zoology/2011/09/26/baby-seaserpent-no-more/[2011年9月28日閲覧]).〔翻訳時点では，http://blogs.scientificamerican.com/tetrapod-zoology/baby-sea-serpent-no-more/〕

211 LeBlond and Bousfield, *Cadborosaurus*, 55.

212 "Baby Sea Serpent Found in Stomach of Whale," *Los Angeles Times*, July 11, 1937, 3.

213 Jim Cosgrove, e-mail to Daniel Loxton, July 11, 2002. 当時，海洋生物学者のコスグローヴは同博物館の自然史部長代理だった．

214 それともあるだろうか．私はナデン湾の死骸の事例を長いこと，永遠に解決不能と見てきたので，ダレン・ネイシュが原稿の最終段階で連絡してきて，ダレンたちの仲間はこの謎を解決したと信じていると教えてくれたのには非常に驚いた（Darren Naish, Daniel Loxton宛eメール, September 28, 2011）．ダレンたちの論証が活字になるのを楽しみにしている．

215 この偽伝承のかけらは「美しいインドの娘，キャドボロ」の話で，その恋人がモン

スターに変身したという．たとえば，T. W. Paterson, "Sea Serpents Might Exist," *Daily Colonist,* May 23, 1965, 10 を参照．しかし，キャドボロ湾は実際には 1842 年頃，ハドソン湾会社所属の 2 本マストの帆船キャドボロ号にちなんで名づけられた．同湾に初めて投錨したヨーロッパ船と言われる．ブリティッシュコロンビア州地名室は，「同船の航海日誌（写しが州資料館にある）が『Cadboro』の綴りを確認している点に注目のこと」とする（BCGNIS Query Results, http://archive.ilmb.gov.bc.ca/bcgn-bin/bcg10?name=38867［2011 年 9 月 28 日閲覧］)．〔翻訳時点では開けない〕

216 Associated Press, "Amy, *Cadborosaurus,*" *San Francisco Examiner,* November 3, 1933, 切り抜き，Archie H. Wills Fonds.

217 Bob Davis, "Bob Davis Reveals: Authentic Sea Serpent Due to Arrive Any Moment off Canada," *New York Sun,* October 31, 1940, 切り抜き，Archie H. Wills Fonds.

218 Archie Wills to Paul LeBlond and John R. Sibert, August 16, 1970. アーチー・ウィルズとの手紙のやりとりを教えてくれたポール・ルブロンに感謝する．そうでなければ記録としては公開されない必須の独自資料である．

219 William Carpenter, "On the Influence of Suggestion in Modifying and Directing Muscular Movement, Independently of Volition," *Notices of the Meetings of the Royal Institution,* March 12, 1852, 147-153.

220 Loren Coleman and Patrick Huyghe, *The Field Guide to Lake Monsters, Sea Serpents, and Other Mystery Denizens of the Deep* (New York: Penguin / Tarcher, 2003), 26.

221 Jack Nord, 投書，*Victoria Daily Times,* October 11, 1933, Archie H. Wills Fonds.

222 Robin Baird, "Elephant Seals Around Southern Vancouver Island," *Victoria Naturalist* 47, no. 2 (1990): 6-7.

223 Ray Wormald, "Caddy Has Three Heads," [*Victoria Daily Times*], April 6, 1951, 切り抜き，Archie H. Wills Fonds.

224 Stephen Cosgrove, e-mail to Daniel Loxton, April 17, 2012.

225 *Myths and Monsters,* broadcast on CBC, October 29, 1950, 台本あるいは書き起こし，Archie H. Wills Fonds.

226 Cameron McCormick, "A Baby Cadborosaur No More. Part 4: What Is 'Cadborosaurus'?" September 21, 2011, The Lord Geekington, http://www.thelordgeekington.com/2011/09/baby-cadborosaur-no-more-part-4-what-is.html (2011 年 9 月 28 日閲覧)．〔翻訳時点では http://cameronmccormick.blogspot.jp/2011/09/baby-cadborosaur-no-more-part-4-what-is.html〕

227 T. H. Huxley, "The Sea Serpent," *Times,* January 11, 1893, 12.

228 Loren Coleman and Patrick Huyghe, *The Field Guide to Bigfoot and Other Mystery Primates* (San Antonio, Tex.: Anomalist Books, 2006).

229 多くの著述が，この目撃を自信を持ってハンス・イェーデのものとする．他に，イェーデがこの怪獣を自分で目撃したかどうかについて曖昧とするもの，目撃したのは息子のポールとするものがある．たとえばアウデマンスはこの目撃を「ハンス・イェーデが見て，ビングが描いたシーサーペント」とする（*Great Sea-Serpent*, fig. 19）．おそらく，ポントピダンが「宣教師の一人ビング氏がその絵を描いた」（*Natural History of Norway*）としたのに倣ってのことだろう．エリスも同意する．「イェーデはまじめで信頼できる目撃者と言われているので，この絵は信頼できる目撃者の話に基づく生みの怪獣を描いた最古級の絵となった」（*Monsters of the Sea*, 44）．しかし記録を明らかにする著述もある．「ハンス・イェーデ（1686-1758）は目撃者ではなく，その話はおそらく息子のポール（1708-1789）の，後に別個に発表された（P. Egede, 1741）記憶に基づく伝聞である」（Charles G. M. Paxton, Erik Knatterud, and Sharon L. Hedley, "Cetaceans, Sex and Sea Serpents: An Analysis of the Egede Accounts of a "Most Dreadful Monster" Seen off the Coast of Greenland in 1734," *Archives of Natural History* 32, no. 1 [2005]: 1-9）．シーサーペントの有名な古いスケッチ（パクストンらによれば，地図に「H. E.」の署名があることに基づいて，「イェーデ父による」とされる）が見られるのは，ポール・イェーデの著書，*Continuation af den Grønlandski Mission: Forfattet i form af en Journal fra Anno* 1734 til 1740（1741）である．しかしパクストンによれば，地図を誰が描いたかはまだ確かではない．Charles Paxton, e-mail to Daniel Loxton, April 22, 2012.

230 Pontoppidan, *Natural History of Norway*, 199.

231 A young gentleman of the Customs, in *Morning Chronicle and London Advertiser*, August 24, 1786, 3.

232 *Morning Post and Daily Advertiser*, September 9, 1786, 3.

233 Charles Gould, *Mythical Monsters*（London: Allen, 1886）, 263.

234 Heuvelmans, *In the Wake of the Sea-Serpents*, 572-573.

235 Coleman and Huyghe, *Field Guide to Lake Monsters*, 73.

236 Heuvelmans, *In the Wake of the Sea-Serpents*, 277.

237 同前，284.

238 Charles Paxton, "The Monster Manual," *Fortean Times*, no. 256, July 2010, http://www.forteantimes.com/features/commentary/4003/the_monster_manual.html（2011 年 2 月 28 日閲覧）．〔翻訳時点では開けない〕

239 ミームは「観念」の小さな単位，たとえば耳に残る曲やティーカップの概念といった文化のかけらのようなものである．ある宿主（精神，本など，観念が残って複製されるところならどんなところでもよい）から別の宿主へと伝わることができる．遺伝子が成功した生物に対応するように，小さな観念（ミーム）は成功した共同作業に対応することがある．古典的な例は，「神」の観念と「人に語る」の観念との協同である．この二つの観念は互いに強めあい，一緒の方が，ばらばらのときより

も遠くへ速く広がるメタファーとして非常に有益に考えられる考え方だ．リチャード・ドーキンスが，著書，Richard Dawkins, *The Selfish Gene*（New York: Oxford University Press, 1976）で導入した概念だが，過去に同様の概念を唱えた人々もいる．〔ドーキンス『利己的な遺伝子』日高敏隆ほか訳，紀伊國屋書店（2006）など〕

240 Owen, "Sea Serpent," 8.

241 Archie Wills, "Cynics," *Victoria Daily Times*, October 11, 1933.

242 Edward Cadogan, [投書], *Times*, December 20, 1933, 8.

243 Dennis Loxton to Daniel Loxton, April 8, 2005.

第6章　モケーレ・ムベンベ

1 "The Last Dinosaur" [season 3, episode 52], *MonsterQuest*, History Channel, June 24, 2009, "MonsterQuest: The Last Dinosaur, Pt. 1," YouTube, http://www.youtube.com/watch?v=7CeHwgMtvXQ（2011年11月2日閲覧）.

2 Martin G. Lockley, *A Guide to Dinosaur Tracksites of the Colorado Plateau and the American Southwest*（Denver: University of Colorado, Department of Geology, 1986），および *Tracking Dinosaurs: A New Look at an Ancient World*（Cambridge: Cambridge University Press, 1991）; Martin G. Lockley and David G. Gillette, *Dinosaur Tracks and Traces*（Cambridge: Cambridge University Press, 1989）; Martin G. Lockley and Adrian P. Hunt, *Dinosaur Tracks and Other Fossil Footprints of the Western United States*（New York: Columbia University Press, 1995）; Martin G. Lockley, Barbara J. Fillmore, and Lori Marquardt, *Dinosaur Lake: The Story of the Purgatoire Valley Dinosaur Tracksite Area*（Denver: Colorado Geological Survey, 1997）; Martin G. Lockley and Christian Meyer, *Dinosaur Tracks and Other Fossil Footprints of Europe*（New York: Columbia University Press, 2000）.

3 William J. Gibbons, *Mokele-Mbembe: Mystery Beast of the Congo Basin*（Landisville, Pa.: Coachwhip, 2010）, 133.

4 "Last Dinosaur, Pt 1".

5 Gibbons, *Mokele-Mbembe*, 162.

6 たとえば，ローリー・ヌージェントはこのボハ村の呪医との話をこう述べている（テレ湖近くの，モケーレ・ムベンベの棲息地と言われる一帯のまっただ中）.「私がした現生恐竜の話は関心を引かなかった．呪医はモケーレ・ムベンベが強力な神で，つねに外見を変え，神の気まぐれと人間の認識によって変動すると信じている．人々がこの呪医のところへ持ち込むモケーレ・ムベンベの様子はてんでばらばらで，呪医はそれをすべて信じる．神々について嘘を言って幸福を危うくする者はいないと確信しているのだ」．ヌージェントはさらに，この人物が「人々はムケーレ・ムベンベは小さくて山羊みたいだと言うこともあるし，どんなに高い樹木よりも大き

いと言うこともある」と言ったことも伝える（*Drums Along the Congo: On the Trail of Mokele-Mbembe, the Last Living Dinosaur* [Boston: Houghton Mifflin, 1993], 163-164）.

7　この説はジェームズ・パウエルが1976年にカメルーンを訪れたときに始まっているらしい．地元の情報提供者がパウエルに，カバ（恐竜ではない）が川岸の洞穴を「巣穴」として使い「大雨のときには（今のモケーレ・ムベンベ伝説にあるような乾期ではない）そこで冬眠する（が壁は作らない）」と語った．これを聞いたパウエルは恣意的に断言した．「ヌソクニエンはふつうカバのことを言うが，おそらくゾウを思わせるような大型の水棲動物全般に使われるのだろう」――パウエルによる，「首が長い恐竜の写真に対する情報提供者の反応が，その動物はよく知らないし，見たことはないし，きっとこのあたりにはいない」といったものだったことを考えると，まぎれもなく文化的な自由で生まれたものだ（"On the Trail of the Mokele-Mbembe: A Zoological Mystery," *Explorer's Journal*, June 1981, 86-87）.

8　ギボンズのウェブサイトは，自身が計画した未確認動物の「発見」が進化論を崩すと論じる．William J. Gibbons, "Welcome to Creation Generation. Com ... We Are Still Under Construction," Creation Generation: Genesis 1: 1, http://www.creationgeneration.com（2011年11月2日閲覧）を参照．〔翻訳時点ではトップページの内容は変わっている〕

9　ロバート・マリンのクリムゾン・ムーン・プレス（マリンによるキリスト教的寓意のSF小説の出版社）での著者略歴では，マリンは「『クリエイション・リサーチ・ソサエティ』誌の編集者を7年」務めたとしている（Crimson Moon Press: Where Apologetic and Fiction Meet, http://crimsonmoonpress.com/Authors.html [2012年5月5日閲覧]）．〔翻訳時点では記述が変わっている〕

10　Gibbons, *Mokele-Mbembe*.

11　"Inside Story: Mullin on Mokele-Mbembe," June 28, 2009, CryptoMundo, http://www.cryptomundo.com/cryptozoo-news/mullin-mm/（2012年5月5日閲覧）.

12　Gibbons, *Mokele-Mbembe*, 205.

13　Abbé Lievain Bonaventure Proyart, *History of Loango, Kakongo, and Other Kingdoms in Africa*（1776）, in *A General Collection of the Best and Most Interesting Voyages and Travels in All Parts of the World*, trans. and ed. John Pinkerton（London: Longman, Hurst, Rees, Orme, and Brown, 1814）, 16: 557.

14　たとえば，ロイ・マッカルはタンザニアのイランバ県キルミ・イスンビリラで見つかった岩に描かれた「奇妙な動物」を挙げた．マッカルはこれを「未知の，首の長い，尻尾の長い，四つ足の動物を描いたかもしれない洞窟絵画」として提示した．「この証拠は示唆的以上にとるべきではない．肯定的な鑑定あるいは結論はもちろん導けないからだ．しかし証拠は棄却もできない」（*A Living Dinosaur? In Search of Mokele-Mbembe* [Leiden: Brill, 1987], 9-10）．そうかもしれないが，このタンザニアの岩壁絵画は，希望的観測によらなければ，いかなる点でもテレ湖（2000キロ

離れている）のモケーレ・ムベンベのものとも言えない．アフリカ岩壁絵画の専門家フィデリス・タリワワ・マサオは，中央タンザニアの岩壁絵画（マッカルに挙げられた，マサオの言う「半自然主義的動物絵画」）の意味や解釈は推測による部分が大きいと警告する．マッカルは，この形は「明らかにキリンではない」と唱えたが，マッカルには，そう断言する訓練も根拠もない．確かにそれは竜脚類よりはキリンの方に見えるし，マサオが指摘するように「キリンはこの地域の岩壁絵画に「描かれている［動物］種としてはいちばんありふれている」（"Possible Meaning of the Rock Art of Central Tanzania," *Paideuma* 36, Afrika-Studien II [1990]: 189–199）．

15 たとえば，Willy Ley, *Willy Ley's Exotic Zoology* (1959; New York: Bonanza Books, 1987), 66–74 を参照．

16 シーサーペントの目撃例をイクチオサウルスの生き残りと説明した例は，Robert Bakewell, *Introduction to Geology* (New Haven, Conn.: Howe, 1833), 213 にある．この筋書きは，Jules Verne, *Journey to the Center of the Earth*, trans. Willis T. Bradley (1864; New York: Ace Books, 1956), 187–188 で具体化された〔ヴェルヌ『地底旅行』高野優訳，光文社古典新訳文庫（2013）など〕．19 世紀の化石プレシオサウルスの発見が未確認動物学に及ぼした影響については，第 4 章，第 5 章を参照．

17 "Big Thunder Saurian Viewed and Approved," *New York Times*, February 17, 1905, 9.

18 "Old and Young Call to See the Dinosaur," *New York Times*, February 20, 1905, 12.

19 R. W. W., "Mr Carnegie's Imitation Dinosaur 'Makes a Hit' in England," *New York Times*, June 4, 1905, X7.

20 "Diplodocus Dinner in Berlin," *New York Times*, May 14, 1908, 4.

21 "Hunting the Dinosaurus," *Chicago Daily Tribune*, July 17, 1910, G7.

22 R. Jay Gangewere, "Dippy's Anniversary," *Carnegie Magazine*, http://www.carnegiemuseums.org/cmag/bk_issue/1999/julaug/feat1.html（2012 年 4 月 25 日閲覧）．

23 "The Dinosaurs of East Africa," *Bulletin of the American Geographical Society* 45, no. 3 (1913): 193–196. エーベルハルト・フラスの竜脚類化石に関する分類の歴史は入り組んでいるが，本人が選んだ *Gigantosaurus* はもはや認められていないことに注意のこと．

24 カール・ハーゲンベックは異国の狩猟動物を動物園，移動動物園，サーカスに初めて供給した．現役の間，ライオンを 1000 頭以上，クマを 1000 頭以上，ゾウを 300 頭，キリンを 150 頭——さらに無数の他の動物を輸入した．ハーゲンベックはストレスを少なくした動物調教法を開発し，1876 年には動物園の飼育区域を檻なしで建設する方式で特許をとった．これはハーゲンベックが 1907 年 5 月 7 日に開業し

た，きわめて人気の高かった私立動物園用の設計理念となった．Herman Reichenbach, "Carl Hagenbeck's Tierpark and Modern Zoological Gardens," *Journal of the Society for the Bibliography of Natural History* 9, no. 4 (1980): 574, 577-582 を参照.

25 Carl Hagenbeck, *Beasts and Men: Being Carl Hagenbeck's Experiences for Half a Century Among Wild Animals*, trans. Hugh S. R. Elliot and A. G. Thacker (New York: Longmans, Green, 1912), 95-97.〔ハーゲンベック『動物会社ハーゲンベック』平野威馬雄訳，白夜書房（1978）〕

26 ハーゲンベックはアフリカクロサイ（*Diceros bicornis*），スマトラサイ（*Dicerorhinus sumatrensis*），ミナミゾウアザラシ（*Mirounga leonine*），ヒョウアザラシ（*Hydrurga leptonyx*）などを初めて輸入した人物でもある．Reichenbach, "Carl Hagenbeck's Tierpark and Modern Zoological Gardens," 580-581 を参照.

27 "A Memorable Book on the Traits of Wild Beasts," *New York Tribune*, January 29, 1910, 8; " 'Sea Serpent' of the Forest," *Times of India* (Mumbai [Bombay]), January 6, 1910, 8.

28 "Brontosaurus Still Lives," *Washington Post*, January 23, 2010, M1.

29 "Prehistoric Cement Zoo," *Washington Post*, December 26, 1910, 6.

30 どちらの用語も実は，いわゆるアフリカのブロントサウルスを取り上げた西洋の報道の早い時期に現れている．たとえば，ハーゲンベック自身，恐竜が棲息していた地域には「血に飢えた野蛮人がはびこっていた」ことを断言したが，ある記事の見出しはこう問いかけた．「かつて地上を徘徊した先史時代の怪獣の子孫がまだ暗黒大陸のよく知られていない地方にいるのか」（" Searching for Saurians in African Jungle," *Washington Post*, February 19, 1928, SM9）．もちろん，過去の人々を現代の基準で判断するのはフェアではない．ハーゲンベックは文字どおり，乱暴な遭遇について語っていて，今日でもあやしげな響きの「暗黒大陸」という言い回しが，人種を指す意図がなくても使われることがある．この異論のある用語についての最近の議論については，Ombudsman, "Should NPR Have Apologized for 'Dark Continent'?" February 27, 2008, NPR Omdudsman, http://www.npr.org/blogs/ombudsman/2008/02/should_npr_have_apologized_for.html（2012 年 4 月 27 日閲覧）．

31 "British East Africa," *Uganda Herald* (Kampala), February 14, 1913, 12.

32 "Startling Rumour," *Bulawayo* [*Buluwayo, Zimbabwe*] *Chronicle*, December 3, 1909, 3.

33 "A Fearsome Beast," *Rhodesia* [*Zimbabwe*] *Herald* (Harare), December 17, 1909, 9.

34 "The 'Brontosaurus': More Hearsay," *Bulawayo Chronicle*, January 14, 1910, 7.

35 "Across Africa by Motor Boat," *Nyasaland Times* (Blantyre, Malawi), May 11, 1911, 5.

36 *East African Standard* (Nairobi, Kenya), July 15, 1911, 13 のタイトルのない記事.
37 Bernard Heuvelmans, *On the Track of Unknown Animals*, trans. Richard Garnett (New York: Hill and Wang, 1959), 450 に引用されたもの.
38 同前, 441.
39 "Hunting the Dinosaurus," *Chicago Daily Tribune*, July 17, 1910, G7 (名字のつづりは資料によってばらつきがあり, "Brookes" だったり "Brooks" だったりする).
40 "Sure the Diplodocus Is Not Yet Extinct," *New York Times*, October 2, 1910 に引用されたもの.
41 May Bosman, "Does Prehistoric Monster Still Live?" *Atlanta Constitution*, May 22, 1921, G8. これは当時流通していたアフリカのブロントサウルス説を, それ以前にあったフロートスランという大蛇についての南アフリカの地方伝承に投影したものだったように見える. 大蛇の方は, 実質的にギリシア・ローマ時代以来, 世界的に伝承される「大蛇」怪獣のひな形を, リビアやインドに投影したものの表れである.
42 Ley, Willy *Ley's Exotic Zoology*, 71–72 に引用され論じられている.
43 Heuvelmans, *On the Track of Unknown Animals*, 461.
44 "The Congo Monster. Story Ridiculed," *Beira* [*Mozambique*] *News*, December 16, 1919 に引用されたもの.
45 "Startling Rumour".
46 "A Tale from Africa: *Semper Aliquid Novi*," *Times* (London), November 17, 1919, 11.
47 "Much Interest Aroused," *Rhodesia Herald*, November 25, 1919, 5.
48 "Dragon of the Prime," *Times*, December 12, 1919, 13.
49 "No Brontosaurus There: 'Wholly Fabulous Report,'" *Beira News*, December 23, 1919, 3.
50 "Missionary's Leg Pulled," *Rhodesia Herald*, December 23, 1919, 5 に引用されたもの.
51 "The Brontosaurus Myth," *Dar-es-Salaam* [*Tanzania*] *Times*, March 19, 1921, 6.
52 Wentworth D. Gray, "The Brontosaurus" [投書], *Times*, February 23, 1920, 10.
53 "Game Hunter's Encounter," *Rhodesia Herald*, December 23, 1919, 23.
54 私がレスター・スティーヴンスとその飼い犬のことを言うのは, ユーヴェルマンスが著書でスティーヴンスの「巨大爬虫類」探しをこの話題の章の冒頭に使っているからでもあり, この遠征が広く伝えられ, またばかげているからでもある. ユーヴェルマンスはレスター・スティーヴンス大尉のことを「Lester Stevens」ではなく,「Leicester Stevens」としている (*On the Track of Unknown Animals*, 434). "Experts Who Believe in It," *Bulawayo Chronicle*, December 26, 1919, 5 も参照.
55 Ley, *Willy Ley's Exotic Zoology*, 62–74; Ivan T. Sanderson, "There Could Be Dinosaurs," *Saturday Evening Post*, January 3, 1948, 17, 53, 56; Heuvelmans, *On*

the Track of Unknown Animals, 434–484.

56 Powell, "On the Trail of the Mokele-Mbembe".

57 Mackal, *Living Dinosaur?*

58 Hans Schomburgk, Ley, *Willy Ley's Exotic Zoology*, 69 に引用されたもの．ションブルクは，コビトカバの存在を確認し科学として記載した最初の西洋人で，民族地理学的調査の難しさについて，見識のある不満を述べる立場にいた．

59 パウエルは疑問を投げかける．「ミシェルは誠実だったのか，それともそのアフリカ的創造性が，ユーヴェルマンスの本で自分が受けた宣伝によって火がついたのか．おそらく決してわからないだろう」（"On the Trail of the Mokele-Mbembe", 87–88）．それでも，パウエルは自分の情報提供者の誠実さには感心したらしく，この人物の話が正反対であることについての詰問には答えない．

60 "The Last Dinosaur" [season 3, episode 52], *MonsterQuest*, History Channel, June 24, 2009, "MonsterQuest: The Last Dinosaur, Pt. 2," YouTube, http://www.youtube.com/watch?v=jfYqA4n0qow（2012 年 5 月 4 日閲覧）．

61 Gibbons, *Mokele-Mbembe*, 73, 83.

62 Tokuharu Takabayashi, "The First Japanese-Congolese Mokele-Mbembe Expeditions," *Cryptozoology: Interdisciplinary Journal of the International Society of Cryptozoology* 7（1988）: 67.

63 Gibbons, *Mokele-Mbembe*, 94.

64 たとえばコンゴの生物学者，マルスラン・アニャーニャは，いくつかのツアーをコンゴのボハ村へ連れて行き，ピエール・シーマはいくつかのツアーをカメルーンのラングー村へ連れて行った．重要度はともかく，アニャーニャとシーマはともに，自身がモケーレ・ムベンベを見たと主張した．Gibbons, *Mokele-Mbembe*, 57–58, 170–171 を参照．

65 Mackal, *Living Dinosaur?* 59.

66 マッカルはその名を「アントワーヌ・メオンブ（Antoine Meombe）としている．*Living Dinosaur?* 61; パウエルは "On the Trail of the Mokele-Mbembe," 84–91 で，それを「ミオーブ・アントワーヌ（Miobe Antoine）」としている．

67 Mackal, *Living Dinosaur?* 73.

68 同前，74.

69 Powell, "On the Trail of the Mokele-Mbembe".

70 同前．

71 同前．

72 Mackal, *Living Dinosaur?* 160.

73 同前，103.

74 Gibbons, *Mokele-Mbembe*, 74.

75 Redmond O'Hanlon, *No Mercy: A Journey into the Heart of the Congo*（New York: Vintage Books, 1998）, 375.

76 John H. Acorn, "Good-Humored Adventure in the Congo," *Skeptical Inquirer* 19, no. 3 (1995): 46-48.

77 William Gibbons, "Was a Mokele-Mbembe Killed at Lake Tele?" The Anomalist Archive: High Strangeness Reports, http://www.anomalist.com/reports/mokele.html (2012年5月2日閲覧).

78 Gibbons, *Mokele-Mbembe*, 109.

79 Mackal, *Living Dinosaur?* 93-95.

80 Dembart Lee, "Proof of Dinosaur Sighting May Hinge on What Develops," *Los Angeles Times*, December 23, 1981, A16に引用されたもの.

81 "Developed Film Fails to Show Any Dinosaur," *Los Angeles Times*, December 23, 1981, A3.

82 Gibbons, *Mokele-Mbembe*, 81.

83 ギボンズは，アニャーニャが「私たちをスパイとして逮捕させる」と脅したことを書いていて，アニャーニャは遠征隊の未現像のフィルムを盗んだかもしれないと匂わせている（同前，81, 83）.

84 Takabayashi, "First Japanese-Congolese Mokele-Mbembe Expeditions," 66-69（この記事は高林と他に二人が以前，1986年に訪れて，宣教師のユージン・トーマスと話したこと，1987年のアニャーニャが加わった別の日本隊の話も述べている）.

85 O'Hanlon, *No Mercy*.

86 Nigel Burton, "Real Life Dinosaur Hunt," *Northern Echo* (Darlington, England), June 5, 1999, 7.

87 John Kirk, *In the Domain of the Lake Monsters* (Toronto: Key Porter Books, 1998), 258.

88 Gibbons, *Mokele-Mbembe*, 86.

89 同前，85-100.

90 同前，96.

91 "Megatransect Across Africa," *National Geographic*, http://ngm.nationalgeographic.com/ngm/data/2001/08/01/sights_n_sounds/media.5.2.html (2012年5月5日閲覧).

92 Gibbons, *Mokele-Mbembe*, 112-125.

93 捜索はBBCから15,000ドル，カナダの裕福な経営者で「若い地球」の創造主義者ポール・ロケルから5000ドルを供与された．同前，127-128を参照．ロケルの進化に関する発言は，"Where Are the Facts?"［投書］, *Waterloo Region Record* (Ontario, Canada), January 10, 2011, http://www.therecord.com/opinion/letters/article/318832--where-are-the-facts (2012年5月2日閲覧).

94 Gibbons, *Mokele-Mbembe*, 139.

95 同前，146.

96 Divine Intervention Radioが配信するポッドキャストのある回で，ミルト・マーシ

ーは，悪名高いパラクシー川の「人の足跡」（誤認された恐竜の足跡，無機物のへこみ，恐竜の足跡に並んで見られる明らかな偽造の寄せ集めで，一部の「創造主義科学者」は人類が非鳥類恐竜と同じ時代に生きていたことを示す証拠と解釈した）に積極的にかかわった創造主義者と紹介されている．"Living Dinosaurs? Cryptozoologists and Dinosaur Hunters, Dr William Gibbons and Milt Marcy," Divine Intervention, podcast, March 28, 2008 を参照，http://divineintervention.typepad.com/divine_intervention/2008/03/episode-6-livin.html（2012 年 5 月 5 日閲覧）．マーシーがギボンズに資金を提供した話は，Gibbons, *Mokele-Mbembe*, 151-152 にある．

97 Gibbons, *Mokele-Mbembe*, 158-159.

98 同前，165.

99 同前，168-171.

100 ピーター・ビーチは，「聖書創造主義者」と呼ばれる．竜脚類だけでなく，プテロサウルスも生き残っているという説を広めている．Nathaniel Coleman, "A Brave Biologist: Living Dinosaurs and Pterosaurs" 参照，http://www.livepterosaur.com/brave-biologist/（2012 年 5 月 4 日閲覧）〔翻訳時点では開けない〕．ブライアンは創造主義者の後援者として，「理学士，古生物学．創造発生および創世記パーク研究チーム」と名乗っている．"Dinosaur Hunter to Speak in Pangman [Saskatchewan] This Sunday 参照，" http://www.pangman.ca/wp-content/uploads/2010/03/Brian-Sass-News-Re-lease.pdf（2012 年 5 月 4 日閲覧）．

101 Gibbons, *Mokele-Mbembe*, 180-183.

102 "Inside Story: Mullin on Mokele-Mbembe"; Gibbons, *Mokele-Mbembe*, 187-189.

103 Neil Mandt and Michael Mandt, "Wild Man & Swamp Dinosaur" [season 2, episode 3], *Destination Truth*, Syfy, March 19, 2008 (Ping Pong Productions).

104 "Last Dinosaur, Pt. 2".

105 Gibbons, *Mokele-Mbembe*, 197.

106 "Inside Story: Mullin on Mokele-Mbembe".

107 Gibbons, *Mokele-Mbembe*, 187-188.

108 Peter Dodson, Anna K. Behrensmeyer, Robert T. Bakker, and John S. McIntosh, "Taphonomy and Paleoecology of the Dinosaur Beds of the Jurassic Morrison Formation," *Paleobiology* 6 (1980): 208-232.

109 Bruce H. Tiffney, "Land Plants as Food and Habitat in the Age of Dinosaurs," in *The Complete Dinosaur*, 2nd. ed., ed. M. K. Brett-Surman, Thomas R. Holtz Jr., and James O. Farlow (Bloomington: Indiana University Press, 2012), 569-588.

110 Paul C. Sereno, Allison L. Beck, Didier B. Dutheil, Hans C. E. Larsson, Gabrielle H. Lyon, Bourahima Moussa, Rudyard W. Sadlier, Christian A. Sidor, David J. Varricchio, Gregory P. Wilson, and Jeffrey A. Wilson, "Cretaceous Sauropods from the Sahara and the Uneven Rate of Skeletal Evolution Among Dinosaurs,"

Science 286 (1999): 1342-1347.
111 Donald R. Prothero, *After the Dinosaurs: The Age of Mammals* (Bloomington: Indiana University Press, 2006); Lars Werdelin and William Joseph Sanders, eds., *Cenozoic Mammals of Africa* (Berkeley: University of California Press, 2010).
112 Mackal, *Living Dinosaur?* 152.
113 "Living Dinosaurs? Cryptozoologists and Dinosaur Hunters".
114 Gibbons, *Mokele-Mbembe*, 63-66.
115 Gibbons, "Welcome to Creation Generation.Com"; "Mokele-mbembe: The Living Dinosaur!" Cryptozoological Realms, http://www.mokelembembe.com; Cryptozoology Research Team: Tracking Down the World's Last Natural Mysteries, http://www.living dinos.com; William J. Gibbons, "In Search of the Congo Dinosaur," Institute for Creation Research, http://www.icr.org/article/306/(いずれも 2011 年 11 月 3 日閲覧).
116 William Gibbons and Kent Hovind, Claws, *Jaws and Dinosaurs* (Pensacola, Fla.: CSE, 1999), 3.
117 同前，34.
118 Donald R. Prothero, *Evolution: What the Fossils Say and Why It Matters* (New York: Columbia University Press, 2007).
119 Gibbons, "Welcome to Creation Generation.Com".
120 N. F. Goldsmith and I. Yanai-Inbar, "Coelacanthid in Israel's Early Miocene? Latimeria Tests Schaeffer's Theory," *Journal of Vertebrate Paleontology* 17, supplement 3 (1997): 49A; T. Ørvig, "A Vertebrate Bone from the Swedish Paleocene," *Geologiska Föreningens i Stockholm Förhandlingar* 108 (1986): 139-141.
121 Prothero, *Evolution*, 50-85.
122 Gibbons, "Welcome to Creation Generation.Com".
123 Prothero, *Evolution*, xvii.
124 同前，24-49.

第7章　人はなぜモンスターを信じるのか

1 Elizabeth Landau, "Why Do We Need to Look for Bigfoot?" CNN Health, June, 21, 2010, http://articles.cnn.com/2010-06-21/health/bigfoot.psychology.monsters_1_ bigfoot-goat-sucker-monsters?_s=PM:HEALTH (2011 年 11 月 25 日閲覧). 〔翻訳時点では http://edition.cnn.com/2010/HEALTH/06/21/bigfoot.psychology.monsters/〕
2 Baylor Religion Survey, 2005, Q76F by Q74K [custom table, showing comparison], http://www.thearda.com/includes/crosstabs.asp?file=BRS2005&v=390&v2=377&p=2 &s=on (2012 年 2 月 16 日閲覧).

3 Christopher D. Bader, F. Carson Mencken, and Joseph O. Baker, *Paranormal America: Ghost Encounters, UFO Sightings, Bigfoot Hunts, and Other Curiosities in Religion and Culture* (New York: New York University Press, 2011), 106-111.

4 Joshua Blu Buhs, *Bigfoot: The Life and Times of a Legend* (Chicago: University of Chicago Press, 2009), 174-175.

5 Karen Stollznow, e-mail to Daniel Loxton, February 16, 2012; Blake Smith, e-mail to Daniel Loxton, February 16, 2012.

6 Buhs, *Bigfoot*, 172.

7 同前に引用されたもの.

8 同前，177 に引用されたもの.

9 同前，177-178.

10 Brian Regal, *Searching for Sasquatch: Crackpots, Eggheads, and Cryptozoology* (New York: Palgrave Macmillan, 2011).

11 Gerald Durrell, Bernard Heuvelmans, *On the Track of Unknown Animals*, trans. Richard Garnett への序文 (New York: Hill and Wang, 1959), 20.

12 Regal, *Searching for Sasquatch*.

13 Samuel Kneeland, in *Proceedings of the Boston Society of Natural History*, 1874, 338; Willy Ley, *Willy Ley's Exotic Zoology* (1959; New York: Bonanza Books, 1987).

14 Regal, *Searching for Sasquatch*, 71-74.

15 たとえば，John Napier, *Bigfoot: The Yeti and Sasquatch in Myth and Reality* (New York: Dutton, 1973), 105-107.

16 同前，90-91; Don Hunter, with René Dahinden, *Sasquatch* (New York: Signet, 1975), 119-122.

17 Hunter and Dahinden, *Sasquatch*, 134.

18 Regal, *Searching for Sasquatch*, 115-117 に引用されたもの.

19 Napier, *Bigfoot*, 107.

20 Linda Witt, "Monster Hunter Roy Mackal Treks to Africa in Search of the Last of the Dinosaurs," People, December 7, 1981 に引用されたもの，http://www.people.com/people/archive/article/0,,20080868,00.html（2011 年 11 月 25 日閲覧）.

21 Roy P. Mackal, *A Living Dinosaur? In Search of Mokele-Mbembe* (Leiden: Brill, 1987), 18.〔マッカル『幻の恐竜を見た』南山宏訳，二見書房（1989）〕

22 Roy P. Mackal, *The Monsters of Loch Ness* (Chicago: Swallow Press, 1976).

23 Mackal, *Living Dinosaur?* 18.

24 Bernard Heuvelmans, *The Monsters of Loch Ness*, by Roy P. Mackal の書評，*Skeptical Inquirer* 2, no. 1 (1977): 110-120.

25 Darren Naish, "Aquatic Proto-People and the ~~Theory~~ Hypothesis of Initial Bipedalism," March 17, 2008, Tetrapod Zoology, http://scienceblogs.com/

tetrapodzoology/2008/03/initial-bipedalism/（2011年11月25日閲覧）.

26 Ivan T. Sanderson, "There Could Be Dinosaurs," *Saturday Evening Post*, January 3, 1948.

27 Bernard Heuvelmans, *Sur la piste des bêtes ignorées* (Paris: Librarie Plon, 1955); *On the Track of Unknown Animals*.〔ユーヴェルマンス『未知の動物を求めて』今井幸彦訳，講談社（1981）〕

28 たとえば Ivan T. Sanderson, *Abominable Snowmen: Legend Come to Life: The Story of Sub-Humans on Five Continents from the Early Ice Age Until Today* (Philadelphia: Chilton, 1961); *Uninvited Visitors: A Biologist Looks at UFOs* (New York: Cowles, 1967); *Invisible Residents: A Disquisition upon Certain Matters Maritime, and the Possibility of Intelligent Life Under the Waters of This Earth* (New York: World, 1970); "The Twelve Devil's Graveyards Around the World," *Saga*, 1972; *"Things" and More "Things": Myths, Mysteries, and Marvels!* (Kempton, Ill.: Adventures Unlimited Press, 2007) を参照.

29 Regal, *Searching for Sasquatch*.

30 Buhs, *Bigfoot*, 227-228.

31 同前 ; Regal, *Searching for Sasquatch*.

32 クランツはビッグフットの「掌紋」証拠を早くから熱心に唱えていた．これはビッグフットの足跡と言われる石膏型の一部が正確に，細かい指紋のような「皮膚のでこぼこ」を，汗腺に至るまで記録しているとする説だ．「私が最初にサスクワッチの足跡に見られる皮膚のでこぼこの潜在的な意味に気づいたとき，この生物種の存在が科学的に受け入れられることは，動物そのものの標本を持ち込まなくてもかないそうに見えた．それこそが私がそこに多くの資源や，私の科学的な評判を賭けるきっかけになる期待だった」と書いている（*Bigfoot Sasquatch Evidence* [Surrey, B. C.: Hancock House, 1999], 86）．皮膚のでこぼこという証拠は，今でも，ジェフ・メルドラムやテキサス州の鑑識捜査員ジミー・シルカットのようなビッグフット派の支持を受けている．しかし，懐疑派研究者のマット・クラウリーは，皮膚のでこぼこが肝心なところに欠陥があるとする論証を示している．いくつかの実験を通じて，ビッグフット派が推すパターンを正確に再現するでこぼこによる，指紋のような肌理は，足跡の型を取る過程そのものによくある，予測可能な結果であることが明らかになった．クラウリーはこのでこぼこは自然発生的に，またしばしば，「複数の土台のテスト用の型どり」にできると説明している．「いろいろな型取りセメント，いろいろな懸濁液の温度や濃さによる」という．クラウリーの分析は圧倒的なので，本書では掌紋の証拠はこれ以上論じない．もっと知りたい読者は，クラウリーのウェブサイトにある何十という関連記事を参照のこと．"Dermal Ridges and Casting Artifacts," October 19, 2009, Orgone Research, http://orgoneresearch.com/2009/10/19/dermal-ridges-and-casting-artifacts/; "Ridges and Furrows," October 19, 2009, Orgone Research, http://orgoneresearch.

com/2009/10/19/ridges-and-furrows-2/; “Arched Furrows,” October 19, 2009, Orgone Research, http://orgoneresearch.com/2009/10/19/arched-furrows/; “Ridge Flow Pattern,” October 19, 2009, Orgone Research, http://orgoneresearch.com/2009/10/19/ridge-flow-pattern/; “Conclusion,” October 19, 2009, Orgone Research, http://orgoneresearch.com/2009/10/19/conclusion/（いずれも 2013 年 4 月 2 日閲覧）.

33 Regal, *Searching for Sasquatch.*

34 Paul McCarthy, “Cryptozoologists: An Endangered Species,” January 11, 1993, Bigfoot Encounters, http://www.bigfootencounters.com/articles/cryptozoologists.htm（2011 年 11 月 25 日閲覧）.

35 CryptoMundo, http://www.cryptomundo.com/（2011 年 11 月 25 日閲覧）.

36 Buhs, *Bigfoot; Regal, Searching for Sasquatch.*

37 メイヤーとネイシュはともに最近発表された，怪異動物学センター（Center for Fortean Zoology）発行の新しい未確認動物学のジャーナルで審査委員会に名を連ねている．Karl Shuker, “Welcome to the *Journal of Cryptozoology*–A New, Peer-Reviewed Scientific Journal Devoted to Mystery Animals,” February 27, 2012, ShukerNature, http://karlshuker.blogspot.com/2012/02/welcome-to-journal-of-cryptozoology-new.html 参照（2012 年 2 月 27 日閲覧）.

38 David Orr, “*Scaphognathus crassirostris*: A Pterosaur in the Historical Record?” June 14, 2011, Love in the Time of Chasmosaurs, http://chasmosaurs.blogspot.com/2011/06/scaphognathus-crassirostris-pterosaur.html（2011 年 11 月 25 日閲覧）.

39 Cryptozoology Biographies, Cryptozoological Realms, http://www.cryptozoology.net/english/biographies/bios_a.html（2011 年 11 月 25 日閲覧）.〔翻訳時点では開けない〕

40 William J. Gibbons, *Mokele-Mbembe: Mystery Beast of the Congo Basin*（Landisville, Pa.: Coachwhip, 2010）, 9.

41 Niles Eldredge and Steven M. Stanley, eds., *Living Fossils*（Berlin: Springer, 1984）.

42 Donald R. Prothero, *Evolution: What the Fossils Say and Why It Matters*（New York: Columbia University Press, 2007）, 24–49.

43 パトリオット・バイブル大学の「認定」のページによれば，同校は「コロラド州高等教育委員会によって宗教学の学位を出すことを認められている……本校は世俗的経歴の専門職を訓練したり，世俗的な学位を与えたり，牧師職を職業と見る人々を教育したりするために存在するのではない……ので，世俗の地域的名声について学生に何万ドルも（年間で）かかる授業料を使わせることはしないことにした」［強調は原文］，Patriot Bible University, http://www.patriotuniversity.org/index.php?mod=Articles&menuid=67（2012 年 2 月 26 日閲覧）．さらに次のように明言される．

1．パトリオット・バイブル大学は，連邦学生ローン／経済支援プログラムに加入する資格を有していない．
2．パトリオット・バイブル大学は退役軍人支援法の対象として認められていない．
3．パトリオット・バイブル大学は他の高等教育機関で学位を受ける際に認定を受けられることを保証できない．
4．企業はパトリオット・バイブル大学の学位を学位として認めなくてもよい．
（"Who Accredits Patriot Bible University?" Patriot Bible University, http://www.patriotuniversity.com/Secure/infoAccreditation.htm［2012年2月26日閲覧］）

44 Karen Bartelt, "The Dissertation Kent Hovind Doesn't Want You to Read," http://www.noanswersingenesis.org.au/bartelt_dissertation_on_hovind_thesis.htm（2012年1月26日閲覧）.

45 Michael Stewart, "A Decade for 'Dr. Dino,'" *Pensacola*［*Fla.*］*News Journal*, January 20, 2007, A1.

46 Bader, Mencken, and Baker, *Paranormal America*, 24, 218 nn. 9–11.

47 Susan A. Clancy, *Abducted: How People Come to Believe They Were Kidnapped by Aliens*（Cambridge, Mass.: Harvard University Press, 2005）.〔クランシー『人はなぜエイリアンに誘拐されたと思うのか』林雅代訳，ハヤカワ文庫NF（2006）〕

48 David W. Moore, "Three in Four Americans Believe in Paranormal," June 16, 2005, Gallup News Service, http://www.gallup.com/poll/16915/Three-Four-Americans-Believe-Paranormal.aspx（2012年3月1日閲覧）.

49 Bader, Mencken, and Baker, *Paranormal America*, 129.

50 同前，94, fig. 4.3.

51 同前，147–148, figs. 6.2 and 6.3.

52 同前，56–57.

53 David Briggs, "Paranormal Is the New Normal in America," January 31, 2011, Association of Religion Data Archives, http://thearda.com/trend/featured/paranormal-is-the-new-normal-in-america/（2012年1月26日閲覧）に引用されたもの.〔翻訳時点では，http://blogs.thearda.com/trend/featured/paranormal-is-the-new-normal-in-america/〕

54 Bader, Mencken, and Baker, *Paranormal America*, 147–148, figs. 6.2 and 6.3.

55 David Briggs, "Paranormal Is the New Normal in America".

56 Bader, Mencken, and Baker, *Paranormal America*, 155–156.

57 John W. Morehead, "Paranormal America," January 19, 2011, *Sacred Tribes Journal*, http://www.sacredtribesjournal.org/stj/index.php?option=com_content&view=article&id=67:paranormal-america&catid=1:latest-news（2012年1月26日閲覧）.〔翻訳時点では開けない〕

58 Bader, Mencken, and Baker, *Paranormal America*, 141–156.

59 同前，97–99, figure 4.6.

60 同前，120.

61 同前，130; Moore, "Three in Four Americans Believe in Paranormal".

62 Christopher D. Bader, "Supernatural Support Groups: Who Are the UFO Abductees and Ritual-Abuse Survivors?" *Journal for the Scientific Study of Religion* 42, no. 4 (2003): 669–678.

63 Bader, Mencken, and Baker, *Paranormal America*, 69–70.

64 Clancy, *Abducted*, 129.

65 同前，129–136.

66 問い 76F: あなたはビッグフット，ネス湖の怪獣などの謎の動物のような話題について，本を読むか，ウェブサイトを調べるか，研究するか，したことがありますか. Baylor ReligionSurvey, 2005, Association of Religion Data Archives, http://www.thearda.com/Archive/Files/Analysis/BRS2005/BRS2005_VAR390_1.asp（2012 年 3 月 1 日閲覧）.

67 Matthew J. Sharps, Justin Matthews, and Janet Asten, "Cognition and Belief in Paranormal Phenomena: Gestalt/Feature-Intensive Processing Theory and Tendencies Toward ADHD, Depression, and Dissociation," *Journal of Psychology* 140, no. 6 (2006): 579–590.

68 問い 74K:「ビッグフットやネス湖の怪獣のような動物はいつか科学になって発見される」という言明について，どの程度肯定あるいは否定しますか. Baylor Religion Survey, 2005, Association of Religion Data Archives, http://www.thearda.com/Archive/Files/Analysis/BRS2005/BRS2005_Var377_1.asp（2012 年 1 月 26 日閲覧）.

69 "Belief in Bigfoot: In your opinion, does each of the following exist? Bigfoot (Baylor Religion Survey, Wave 2, 2007)," Association of Religion Data Archives, http://www.thearda.com/quickstats/qs_43.asp（2012 年 2 月 27 日閲覧）.

70 "Americans More Likely to Believe in Bigfoot than Canadians," March 4, 2012, Angus Reid Public Opinion, http://www.angus-reid.com/wp-content/uploads/2012/03/2012.03.04_Myths.pdf（2012 年 3 月 4 日閲覧）.〔翻訳時点では http://angusreidglobal.com/wp-content/uploads/2012/03/2012.03.04_Myths.pdf〕

71 "TBRC Investigators Hear a Number of Close Knocks and Discover Fresh Tracks the Next Day," January 5, 2008, Texas Bigfoot Research Conservancy, http://www.texasbigfoot.com/reports/report/detail/455（2012 年 3 月 1 日閲覧）; Bader, Mencken, and Baker, *Paranormal America*, 122–126.

72 Bader, Mencken, and Baker, *Paranormal America*, 121.

73 Christopher Bader, F. Carson Mencken, and Joseph O. Baker, "Survey of Attenders: Texas Bigfoot Research Conservancy Annual Meeting 2009," Waco,

Tex.: Baylor University, Department of Sociology, http://www.thearda.com/Archive/Files/Descriptions/BIGFOOT.asp（2012 年 3 月 1 日閲覧）.
74 Bader, Mencken, and Baker, *Paranormal America*, 113-121.
75 同前；"Survey of Attenders: Texas Bigfoot Research Conservancy Annual Meeting 2009: Gender," Association of Religion Data Archives, http://www.thearda.com/Archive/Files/Analysis/BIGFOOT/BIGFOOT_Var45_1.asp（2012 年 3 月 1 日閲覧）.
76 Bader, Mencken, and Baker, *Paranormal America*, 120; "Survey of Attenders: Texas Bigfoot Research Conservancy Annual Meeting 2009: Education," Association of Religion Data Archives, http://www.thearda.com/Archive/Files/Analysis/BIGFOOT/BIGFOOT_Var105_1.asp（2012 年 3 月 1 日閲覧）.
77 Mike Leggett, "Texas Bigfoot Conference More Boring Than You Would Think," *Austin American-Statesman*, October 4, 2009, http://www.mcclean.org/bigfoottimes/blog/2009_10_01_archives.html（2011 年 11 月 25 日閲覧）.〔翻訳時点では http://phantomuniverse.blogspot.com/2009/10/texas-bigfoot-conference-boring.html となっている〕
78 Bader, Mencken, and Baker, *Paranormal America*, 120.
79 Chad Arment, *Cryptozoology: Science and Speculation*（Landisville, Pa.: Coachwhip, 2004）, 11.
80 Loren Coleman, *Mothman and Other Curious Encounters*（New York: Paraview Press, 2002）, 112.
81 Janet Bord and Colin Bord, *Bigfoot Casebook Updated: Sightings and Encounters from 1818 to 2004*（Enumclaw, Wash.: Pine Winds Press, 2006）, 130-132.
82 Bader, Mencken, and Baker, *Paranormal America*, 137-138.
83 Bord and Bord, *Bigfoot Casebook Updated*, 137.
84 同前, 146-147.
85 Bader, Mencken, and Baker, *Paranormal America*, 138-139.
86 Bord and Bord, *Bigfoot Casebook Updated*, 136-137.
87 Michael McLeod, *Anatomy of a Beast: Obsession and Myth on the Trail of Bigfoot*（Berkeley: University of California Press, 2009）, 145.
88 Jon-Erik Beckjord, "A Real Life Daily Application for Wormholes in Space-Time," February 2007, http://web.archive.org/web/20080414223831/; http://www.beckjord.com/wormholesinuse/（2011 年 11 月 25 日閲覧）.〔翻訳時点では前者は開けない．後者は Facebook のページに転送される〕
89 Daniel Loxton, "New Video from Loch Ness," eSkeptic, June 13, 2007, Skeptic, http://www.skeptic.com/eskeptic/07-06-13/（2012 年 3 月 3 日閲覧）.
90 Tony Shiels, *Monstrum! A Wizard's Tale*（London: Fortean Times, 1990）, 69.
91 Rikki Razdan and Alan Kielar, "Sonar and Photographic Searches for the Loch

Ness Monster: A Reassessment," *Skeptical Inquirer* 9, no. 2 (1984-1985): 153-154.

92 Daniel Loxton, "An Argument that Should Never Be Made Again," February 2, 2010, Skepticblog, http://www.skepticblog.org/2010/02/02/an-argument-that-should-never-be-made-again/ (2012 年 3 月 3 日閲覧).

93 Michel Meurger, with Claude Gagnon, *Lake Monster Traditions: A Cross-Cultural Analysis* (London: Fortean Times, 1988), 23-24.

94 British Columbia Scientific Cryptozoology Club, "About," http://bcscc.ca/blog/About (2012 年 3 月 3 日閲覧).〔翻訳時点では，http://www.bcscc.ca/blog/?page_id=5 となっている〕

95 Aaron M. Bauer and Anthony P. Russell, "A Living Plesiosaur? A Critical Assessment of the Description of *Cadborosaurus willsi*," *Cryptozoology* 12 (1996): 1-18.

96 John Kirk, "What on Earth Is Going On in the World of Cryptozoology?" *British Columbia Scientific Cryptozoology Club Quarterly*, January 2012, 1.

97 Benjamin Radford and Joe Nickell, *Lake Monster Mysteries: Investigating the World's Most Elusive Creatures* (Lexington: University Press of Kentucky, 2006), 50.

98 Richard J. Greenwell, "The Big Black Cat of Puerto Penasco," *Cryptozoology* 13 (1998): 38-46.

99 Richard J. Greenwell, "A Classificatory System for Cryptozoology," *Cryptozoology* 4 (1985): 1-14.

100 Elizabeth F. Loftus, *Memory: Surprising New Insights into How We Remember and Why We Forget* (New York: Addison-Wesley, 1980).

101 Sharon Hill, "Want to Shed the Pseudoscience Label? Try Harder," May 23, 2011, Doubtful, http://idoubtit.wordpress.com/2011/05/23/want-to-shed-the-pseudoscience-label-try-harder/ (2012 年 1 月 26 日閲覧).

102 Marcello Truzzi, "On the Extraordinary: An Attempt at Clarification," *Zetetic Scholar* 1 (1978): 11; "Carl Sagan on Alien Abduction," *Nova*, February 27, 1996, http://www.pbs.org/wgbh/nova/space/sagan-alien-abduction.html (2011 年 12 月 22 日閲覧).

103 Benjamin Radford, *Tracking the Chupacabra: The Vampire Beast in Fact, Fiction, and Folklore* (Albuquerque: University of New Mexico Press, 2011); Radford and Nickell, *Lake Monster Mysteries*.

104 Michael Shermer, *The Believing Brain: From Ghosts and Gods to Politics and Conspiracies: How We Construct Beliefs and Reinforce Them as Truths* (New York: Holt, 2011).

105 Daniel Cohen, *Myths of the Space Age* (New York: Dodd, Mead, 1967), 5.

106 Ray Hyman, *The Elusive Quarry: A Scientific Appraisal of Psychical Research*

(New York: Prometheus Books, 1989), 446-447. ハイマンは，超能力現象研究についての有名な批判派で，1976年，アメリカで最初の大きな懐疑派団体，CSICOPの創設に名を連ねた．

107 同前．

108 Daniel Loxton, "Skeptics as Model Train Lovers," September 17, 2010, Skepticblog, http://www.skepticblog.org/2010/09/17/skeptics-as-model-train-lovers/（2012年2月20日閲覧）.

109 Daniel Loxton, "LogiCon 2011 Keynote Available Now," July 1, 2011, Skepticblog, http://www.skepticblog.org/2011/07/01/logicon-2011-keynote-available-now/（2012年2月20日閲覧）.

110 Durrell, Heuvelmans, *On the Track of Unknown Animals* に対する序文，20.

111 Celia Dugger, "Study Cites Toll of AIDS Policy in South Africa," *New York Times*, November 25, 2008, http://www.nytimes.com/2008/11/26/world/africa/26aids.html（2012年2月21日閲覧）.

112 Prothero, *Evolution*, 24-49.

113 California Academy of Sciences, "American Adults Flunk Basic Science: National Survey Shows Only One-in-Five Adults Can Answer Three Science Questions Correctly"［press release］, February 25, 2009, http://www.calacademy.org/newsroom/releases/2009/scientific_literacy.php（2012年2月23日閲覧）.〔翻訳時点では開けない〕

114 National Science Foundation, Science and Engineering Indicators 2012, Appendix table 7-9: Correct Answers to Factual Knowledge Questions in Physical and Biological Sciences, 1985-2010, http://www.nsf.gov/statistics/seind12/append/c7/at07-09.pdf（2012年2月23日閲覧）.

115 Jon D. Miller, Eugenie C. Scott, and Shinji Okamoto, "Public Acceptance of Evolution," *Science* 313（2006）: 765-766.

116 National Science Foundation, Science and Engineering Indicators 2012, Appendix table 7-9.

117 "Galileo Was Wrong; the Church Was Right," www.galileowaswrong.blogspot.com/p/summary.html（2012年1月26日閲覧）.

118 Steve Crabtree, "New Poll Gauges Americans' General Knowledge Levels," July 6, 1999, Gallup News Service, http://www.gallup.com/poll/3742/New-Poll-Gauges-Ameri cans-General-Knowledge-Levels.aspx（2012年2月23日閲覧）.

119 Eugenie Scott, "The Creation/Evolution Continuum" December 7, 2000, National Center for Science Education, http://ncse.com/creationism/general/creationevolution -continuum（2012年2月27日閲覧）.

120 Miller, Scott, and Okamoto, "Public Acceptance of Evolution".

121 "Canadians Believe Human Beings Evolved over Millions of Years," August 5,

2008, Angus Reid Public Opinion, http://www.angus-reid.com/wp-content/uploads/archived -pdf/2008.08.05_Origin.pdf（2012 年 2 月 22 日閲覧）〔翻訳時点では開けない〕; Brian Alters, Anila Asghar, and Jason R. Wiles, "Evolution Education Research Centre," in "Darwin and the Evangelicals," *Humanist Perspectives*, no. 154 (2005), http://www.humanistperspectives.org/ issue154/EERC.html（2012 年 1 月 26 日閲覧）.

122 Organisation for Economic Co-operation and Development, "What Students Know and Can Do: Student Performance in Reading, Mathematics and Science," PISA 2009 Results: Executive Summary, http://www.oecd.org/dataoecd/54/12/46643496.pdf（2012 年 2 月 22 日閲覧）.〔翻訳時点では http://www.oecd.org/pisa/pisaproducts/48852548.pdf〕

123 Amanda Paulson, "New Report Ranks US Teens 29th in Science Worldwide," December 5, 2007, *Christian Science Monitor*, http://www.csmonitor.com/2007/1205/p02s01-usgn.html（2012 年 1 月 26 日閲覧）.

124 Richard Allen Green, "China Shoots Up Rankings as Science Power, Study Finds," March 29, 2011, CNN World, http://articles.cnn.com/2011-03-29/world/china.world.science_1_china-output-papers?_s=PM:WORLD（2012 年 1 月 26 日閲覧）.〔翻訳時点では http://edition.cnn.com/2011/WORLD/asiapcf/03/29/china.world.science/〕

125 "Knowledge, Networks and Nations: Final Report," March 28, 2011, Royal Society, http://royalsociety.org/policy/projects/knowledge-networks-nations/report/（2012 年 1 月 26 日閲覧）.

126 "New Countries Emerge as Major Players in Scientific World," March 28, 2011, Royal Society に引用されたもの, http://royalsociety.org/news/new-science-countries/（2012 年 1 月 26 日閲覧）.〔翻訳時点では, https://royalsociety.org/news/2011/new-science-countries/〕

127 Richard Matthews, "China's Green Innovation and the Challenge for America," February 23, 2011, Global Warming Is Real, http://globalwarmingisreal.com/2011/02/23/chinas-green-innovation-and-the-challenge-for-america/（2012 年 1 月 26 日閲覧）.

128 Fiona Harvey, "UK Slips Down Global Green Investment Rankings," March 28, 2011, *Guardian*, http://www.guardian.co.uk/environment/2011/mar/29/uk-global-greeninvestment-rankings（2012 年 1 月 26 日閲覧）.〔翻訳時点では http://www.theguardian.com/environment/2011/mar/29/uk-global-green-investment-rankings〕

129 "Germany Seventh in G-20 Members in Clean Energy Investments," March 25, 2010, Pew Environment, http://www.pewenvironment.org/uploadedFiles/PEG/Newsroom/Press_Release/Germany%20Seventh%20Among%20G-20%

20Members%20in%20Clean%20Energy%20Investments.pdf (2012 年 1 月 26 日閲覧).
〔翻訳時点では開けない〕

130 Jürgen Schmidhuber, "Evolution of National Nobel Prize Shares in the 20th Century," September 14, 2010, Dalle Molle Institute for Artificial Intelligence, http://people.idsia.ch/~juergen/nobelshare.html (2012 年 1 月 26 日閲覧).

131 Neil deGrasse Tyson, "Scientifically Literate See a Different World," September 22, 2009, Curious Cat Science and Engineering Blog, http://engineering.curiouscatblog.net/2009/09/22/neil-degrasse-tyson-scientifically-literate-see-a-different-world/ (2012 年 1 月 26 日閲覧).

132 Carl Sagan, *The Demon-Haunted World: Science as a Candle in the Dark* (New York: Random House, 1996), 26. 〔セーガン『悪霊にさいなまれる世界』青木薫訳, ハヤカワ文庫 NF（上下, 2009）など〕

■訳者
松浦　俊輔（まつうら　しゅんすけ）

翻訳家．名古屋学芸大学非常勤講師．1956年生．東京大学教養学部教養学科卒業．東京大学大学院人文科学研究科博士課程満期退学．元名古屋工業大学助教授．フィッシャー『群れはなぜ同じ方向をめざすのか』（白揚社），メイザー『数学記号の誕生』（河出書房新社），エレンバーグ『データを正しく見るための数学的思考』（日経BP社），フォーコウスキー『微生物が地球を作った』（青土社）ほか，科学関連の訳書多数あり．

未確認動物UMAを科学する
モンスターはなぜ目撃され続けるのか

2016年5月20日　第1刷　発行
2016年8月10日　第3刷　発行

訳者　松浦　俊輔
発行者　曽根　良介
発行所　（株）化学同人

検印廃止

〒600-8074　京都市下京区仏光寺通柳馬場西入ル
編集部　TEL 075-352-3711　FAX 075-352-0371
営業部　TEL 075-352-3373　FAX 075-351-8301
振替　01010-7-5702
E-mail　webmaster@kagakudojin.co.jp
URL　http://www.kagakudojin.co.jp
印刷・製本　創栄図書印刷（株）

ISBN978-4-7598-1821-5
乱丁・落丁本は送料小社負担にてお取りかえします